普通高等工科教育机电类规划教材

# 半导体变流技术

第 2 版

上海理工大学　莫正康　主编

机 械 工 业 出 版 社

本书是在1989年出版的高等工科学校试用教材《晶闸管变流技术》的基础上修订的。

本书主要内容为：晶闸管可控整流电路、有源逆变电路、晶闸管的选择和保护、晶闸管的触发电路、晶闸管交流开关、交流调压、变频电路与斩波电路以及新型全控功率电子器件的介绍。本书可作为高等工科学校电气技术、电气自动化等专业的教材，也适用于高职院校、职工大学、电视大学，并可供其它有关专业师生及工程技术人员参考。

**图书在版编目(CIP)数据**

半导体变流技术/莫正康主编. —2版. —北京：机械工业出版社，1999（2012.1重印）

普通高等工科教育机电类规划教材

ISBN 978-7-111-03548-0

Ⅰ. 半… Ⅱ. 莫… Ⅲ. 晶闸管-交流技术-高等学校：专业学校-教材 Ⅳ. TN34

中国版本图书馆CIP数据核字（1999）第18183号

机械工业出版社（北京市百万庄大街22号 邮政编码100037）

责任编辑：韩雪清 于苏华 版式设计：霍永明

责任校对：孙志筠 责任印制：杨 曦

北京中兴印刷有限公司印刷

2012年1月第2版第42次印刷

184mm×260mm · 16.5印张 · 1插页 · 399千字

标准书号：ISBN 978-7-111-03548-0

定价：29.80元

# 前　言

本书是在1989年出版的高等工科学校试用教材《晶闸管变流技术》的基础上，根据1989年在广西南宁制订的变流技术课程教学大纲，并吸取了兄弟学校在使用原教材时的意见，进行全面修订的。

本书主要内容为：晶闸管可控整流电路、有源逆变电路、晶闸管的选择和保护、晶闸管的触发电路、晶闸管的交流开关、交流调压、变频电路与斩波电路以及新型全控功率电子器件的介绍。最后，还附有相应的实验内容。本书可作为高等工科学校电气技术、电气自动化等专业的教材，也适用于高职院校、职工大学、电视大学，并可供其它有关专业师生及工程技术人员参考。

本书在修订中力求做到"注重基础、精选内容、逐步更新、利于教学"，基本上保持原书的体系与风格，并对陈旧的内容作了删除，有的内容作了精简，增加了新型元器件的介绍，如集成触发器、固态开关、三相变频调速等。为了反映电力电子的飞速发展，增加了第九章新型全控型功率半导体器件。

由于变流技术的发展已超出晶闸管范围，根据教材编审委员会的意见，本书修订后，书名改为《半导体变流技术》。

本书由上海理工大学莫正康副教授主编。第九章第四节由曹鸿富编写，其余由莫正康编写。

限于编者的水平和经验，疏漏及错误之处在所难免，恳切希望广大读者批评指正。

编　者

1992年2月

# 目　录

# 主要符号说明

## 电压符号

| 符号 | 说明 | 符号 | 说明 |
|---|---|---|---|
| $u$ | 电压瞬时值 | $U_{TM}$ | 晶闸管承受的最大正反向电压 |
| $u_1$ | 整流变压器一次电压瞬时值 | $U_a$ | 直流控制电压 |
| $u_2$ | 整流变压器二次电压瞬时值 | $U_b$ | 直流偏置电压 |
| $u_d$ | 整流输出电压瞬时值 | $U_P$ | 单结晶体管峰点电压 |
| $u_g$ | 晶闸管门极触发电压波形 | $U_V$ | 单结晶体管谷点电压 |
| $u_r$ | 可逆系统环流电压瞬时值 | $U_c$ | 晶体管、单结晶体管发射极电压 |
| $u_L$ | 电感两端电压瞬时值 | $U_{bb}$ | 单结晶体管 $b_1$ 与 $b_2$ 之间的电压 |
| $u_s$ | 同步电压、合成电压瞬时值 | $U_w$ | 整流输出电压 $n$ 次谐波分量有效值 |
| $u_e$ | 输出电压瞬时值 | $U_R$ | 电阻上电压有效值 |
| $u_i$ | 输入电压瞬时值 | $U_{nM}$ | 整流输出电压 $n$ 次谐波分量最大值 |
| $u_T$ | 晶闸管两端电压瞬时值 | $\Delta U_d$ | 变压器漏感引起的换相压降平均值 |
| $u_D$ | 二极管两端电压瞬时值 | $\Delta U$ | 晶闸管导通管压降 |
| $U_d$ | 整流输出电压平均值 | $U_{d1}$ | 变压器的短路电压比 |
| $U_{d0}$ | $\alpha=0°$时整流输出电压平均值 | $E$ | 电动机反电动势、直流电源 |
| $U$ | 电压有效值、整流输出电压有效值 | $U_{BO}$ | 晶闸管正向转折电压 |
| $U_2$ 或 $U_{2\phi}$ | 变压器二次相电压有效值 | $U_{RO}$ | 晶闸管反向击穿电压 |
| $U_{2L}$ | 变压器二次线电压有效值 | $U_{DBM}$ | 晶闸管正向阻断不重复峰值电压 |
| $U_{Tn}$ | 晶闸管额定电压 | $U_{DRM}$ | 晶闸管正向阻断重复峰值电压 |
| $U_{T(AV)}$ | 晶闸管通态平均电压 | $U_{RSM}$ | 晶闸管反向阻断不重复峰值电压 |
| $U_C$ 或 $u_g$ | 晶闸管门极触发脉冲电压 | $U_{RRM}$ | 晶闸管反向阻断重复峰值电压 |

## 电流符号

| 符号 | 说明 | 符号 | 说明 |
|---|---|---|---|
| $i$ | 电流瞬时值 | $I_{dT}$ | 流过晶闸管的平均电流 |
| $i_1$ | 变压器一次电流瞬时值 | $I_T$ | 流过晶闸管的电流有效值 |
| $i_2$ | 变压器二次电流瞬时值 | $I_{Tm}$ | 流过晶闸管的电流最大有效值 |
| $i_d$ | 整流输出电流瞬时值 | $I_{dD}$ | 流过二极管的平均电流 |
| $i_T$ | 流过晶闸管电流的瞬时值 | $I_D$ | 流过二极管的电流有效值 |
| $i_D$ | 流过二极管电流的瞬时值 | $I_1$ | 变压器一次电流有效值 |
| $i_r$ | 可逆电路环流瞬时值 | $I_2$ | 变压器二次电流有效值 |
| $i_{11}$ | 变压器一次电流基波分量瞬时值 | $I_{Tn}$ | 晶闸管的额定有效值电流 |
| $i_{d\sim}$ | 整流输出电流交流分量瞬时值 | $I_{T(AV)}$ | 晶闸管的额定通态平均电流，即额定电流 |
| $I$ | 电流有效值、整流输出电流有效值 | | |
| $I_d$ | 整流电路的直流输出平均电流 | $I_a$ | 额定电流 |

$I_F$　单结晶体管的峰点电流
$I_V$　单结晶体管的谷点电流
$I_H$　晶闸管的维持电流
$I_L$　晶闸管的擎住电流
$I_{dK}$　负载电流连续的临界平均电流
$I_c$　单结晶体管发射极电流
$I_{GT}$　晶闸管门极触发电流
$I_{GD}$　晶闸管门极不触发电流
$I_{11}$　变压器一次基波电流有效值
$I_{2D}$　变压器二次电流直流分量值
$I_{TSM}$　晶闸管允许的浪涌电流
$I_{RS}$　晶闸管反向不重复平均电流

# 其它符号

$\cos\phi$　功率因数、基波分量电压电流相位差的余弦
$\alpha$　晶闸管的控制角、晶体管共基电流放大系数
$\beta$　晶闸管的逆变角、晶体管共发电流放大系数
$\theta_r$　晶闸管的导通角
$\theta_D$　整流管的导通角
$\gamma$　换相重叠角
$\delta$　晶闸管关断时间所对应的电角度
$\eta$　单结晶体管的分压比、效率
$\omega$　角频率
$t$　时间
$s$　脉动系数
$t_q$　晶闸管的关断时间
$t_{gt}$　晶闸管的开通时间
$L_d$　直流平波电抗器
$X$　电抗器的电抗值
$X_T$　从二次侧计算变压器的漏抗
$X_b$　平衡电抗器的电抗值
$L_b$　平衡电抗器
$m$　相数、一周期的脉波（波头）数
$P_d$　整流输出的直流功率
$P_D$　直流电动机的反电动势功率
$P_R$　电阻上消耗的功率
$S$　视在功率、变压器容量
$R_T$ 或 $r_T$　从二次侧计算变压器的线圈电阻
$R_d$　直流负载电阻
$R_L$　负载电阻
$R_i$　整流装置等效内阻
$R_D$　直流电动机电枢电阻
$R_\Sigma$　回路总电阻
$K_f$　波形系数
$f$　频率
$T$　周期、电磁转矩
$\Phi$　磁通、相
$\varphi$　阻抗角

# 绪 论

晶闸管全称为晶体闸流管，是一种功率半导体器件。由于它具有容量大、效率高、控制特性好、寿命长以及体积小等优点，因此，自60年代以来，获得了迅猛发展。以晶闸管为主体的一系列功率半导体器件的应用技术已形成独立的电力电子学科。目前由传感电子、信息电子和电力电子三部分组成的大电子技术的概念，已被科技界正式接受。

电力半导体器件是一系列固态高电压大电流开关器件，其应用技术的基本功能是对电能的整流、逆变、斩波、变频、开关等的控制。它是信息产业和传统产业之间的主要接口，是弱电控制和被控强电之间的桥梁。从节能的观点出发，电力电子技术被誉为80年代的新电气技术。我国的能源利用率极低，按国民生产单产能耗计算，是法国的4.98倍、日本的4.43倍、印度的1.65倍，因此，迅速生产与使用功率半导体器件是当务之急。

我国在近20年来，晶闸管制造与应用技术发展迅速，目前已能大规模生产各种类型的晶闸管元件，单个元件容量已达电压4000V以上、电流2000A以上，派生的晶闸管元件如双向、快速、可关断、逆导等品种均有供应，其它如大功率晶体管(GTR)、功率MOS场效应管、绝缘门极晶体管(IGBT)等也正在积极开发生产。本书结合国情，仍以晶闸管的应用为主。

变流技术是电能的变换，包括电压、电流和频率的变换技术。

晶闸管元件在工农业生产和民用方面的应用，按其变换功能，大致可分为下列五个方面。

1．可控整流

晶闸管组成的整流器可以在交流电压不变的情况下，方便地改变直流输出电压的大小，即可控整流。所以可控整流是实现交流到可变直流之间的变换。

晶闸管可控整流已取代直流发电机组用作直流拖动调速装置，广泛用于机床、轧钢、造纸、纺织、电解、电镀、光电、励磁等领域。

2．逆变与变频

利用晶闸管特性，将直流变换成交流的过程称为逆变。如果把直流电变换成50Hz的交流电并将直流电能反馈给交流电网，这种逆变称为有源逆变，主要用于线绕式电动机串级调速与直流高压输电。把电网的交流电变换成频率与大小可调的交流电称为变频。变频电源主要用于交流电动机变频调速、中频加热熔炼、不停电电源等，这是很有发展前途的应用领域。

3．交流调压

利用晶闸管的开关特性代替老式的接触调压器、感应调压器和电抗器调压，用晶闸管实现交流到可变交流之间的变换称为交流调压。其主要用于灯光亮度控制、温度控制以及交流电动机的调压调速等。

4．直流斩波调压

利用晶闸管作直流开关，控制晶闸管的通断比和通断频率，将固定的直流电压变换成可调的直流电压称为斩波调压又称脉冲调压。其主要用于采用直流电源的车辆调速传动，如城市电车、电气机车、电瓶搬运车和铲车，以及开关直流电源等。

5．无触点功率静态开关

晶闸管作为功率开关元件，代替接触器与继电器用于操作频繁与开关频率高的场合。如轧机的辊道传动、机床频繁的正反转、高精度温度控制等，其工作频率有时高达每小时1500～3000次，一般电磁接触器工作一星期就达到正常使用寿命而损坏。而晶闸管无触点功率开关具有无声、无火花、开关频率高、电磁干扰小以及寿命长等优点，虽然一次投资较大，但使用可靠、维护方便，因此应用日益广泛，在易燃易爆等特殊场合，采用晶闸管功率开关更为适合。

晶闸管组成的变流装置有以下优点：

(1) 装置功率放大倍数大，可达$10^4$以上，与直流发电机组相比，要高三个数量级。

(2) 快速响应好，变流机组为秒级而晶闸管为毫秒级。

(3) 功耗低、效率高，节能效果显著。

(4) 它是静止式电子装置,体积小,重量轻,无噪声,无火花磨损,维护方便,可靠性高。

缺点：

(1) 晶闸管元件的电压电流过载能力差，必须设置可靠的保护措施。

(2) 晶闸管采用移相触发时,出现非正弦电压与电流,使电网波形畸变产生高次谐波,导致电网质量下降。

(3) 移相控制在控制角大时，功率因数低。

以上不足随着元件质量的提高、保护措施的成熟以及电路设计的改进,正在逐步被克服。

电力半导体变流技术的发展方向为：

(1) 进一步提高晶闸管器件的性能，除普通晶闸管向高电压大电流发展外，还大力研制生产特殊的晶闸管，如双向、可关断、逆导、场控、光控晶闸管等。

(2) 功率器件由单个结构向模块结构发展，即由几个功率器件芯片组成一个模块，缩小体积，减少连线，以方便使用。

(3) 近几年国际上已发展了功率集成电路（PIC），功能上含有逻辑、控制、功率、保护以及传感与测量等部分，更进一步的则含有微机控制部分。

(4) 新型功率器件发展迅速。晶闸管与大功率晶体管一类是靠门极（基极）的电流变化来实现器件的工作的，目前已出现靠电场来改变基区中空间电荷层的宽度的器件，以便控制电流通道的夹断或打开，这类器件有静电感应晶体管（SIT）和静电感应晶闸管（SITH）。另一类是靠电场来改变沟道的导电类型使器件开关，这类器件有功率MOS管（VDMOS）和绝缘门极晶体管（IGBT）。这两类器件已完全进入生产实用阶段。

“半导体变流技术”在工业企业电气化与自动化专业中，是一门专业基础性质较强且与生产紧密联系的课程，主要介绍晶闸管元件、可控整流电路、触发控制电路、晶闸管有逆逆变电路、交流调压、直流斩波以及变频电路的工作原理及过压、过流保护方法，另外还介绍各种典型生产实例，以加深对晶闸管变流技术应用的了解。在学习本课程时，要着重物理概念与基本分析方法，要理论联系生产实际，做到元件、电路、应用三方面相结合。在学习方法上要特别注意各种电路的波形与相位分析，从波形分析中进一步理解电路工作情况，同时要注意读图与分析线路能力的培养。由于此课程实践性很强，要特别重视实验，提高接线、测量、调整以及故障分析的能力。

此课程内容丰富，涉及高等数学、电工基础、电子技术基础、电机与拖动等课程的知识，需要学习时复习相关课程与进行综合运用。

# 第一章　晶　闸　管（Thyristor）

晶闸管原称可控硅，是硅晶体闸流管的简称。它是近 30 年发展起来的一种较理想的大功率变流器件，它的出现使大功率变流技术进入一个新时代。

晶闸管包括普通晶闸管（Conventional Thyristor）、双向晶闸管（Bidirectional Thyristor）、快速晶闸管（Fast Switching Thyristor）、可关断晶闸管（Gate Turn off Thyristor）、光控晶闸管（Light Activated Thyristor）和逆导晶闸管（Reverse Conducting Thyristor）。由于普通晶闸管应用最普遍，故本章着重介绍普通晶闸管，其它晶闸管将在有关章节作简要介绍。本书如不特别说明，则所说的晶闸管就指普通晶闸管。

## 第一节　晶闸管的可控单向导电性

晶闸管是一种大功率 PNPN 四层半导体元件，常用的有螺栓式与平板式两种。它有三个引出极，阳极（$A$）、阴极（$K$）和门极（$G$），外形与符号如图 1-1 所示。大功率晶闸管工作时发热较大，因此必须安装散热器。螺栓式晶闸管是紧栓在铝制散热器上的，如图 1-2a 所示。平板式则由二个彼此绝缘的散热器把晶闸管紧紧夹在中间，如图 1-2b、c所示，这样两面散热效果比螺栓式一面散热好，目前电流在 200A 以上的晶闸管，通常都采用平板式结构。

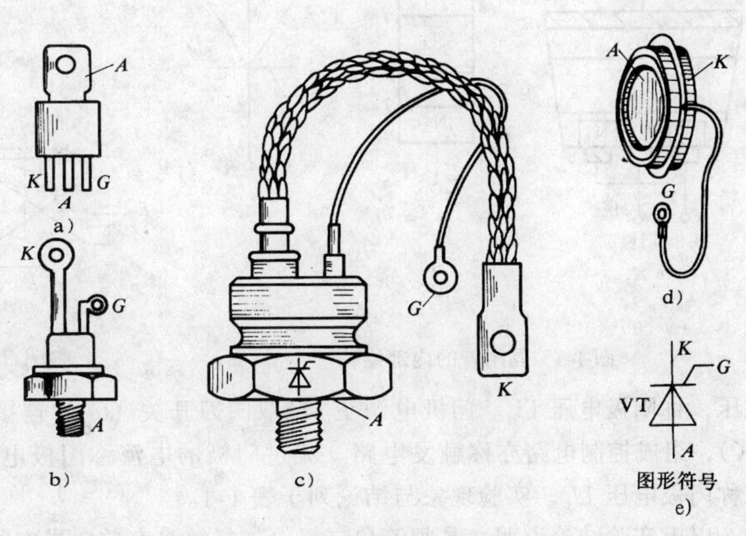


图 1-1　晶闸管的外形及符号

a）小电流塑封式　b）小电流螺旋式　c）大电流螺旋式　d）大电流平板式　e）图形符号

晶闸管的内部原理性结构，如图 1-3 所示。管芯由四层半导体（$P_1N_1P_2N_2$）组成，有三个引出端（$A$、$K$、$G$），三个 PN 结 $J_1$、$J_2$、$J_3$。当晶闸管阳极与阴极加上反向电压时，$J_1$、$J_3$ 结处于反向阻断状态；当加上正向电压时，$J_2$ 结处于反向阻断状态。那么晶闸管在什么条件下，才能从正向阻断状态转变为正向导通状态呢？在什么条件下又从导通状态恢复为阻断状态呢？下面按图 1-4 连接实验电路，进行晶闸管的导通关断实验。阳极电源 $E_a$ 经过双向刀开关（$Q_1$），连接负载（白炽灯）接到晶闸管的阳极（$A$）与阴极（$K$），组成晶闸管的主电路。流过晶闸管阳极的电流称阳极电流 $I_c$。晶闸管阳、阴极两端的

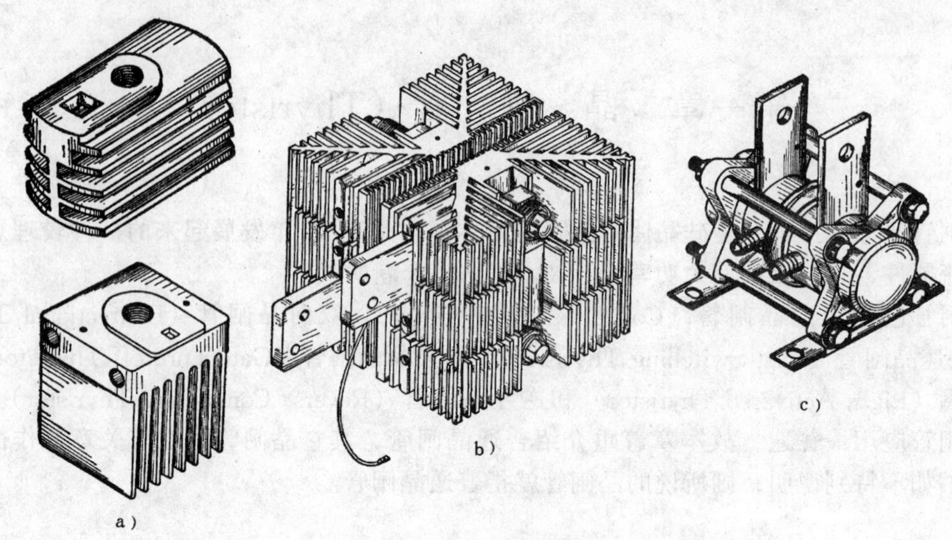

图 1-2 晶闸管的散热器

a）自冷 b）风冷 c）水冷

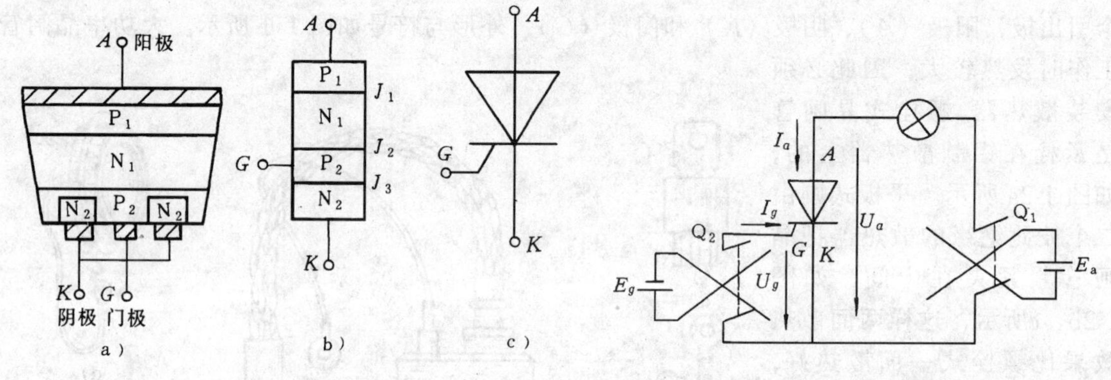


图 1-3 晶闸管的内部结构

图 1-4 晶闸管导通关断实验

电压，称阳极电压 $U_a$。门极电源 $E_g$ 经双向刀开关（$Q_2$）连接晶闸管的门极（$G$）与阴极（$K$），组成控制电路亦称触发电路。流过门极的电流称门极电流 $I_g$，门极与阴极之间的电压称门极电压 $U_g$，实验现象与结论列于表 1-1。

以上实验结论说明，晶闸管象二极管一样，具有单向导电特性，电流只能从阳极流向阴极，当元件加上反向电压时，只有极小的反向漏电流从阴极流向阳极，晶闸管处于反向阻断状态。晶闸管不同于二极管，还具有正向导通的可控特性。当元件阳极加上正向电压时，元件还不能导通，元件呈正向阻断状态，这是二极管不具有的。要使晶闸管正向导通除了阳极加上正向电压外，还必须同时在门极与阴极之间加上一定的正向门极电压 $U_g$，有足够的门极电流 $I_g$ 流入门极，对元件能否正向导通起控制作用。好象一条有闸门的河流，有水位差，河水还不能流通，还必须控制闸门打开，门极就是起闸门控制作用，这就是晶闸管所特有的闸流特性，也就是可控特性。

当晶闸管加上正向阳极电压后，门极加上适当的正向门极电压，使晶闸管导通的过程

**表 1-1　晶闸管导通和关断实验**

| 实验顺序 | | 实验前灯的情况 | 实验时晶闸管条件 阳极电压 $U_a$ | 实验时晶闸管条件 门极电压 $U_g$ | 实验后灯的情况 | 结论 |
|---|---|---|---|---|---|---|
| 导通实验 | 1 | 暗 | 反向 | 反向 | 暗 | 晶闸管在反向阳极电压作用下，不论门极为何种电压，它都处于关断状态 |
| | 2 | 暗 | 反向 | 零 | 暗 | |
| | 3 | 暗 | 反向 | 正向 | 暗 | |
| | 1 | 暗 | 正向 | 反向 | 暗 | 晶闸管同时在正向阳极电压与正向门极电压作用下，才能导通 |
| | 2 | 暗 | 正向 | 零 | 暗 | |
| | 3 | 暗 | 正向 | 正向 | 亮 | |
| 关断实验 | 1 | 亮 | 正向 | 正向 | 亮 | 已导通的晶闸管在正向阳极电压作用下，门极失去控制作用 |
| | 2 | 亮 | 正向 | 零 | 亮 | |
| | 3 | 亮 | 正向 | 反向 | 亮 | |
| | 4 | 亮 | 正向（逐渐减小到接近于零） | （任意） | 暗 | 晶闸管在导通状态时，当 $E_a$ 减小到接近于零时，晶闸管关断 |

称为触发。晶闸管一旦触发导通后，门极就对它失去控制作用，因此通常在门极只要加上一个正向脉冲电压即可，称之为触发电压。门极在一定条件下可触发晶闸管导通，但无法使其关断。

要使已经导通的晶闸管恢复阻断，可降低阳极电源 $E_a$ 或增大负载电阻，使流过晶闸管的阳极电流 $I_a$ 减小，当电流 $I_a$ 减至一定值时（约几十毫安），电流会突然降到零，之后再调高电压或减小负载电阻，电流不会再增大，说明晶闸管已经恢复阻断。当门极断开时，维持晶闸管导通所需要的最小阳极电流叫维持电流（$I_H$）。因此，只要晶闸管的阳极电流小于维持电流（$I_H$），元件就关断了。当阳极电源是交流电压，负载是纯电阻时，可以认为在波形正半周过零点时，晶闸管就自行关断了。

**例**　如图 1-5 所示，阳极电源为交流电压，门极在 $t_1$ 瞬间合上开关 Q，$t_4$ 时刻开关 Q 断开，求电阻 $R_d$ 上电压波形 $u_d$。

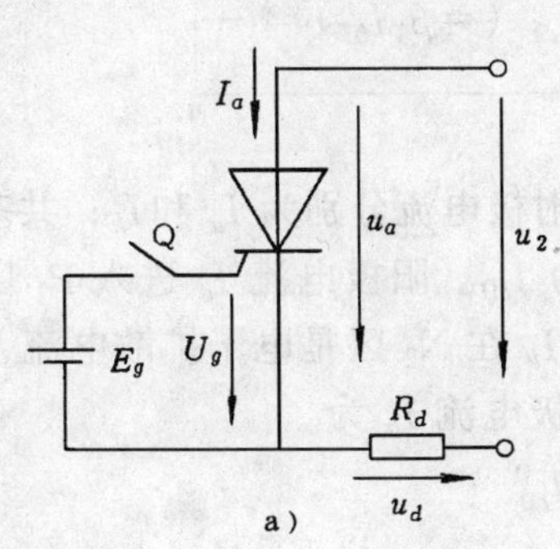


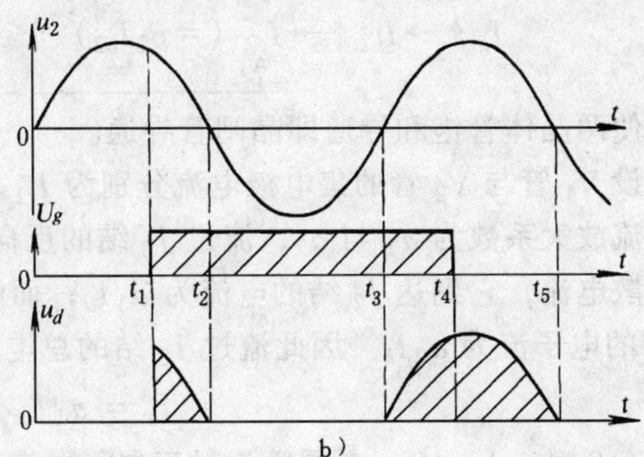


图 1-5　例题电路和波形

**解**　$t_1$ 时刻，晶闸管阳极电压 $U_a$ 为正，开关 Q 合上使得门极电压也为正，所以晶闸管触发导通，忽略管子导通电压降，电源电压 $u_2$ 全部加于负载 $R_d$；当 $t_2$ 时刻由于 $u_2$ 过零反向，流

过晶闸管的电流 $I_c < I_H$(维持电流),管子关断,之后因承受反向电压不会导通。$t_3$ 时刻,$u_2$ 从零开始变正,晶闸管再次承受正压,使管子又导通,$t_4$ 时刻,$u_g=0$,由于晶闸管已处于导通状态,维持导通。$t_5$ 时刻开始,晶闸管关断。$R_d$ 上的电压过渡过程波形 $u_d$ 如图 1-5 所示。

## 第二节　晶闸管的工作原理与特性

### 一、晶闸管触发导通原理

晶闸管为什么有上述性质，现从其内部结构来进行分析。晶闸管由 P 型半导体与 N 型半导体交替叠成。P 型半导体多数载流子是空穴，带正电荷；N 型半导体多数载流子是电子，带负电荷，在其接触界面上形成三个 PN 结。晶闸管的三个 PN 结可等效看成由两个晶体管 $V_1$（$P_1-N_1-P_2$）与 $V_2$（$N_1-P_2-N_2$）组成，如图 1-6 所示。

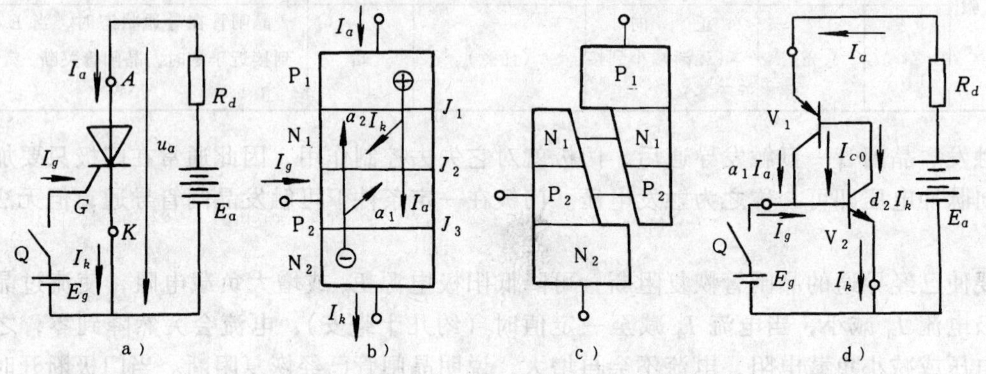


图 1-6　晶闸管的工作原理

当晶闸管阳极加上正向电压后，要使管子正向导通，关键是使 $J_2$ 这个承受反向电压的 PN 结失去阻挡作用。从图中不难看出，$V_1$ 的集电极电流同时又是 $V_2$ 的基极电流；$V_2$ 集电极电流同时又是 $V_1$ 的基极电流，当晶闸管阳极加正向电压，一旦有足够的门极电流流入时，就形成强烈的正反馈，即

$$I_g\uparrow \rightarrow I_{b2}\uparrow \rightarrow I_{c2}\ (=\beta_2 I_{b2})\ \uparrow = I_{b1}\uparrow \rightarrow I_{c1}\ (=\beta_1 I_{b1})\ \uparrow$$

瞬时使两晶体管饱和导通即晶闸管导通。

设 $V_1$ 管与 $V_2$ 管的集电极电流分别为 $I_{c1}$、$I_{c2}$，发射极电流分别为 $I_a$ 和 $I_k$；共基极接法的电流放大系数为 $a_1$ 与 $a_2$，流过 $J_2$ 结的反向漏电流为 $I_{c0}$。阳极电流 $I_a$ 进入 $P_1$ 区形成空穴扩散电流，它到达 $J_2$ 结的电流为 $a_1I_a$；而阴极电流 $I_k$ 在 $N_2$ 区是电子扩散电流，它到达 $J_2$ 结的电子流为 $a_2I_k$。因此流过 $J_2$ 结的总电流也是阳极电流 $I_a$ 为

$$I_a = a_1I_a + a_2I_k + I_{c0} \tag{1-1}$$

当 $I_g=0$ 时，$I_a=I_k$，晶闸管流过正向漏电流为

$$I_{a0} = \frac{I_{c0}}{1-(a_1+a_2)} \tag{1-2}$$

由上式可见，晶闸管正向漏电流由于受 $J_1$、$J_3$ 结影响，要比单个 $J_2$ 结的反向漏电流 $I_{c0}$大。

当门极流入 $I_g$ 时，则阴极电流为

$$I_k = I_a + I_g \tag{1-3}$$

把式（1-3）代入式（1-1）得

$$I_a = \frac{I_{c0} + a_2 I_g}{1 - (a_1 + a_2)} \tag{1-4}$$

由晶体管知识可知，晶体管的电流放大系数 $a$ 随管子发射极电流的增大而增大，如图 1-7 所示。当门极电流 $I_g$ 增大到一定程度，发射极电流也增大，当（$a_1 + a_2$）增大到接近 1 时(即图中的临界点 $K$)，式（1-4）中阳极电流 $I_a$ 将急剧增大成为不可控，这时 $I_a$ 的值由阳极电源电动势 $E_a$ 及负载电阻 $R_d$ 来决定，晶闸管的正向导通压降约为 1.5V 左右。由于正反馈的作用，此时即使门极电流降为零或负值，也不能使晶闸管关断，只有设法使晶闸管阳极电流 $I_a$ 减小到维持电流 $I_H$（约几十毫安），此时 $a_1$、$a_2$ 也相应减小，导致内部正反馈无法维持，晶闸管才恢复阻断。如果晶闸管加反向阳极电压，此时 $V_1$、$V_2$ 处于反压状态，不能工作，故无论有无门极电压，晶闸管都不能导通。

**二、晶闸管的阳极伏安特性**（V-A Characteristic）

晶闸管阳极与阴极之间的电压 $U_a$ 与阳极电流 $I_a$ 的关系，称为元件的伏安特性。

晶闸管作为一个可以控制的单向无触点开关，最简单的电路如图 1-8a 所示。作为理想的开关，要求晶闸管关断时，其 $A$ 与 $K$ 之间电阻无穷大，阳极漏电流为零，这时，$E_a$ 全部降在晶闸管上，特性曲线与横轴重合。如门极加足够的触发电压，使晶闸管转为正向导通时，要求其 $A$ 与 $K$ 之间的电阻降为零，电源电压 $E_a$ 全部降到负载电阻上，特性曲线与纵轴重合，理想的开关伏安特性如图 1-8b 所示。

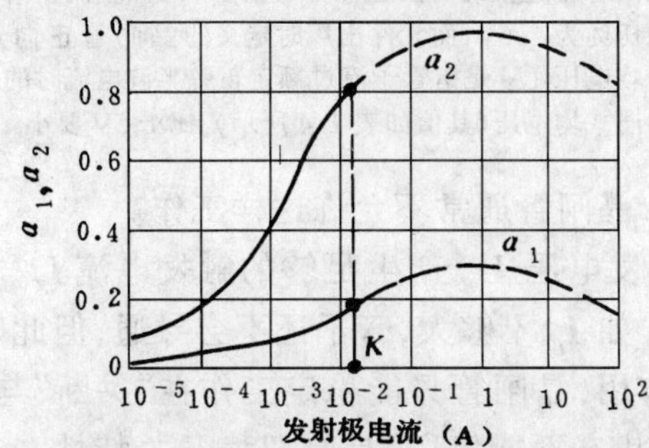


图 1-7 两个晶体管的电流放大系数与发射极电流的关系

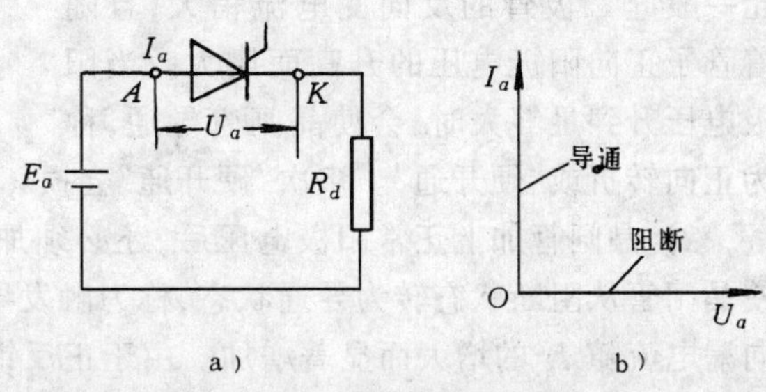


图 1-8 晶闸管理想开关的伏安特性

晶闸管实际的伏安特性如图 1-9 所示。门极断开 $I_g = 0$ 时，逐渐增大阳极电压 $U_a$，由于 $J_2$ 结受反压阻挡，元件中只有很小的正向漏电流。当 $U_a$ 升高到数值 $U_{BO}$ 时，漏电流也相应增大到一定数值，$J_1$、$J_3$ 结内电场削弱较多，$a_1$、$a_2$ 也相应增大，使得电子扩散电流 $a_2 I_k$ 与空穴扩散电流 $a_1 I_a$ 分别与 $J_2$ 中的空穴与电子相复合，导致 $J_2$ 结的内电场消失，因此，晶闸管由阻断状态突然变为导通状态，对应曲线的 $A$ 点突变到 $B$ 点。$U_{BO}$ 称元件的正向转折电压。

当加上门极电压，使门极电流 $I_g > 0$ 时，元件的正向转折电压就大大降低，以某元件为例：

$$I_g = 0, \quad U_{BO} = 800\text{V}$$
$$I_g = 5\text{mA}, U_{BO} = 200\text{V}$$
$$I_g = 15\text{mA}, U_{BO} = 5\text{V}$$

$$I_g = 30\text{mA}, U_{BO} = 2\text{V}$$

当 $I_g$ 足够大,(上例中 $I_g > 30\text{mA}$)时,晶闸管正向转折电压很小,可以看成与整流二极管一样,一加上正向阳极电压,管子就导通了。在使用晶闸管时,通常都是利用这一特性,即先加上一定的正向阳极电压,然后在门极与阴极加上足够大的触发电压,使晶闸管的正向转折电压下降到很小而导通的。导通特性为图 1-9 中 $BC$ 段曲线,与正向二极管特性相似。当阳极电流 $I_a < I_H$(维持电流)时,元件又从正向导通状态返回正向阻断状态。

晶闸管加反向阳极电压时,$J_1$、$J_3$ 结为反向偏置,因此元件只流过很小的反向漏电流,对应特性曲线 $OD$ 段,当反压升高到 $U_{RO}$时,元件反向击穿,$U_{RO}$为晶闸管反向击穿电压。

所以晶闸管的正向伏安特性与理想开关特性十分接近,是一种比较理想的无触点功率开关元件。

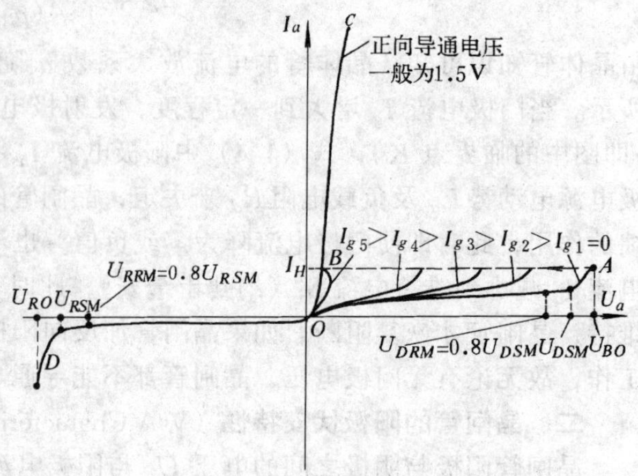


图 1-9 晶闸管阳极伏安特性

$U_{RO}$—反向击穿电压 $U_{DRM}$—断态正向重复峰值电压 $U_{RSM}$—断态反向不重复峰值电压 $U_{DSM}$—断态正向不重复峰值电压 $U_{RRM}$—断态反向重复峰值电压 $U_{BO}$—正向转折电压

注:当晶闸管流过较大的恒定直流电流 $I_a$ 时,其直流正向导通电压约为 1.5V,而元件出厂时定义的晶闸管正向通态平均电压 $U_T$ 是指管子流过额定正弦半波电流时的正向平均电压(其值如表 1-4 所示),比 1.5V 要小

综上所述,可得出如下结论:

1)门极断开时,晶闸管的正向漏电流比一般硅二极管的反向漏电流稍大,且随着管子正向阳极电压的升高而增大。当阳极电压升到足够大时,会使晶闸管导通,称为正向转折或“硬开通”。多次“硬开通”会损坏管子,晶闸管通常不允许这样工作。

2)晶闸管加上正常阳极电压后,还必须加上触发电压 $U_g$ 产生足够的触发电流 $I_g$,才能使晶闸管从阻断状态转为导通状态,称为触发导通。如 $I_g$ 不够大,管子还不会导通,但此时正向漏电流随 $I_g$ 的增大而显著增加。由于正反馈的作用,晶闸管只能稳定工作在“关断”与“导通”(对内部晶体管来说是饱和导通)二个状态,中间状态不能停留,具有双稳开关特性。晶闸管像接触器一样,可以用很小的门极电流(毫安级)控制很大的阳极电流(几十至几百安培)的晶闸管的导通,而且晶闸管阻断时漏电流小,导通时压降小,是一种理想的无触点功率开关元件。

3)晶闸管一旦被触发导通后,门极完全失去控制作用。要关断已经导通的晶闸管,必须使阳极电流 $I_a$ 小于维持电流 $I_H$,对于电阻负载,只要使管子阳极电压降为零即可。为了保证晶闸管可靠与迅速地关断,通常在管子阳极电压降为零之后,加一段时间的反向电压。

对于晶闸管的三个电极,可从外观判断也可用万用表来测量并粗测其好坏。根据元件内部的三个 PN 结可知,阳极与阴极间、阳极与门极间的正反向电阻均应在数百千欧以上,门极与阴极间的电阻通常为几十到几百欧,因元件内部门阴极间有旁路电阻,通常正反向阻值相差很小。注意:在测门极与阴极间的电阻时,不能使用万用表的高阻(10k)档,以防表内高压电池击穿门极的 PN 结。至于元件能否可靠触发导通,可用直流电源串联电灯与晶闸管,当门极与阳极接触一下后,如管子导通灯亮,则说明管子是可触发的。

## 第三节 晶闸管的主要特性参数

为了正确使用晶闸管，不仅需要定性了解晶闸管的伏安特性，而且要定量地掌握晶闸管的主要参数。

**一、晶闸管的重复峰值电压 $U_{Tn}$——额定电压**

从图 1-9 所示的伏安特性可见，当门极断开、元件处在额定结温时，管子阳极电压 $U_a$ 升到正向转折电压 $U_{BO}$ 之前，管子的正向漏电流开始急剧增大（即特性曲线急剧弯曲处），此时对应的阳极电压，称为正向阻断不重复峰值电压，用 $U_{DSM}$ 表示（此电压是不可连续施加的）。我们取 80％的 $U_{DSM}$ 电压值，称为正向阻断重复峰值电压，用 $U_{DRM}$ 表示（此电压可连续施加，其重复频率为 50Hz，每次持续时间不大于 10ms）。元件承受反向电压时，对应反向漏电流开始急剧增大的电压值称为反向不重复峰值电压，用 $U_{RSM}$ 表示，其值的 80％称为反向重复峰值电压，用 $U_{RRM}$ 表示。

晶闸管铭牌标出的额定电压，通常是元件实测 $U_{DRM}$ 与 $U_{RRM}$ 中较小的值，取相应的标准电压等级，电压等级见表 1-2。

**表 1-2 晶闸管元件的正反向重复峰值电压等级**

| 级 别 | 正反向重复峰值电压（V） | 级 别 | 正反向重复峰值电压（V） | 级 别 | 正反向重复峰值电压（V） |
|---|---|---|---|---|---|
| 1 | 100 | 8 | 800 | 20 | 2000 |
| 2 | 200 | 9 | 900 | 22 | 2200 |
| 3 | 300 | 10 | 1000 | 24 | 2400 |
| 4 | 400 | 12 | 1200 | 26 | 2600 |
| 5 | 500 | 14 | 1400 | 28 | 2800 |
| 6 | 600 | 16 | 1600 | 30 | 3000 |
| 7 | 700 | 18 | 1800 | | |

如某晶闸管，测得其正向阻断重复峰值电压值为 840V，反向重复峰值电压为 960V，取小者为 840V，按表 1-2 相应电压等级为 800V，此元件铭牌上即标出额定电压 800V，电压等级为 8 级。

由于晶闸管工作时，外加电压峰值瞬时超过反向不重复峰值电压时即可造成永久损坏，并且由于环境温度升高或散热不良，均可能使正反向转折电压值下降，特别在使用时会出现各种过电压，因此选用元件的额定电压值应比实际工作时的最大电压大 2～3 倍。

**二、晶闸管的额定通态平均电流 $I_{T(AV)}$——额定电流**

在环境温度为 40℃和规定的冷却条件下，元件在电阻性负载的单相工频正弦半波、导通角不小于 170°的电路中，当结温稳定且不超过额定结温时，所允许的最大通态平均电流，称为额定通态平均电流，用 $I_{T(AV)}$ 表示。将此电流按晶闸管标准电流系列取相应的电流等级，见表 1-5 通态平均电流，称之为元件的额定电流。

元件出厂时，额定电流测量原理性电路如图 1-10 所示。在标准测试条件下，被测晶闸管加上正弦半波电压，阳极与门极直接相连，当元件未导通时，其门极电压 $u_g$ 等于阳极电压 $u_a$。根据晶闸管工作原理，当变压器 TR 二次电压 $u_2$ 由零变正时，被测元件就导通了，相当于整流二极管一样（实际上晶闸管是在 $u_2$ 电压过零点后一段时间才导通的）。因此流过晶闸管的电流，基本上是正弦半波，分流器 $R_f$ 两端直流电流表的读数为正弦半波的平均值。测量时，逐步提高自耦变压器 TS 的输出电压，流过被测管的电流值也随着相应增大，元件温度也相应增高。当管子达到最大允许结温并且稳定时，电流表读数即为允许的最大通态平均电流，再按表 1-5 通态平均电流取相应的电流等级，即为管子的额定电流 $I_{T(AV)}$。

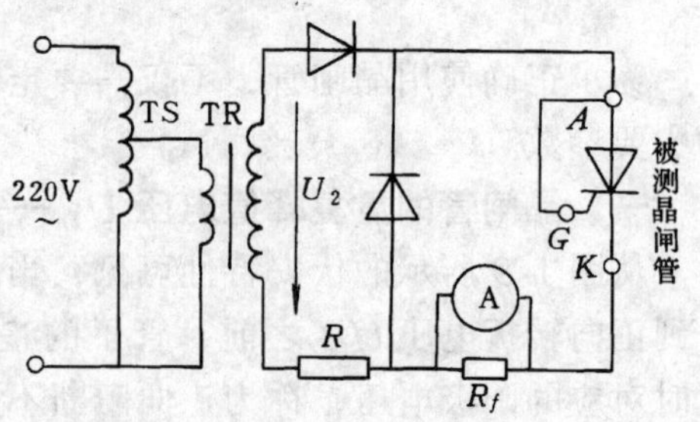


图 1-10　晶闸管额定电流测量原理图

晶闸管也和其它电气设备一样，决定其允许电流大小的是温度。晶闸管管芯（三个 PN 结）的温度称结温，结温的高低由发热和冷却两方面的条件所决定。造成晶闸管发热的原因是损耗，它主要有以下几个部分：导通时的损耗，这是引起管子发热最主要的原因，为了减少发热，一般希望导通管压降 $U_T$ 小些；阻断和反向时的损耗，希望漏电流小些，以减少此损耗；开关时的损耗，工作在频率较高时必须考虑；门极的损耗较小，可忽略。

影响晶闸管散热的因素有：元件与散热器的接触状况和散热器的大小，冷却方式（自冷、风冷和水冷等）和冷却介质的流速；环境温度或冷却介质的温度。因此，根据晶闸管发热和冷却条件不同，其允许的通态平均电流也不一样。

普通晶闸管由于整流输出端所接负载常用直流平均电流衡量其性能，元件有单向整流特性，因此元件的额定电流用一定条件下最大通态平均电流来标定。但是，从晶闸管管芯发热的角度来考虑，如认为元件导通时的管芯电阻不变，则其发热由电流有效值① 决定。因此要先经过换算，根据管子的额定电流（额定通态平均电流）$I_{T(AV)}$，求出元件允许流过的最大有效电流，称为晶闸管的额定有效值，用 $I_{Tn}$ 表示（此值在元件铭牌上不提供）。在实际使用时，不论流过晶闸管的电流波形如何，导通角多大，只要流过元件实际电流的最大有效值 $I_{TM}$，小于或等于管子的额定有效值 $I_{Tn}$，散热冷却在规定条件下，则管子的发热就能限制在允许范围内。

各种有直流分量的电流波形都有一个电流平均值（一个周期内波形面积的平均），也都有一个电流有效值（均方根值）。现定义某电流波形的有效值与平均值之比称为这个电流的波形系数，用 $K_f$ 表示，如整流器的负载电流波形系数为

① 对于时刻在变化的交流电，应用“等效”的概念，把和交流电流有相同热效应的直流电流值称为交流电的有效值。使某交流电 $i$ 流过电阻 $R$，在一周期内产生的热量为

$$Q_{AC}=\int_0^T 0.24i^2R\mathrm{d}t$$

某直流电流 $I$ 通过同一电阻 $R$ 在同样 $T$ 内产生的热量为

$$Q_{DC}=0.24I^2RT$$

如两个热量相等，则这个直流电流值 $I$ 即为交流电 $i$ 的有效值，相互间数学关系为

$$I=\sqrt{\frac{1}{T}\int_0^T i^2\mathrm{d}t}$$

所以有效值亦称均方根值，对于正弦交流，有效值为

$$I=\sqrt{\frac{1}{T}\int_0^T (I_m\sin\omega t)^2\mathrm{d}\omega t}=\frac{I_m}{\sqrt{2}}=0.707I_m$$

$$K_f = \frac{I(\text{负载有效电流})}{I_d(\text{负载平均电流})} \tag{1-5}$$

流过晶闸管的电流波形系数为

$$K_{fT} = \frac{I_T(\text{晶闸管有效电流})}{I_{dT}(\text{晶闸管平均电流})}$$

那么晶闸管额定电流有效值 $I_{Tn}$多大呢？根据晶闸管额定电流 $I_{T(AV)}$的定义，此时流过元件的电流波形是正弦半波，额定电流是正弦半波电流波形的平均值，如电流波形峰值为 $I_m$，则额定电流为

$$I_{T(AV)} = \frac{1}{2\pi}\int_0^{\pi} I_m \sin\omega t\, d(\omega t) = \frac{I_m}{\pi} \tag{1-6}$$

额定电流有效值为

$$I_{Tn} = \sqrt{\frac{1}{2\pi}\int_0^{\pi} (I_m \sin\omega t)^2 d(\omega t)} = \frac{I_m}{2} \tag{1-7}$$

因此，在额定情况下，波形系数 $K_f$ 为

$$K_f = \frac{I_{Tn}}{I_{T(AV)}} = \frac{\pi}{2} = 1.57$$

这说明一只额定电流 $I_{T(AV)} = 100\text{A}$ 的晶闸管，其额定有效值 $I_{Tn}$（即管子允许最大电流有效值）为 $K_f I_{T(AV)} = 157\text{A}$。

不同的电流波形，有不同的平均值与有效值，波形系数$K_f$也不同，表1-3列出四种常用

**表 1-3　四种波形的 $K_f$ 值与 100A 晶闸管允许电流平均值**

| 波　　形 | 平均值 $I_d$ 与有效值 $I$ | 波形系数 $K_f = \frac{I}{I_d}$ | 允许电流平均值 $I_{dn} = \frac{I_{Tc}}{K_f}$ |
|---|---|---|---|
| i, $I_m$, $I_d$, 0, π, 2π, ωt | $I_d = \frac{1}{2\pi}\int_0^{\pi} I_m \sin\omega t\, d(\omega t) = \frac{I_m}{\pi}$ <br> $I = \sqrt{\frac{1}{2\pi}\int_0^{\pi} (I_m \sin\omega t)^2 d(\omega t)} = \frac{I_m}{2}$ | 1.57 | $I_{dn} = \frac{100\text{A} \times 1.57}{1.57} =$ 100A |
| i, $I_d$, 0, π/2, π, 2π, ωt | $I_d = \frac{1}{2\pi}\int_{\pi/2}^{\pi} I_m \sin\omega t\, d(\omega t) = \frac{I_m}{2\pi}$ <br> $I = \sqrt{\frac{1}{2\pi}\int_{\pi/2}^{\pi} (I_m \sin\omega t)^2 d(\omega t)} = \frac{I_m}{2\sqrt{2}}$ | 2.22 | $I_{dn} = \frac{100\text{A} \times 1.57}{2.22} =$ 70.7A |
| i, $I_d$, 0, π, 2π, ωt | $I_d = \frac{1}{\pi}\int_0^{\pi} I_m \sin\omega t\, d(\omega t) = \frac{2}{\pi} I_m$ <br> $I = \sqrt{\frac{1}{\pi}\int_0^{\pi} (I_m \sin\omega t)^2 d(\omega t)} = \frac{I_m}{\sqrt{2}}$ | 1.11 | $I_{dn} = \frac{100\text{A} \times 1.57}{1.11} =$ 141.4A |
| i, $I_m$, $I_d$, 0, 2π/3, 2π, ωt | $I_d = \frac{1}{2\pi}\int_0^{2\pi/3} I_m d(\omega t) = \frac{I_m}{3}$ <br> $I = \sqrt{\frac{1}{2\pi}\int_0^{2\pi/3} I_m^2 d(\omega t)} = \frac{I_m}{\sqrt{3}}$ | 1.73 | $I_{dn} = \frac{100\text{A} \times 1.57}{1.73} =$ 90.7A |

的电流波形的 $K_f$ 值与 100A 晶闸管通过表 1-3 中的电流波形时允许通过的电流平均值 $I_{dn}$。

表中计算说明：额定电流 $I_{T(AV)}=100A$ 的晶闸管，只有在正弦半波时（额定情况），其波形系数 $K_f=1.57$，允许流过的最大平均电流为 100A，在其它波形时，允许流过的电流平均值都不是 100A。这在选择计算晶闸管额定电流时一定要特别注意。

由于晶闸管的电流过载能力比一般电机、电器小得多，因而选用晶闸管额定电流时，根据实际最大电流计算后至少还要乘以 1.5～2，使其有一定的电流裕量。

**三、门极触发电流**（Gate Trigger Current） **门极触发电压**（Gate Trigger Voltage）

在室温下，晶闸管施加 6V 正向阳极电压时，使元件完全开通所必须的最小门极电流，称为门极触发电流 $I_{GT}$。对应于门极触发电流时的门极电压，称为门极触发电压 $U_{GT}$。

同一工厂同一型号的晶闸管，由于门极特性的差异，其触发电流、触发电压相差很大。元件触发电压、电流太小，容易受干扰，造成误触发；触发电压、电流太大会造成触发困难。所以对不同系列的元件都规定了最大与最小触发电压、电流的范围。例如 100A 的晶闸管合格证上标明了触发电压、电流分别不应超过 4V、250mA，也不应小于 0.15V、1mA。通常为了保证晶闸管可靠触发，外加门极电压的幅值要比 $U_{GT}$ 大好几倍。

触发电压、电流受温度影响很大，而元件铭牌上是常温下测得的数据。当元件工作时，温度升高，$U_{GT}$、$I_{GT}$ 值会显著降低，在冬天使用时 $U_{GT}$、$I_{GT}$ 值会增大，使用时要注意。

**四、通态平均电压 $U_{T(AV)}$**

在规定环境温度、标准散热条件下，元件通以额定电流即额定正弦半波时，阳极和阴极间电压降的平均值，称通态平均电压（一般称作管压降），其数值按表 1-4 分组。从减小损耗和元件发热来看，应选择 $U_{T(AV)}$ 较小的管子。

**表 1-4 晶闸管通态平均电压分组**

| 组别 | A | B | C | D | E |
|---|---|---|---|---|---|
| 通态平均电压（V） | $U_T \leqslant 0.4$ | $0.4 < U_T \leqslant 0.5$ | $0.5 < U_T \leqslant 0.6$ | $0.6 < U_T \leqslant 0.7$ | $0.7 < U_T \leqslant 0.8$ |

| 组别 | F | G | H | I |
|---|---|---|---|---|
| 通态平均电压（V） | $0.8 < U_T \leqslant 0.9$ | $0.9 < U_T \leqslant 1.0$ | $1.0 < U_T \leqslant 1.1$ | $1.1 < U_T \leqslant 1.2$ |

**五、维持电流 $I_H$**（Holding Current）**与掣住电流 $I_L$**（Latching Current）

在室温下门极断开时，元件从较大的通态电流降至刚好能保持导通的最小阳极电流称为维持电流 $I_H$。维持电流与元件容量、结温等因素有关，额定电流大的管子维持电流也大，同一管子结温低时维持电流增大，维持电流大的管子容易关断。同一型号的管子其维持电流也各不相同。

在晶闸管加上触发电压，当元件从阻断状态刚转为导通状态就去除触发电压，此时要保持元件维持导通所需要的最小阳极电流，称掣住电流 $I_L$。对同一个晶闸管来说，通常掣住电流 $I_L$ 比维持电流 $I_H$ 大数倍。

**六、晶闸管的开通与关断时间**

晶闸管作为无触点开关，在导通与阻断二种工作状态之间的转换并不是瞬时完成的，需要一定的时间。当元件工作在较高频率要求迅速导通和关断时，就必须考虑开通与关断时间。

（一）门极控制的开通时间 $t_{gt}$，简称开通时间（Gate "on" Time）

通常规定：从门极触发电压前沿的10%到元件阳极电压下降至10%所需的时间，称为开通时间 $t_{gt}$。普通晶闸管 $t_{gt}$ 大约为 6μs 左右，快速管可降到 1μs 左右。开通时间与触发脉冲的陡度与大小、元件结温、开通前的 $u_a$ 值、开通后的 $i_a$ 值以及主回路中的电感量等有关。为了缩短开通时间与保证触发导通时刻的正确，常采用实际触发电流比规定触发电流大 3～5 倍、前沿陡的窄脉冲来触发，称为强触发。

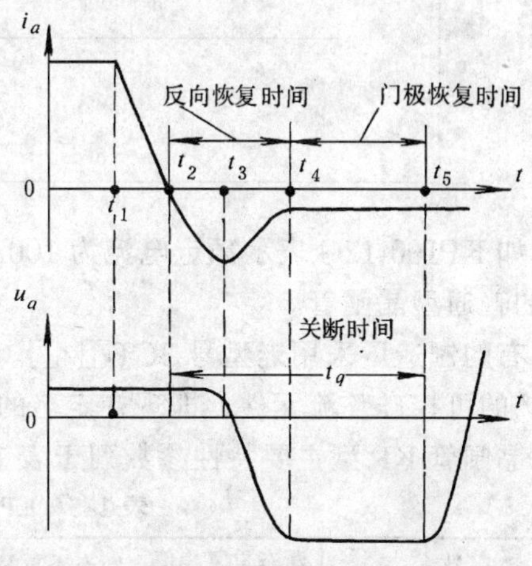


图 1-11　晶闸管关断时电流、电压波形

（二）关断时间 $t_q$（Turn "off" Time）

晶闸管在导通时，阳极电流流过各 PN 结，各区域有大量的载流子存在，使元件呈现低阻状态。晶闸管的关断过程，就是各区域载流子消失的过程。图 1-11 为定性说明元件承受反压时的关断过程。

$t_1$ 时刻，已导通的元件加上反压，阳极电流开始逐渐减小，到 $t=t_2$ 时，$i_a$ 降为零，这时，晶闸管内部各 PN 结附近仍然存在大量载流子，所以，$t_2$ 时刻起在反压作用下，瞬时出现反向阳极电流。$t_3$ 时刻，反向电流达最大值。$t_3 \sim t_4$ 期间，$J_1$、$J_3$ 结由于反向电压作用，使载流子加速消失，逐渐承受反压，当载流子全部消失后，$J_1$、$J_3$ 结完全处于反向阻断状态，承受全部外电压，晶闸管也就完全恢复了反向耐压能力，$t_2 \sim t_4$ 称反向恢复时间。但是，$J_2$ 结此时仍然处于正向偏置，$J_2$ 结的载流子只能通过复合而逐步消失。因为正向阻断能力决定于 $J_2$ 结，尽管 $J_1$、$J_3$ 结都已恢复了反向阻断，当元件重新加上正向电压时，由于 $J_2$ 结附近载流子的存在，元件还会立即导通。所以，必须待 $J_2$ 结的载流子通过复合而基本消失后，正向阻断能力才能完全恢复，门极才能恢复控制特性。图中 $t_4 \sim t_5$ 称为门极恢复时间，$t_5$ 时刻后才允许重加正向电压。我们规定：元件从正向电流降为零到元件恢复正向阻断的时间（$t_2 \sim t_5$）称为关断时间 $t_q$。

晶闸管的关断时间 $t_q$ 与元件结温、关断前阳极电流的大小以及所加反压的大小有关。要缩短关断时间可通过降低结温，适当加大反压并保持一段时间来达到。普通晶闸管的 $t_q$ 约为几十到几百微秒，快速晶闸管的 $t_q$ 可达 10μs 以下。对于一般 50Hz 的工作电路，可不考虑元件的开关时间，但在工作频率较高、需要元件快速导通关断的场合，要选用开关时间短的 KK 型快速晶闸管。

其它参数如通态电流临界上升率$\frac{di}{dt}$与断态电压临界上升率$\frac{dv}{dt}$等，在第四章中叙述。

## 七、晶闸管的型号

按国家有关规定，KP 型普通晶闸管（原称可控硅整流元件、硅闸流管）的型号及其含义如下：

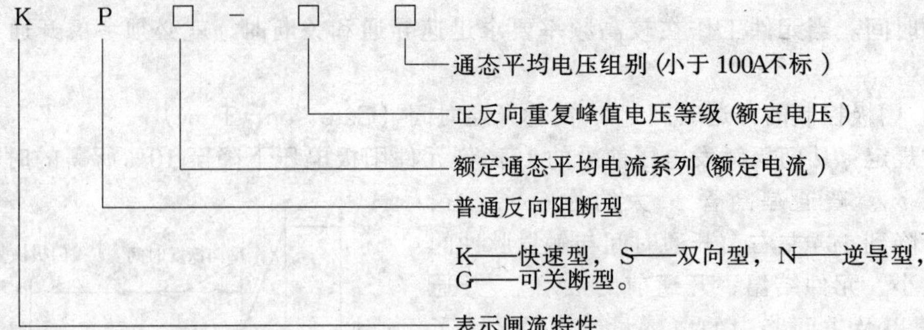


如 KP100-12G 表示额定电流为 100A，额定电压为 1200V，管压降（通态平均电压）为 1V 的普通型晶闸管。

有的制造厂采用老型号 3CT□/□。如 3CT100/800 表示额定电流为 100A，额定电压为 800V 的可控硅整流元件，即现在定名的晶闸管。3CTK 为快速管，3CTS 为双向管。

晶闸管 KP 型主要特性参数列于表 1-5 和表 1-6。

**表 1-5　KP 型晶闸管元件主要额定值**

| 参数 / 单位 / 系列 | 通态平均电流 | 断态重复峰值电压、反向重复峰值电压 | 断态不重复平均电流、反向不重复平均电流 | 额定结温 | 门极触发电流 | 门极触发电压 | 断态电压临界上升率 | 通态电流临界上升率 | 浪涌电流 |
|---|---|---|---|---|---|---|---|---|---|
| | $I_{T(AV)}$ | $U_{DRM}$、$U_{RRM}$ | $I_{DS(AV)}$ $I_{RS(AV)}$ | $I_{IM}$ | $I_{GT}$ | $U_{GT}$ | $dv/dt$ | $dI/dt$ | $I_{TSM}$ |
| | A | V | mA | ℃ | mA | V | V/μs | A/μs | A |
| 序号 | 1 | 2 | 3 | 4 | 5 | 6 | 7 | 8 | 9 |
| KP1 | 1 | 100～3000 | ≤1 | 100 | 3～30 | ≤2.5 | | | 20 |
| KP5 | 5 | 100～3000 | ≤1 | 100 | 5～70 | ≤3.5 | | | 90 |
| KP10 | 10 | 100～3000 | ≤1 | 100 | 5～100 | ≤3.5 | | | 190 |
| KP20 | 20 | 100～3000 | ≤1 | 100 | 5～100 | ≤3.5 | | | 380 |
| KP30 | 30 | 100～3000 | ≤2 | 100 | 8～150 | ≤3.5 | | | 560 |
| KP50 | 50 | 100～3000 | ≤2 | 100 | 8～150 | ≤3.5 | | | 940 |
| KP100 | 100 | 100～3000 | ≤4 | 115 | 10～250 | ≤4 | 25～1000 | 25～500 | 1880 |
| KP200 | 200 | 100～3000 | ≤4 | 115 | 10～250 | ≤4 | | | 3770 |
| KP300 | 300 | 100～3000 | ≤8 | 115 | 20～300 | ≤5 | | | 5650 |
| KP400 | 400 | 100～3000 | ≤8 | 115 | 20～300 | ≤5 | | | 7540 |
| KP500 | 500 | 100～3000 | ≤8 | 115 | 20～300 | ≤5 | | | 9420 |
| KP600 | 600 | 100～3000 | ≤9 | 115 | 30～350 | ≤5 | | | 11160 |
| KP800 | 800 | 100～3000 | ≤9 | 115 | 30～350 | ≤5 | | | 14920 |
| KP1000 | 1000 | 100～3000 | ≤10 | 115 | 40～400 | ≤5 | | | 18600 |

**表 1-6　KP 型晶闸管元件的其它特性参数**

| 参数 | 断态重复平均电流、反向重复平均电流 | 通态平均电压 | 维持电流 | 门极不触发电流 | 门极不触发电压 | 门极正向峰值电流 | 门极反向峰值电压 | 门极正向峰值电压 | 门极平均功率 | 门极峰值功率 | 门极控制开通时间 | 电路换向关断时间 |
|---|---|---|---|---|---|---|---|---|---|---|---|---|
| 单位 | $I_{DR(AV)}$ $I_{RR(AV)}$ | $U_{T(AV)}$ | $I_H$ | $I_{GD}$ | $U_{GD}$ | $I_{GFM}$ | $U_{GRM}$ | $U_{GFM}$ | $P_{G(AV)}$ | $P_{GM}$ | $t_{gt}$ | $t_q$ |
| 系列 | mA | V | mA | mA | V | A | V | V | W | W | μs | μs |
| 序号 | 1 | 2 | 3 | 4 | 5 | 6 | 7 | 8 | 9 | 10 | 11 | 12 |
| KP1 | <1 | ① | 实测值 | 0.4 | 0.3 | — | 5 | 10 | 0.5 | — | 典型值② | 典型值② |
| KP5 | <1 | | | 0.4 | 0.3 | — | 5 | 10 | 0.5 | — | | |
| KP10 | <1 | | | 1 | 0.25 | — | 5 | 10 | 1 | — | | |
| KP20 | <1 | | | 1 | 0.25 | — | 5 | 10 | 1 | — | | |
| KP30 | <2 | | | 1 | 0.15 | — | 5 | 10 | 1 | — | | |
| KP50 | <2 | | | 1 | 0.15 | — | 5 | 10 | 1 | — | | |
| KP100 | <4 | | | 1 | 0.15 | — | 5 | 10 | 2 | — | | |
| KP200 | <4 | | | 1 | 0.15 | — | 5 | 10 | 2 | — | | |
| KP300 | <8 | | | 1 | 0.15 | 4 | 5 | 10 | 4 | 15 | | |
| KP400 | <8 | | | 1 | 0.15 | 4 | 5 | 10 | 4 | 15 | | |
| KP500 | <8 | | | 1 | 0.15 | 4 | 5 | 10 | 4 | 15 | | |
| KP600 | <9 | | | — | — | 4 | 5 | 10 | 4 | 15 | | |
| KP800 | <9 | | | — | — | 4 | 5 | 10 | 4 | 15 | | |
| KP1000 | <10 | | | — | — | 4 | 5 | 10 | 4 | 15 | | |

①　$U_T$ 出厂上限值由各厂根据合格的产品试验自定。

②　同类产品中最有代表的数值。

# 小　　结

普通型晶闸管比整流二极管多了一个控制门极，具有单向可控特性。在元件阳极加上正向电压后，还不会导通，还必须同时在门极流入足够的门极电流，才能像二极管一样正向导通。门极像一扇闸门一样，起着控制导通的作用。晶闸管一旦导通后，门极就失去控制作用。要使已经导通的晶闸管关断，只要使阳极电流小于管子的维持电流即可。

晶闸管阻断时，只有很小的漏电流，导通时只有 1.5V 左右的压降。晶闸管只能稳定工作在阻断与导通二个状态，是比较理想的单向无触点功率开关，用很小的门极电流就能控制很大的阳极电流导通。

晶闸管最主要的特性参数是额定电压与额定电流。额定电压是管子正反向重复峰值电压(取较小的值)，额定电流是额定通态平均电流即正弦半波的平均电流，这与通常的电气元件以有效值来定义额定值不一样，这一点要特别注意。

# 思考题与习题

1. 晶闸管的导通条件是什么？导通后流过晶闸管的电流由什么决定？负载上电压等于什么？晶闸管的关断条件是什么？如何实现？晶闸管处于阻断状态时其两端的电压大小由什么决定？

2. 在晶闸管的门极通入几十毫安的小电流可以控制阳极几十、几百安大电流的导通，它与晶体管用较小的基极电流控制较大的集电极电流有什么不同？晶闸管能不能像晶体管那样构成放大器？

3. 温度升高时，晶闸管的触发电流、正反向漏电流、维持电流以及正向转折电压和反向击穿电压各如何变化？

4. 一些早期的晶闸管装置在夏天工作正常，而到冬天变得不可靠了，可能是什么原因？冬天工作正常，夏天工作不正常又可能是什么原因？

5. 调试图 1-12 所示晶闸管电路，在断开 $R_d$ 测量输出电压 $U_d$ 是否正确可调时，发现电压表读数不正常，接上 $R_d$ 后一切正常，为什么？

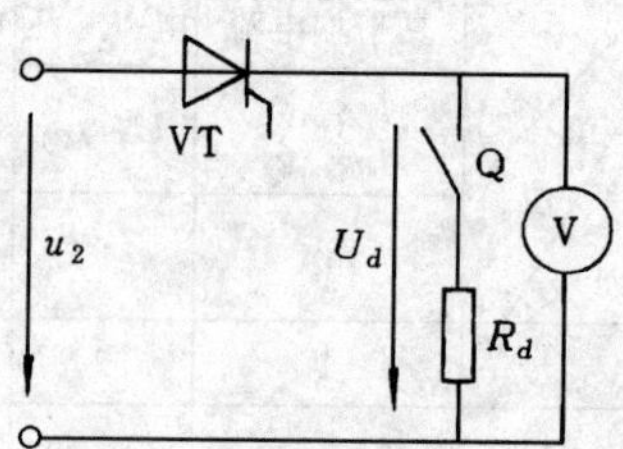


图 1-12　习题 5 附图

6. 型号为 KP100-3、维持电流 $I_H=4\text{mA}$ 的晶闸管，使用在图 1-13 所示电路中是否合理？为什么？(暂不考虑电压电流裕量)

7. 图 1-14 中阴影部分表示流过晶闸管的电流波形，其最大值均为 $I_m$，试计算各平均值 $I_{d1}$，…，$I_{d6}$；电流有效值 $I_1$，…，$I_6$ 和它们的波形系数 $K_{f1}$，…，$K_{f6}$。

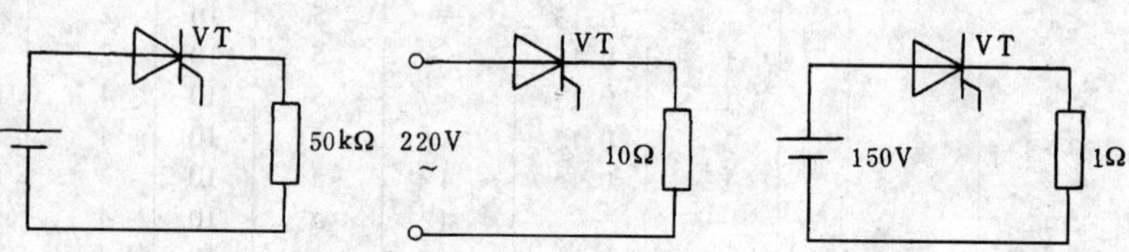


图 1-13　习题 6 附图

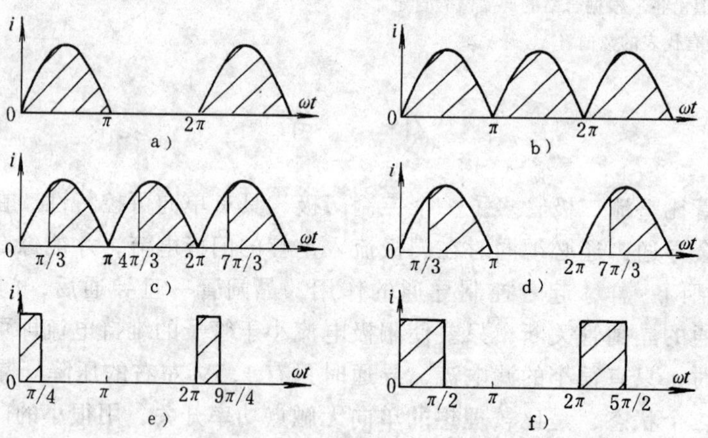


图 1-14　习题 7 附图

8. 上题中，如不考虑安全裕量，问额定电流 100A 的晶闸管允许流过的平均电流 $I_{dn1}$，…，$I_{dn6}$ 各是多少？

9. 用万用表怎样区分晶闸管的阳极 ($A$)、阴极 ($K$) 与门极 ($G$)？判断晶闸管的好坏可有哪些简便实用的方法？

10. 某晶闸管型号规格为 KP200-8D，试问：

(1) 说明型号规格各代表什么意义？

(2) 标出额定电压在管子伏安特性上的相应位置？

11. 如图 1-15 所示，试画出负载 $R_d$ 上的电压波形 (不考虑管子导通压降)。

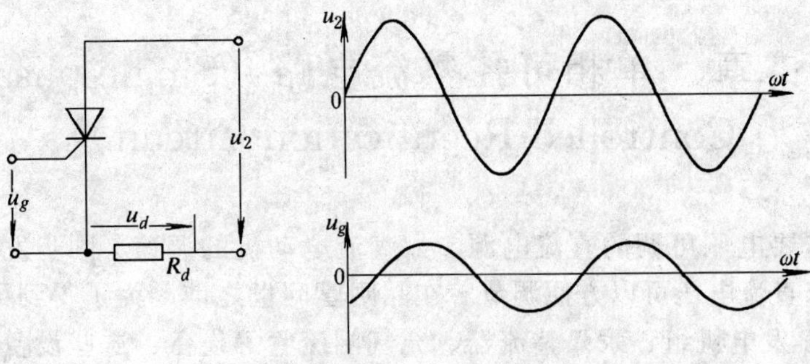


图 1-15　习题 11 附图

# 第二章 单相可控整流电路（Single-phase Controlled Rectification Circuit）

生产中大量需要电压可调的直流电源，如直流电动机的调速、同步发电机的激磁、电焊、电镀等都要求直流电压可以方便调节。在晶闸管问世之前，为了得到可调的直流电源，不得不采用电动机-发电机组、汞弧整流器、充气闸流管等设备，这些设备效率低，笨重或者体积较大。用晶闸管组成的可控整流电路，可以很方便地把交流电变成大小可调的直流电，具有体积小、重量轻、效率高以及控制灵敏等优点，应用日益广泛。

在不影响工程计算精度的情况下，下面在分析整流电路时，把晶闸管与整流二极管都看成理想的元件，即导通时的正向电压降与关断时的漏电流均忽略不计，并且导通与关断都是瞬时完成的。

## 第一节 单相半波（Half-Wave）可控整流电路

### 一、电阻性负载（Resistive Load）

图 2-1a 是单相半波可控整流电路，用一只晶闸管 VT，需要直流电的负载电阻为 $R_d$①。整流变压器 TR 主要用来变换电压，其二次侧电压有效值 $U_2$ 是根据需要的直流输出电压平均值 $U_d$ 决定的。

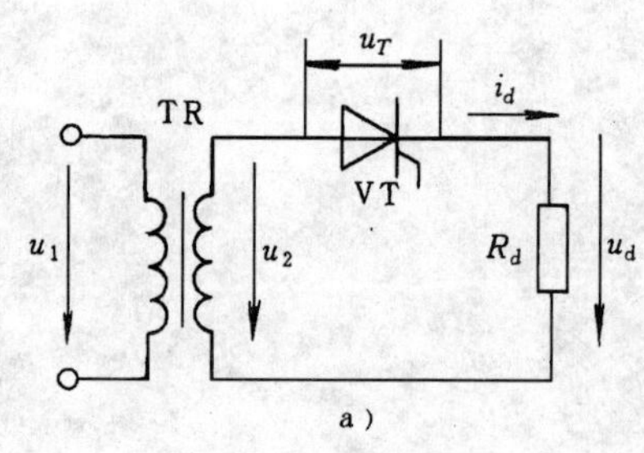


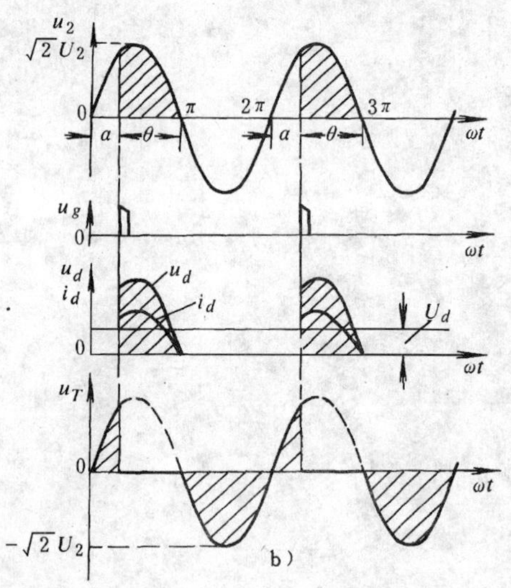


图 2-1 单相半波可控整流

变压器二次侧电压 $u_2$ 为 50Hz 正弦波，其波形见图 2-1b，横坐标以电角度 $\omega t$ 作单位（$\omega$ 为电角速度），正弦波变化一周为 $2\pi$rad 或 360°电角度。横坐标也可以用时间 $t$ 表示，一个周期为 20ms。

在 $u_2$ 的正半周内，晶闸管加上正向阳极电压，但在 $\alpha$ 期间，由于未加触发脉冲，所以晶闸管无法导通，负载 $R_d$ 中没有电流流过，负载两端电压 $u_d=0$，晶闸管 VT 承受全部 $u_2$

① 整流输出端的电压、电流、电阻、电抗等用下标为 $d$ 的相应物理量表示。

电压。当 $\omega t=\alpha$ 时，晶闸管门极加上触发脉冲 $u_g$，VT 立即导通，电源电压 $u_2$ 全部加在 $R_d$ 上（忽略晶闸管电压降）。当管子导通到 $\omega t=\pi$ 时，$u_2$ 降至零，晶闸管因流过它的电流随着下降到零、小于管子的维持电流而关断，此时 $i_d$、$u_d$ 又为零。在 $u_2$ 负半周期间，VT 因承受反压而阻断。直至下一个周期，再加上触发脉冲时，晶闸管再重新导通。当 $u_2$ 电压的每一个周期都以恒定的 $\alpha$ 加上触发脉冲时，则负载 $R_d$ 上就能得到稳定的缺角半波电压波形，这是一个单方向的脉动直流电压，电流 $i_d=\dfrac{u_d}{R_d}$与 $u_d$ 波形相同，见图 2-1b 所示。用示波器测量波形时要注意：①波形中垂直上跳或下跳的线段是显示不出的。②要测量有直流分量的波形必须从示波器的直流测量端输入且预先确定基准水平线位置。

在单相电路中，把晶闸管承受正压起到触发导通之间的电角度 $\alpha$ 称为控制角，亦称移相角（Firing Angle），晶闸管在一个周期内导通的电角度用 $\theta$ 表示，称为导通角（Conduction Angle）。改变 $\alpha$ 的大小即改变触发脉冲在每周期内出现的时刻称为移相。对单相半波电路而言，$\alpha$ 的移相范围为 0～$\pi$，对应的 $\theta$ 在$\pi$～0 范围内变化

$$\alpha+\theta=\pi$$

输出端的直流电压 $U_d$ 是以平均值来衡量的，$U_d$ 是 $u_d$ 波形在一个周期内面积的平均值，直流电压表测得的即为此值，$U_d$ 可由下式积分求得

$$U_d=\frac{1}{2\pi}\int_{\alpha}^{\pi}\sqrt{2}U_2\sin\omega t\,\mathrm{d}(\omega t)=0.45U_2\,\frac{1+\cos\alpha}{2} \tag{2-1}$$

$$\therefore\qquad \frac{U_d}{U_2}=0.45\,\frac{1+\cos\alpha}{2} \tag{2-2}$$

由式（2-1）可见，当控制角 $\alpha$ 从$\pi$ 向零方向变化即触发脉冲向左移动时，负载直流电压 $U_d$ 从零到 $0.45U_2$ 之间连续变化，起到直流电压连续可调的目的。

直流电流的平均值为

$$I_d=\frac{U_d}{R_d}=0.45\,\frac{U_2}{R_d}\,\frac{1+\cos\alpha}{2} \tag{2-3}$$

由于电流 $i_d$ 也是缺角正弦半波，因此在选择晶闸管、熔断器、导线截面以及计算负载电阻 $R_d$ 的有功功率时必须按电流有效值计算。输出电压的有效值即均方根值 $U$ 为

$$U=\sqrt{\frac{1}{2\pi}\int_{\alpha}^{\pi}(\sqrt{2}U_2\sin\omega t)^2\mathrm{d}\omega t}=U_2\sqrt{\frac{1}{4\pi}\sin 2\alpha+\frac{\pi-\alpha}{2\pi}} \tag{2-4}$$

电流有效值 $I$ 为

$$I=\frac{U}{R_d}=\frac{U_2}{R_d}\sqrt{\frac{1}{4\pi}\sin 2\alpha+\frac{\pi-\alpha}{2\pi}} \tag{2-5}$$

电流波形的波形系数 $K_f$ 为

$$K_f=\frac{I}{I_d}=\frac{\sqrt{\dfrac{1}{4\pi}\sin 2\alpha+\dfrac{\pi-\alpha}{2\pi}}}{\dfrac{\sqrt{2}}{\pi}\quad\dfrac{1+\cos\alpha}{2}}=\frac{\sqrt{\pi\sin 2\alpha+2\pi(\pi-\alpha)}}{\sqrt{2}(1+\cos\alpha)} \tag{2-6}$$

$\alpha=0$ 时，
$$K_f=\frac{\sqrt{2\pi\times\pi}}{2\sqrt{2}}=\frac{\pi}{2}\approx 1.57$$

对于整流电路通常要考虑功率因数 $\cos\phi$ 和电源的伏安容量。不难看出，变压器二次侧所供给的有功功率（忽略晶闸管的损耗）$P = I^2R_d = UI$（注意：不是 $I_d^2R_d$），而变压器二次侧的视在功率 $S = U_2I$。所以电路功率因数 $\cos\phi$ 为

$$\cos\phi = \frac{P}{S} = \frac{UI}{U_2I} = \sqrt{\frac{1}{4\pi}\sin2\alpha + \frac{\pi-\alpha}{2\pi}} \tag{2-7}$$

从公式（2-7）可见，$\cos\phi$ 是 $\alpha$ 的函数。$\alpha = 0$ 时，$\cos\phi$ 最大，为 0.707。这说明尽管是电阻性负载，由于存在谐波电流，电源的功率因数也不会是 1，而且当 $\alpha$ 越大时，功率因数越低。

根据式（2-2)、(2-6)、(2-7)，作出三条曲线，如图 2-2 所示，其数值列在表 2-1 中。

**表 2-1　$U_d/U_2$、$I/I_d$、$\cos\phi$ 与控制角的关系**

| 控制角 $\alpha$ | 0° | 30° | 60° | 90° | 120° | 150° | 180° |
|---|---|---|---|---|---|---|---|
| $U_d/U_2$ | 0.45 | 0.42 | 0.338 | 0.225 | 0.113 | 0.03 | 0 |
| $K_f = I/I_d$ | 1.57 | 1.66 | 1.88 | 2.22 | 2.78 | 3.99 | — |
| $\cos\phi$ | 0.707 | 0.698 | 0.635 | 0.508 | 0.302 | 0.12 | 0 |

**例**　有一单相半波可控整流电路，负载电阻 $R_d$ 为 10Ω，直接接到交流电源 220V 上，要求控制角从 180°～0°可移相，如图 2-3 所示。求：

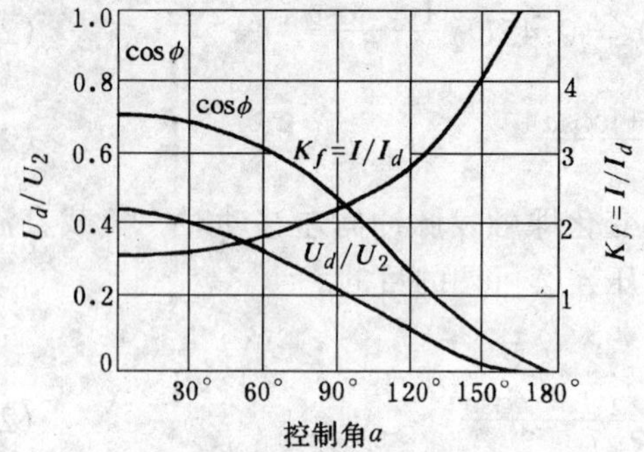


图 2-2　单相半波可控整流的电压、电流、功率因数与控制角的关系

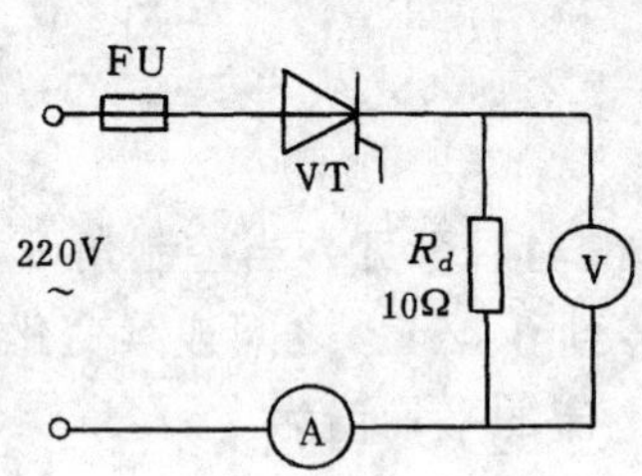


图 2-3　单相半波可控整流电路

(1) 控制角 $\alpha = 60°$时，电压表、电流表读数，及此时的电路功率因数。

(2) 如导线电流密度取 $j = 6\text{A/mm}^2$，计算导线截面。

(3) 计算 $R_d$ 的功率。

(4) 电压电流考虑 2 倍裕量，选择晶闸管元件。

**解**　(1) 从表 2-1 或图 2-2 中可查到当 $\alpha = 60°$时，$U_d/U_2 = 0.338$，计算得

$$U_d = 0.338U_2 = 0.338 \times 220\text{V} = 74.4\text{V}$$

$$I_d = U_d/R_d = 74.7/10\text{A} = 7.44\text{A}$$

$$\cos\phi = 0.635$$

(2) 计算导线截面、电阻功率、选择晶闸管额定电流时，应以电流最大值考虑。控制角 $\alpha = 0°$时，电压、电流最大，故应以 $\alpha = 0°$计算。查表得 $\alpha = 0°$时，$U_d/U_2 = 0.45$，则

$$U_{dM} = 0.45U_2 = 0.45 \times 220\text{V} = 99\text{V}$$

$$I_{dM} = U_d/R_d = 99/10\text{A} = 9.9\text{A}$$

$K_f = I/I_d = 1.57$，所以电路中最大有效电流为 $I_M = 1.57 \times I_{dM} = 1.57 \times 9.9\text{A} = 15.5\text{A}$ 导线截面大小及电路中的熔断器电流均应以最大有效电流计算。所以，导线截面 $S$ 为

$$Sj \geqslant I_M, S \geqslant \frac{I_M}{j} = \frac{15.5}{6}\text{mm}^2 = 2.58\text{mm}^2$$

根据导线线芯截面规格，选 $S = 2.93\text{mm}^2$（7 根 22 号的塑料铜线）。

(3) $P_M = I_M^2 R_d =$

$(15.5)^2 \times 10\text{W} = 2402\text{W} = 2.40\text{kW}$（注意：不是 $P_d = I_d^2 R_d$，$P_d$ 是平均功率）

(4) 从图 2-1 晶闸管两端电压波形 $u_T$ 可见，元件承受的最大正反向电压 $U_{TM} = \sqrt{2} \times U_2 = \sqrt{2} \times 220\text{V} = 311\text{V}$。晶闸管正反向重复峰值电压 $U_{RM} \geqslant 2 \times 311\text{V} = 622\text{V}$。所以应选 700V 的晶闸管。

晶闸管额定电流为 $I_{T(AV)}$，则管子额定电流有效值为 $I_{Tn} = 1.57 I_{T(AV)}$。为保证管子发热在允许范围内，所选晶闸管的额定电流有效值必须大于或等于电路中流过管子的最大电流有效值，并留有 2 倍裕量。所以 $I_{Tn} = 1.57 I_{T(AV)} \geqslant 2I_M = 2 \times 15.5\text{A} = 31\text{A}$。$I_{T(AV)} \geqslant \frac{31}{1.57} = 19.7\text{A}$，选择额定电流为 20A 的晶闸管，晶闸管的型号规格应选为 KP20-7。

## 二、电感性负载（Inductance Load）

整流电路直流负载的感抗 $\omega L_d$ 和电阻 $R_d$ 的大小相比不可忽略时，这种负载称为电感性负载。属于此类负载的有：电机的激磁线圈，输出串接电抗器的负载等。整流电路带电感性负载时的工作情况与带电阻性负载时有很大不同，为了便于分析，在电路中把电感 $L_d$ 与电阻 $R_d$ 分开，如图 2-4 所示。

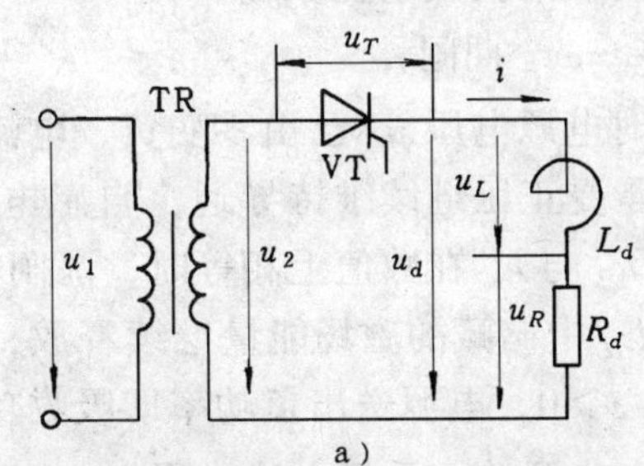


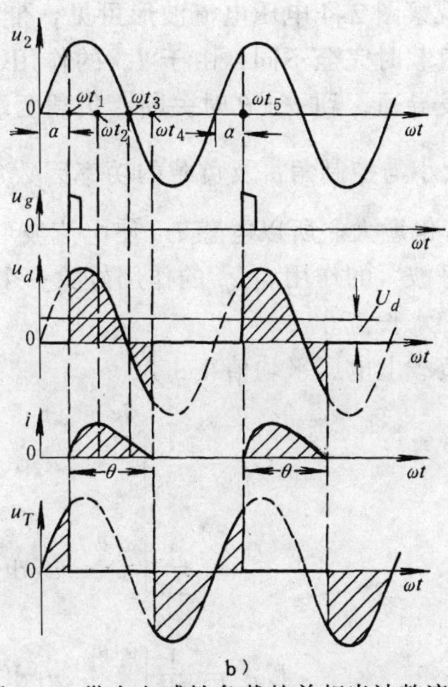


图 2-4　带有电感性负载的单相半波整流电路及其电压、电流波形

我们知道，流过电感 $L_d$ 中的电流变化时，要产生自感电动势，其大小 $e_L = -L_d \frac{di}{dt}$，它起阻碍电流变化的作用。当 $i$ 增大时，$e_L$ 阻碍电流增大，产生的 $e_L$ 极性为上正下负；当 $i$ 减小时，$e_L$ 阻碍电流减小，极性为上负下正。当 $\omega t_1 = \alpha$ 时，晶闸管 VT 触发导通，电压瞬时值方程为

$$u_2 = u_L + u_R = L_d \frac{di}{dt} + iR_d$$

$$\therefore \quad i = \frac{1}{R_d}\left(u_2 - L_d \frac{di}{dt}\right) = \frac{1}{R_d}(u_2 + e_L) \tag{2-8}$$

在 $\omega t_1 \sim \omega t_2$ 期间：

晶闸管触发导通后，由于 $L_d$ 的作用，电流 $i$ 只能从零开始逐渐增大。到 $\omega t_2$ 时刻，电流 $i$ 已上升到 $i=\dfrac{u_2}{R_d}$ 值，由式（2-8）可见此时 $\dfrac{di}{dt}=0$，$i$ 达最大值。此期间，电源不但向 $R_d$ 供给能量，而且供给电感 $L_d$ 能量，使电感磁场能量 $W_L=\dfrac{1}{2}L_d i^2$ 也增至最大值。

$\omega t_2 \sim \omega t_3$ 期间：

由于 $i$ 已下降，$\dfrac{di}{dt}<0$，自感电动势 $e_L$ 改变方向，在 $\omega t_3$ 时 $u_2$ 下降到零，由于 $e_L$ 的作用，晶闸管仍受正压而导通，$i$ 仍大于零。在此期间，电源继续供给能量，$L_d$ 释放磁场能量，共同供给负载电阻 $R_d$。

$\omega t_3 \sim \omega t_4$ 期间：

此时电源电压 $u_2$ 已由零变负，电流继续下降。只要 $e_L$ 在数值上大于电源负电压值，晶闸管仍承受正压继续维持导通，自感电动势 $e_L$ 力图阻止电流的减小。随着 $u_2$ 反向继续增大，当 $u_2$ 与 $e_L$ 在数值上相等时，晶闸管因正向电压为零而关断，之后并立即承受反压。此期间，$L_d$ 中储藏的磁场能量继续释放，一部分消耗在 $R_d$ 上，另一部分反送到电源（此时 $u_2<0$，$i>0$，电源送出负功率即吸收功率）。到 $\omega t_4$ 时刻，电流下降到零，电感能量释放完毕。从 $\omega t_5$ 开始，重复上述过程。

观察图 2-4 电压电流波形可见，带有电感性负载时，输出电压 $u_d$ 与电流 $i_d$ 的波形与带电阻负载时完全不同，由于 $L_d$ 的作用，使 $i$ 的变化落后于电压 $u_d$ 的变化。晶闸管从 $\alpha$ 时刻触发导通，到 $\alpha+\theta$ 时关断，负载两端出现部分负电压。列出微分方程分析可知，导通角 $\theta$ 的大小与控制角 $\alpha$ 及负载的功率因数角 $\left(\phi=\mathrm{arctg}\,\dfrac{\omega L_d}{R_d}\right)$ 有关。当 $R_d$ 一定时，$L_d$ 愈大 $\phi$ 愈大，$\theta$ 也愈大。所以电感 $L_d$ 使电流波形峰值压低，导通时间延长，电流波形变得平稳，起到“平波”的作用。$L_d$ 的作用好象一个“水库”，水多时储存一部分，水少时泄放一 部分，达到细水长流。

负载上电压平均值 $U_d$ 为

$$U_d=\frac{1}{2\pi}\int_{\alpha}^{\alpha+\theta}u_2\mathrm{d}(\omega t)=\frac{1}{2\pi}\int_{\alpha}^{\alpha+\theta}(u_R+u_L)\mathrm{d}(\omega t)=$$

$$\frac{1}{2\pi}\int_{\alpha}^{\alpha+\theta}u_R\mathrm{d}(\omega t)+\frac{1}{2\pi}\int_{\alpha}^{\alpha+\theta}u_L\mathrm{d}(\omega t)=U_{dR}+U_{dL} \tag{2-9}$$

$$U_{dL}=\frac{1}{2\pi}\int_{\alpha}^{\alpha+\theta}u_L\mathrm{d}(\omega t)=\frac{1}{2\pi}\int_{\alpha}^{\alpha+\theta}L_d\frac{\mathrm{d}i}{\mathrm{d}t}\mathrm{d}(\omega t)=$$

$$\frac{\omega L_d}{2\pi}\int_{0}^{0}\mathrm{d}i=0 \tag{2-10}$$

这是因为在 $\omega t=\alpha$ 与 $\omega t=\alpha+\theta$ 时，$i$ 均为零。积分区间内电流增量为零，即积分为零。把式（2-10）代入式（2-9）得

$$U_d = \frac{1}{2\pi}\int_{\alpha}^{\alpha+\theta} u_2 \mathrm{d}(\omega t) = \frac{1}{2\pi}\int_{\alpha}^{\alpha+\theta} u_R \mathrm{d}(\omega t) = U_{dR} \tag{2-11}$$

式（2-11）说明，带有电感负载时，负载电阻上电压平均值仍等于晶闸管导通时间内的电源电压平均值，而电感两端的电压平均值为零。实际上，因为 $L_d$ 中没有电阻，所以 $u_L$ 中当然不存在直流电压，$u_d$ 波形中的直流成分全部降落在 $R_d$ 上，而 $u_d$ 中的交流成分大部分加在 $L_d$ 上。

由于电感的存在，使负载电压波形出现部分负值，所以，负载电压平均值由于电感的存在而减小了。若电感 $L_d$ 越大，则维持导电的时间越长，负电压部分占的比例越大，使输出直流电压下降得越多。当电感 $L_d$ 非常大时（即一定 $R_d$ 时，满足 $\omega L_d \gg R_d$，通常 $\omega L_d > 10R_d$ 即可），对于不同控制角 $\alpha$，导通角 $\theta$ 将接近 $2\pi-2\alpha$，电流波形如图 2-5 所示。这时负载上得到的电压波形的正负面积接近相等，平均电压 $U_d \approx 0$。由此可见，单相半波可控整流电路用于大电感负载时，不管 $\alpha$ 如何调节，$U_d$ 电压总是很小，平均电流 $I_d = U_d/R_d$ 也很小，如不采取其它附加措施，电路无法满足输出一定平均电压的要求。

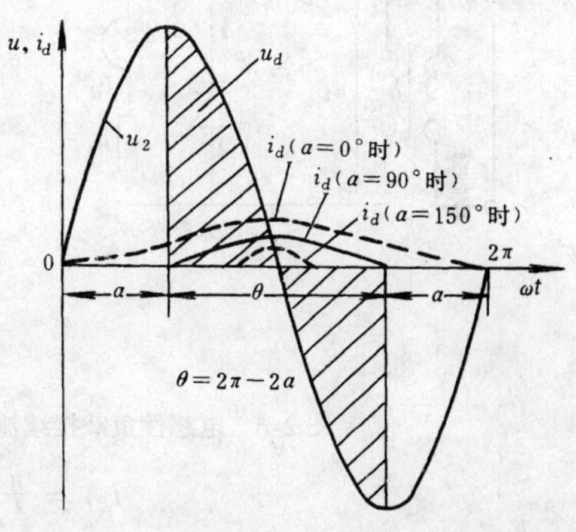

图 2-5 当 $\omega L_d \gg R_d$ 时，不同 $\alpha$ 时的电流波形

实际上 $\theta$ 总是小于 $2\pi-2\alpha$，即电压波形负面积总小于正面积，因此使直流平均电压 $U_d$ 大于 0，才有直流电流 $I_d$，晶闸管才能正常地导通关断。

## 三、续流二极管（Free Wheeling Diode）的作用

在带有在电感负载时，单相半波可控整流电路正常工作的关键是使负载端不出现负电压，因此要设法在电路在电源电压 $u_2$ 负半周时，使晶闸管 VT 承受反压而关断。解决的办法是在负载两端并联一个二极管，其极性如图 2-6 所示。当电源电压 $u_2$ 为正时，晶闸管 VT 触发导通，此时负载两端电压亦为正，二极管 VD 受反压不通，负载上电压波形与不加二极管时相同。不电源电压变负时，由于电流减小，负载上 $L_d$ 产生的感应电动势经二极管 VD 形成回路，使负载电流 $i_d$ 继续流通，所以此二极管称续流二极管。当续流二极管续流导通时，反向的电源电压 $u_2$ 经 VD 使晶闸管受反压而关断。在电源电压反向期间，负载两端电压仅为二极管压降，接近于零，因而不出现负电压。从图 2-6 可以看出，加了续流二极管以后，输出直流电压 $u_d$ 的波形与电阻负载时一样，而电流波形则完全不同。电源电压正半周时，电流由电源经导通的晶闸管供给；电源电压负半周时，晶闸管关断，电流由续流电流维持，因此，负载电流由两部分组成

$$i_d = i_T + i_D$$

电流波形比电阻负载对平稳得多，见图 2-6。所以如果某电阻负载要求很平稳的直流电，可串接一个大电感（亦称平波电抗器 Filter Reacter），再并联一个续流管。

当电感量足够大时，流过负载的电流波形可以看成是一条平行于横轴的直线，晶闸管电流 $i_T$ 与续流管电流 $i_D$ 均为矩形波。假若负载电流的平均值为 $I_d$，则流过晶闸管与续流二极管的电流平均值分别为

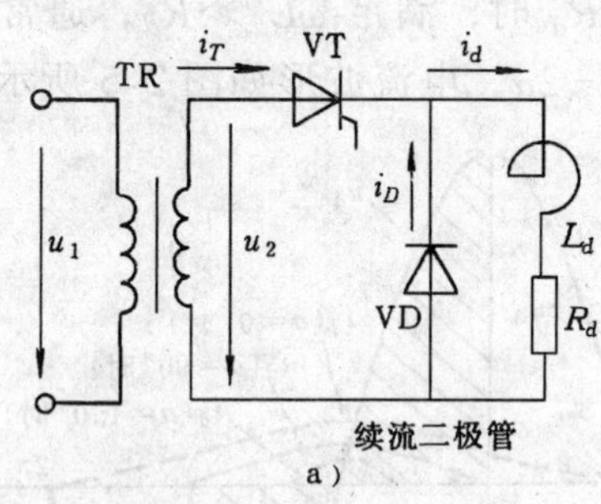


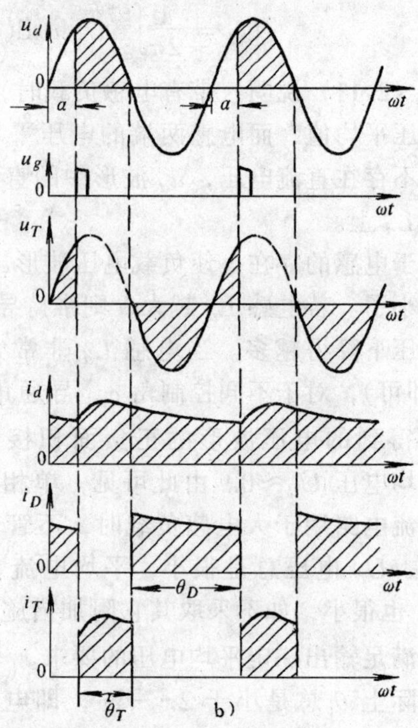


图 2-6 电感性负载接续流二极管时的电路及电流电压波形

$$I_{dT} = \frac{\pi - \alpha}{2\pi} I_d = \frac{\theta_T}{2\pi} I_d \tag{2-12}$$

式中 $\theta_T$——晶闸管一个周期的导通角。

$$I_{dD} = \frac{\pi + \alpha}{2\pi} I_d = \frac{\theta_D}{2\pi} I_d \tag{2-13}$$

式中 $\theta_D$——续流二极管一个周期的导通角。

如用电角度计算则为

$$I_{dT} = \frac{180° - \alpha}{360°} I_d = \frac{\theta_T}{360°} I_d$$

$$I_{dD} = \frac{180° + \alpha}{360°} I_d = \frac{\theta_D}{360°} I_d$$

此时，$\alpha$、$\theta_T$、$\theta_D$ 均以电角度值代入。

流过晶闸管与续流二极管的电流有效值分别为

$$I_T = \sqrt{\frac{\pi - \alpha}{2\pi}} I_d = \sqrt{\frac{\theta_T}{2\pi}} I_d \tag{2-14}$$

$$I_D = \sqrt{\frac{\pi + \alpha}{2\pi}} I_d = \sqrt{\frac{\theta_D}{2\pi}} I_d \tag{2-15}$$

晶闸管和续流管承受的最大电压均为$\sqrt{2}\,U_2$，移相范围与电阻负载时相同，为$\pi$(180°)。

在电感 $L_d$ 很大的电感性负载电路中，当晶闸管触发导通后，阳极电流上升比较缓慢，用窄脉冲触发时，有可能在阳极电流尚未达到晶闸管掣住电流 $I_L$ 时触发脉冲已消失，使管子不能维持导通。因此在大电感负载时，为了保证能可靠触发，脉冲应有足够的宽度，也可与负载并联一个电阻或者在电抗器二端并联电阻，使晶闸管一导通就流过比掣住电流大的阳极电流。

单相半波可控整流电路的优点是线路简单，只用一个晶闸管，调整方便。其缺点是带电阻负载时负载电流脉动大，电流的波形系数 $K_f$ 大，在同样的直流电流 $I_d$ 时，要求较大额定电流的晶闸管，导线截面以及变压器和电源容量增大。如不用电源变压器，则交流回路中有直流电流过，引起电网额外的损耗、波形畸变；如采用变压器，则变压器二次绕组中存在直流电流分量，造成铁心直流磁化。为了使变压器不饱和，必须增大铁心截面。所以单相半波可控整流电路只适用于小容量、装置的体积要求小、重量轻等技术要求不高的场合。

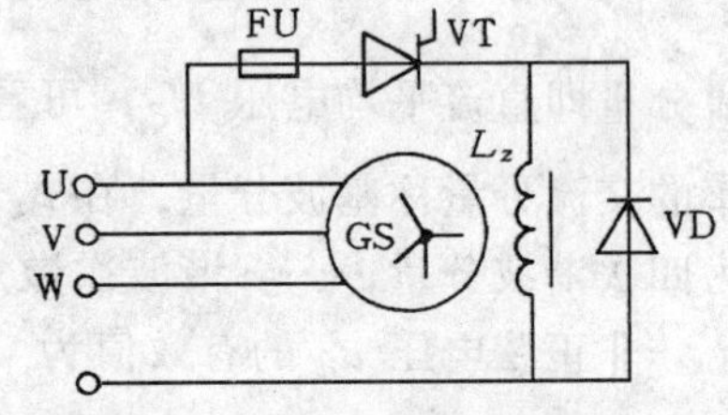

图 2-7　同步发电机单相半波自激电路

**例**　图 2-7 是中小型同步发电机采用单相半波晶闸管自激恒压激磁的原理图。发电机相电压为 220V，要求激磁电压为 45V。激磁线圈 $L_i$ 的电阻为 4Ω，电感为 0.2H，试决定晶闸管的导通角、流过晶闸管与续流二极管电流的平均值与有效值。

**解**　因 $\omega L_d = 314 \times 0.2\Omega = 62.8\Omega \gg R_d = 4\Omega$，所以为大电感负载，可看成电流波形平直。

因为
$$U_d = 0.45U_2\frac{1+\cos\alpha}{2}$$

所以
$$\cos\alpha = \frac{2U_d}{0.45U_2} - 1 = \frac{2\times 45}{0.45\times 220} - 1 = -0.09$$

查表得：$\alpha = 95.1^\circ$，所以 $\theta_T = 180^\circ - 95.1^\circ = 84.9^\circ$

$$I_d = \frac{U_d}{R_d} = \frac{45}{4}\text{A} = 11.25\text{A}$$

晶闸管及续流管中电流平均值与有效值分别为

$$I_{dT} = \frac{84.9^\circ}{360^\circ} \times 11.25\text{A} = 2.66\text{A}$$

$$I_T = \sqrt{\frac{84.9^\circ}{360^\circ}} \times 11.25\text{A} = 5.45\text{A}$$

$$I_{dD} = \frac{360^\circ - 84.9^\circ}{360^\circ} \times 11.25\text{A} = 8.6\text{A}$$

$$I_D = \sqrt{\frac{360^\circ - 84.9^\circ}{360^\circ}} \times 11.25\text{A} = 9.83\text{A}$$

## 第二节　单相全波（Full-Wave）可控整流电路

从上节可见，整流电路输出的直流电压都是周期性的非正弦函数，不能像正弦量那样直接计算。但是我们知道，任何周期性的函数都可依靠数学方法，用富氏级数的形式分解成一系列不同频率的正弦或余弦函数。如负载参数是线性的，可应用叠加原理，对应不同频率的正弦电压，在负载中产生相应各次谐波电流，负载电流 $i_d$ 便是各次谐波电流的合成。

单相正弦半波（$\alpha=0°$）整流电压波形分解成富氏级数的形式为

$$u_d=\sqrt{2}U_2\left(\frac{1}{\pi}+\frac{1}{2}\sin\omega t-\frac{2}{3\pi}\cos2\omega t-\frac{2}{15\pi}\cos4\omega t\cdots\right) \tag{2-16}$$

单相正弦全波与桥式（$\alpha=0°$）整流电压波形分解成富氏级数的形式为

$$u_d=\sqrt{2}U_2\left(\frac{2}{\pi}-\frac{4}{3\pi}\cos2\omega t-\frac{4}{15\pi}\cos4\omega t-\frac{4}{35\pi}\cos6\omega t\cdots\right)$$

现以单相半波可控整流电路来分析。其富氏级数展开式如式（2-16）所示，第一项为直流分量即直流平均电压 $U_d$，可看作零次谐波分量，$U_d=\frac{\sqrt{2}}{\pi}U_2=0.45U_2$；第二项为最低频率的交流分量称基波分量，在式（2-16）为一次谐波分量；第三项为二次谐波分量；第四项为四次谐波分量……。谐波次数愈高，其幅值愈小，在工程计算时，可只考虑前面几项。

非正弦电压 $u_d$ 的有效值为

$$U=\sqrt{\frac{1}{2\pi}\int_0^{\pi}u_d^2\mathrm{d}(\omega t)}=\sqrt{U_d^2+U_1^2+U_2^2+\cdots}=\sqrt{U_d^2+\Sigma U_n^2}=\sqrt{U_d^2+U_R^2}$$

式中　$U_1$、$U_2$、…、$U_n$——各次谐波电压有效值；

$U_R$——交流谐波分量电压总有效值。

由上式可见，任何非正弦电压的有效值是其直流平均电压平方与各次谐波有效值电压平方之和的开方，有效值 $U$ 总是大于平均值 $U_d$，只有对纯粹的直流电压，才有 $U=U_d$。输出直流电压 $u_d$ 的波形是由直流分量 $U_d$ 与交流分量 $u_{d\sim}$ 的叠加，即

$$u_d=U_d+u_{d\sim}$$

从示波器中观察，$u_{d\sim}$ 的波形与 $u_d$ 相同，只是将 $u_d$ 波形横轴坐标上移 $U_d$ 值，使 $u_{d\sim}$ 波形中一周期内剖面线部分正负面积相等，直流分量等于 0，如图 2-8 所示。注意：用示波器测量有直流分量的电压波形时，必须用示波器的直流输入端测量，在测量前示波器测量棒短接，认定零电压水平线，才能读出直流电压的大小。

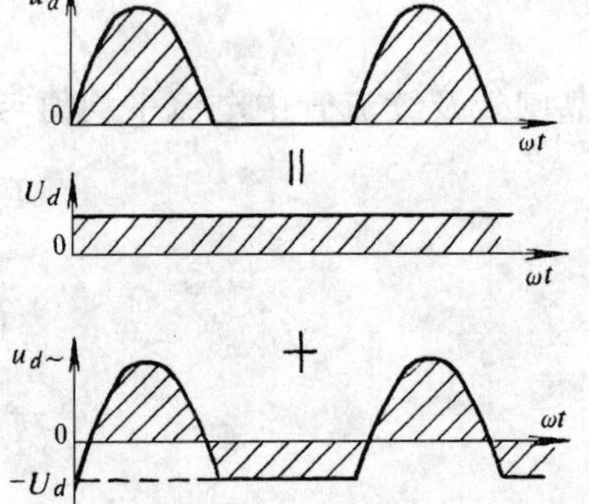

图 2-8　正弦半波直流分量与交流分量波形

为了评价电压波形的平直程度即波形的脉动大小，可用电压脉动系数 $S_U$ 来衡量。$S_U$ 定义为波形的基波分量最大值 $U_{1M}$ 与直流分量即平均值 $U_d$ 之比，即

$$S_U=\frac{U_{1M}}{U_d} \tag{2-17}$$

$S_U$ 越大，说明交流成分相对越大，波形的平直程度愈差。单相半波输出电压 $u_d$ 的脉动系数由式（2-16）可知为

$$S_U=\frac{U_{1M}}{U_d}=\frac{\sqrt{2}U_2/2}{\sqrt{2}U_2/\pi}=\frac{\pi}{2}=1.57$$

就是说，基波电压最大值为直流电压的 1.57 倍。

考虑到基波以外其它谐波的因素和为了测量上的方便，也可用纹波因数 $\gamma$ 来衡量脉动大小。电压纹波因数 $\gamma_U$ 定义为电压波形中交流分量总有效值 $U_R$ 与直流平均值 $U_d$ 之比，即

$$\gamma_U = \frac{U_R}{U_d} = \frac{\sqrt{U^2 - U_d^2}}{U_d} \tag{2-18}$$

单相半波 $\alpha = 0°$时，$u_d$ 波形的纹波因数 $\gamma_U$ 为

$$\gamma_U = \frac{\sqrt{\left(\frac{1}{\sqrt{2}}U_2\right)^2 - (0.45U_2)^2}}{0.45U_2} = \frac{0.545}{0.45} = 1.21$$

当非正弦的直流电压 $u_d$ 加到串联电抗器的负载上时，由于 $L_d$ 的感抗与谐波频率成正比，第 $n$ 次谐波的感抗为 $X_n = n\omega L_d$。因此只要把电感量 $L_d$ 取得足够大，使交流谐波阻抗增大，就能减小交流谐波的幅值特别是高次谐波分量的幅值，使负载电流 $i_d$ 波形趋于平直。当 $L_d$ 足够大且直流电阻忽略不计时，$u_d$ 波形中的交流分量 $u_{d\sim}$ 全部降落在 $L_d$ 上，直流分量 $U_d$ 全部降落在负载电阻 $R_d$ 上，使负载 $R_d$ 得到理想的直流电压。所以电感线圈或者电抗器（利用其感应电动势阻碍电流变化的特性）是很好的电流平波元件。图 2-6 中，用示波器测量的直流侧 $L_d$ 二端的电压波形，即为 $u_d$ 中的交流分量 $u_{d\sim}$；测量 $R_d$ 二端时电压波形为一条直线，其距离横坐标的高度为 $U_d$，也就是直流电压表在直流侧的测量值。

从上面脉动系数与纹波因数的分析可以看出，单相半波整流性能是很差的，为了克服这些缺点，可采用单相全波可控整流。

单相全波(又称双半波)可控整流电路及电流、电压波形如图 2-9 所示，它是由二次侧带中心抽头的整流变压器和两只晶闸管组成，下面分别对电阻性负载与电感性负载进行讨论。

**一、电阻性负载**

线路工作原理如下：当输入交流电压为正半周时（$a$ 端为正，$b$ 端为负），晶闸管 $VT_1$ 承受正向电压，加入触发脉冲 $U_{g1}$后导通，$VT_2$ 处于反向电压呈阻断状态，电流由 $a$ 端经 $VT_1$、$R_d$ 流回 $o$ 端。当电源电压为负半周时（$a$ 端为负，$b$ 端为正），$U_{g2}$触发 $VT_2$ 导通，$VT_1$ 在电源电压过零时已关断。电流由 $b$ 端经 $VT_2$、$R_d$ 流回 $o$ 端，一个周期内负载上得到两个半波电压，如图 2-9 所示。

当电路处于每半周的 $\alpha$ 期间即触发脉冲到来之前，因两个晶闸管均处于阻断状态，一个管承受正压另一个管承受反压，其值均为 $u_2$。一旦出现触发脉冲，承受正压的晶闸管导通，处于反压的晶闸管承担全部 $u_{ab}$电压，$VT_1$ 管子的电压波形 $u_{T1}$如图所示，$VT_2$ 管的电压波形请自行分析。这种电路在电阻性负载时，晶闸管可能承受的最大正向电压为$\sqrt{2}U_2$，而最大反向电压为 $2\sqrt{2}U_2$，这一点在选择晶闸管时必须注意。变压器一次电流 $i_1$ 波形如图所示，为正负对称、无直流分量的波形。

单相全波可控整流电路控制角 $\alpha$ 的移相范围及导通角 $\theta$ 的变化范围与单相半波时相同。其输出直流电压是单相半波可控整流时的 2 倍，输出电压有效值是单相半波整流时的$\sqrt{2}$倍，其计算公式为

$$U_d = \frac{1}{\pi}\int_\alpha^\pi \sqrt{2}U_2\sin\omega t\,\mathrm{d}(\omega t) = 0.9U_2\frac{1+\cos\alpha}{2} \tag{2-19}$$

$$U = \sqrt{\frac{1}{\pi}\int_\alpha^\pi (\sqrt{2}U_2\sin\omega t)^2\mathrm{d}(\omega t)} = U_2\sqrt{\frac{1}{2\pi}\sin2\alpha + \frac{\pi-\alpha}{\pi}} \tag{2-20}$$

负载电流 $i_d$ 的平均值和有效值可按下式计算

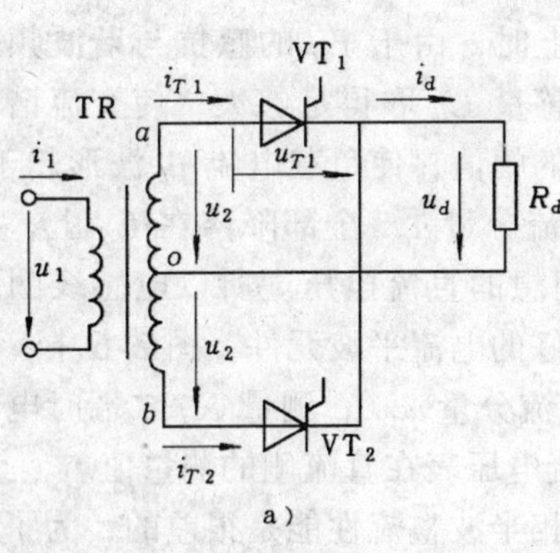


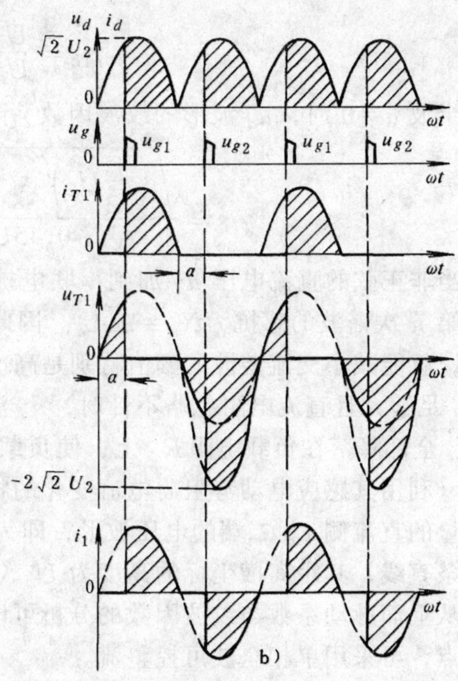


图 2-9 单相全波可控整流电路及电流、电压波形

$$I_d = \frac{U_d}{R_d} = 0.9\frac{U_2}{R_d}\frac{1+\cos\alpha}{2}$$

$$I = \frac{U}{R_d} = \frac{U_2}{R_d}\sqrt{\frac{1}{2\pi}\sin 2\alpha + \frac{\pi-\alpha}{\pi}}$$

负载电流 $i_d$ 波形系数为

$$K_{f全} = \frac{I}{I_d} = \frac{\sqrt{\frac{1}{2\pi}\sin 2\alpha + \frac{\pi-\alpha}{\pi}}}{0.45(1+\cos\alpha)} = \frac{1}{\sqrt{2}}K_{f半}$$

当 $\alpha = 0°$ 时，
$$K_{f全} = \frac{1.57}{\sqrt{2}} = 1.11$$

上式说明，全波整流时负载电流的波形系数 $K_{f全}$ 为半波整流时的 $\frac{1}{\sqrt{2}}$。假如在同样的 $I_d$ 时，全波整流时的有效电流为半波整流时的 $\frac{1}{\sqrt{2}}$，因此全波整流时的导线截面、负载电阻 $R_d$ 的功耗都可相应减小。电路功率因数 $\cos\phi$ 为（从整流变压器一次侧看）

$$\cos\phi = \frac{P}{S} = \frac{UI}{U_1 I_1} = \frac{UI}{U_2 I} = \sqrt{\frac{1}{2\pi}\sin 2\alpha + \frac{\pi-\alpha}{\pi}} \qquad (2\text{-}21)$$

比较式（2-21）与（2-7）可得出在 $\alpha$ 相同时，全波整流电路的功率因数比半波整流时提高 $\sqrt{2}$ 倍。

## 二、电感性负载

全波可控整流电路带电感性负载时，工作情况与半波整流时有很大不同。单相半波可控整流电路带大电感负载时，如不接续流二极管，则不论 $\alpha$ 如何变化，负载上的直流平均电

压总是很小，而全波电路在 $\alpha<90°$ 范围内，$u_d$ 可以在 $0\sim0.9U_2$ 范围内调节。图 2-10b 中当 $\omega t_1$ 时刻触发 $VT_1$ 管导通后由于 $L_d$ 中感应电动势的作用，$VT_1$ 管一直导通到电源电压变为负值，待与 $U_{g1}$ 相隔 180° 的 $U_{g2}$ 出现时，$VT_2$ 管触发导通，才使 $VT_1$ 管承受反压关断，负载电流由原来 $VT_1$ 换到 $VT_2$ 供给。电流从一个晶闸管换到另一个晶闸管是自然进行的，用不到任何换流措施，只是在换流瞬间，利用交流输入电压的正确极性，使得待导通的管子承受正压方能触发导通，使已导通的管子承受反电压而关断，这种换流方式称为自然换流或电源换流，图 2-10b 中 $\omega t_1$、$\omega t_2$、$\omega t_3$…即为换流点。当 $\alpha=90°$ 时，若 $L_d$ 足够大，则负载端得到正负面积近似相等的交变电压，$U_d\approx0$，电流为一条与横轴十分接近的脉动波，如图 2-10c 所示。因此在 $0°<\alpha\leqslant90°$ 范围内，每一个晶闸管始终导通半个周期即 180°。当 $L_d$ 不够大不足以维持电流连续时，导通的晶闸管将在电源负半周的 90° 前提早关断，这时输出电流波形断续，脉动较大。

当 $\alpha>90°$ 时，负载上得到断续的电流波形，每个晶闸管的导通角 $\theta\approx2\pi-2\alpha$，如图 2-10d 所示。显然输出电压 $U_d\approx0$。所以控制角只需工作在 0°～90° 的范围，$U_d$ 的计算公式为

$$U_d=\frac{1}{\pi}\int_{\alpha}^{\pi+\alpha}\sqrt{2}U_2\sin\omega t\,\mathrm{d}(\omega t)=0.9U_2\cos\alpha \tag{2-22}$$

全波整流电路在带电感性负载时，晶闸管元件可能承受的最大正向电压为 $2\sqrt{2}U_2$，这与带电阻性负载时不同。

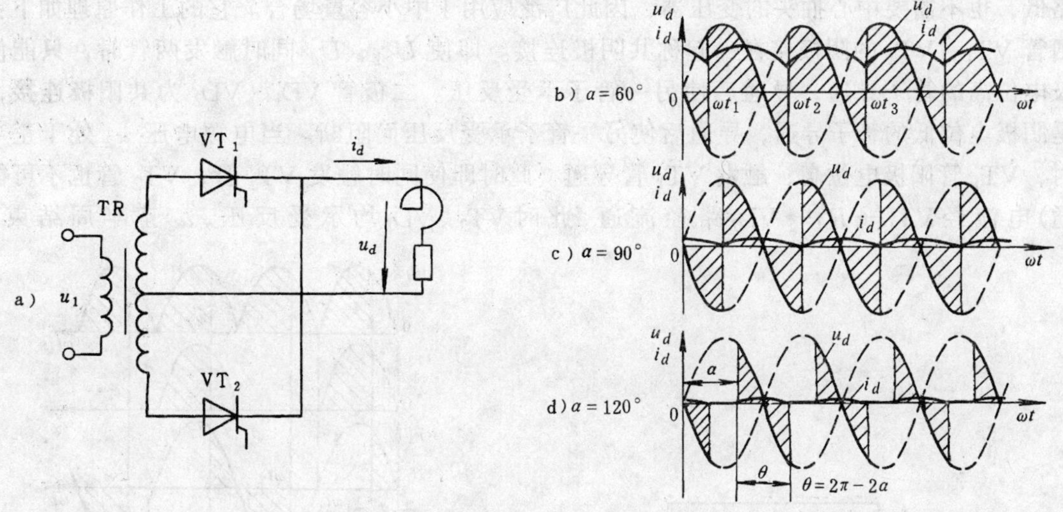


图 2-10　带电感性负载的全波可控整流电路及电流电压波形

为了提高输出电压，消除输出电压中负电压部分，同时使输出电流更加平直，在实际应用中，可加接续流二极管 VD。当 $L_d$ 足够大时，其电路图和波形如图 2-11 所示。这时输出平均电压及平均电流的计算公式与电阻负载相同。续流二极管 VD 一周期内续流二次，导通角 $\theta_D=2\alpha$。

全波可控整流电路输出电压 $u_d$ 的脉动系数为 0.66，纹波因数为 0.48，比单相半波整流电路小，变压器两个二次绕组的直流安匝是相互抵销的，故不会引起铁心的直流磁化。但这种电路要求有带中心抽头的整流变压器，每个二次绕组一周期内只工作一半时间，利用率

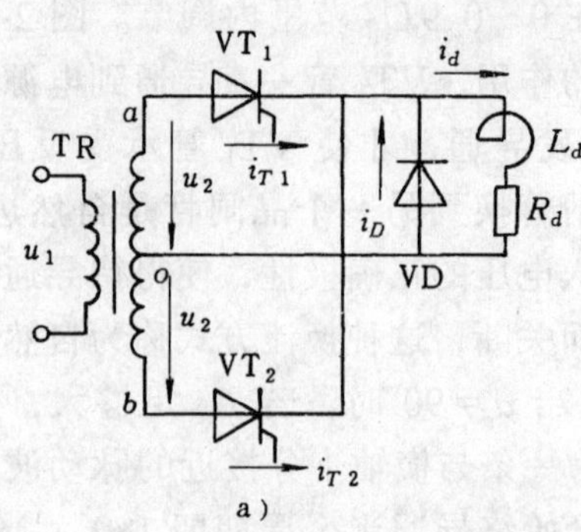


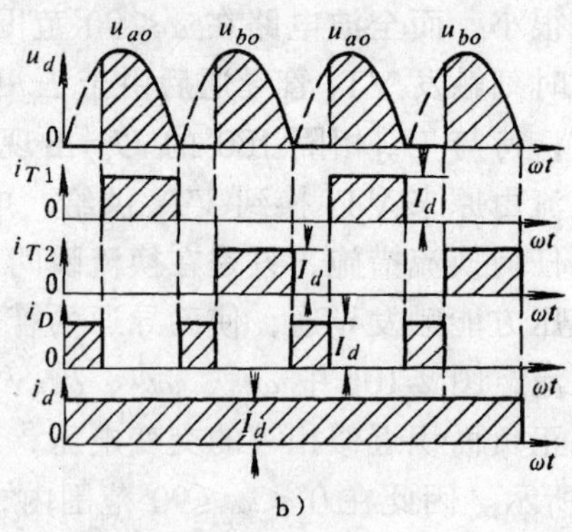


图 2-11　全波可控整流、带大电感负载、接续流管时的电压电流波形

低，所用晶闸管正反向耐压要求较高，故只适用于较小容量的可控整流。

## 第三节　单相桥式（Bridge）可控整流电路

### 一、单相半控桥式整流电路

在单相桥式二极管整流电路中，把其中两个二极管换成晶闸管就组成单相半控桥式整流电路，如图 2-12 所示。这种电路由于对变压器的容量和晶闸管参数的要求都比全波整流电路低，也不需要中心抽头的变压器，因此广泛应用于中小容量场合。它的工作原理如下：晶闸管 $VT_1$、$VT_2$ 的阴极接在一起称共阴极连接。即使 $U_{g1}$、$U_{g2}$ 同时触发两管时，只能使阳极电位高的管子导通，导通后使另一管子承受反压。二极管 $VD_1$、$VD_2$ 为共阳极连接，总是阴极电位低的管子导通，导通后使另一管子承受反压而阻断。当电源电压 $u_2$ 处于正半周时，$VT_1$ 管阳极电位高，触发 $VT_1$ 管导通（此时即使同时触发 $VT_2$ 管，$VT_2$ 管也不可能导通）电流经 $VT_1 \rightarrow R_d \rightarrow VD_2$ 路径流通，此时 $VT_2$、$VD_1$ 均承受反压，$u_2$ 正半周结束时，

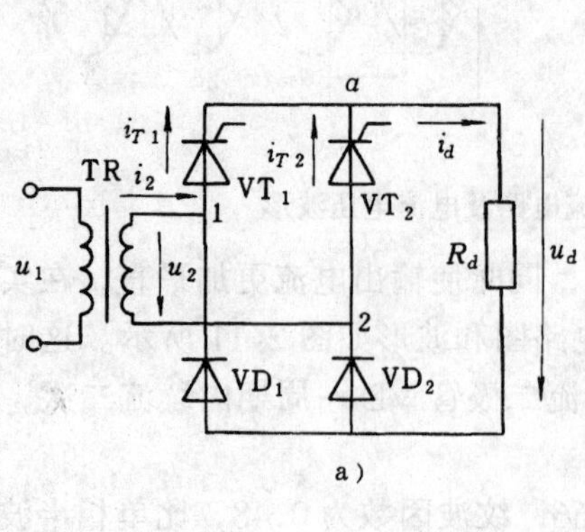


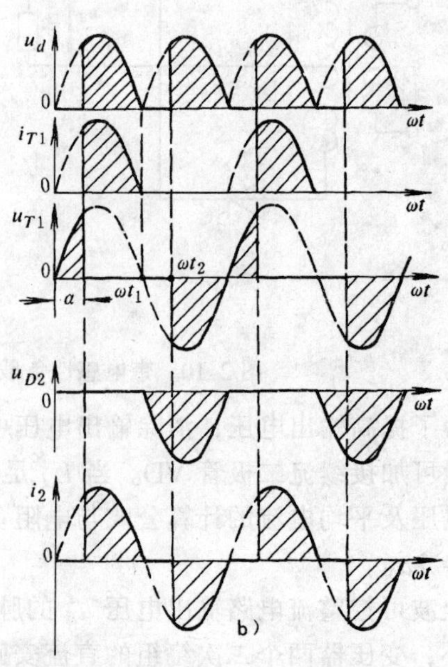


图 2-12　单相桥式半控整流电路及其电流电压波形

$VT_1$ 关断。当 $u_2$ 负半周时，触发 $VT_2$ 管，电流经 $VT_2 \rightarrow R_d \rightarrow VD_1$ 路径流通。这样在负载 $R_d$ 上得到与全波整流时一样的波形，下面分三种不同负载来讨论。

（一）电阻性负载

电压、电流波形如图 2-12b 所示。输出电压 $U_d$ 与控制角 $\alpha$ 的关系与全波整流时一样为

$$U_d = \frac{1}{\pi}\int_{\alpha}^{\pi} \sqrt{2}U_2 \sin\omega t \, d(\omega t) = 0.9U_2 \frac{1+\cos\alpha}{2} \tag{2-23}$$

电流平均值 $I_d$ 为

$$I_d = \frac{U_d}{R_d} = 0.9\frac{U_2}{R_d}\frac{1+\cos\alpha}{2} \tag{2-24}$$

负载有效电流 $I$ 与交流输入电流有效值 $I_2$ 相同为

$$I = I_2 = \sqrt{\frac{1}{\pi}\int_{\alpha}^{\pi}\left(\frac{\sqrt{2}U_2}{R_d}\sin\omega t\right)^2 d\omega t} = \frac{U_2}{R_d}\sqrt{\frac{1}{2\pi}\sin 2\alpha + \frac{\pi-\alpha}{\pi}} \tag{2-25}$$

负载 $R_d$ 上的有效功率即发热消耗功率 $P = UI$。流过每个晶闸管的平均电流为 $I_{dT} = \frac{1}{2}I_d$，在电路节点 $a$，平均电流符合基尔霍夫第一定律 $\Sigma I_d = 0$，即 $I_{dT1} + I_{dT2} = I_d$；而流过每个晶闸管的有效电流 $I_T = \frac{1}{\sqrt{2}}I$，节点有效电流代数和不等于零，即 $I_{T1} + I_{T2} \neq I$。电路功率因数、电流波形系数等均与全波可控整流时一样。

晶闸管两端电压波形如图 2-12b 所示，承受的最大正反向电压为电源峰值的 $\sqrt{2}$ 倍，在直流电压 $U_d$ 相同时，比全波整流时的值低一半。当 $VT_1$、$VT_2$ 均不导通时，如图中 $\omega t_1 \sim \omega t_2$ 期间，2 端为正，1 端为负，由于经 $VT_2 \rightarrow R_d \rightarrow VD_1$ 回路存在漏电流，而 $VT_2$ 的正向漏电阻远大于 $VD_1$ 的正向电阻与 $R_d$ 之和，分压结果使 $a$ 点与 1 点同电位，所以在此期间，$VT_1$ 管两端电压近似为零。

变压器二次电流 $i_2$ 为正负对称的缺角正弦，无直流分量，但存在奇次谐波，控制角 $\alpha = 90°$ 时谐波分量最大，对电网有不利影响。

**例** 某单相桥式半控整流电路，电阻负载 $R_d = 4\Omega$，要求 $I_d$ 在 0～25A 之间变化，如图 2-13 所示，求

（1）整流变压器 TR 的变化（不考虑 $\alpha$ 余量）。

（2）如导线允许电流密度 $j = 6A/mm^2$，求连接负载导线的截面积。

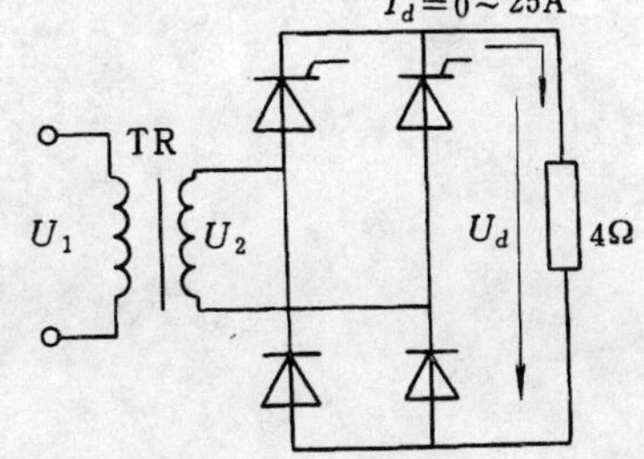


图 2-13 例题图

（3）计算晶闸管电流、电压定额，考虑 2 倍余量，选择晶闸管型号规格。

（4）忽略变压器激磁功率，变压器应选多大容量？

（5）计算负载电阻 $R_d$ 的功率。

（6）计算电路最大功率因数。

**解** （1）$U_{d\max} = I_{d\max}R_d = 25A \times 4\Omega = 100V$，对应 $\alpha = 0°$ 时，$U_2 = \frac{U_d}{0.9} = 111V$。所以变压器变比 $K = \frac{U_1}{U_2} = \frac{220}{111} \approx 2$（考虑到线路和变压器电压降等因素，实际变比应小于 2）

（2）$\alpha = 0°$ 时，$i_d$ 的波形系数 $K_f = 1.11$

$\therefore \quad I = K_f I_d = 1.11 \times 25\text{A} = 27.75\text{A}$，导线截面 $S \geqslant \frac{I}{j} = \frac{27.75}{6}\text{mm}^2 = 4.6\text{mm}^2$，可选 BV-70 聚氯乙烯铜芯 $\phi 2.24$ 单根硬线。

(3) 晶闸管额定电流 $I_{T(AV)} \geqslant \frac{I_T}{1.57} = \frac{I/\sqrt{2}}{1.57} = 12.5\text{A}$，$I_{T(AV)}$ 取 30A。$U_{aM} = \sqrt{2}\, U_2 = 157\text{V}$，$U_{Tn}$ 取 400V。∴选择 30A、400V 的晶闸管，型号规格为 KP30-4。

(4) $S = U_2 I_2 = U_2 I = 111\text{V} \times 27.75\text{A} = 3.08\text{kV·A}$。

(5) $P_R = \frac{U^2}{R_d} = I^2 R_d = (27.75\text{A})^2 \times 4\Omega = 3.08\text{kW}$。

(6) $\cos\phi = \sqrt{\frac{1}{2\pi}\sin 2\alpha + \frac{\pi - \alpha}{\pi}}$，功率因数随 $\alpha$ 不同在 0～1 之间变化。当 $\alpha = 0°$ 时，$\cos\phi = 1$。

（二）大电感负载

当输出端串接的电感 $L_d$ 足够大，使负载电流波形为一水平直线时，这种负载通常称大电感负载，其电路各处波形如图 2-14 所示。当 $u_2$ 电压在正半周，控制角为 $\alpha$ 时，触发晶闸管 $VT_1$ 导通，负载电流 $i_d$ 经 $VT_1$、$VD_2$ 流通。到 $u_2$ 电压下降到零开始变负时，由于电感 $L_d$ 产生感应电动势的作用，维持电流流通，$VT_1$ 将继续导通。但此时 1 点电位比 2 点低，因二极管 $VD_1$、$VD_2$ 为共阳极连接，故转为 $VD_1$ 导通、$VD_2$ 关断，因此负载电流 $i_d$ 经 $VT_1$、$VD_1$ 所成回路续流，此时输出电压为这两个管子的正向压降，接近于零。当 $u_2$ 为负半周且控制角与正半周时相同为 $\alpha$ 时触发 $VT_2$ 管，由于 2 点电位比 1 点高，故经过换流使 $VT_2$ 导通 $VT_1$ 关断，电流经 $VT_2$、$VD_1$ 流通，在 $u_2$ 负半周过零变正时，同样由 $VT_2$、$VD_2$ 起续流作用，输出电压为零。电路工作的特点是：晶闸管在触发时刻换流，二极管则在电源

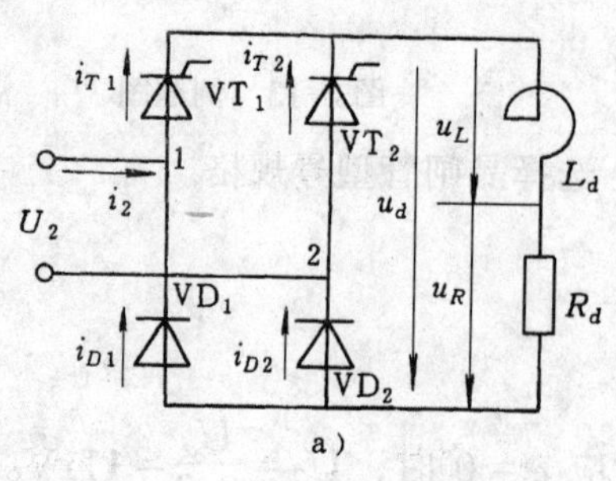


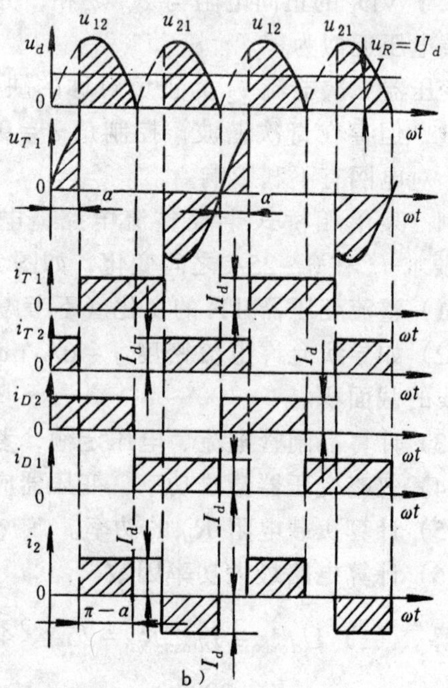


图 2-14　单相半控桥式整流电路带大电感负载时的电压电流波形图

过零时刻换流。所以单相半控桥式整流电路即使直流输出端不接续流二极管，由于桥路二极管内部的续流作用，负载端与接续流管时一样，$u_d$、$I_d$ 的计算公式与电阻性负载相同。流过晶闸管与二极管的电流都是宽度为180°的方波且与 $\alpha$ 无关，交流侧电流 $i_2$ 为正负对称的交变方波，有较强的谐波电流分量流入电网。

这种线路看起来虽不另接续流二极管也能工作，但在实际运行时，当突然把控制角 $\alpha$ 增大到180°或突然切断触发电路时，会发生正在导通的晶闸管一直导通而两个二极管轮流导通的失控现象。例如切断触发电路时 $VT_1$ 管正在导通，当 $u_2$ 电压变负时，因 $L_d$ 的作用，使电流通过 $VT_1$、$VD_1$ 形成续流。$L_d$ 中储存的能量如在整个 $u_2$ 负半周都没有释放完，就使 $VT_1$ 在整个负半周都保持导通。当 $u_2$ 又进入正半周时 $VT_1$ 又承受正压继续导通，同时 $VD_1$ 关断 $VD_2$ 导通。因此，即使不加触发脉冲，负载上仍保留了正弦半波的输出电压，这在使用时是不允许的。失控时，维持导通的晶闸管二端波形为一条直线，不导通的晶闸管二端的电压波形为 $u_2$ 交流波形。

由于上述原因，这种半控桥式整流电路还需加接续流二极管。接上续流二极管后，当电源电压降到零时，负载电流经续流管续流，使桥路直流输出端只有1V左右的压降，迫使晶闸管与二极管串联电路中的电流减小到维持电流以下，使晶闸管关断，这样就不会出现失控现象了。为了使续流二极管可靠工作，其接线要粗而短，接触电阻要小，且不宜串接熔断器。

接续流管后各处电流波形如图2-15所示。若控制角为 $\alpha$，则每个晶闸管导通角为 $\theta_T=180°-\alpha$，流经晶闸管的平均电流为 $I_{dT}=\frac{\theta_T}{360°}I_d=\frac{180°-\alpha}{360°}I_d$，有效电流为 $I_T=\sqrt{\frac{180°-\alpha}{360°}}I_d$。流经续流管的平均电流为 $I_{dD}=\frac{\theta_D}{360°}I_d=\frac{2\alpha}{360°}I_d$，有效电流为 $I_D=\sqrt{\frac{2\alpha}{360°}}I_d$。续流二极管承受最大反压为 $\sqrt{2}U_2$。

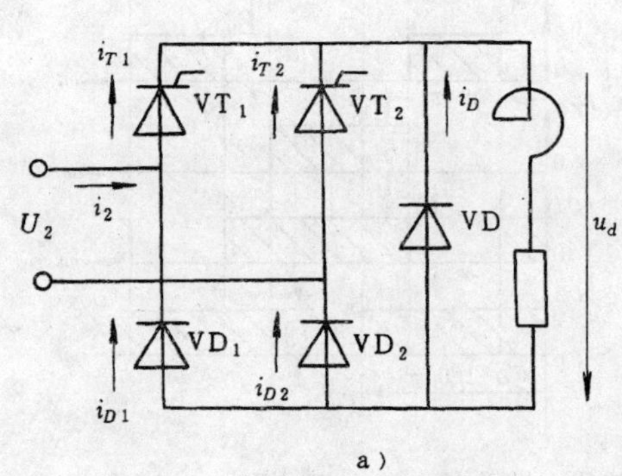


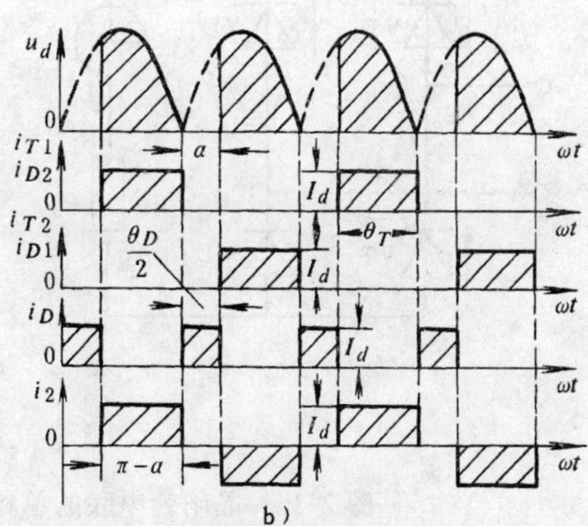


图2-15 单相半控桥式整流电路带大电感负载、接续流管时的电压电流波形

**例** 有一大电感负载采用单相半控桥式有续流二极管的整流电路供电，负载电阻为5Ω，输入电压220V，晶闸管控制角 $\alpha=60°$，求流过晶闸管、二极管的电流平均值及有效值。

**解** 先求整流输出电压平均值

$$U_d=0.9U_2\frac{1+\cos\alpha}{2}=0.9\times220\text{V}\times\frac{1+0.5}{2}=149\text{V}$$

再求负载电流平均值

$$I_d = U_d/R_d = \frac{149}{5}\text{A} \approx 30\text{A}$$

晶闸管及整流二极管每周期的导电角是

$$\theta = 180^\circ - \alpha = 180^\circ - 60^\circ = 120^\circ$$

续流二极管每周期导电角是

$$360^\circ - 2\theta = 360^\circ - 2 \times 120^\circ = 120^\circ$$

所以电流的平均值与有效值分别为

$$I_{dT} = I_{dD} = \frac{120^\circ}{360^\circ} I_d = 10\text{A}$$

$$I_T = I_D = \sqrt{\frac{120^\circ}{360^\circ}} I_d = 17.3\text{A}$$

由上述计算可知：单相半控桥式整流电路接大电感负载时，流过晶闸管元件的平均电流与元件的导通角成正比。当导通角 $\theta_T$ 为 120°时，流过续流二极管和晶闸管的平均电流相等。当 $\theta_T$ 小于 120°时，流过续流二极管的平均电流比流过晶闸管的大，$\theta_T$ 越小前者大得越多，因此续流二极管的容量选择必须考虑在续流二极管中实际流过的电流的大小，有时可以与晶闸管的额定电流相同，有时应选比晶闸管额定电流大一级的元件。

图 2-16 画出了两个晶闸管串联连接的单相半控桥式整流电路，它的优点是两个串联二级管除整流作用外，还可代替外接续流管。因此，不外接续流二极管，电路也不会出现失控现象。但这种电路的二极管负担增加。触发电路只有一套装置时，必须采用脉冲变压器，并且其二次侧要有两组相互绝缘的绕组，能够承受交流电压峰值。

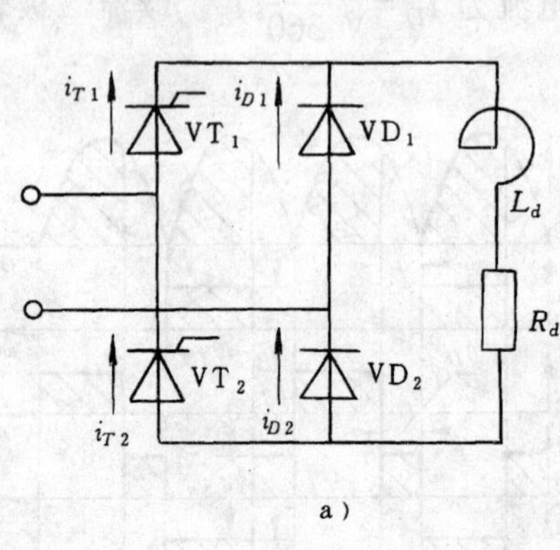


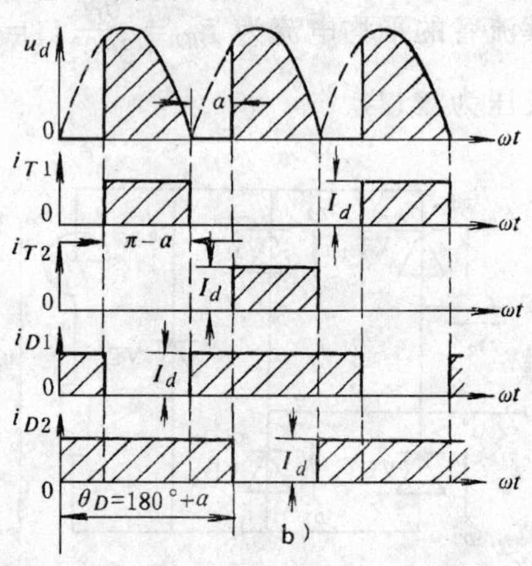


图 2-16 晶闸管串联的单相半控桥式整流电路及其电流电压波形

本线路的电流电压波形也示于图 2-16 中，流过 $VT_1$、$VT_2$ 的电流波形与图 2-15 相同，但流过 $VD_1$、$VD_2$ 的电流增大了，其平均值与有效值分别为

$$I_{dD} = \frac{180^\circ + \alpha}{360^\circ} I_d$$

$$I_D = \sqrt{\frac{180^\circ + \alpha}{360^\circ}} I_d$$

负载电阻 $R_d$ 的功率计算：由电工基础知识可知，非正弦电压与电流构成的有功功率是其直流分量功率与各次谐波的有功功率之和，即

$$P = U_d \cdot I_d + U_1 \cdot I_1\cos\phi_1 + U_2 \cdot I_2\cos\phi_2 + \cdots =$$
$$P_d + P_1 + P_2 + \cdots$$

式中 $U_1$、$U_2\cdots$——一次、二次…谐波电压有效值；

$I_1$、$I_2\cdots$——一次、二次…谐波电流有效值；

$\cos\phi_1$、$\cos\phi_2\cdots$——一次、二次…谐波功率因数。

只有相同频率的电压、电流才能构成有功功率。在大电感负载中，$i_d = I_d$，电流是纯粹的直流，无交流分量，所以 $P_1$、$P_2$、…都为零，$P = P_d$，即负载电阻 $R_d$ 上有功功率等于直流功率。

（三）反电动势负载（Back EMF Load）

充电蓄电池、直流电动机等负载本身具有一定的直流电动势，对可控整流电路来说，是一种反电动势性质的负载。现以蓄电池负载为例来分析，$R_0$ 为蓄电池内阻。图 2-17 所示反电动势负载有如下特点：

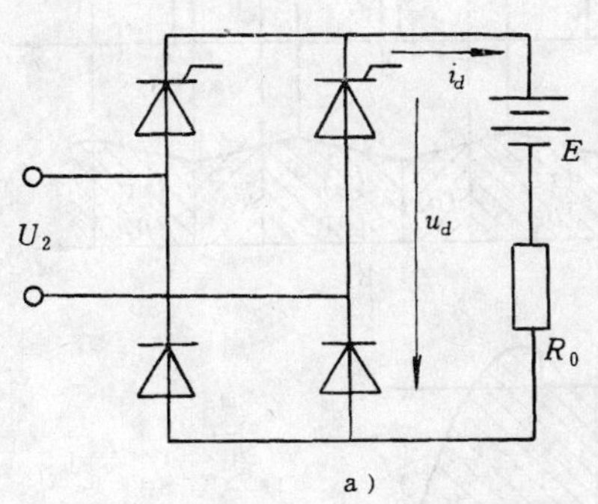


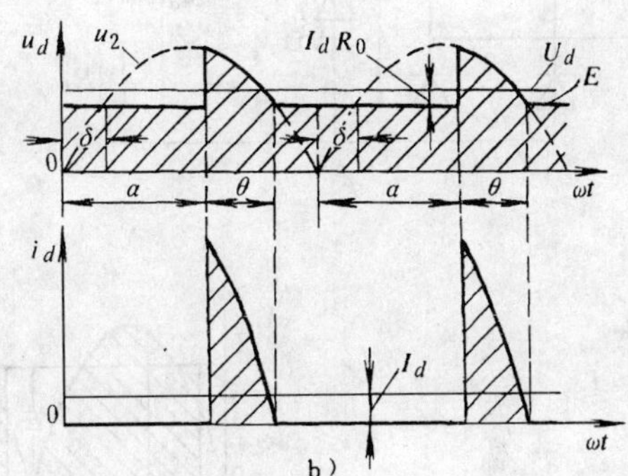


图 2-17 单相半控桥反电势负载

1）只有整流电压 $u_d$ 的瞬时值大于负载电动势 $E$ 时，整流桥路中的晶闸管才能承受正压而触发导通，整流桥路才有电流 $i_d$ 输出。当晶闸管导通时，$u_d = u_2 = E + i_d R_0$；当晶闸管关断时 $u_d = E$（是负载本身的电动势，并不是整流输出电压），因此，在反电动势负载时，电流不连续，负载端直流电压 $U_d$ 升高。例如，直接由电网 220V 电压供电的桥式整流电路，电阻负载时，最大直流电压 $U_d = 198\text{V}$（忽略管子电压降等因素），而带反电动势负载时，$U_d$ 值可增大到 250V 以上。

2）即使整流桥路直流电压平均值 $U_d$ 小于反电动势 $E$，只要 $u_d$ 的峰值大于 $E$，在直流回路电阻 $R_0$ 很小时，仍可以有相当大的电流输出，输出电流瞬时值 $i_d$ 为

$$i_d = \frac{u_d - E}{R_0}(u_d > E)$$

平均电流 $I_d$ 为

$$I_d = \frac{1}{\pi}\int_{\alpha}^{\alpha+\theta} \frac{\sqrt{2}U_2\sin\omega t - E}{R_0}\mathrm{d}(\omega t)$$

由于电流波形在每一个周期内导通角 $\theta$ 较小，波形严重不连续，电流峰值又大，使波形系数 $K_f = I/I_d$ 增大。这种电流波形对直流电动机这类负载来说，使其特性变坏，换相容易产

生火花，并且在相同的直流平均电流 $I_d$ 时，电流有效值增大，相应要求管子额定电流与电源容量也增大。但若考虑蓄电池充电的要求，则这种断续冲击形式的充电电流却有利于蓄电池充电。

3）若以 $\delta$ 表示电源电压自零上升到 $E$ 的电角度，则

$$\delta = \arcsin \frac{E}{\sqrt{2} U_2}$$

当控制角 $\alpha < \delta$ 时，由于触发脉冲出现时，电源瞬时电压低于反电动势，故晶闸管受反压而不能导通。为使电路可靠工作，要求触发脉冲有足够宽度，保证晶闸管开始承受正压时，脉冲尚未消失。

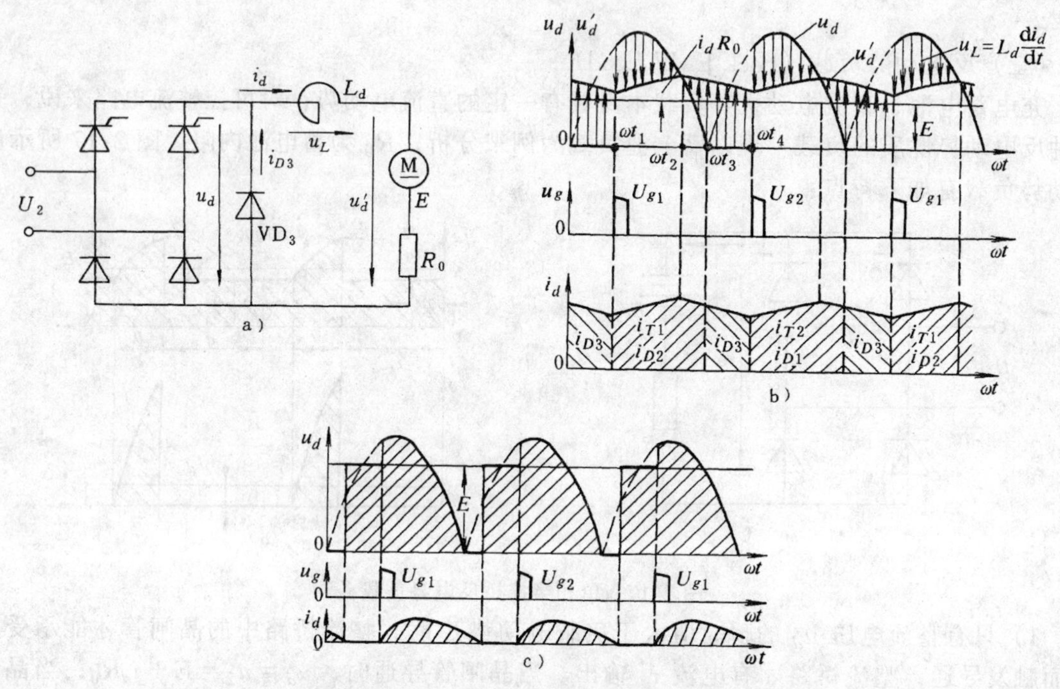


图 2-18　串联电抗的带反电动势负载的电路的及其电压、电流波形

a）电路图　b）电流连续波形　c）电流断续波形

为了克服电流不连续的缺点，对于直流电动机负载，常串联电抗器。图 2-18a 为电路图，图 b 即为串联电抗器 $L_d$ 的电感较大时，电流连续的工作情况。$\omega t_1$ 时，$u_d > E$，$U_{g1}$ 触发晶闸管 $VT_1$ 导通。回路瞬时电压方程为：$u_d = u_d' + u_L = E + i_dR_0 + L_d \dfrac{di_d}{dt}$（$R_0$ 是直流回路总电阻）。此时，$i_d$ 逐渐增大，$L_d$ 的作用使 $u_d'$ 波形压低。到 $\omega t_2$ 时刻，$u_d = u_d'$，$L_d \dfrac{di_d}{dt} = 0$，$i_d$ 上升到最大值，之后 $i_d$ 开始减小，$u_L$ 改变极性，电感 $L_d$ 的作用使 $u_d'$ 波形抬高。$\omega t_3$ 时刻，$u_d = 0$，桥路无电流输出，续流开始，使 $u_d'$ 维持一定电压值。$\omega t_4$ 时刻，触发 $VT_2$ 管，重复上述过程。由此可见，电路串联电抗后，使负载电流连续而且平稳，克服了反电动势负载的缺点。当 $L_d$ 足够大时，电流波形可认为是平行横轴的直线，电路完全可按大电感负载来分析计算。

图 2-18c 为串联 $L_d$ 不够大或负载电流 $I_d$ 很小时的波形。由于 $i_d$ 波形断续，断续期间使 $u_d$ 波形出现台阶，但电流脉动情况比不串联电抗时有很大改善。对小容量直流电动机，因对电源影响较小，且电动机电枢本身的电感量较大，也可不串联电抗器。

## 二、单相全控桥式整流电路

单相全控桥式整流电路示于图 2-19。带电阻负载时，电路工作情况与半控桥式整流电路没有什么区别，所不同的仅是全控桥式整流电路每半周要求同时触发桥路对角的两只晶闸管。带电感性负载时，由于没有半控桥式整流电路的自然续流作用，因此与单相全波可控整流时一样，晶闸管轮流导通 180°，$u_d$ 波形出现负电压，输出电压平均值 $U_d$ 为

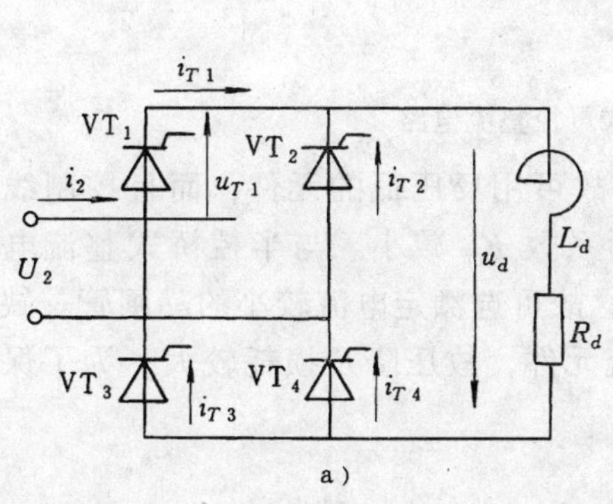


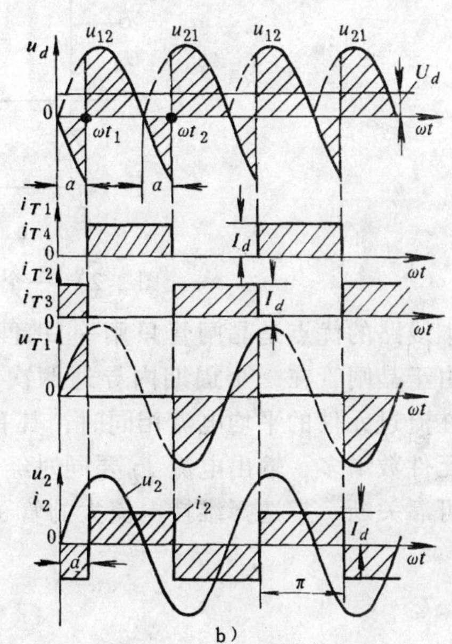


图 2-19　带大电感负载的单相全控桥式整流电路及其电压电流波形

$$U_d = \frac{1}{\pi}\int_{\alpha}^{\pi+\alpha}\sqrt{2}U_2\sin\omega t\,\mathrm{d}(\omega t) = 0.9U_2\cos\alpha\ (0^\circ \leqslant \alpha \leqslant 90^\circ) \tag{2-26}$$

电路工作过程如下：当 $u_2$ 为正某时刻（$\omega t_1$）同时触发晶闸管　$VT_1$、$VT_4$ 导通，电源电压 $u_2$ 加于负载上，当 $u_2$ 过零变负时，由于 $L_d$ 上反电动势的作用，通过 $VT_1$、$VT_4$ 维持电流继续流通。直至下半周同一控制角 $\alpha$ 所对应的时刻 $\omega t_2$，触发 $VT_2$、$VT_3$ 管导通，$VT_1$、$VT_4$ 因承受反压而关断，负载电流改由 $VT_2$、$VT_3$ 回路供给。$\alpha$ 在 0°～90°内变化时，$U_d$ 从 $0.9U_2$ 下降到零，每个晶闸管轮流导通 180°。当 $\alpha > 90°$ 时，$U_d \approx 0$，电流很小并且断续，情况与图 2-10 一样。整流桥路输入的交流电流 $i_2$ 为正负对称的矩形波且与 $u_2$ 波形有 $\alpha$ 的相移。

在电阻负载时，单相全控整流电路不比半控电路优越，线路较复杂且费用大，所以一般均采用半控桥式整流电路。在直流电动机调速线路中，为了满足更高要求，便于规格化和实现互换，不管电动机是否需要可逆运转，有时也采用全控桥式整流电路。

## 三、一只晶闸管的桥式可控整流电路

由四个整流二极管组成不可控的单相桥式整流电路（也可用二个整流管组成单相不可控全波整流），将交流整流为全波直流，然后用一只晶闸管进行开关控制，改变晶闸管的 $\alpha$

角，即可改变其输出电压，电路如图 2-20 所示。晶闸管起一个无触点开关作用，每半周由触发脉冲使其导通，整流出来的缺角全波电压加到负载端。晶闸管的关断是利用整流出来的全波电压每半周过零的短暂时间,使流过晶闸管的电流小于维持电流来实现。带电阻负载时其输出电压的计算公式与半控桥式整流电路一样。但带电感性负载时,出现电压过零时电流不为零,从而使晶闸管无法关断造成失控。为了避免失控,必须在负载两端并接续流二极管。

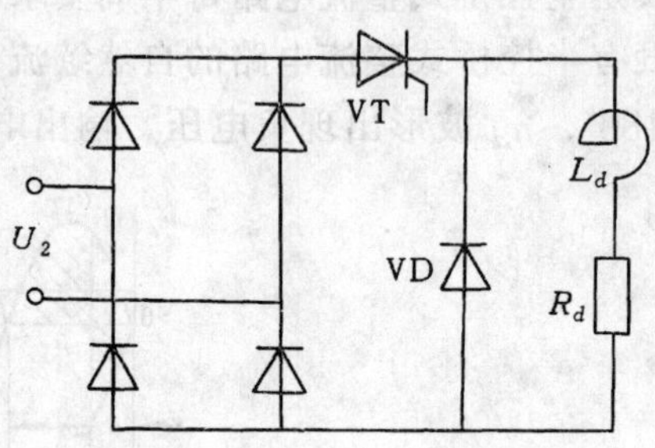


图 2-20　一个晶闸管的桥式可控整流电路

本线路的优点是晶闸管只用一只且不受反压，故可用反压低的元件，而且控制线路简单。由于晶闸管在一个周期内导通两次，电流波形系数 $K_f$ 减小。与半控桥式整流电路相比，在流过元件的平均电流相同时，其有效值较小，故可选额定电流较小的晶闸管。缺点是整流元件数增多，输出电流 $I_d$ 要同时经过三个整流元件，故压降及损耗较大。为了保证晶闸管可靠关断，宜选择维持电流大的管子。

## 小　结

可控整流电路可把交流电变换为大小可调的直流电，在生产中应用广泛。掌握常用的可控整流电路的工作原理、特点与分析方法是本课程的重点，也是学习其它类型线路的基础。学习本章时，要抓住电路中各晶闸管与整流二极管元件导通与关断的物理过程，重视电压电流波形的分析。理解下列基本数量关系：输出直流电压平均值与输入交流电压有效值之比 $U_d/U_2$、负载电流 $i_d$ 的波形系数 $K_f=I/I_d$、晶闸管电流有效值 $I_T$ 与控制角 $\alpha$、电路形式以及负载性质之间的关系。根据晶闸管在电路中可能承受的最大电压与流过的最大电流，正确计算晶闸管的电压、电流等级。

对于电感性负载的计算比较复杂，只要求定性分析。特别应注意大电感负载，它使负载电流 $i_d$ 平直，晶闸管导电时间延长，电流波形系数减小，脉动纹波改善。在不少装置中，为了改善运行特性，人为地加接电抗器，使负载具有大电感性质。为了便于比较，把上述各单相可控整流电路的一些参数列于表 2-2。

可控整流装置的缺点是功率因数较低，控制角越大，功率因数越低。并且非正弦电流的高次谐波分量对电网有不利影响。在使用时要尽量设法减小这些影响。本章讨论的单相电路，由于具有线路简单，价格便宜，调整方便等优点，故广泛应用于在小功率场合，缺点是使三相电源的负载不平衡，整流输出电压脉动较大，因此较大容量的设备常选用三相可控整流电路。

**表 2-2　常用单相可控整流电路的参数**

| 整　流　主　电　路 | | 单相半波 | 单相双半波 | 单相半控桥 | 单相全控桥 | 晶闸管在负载侧单相桥式 |
|---|---|---|---|---|---|---|
| 主电路接线方式 | | 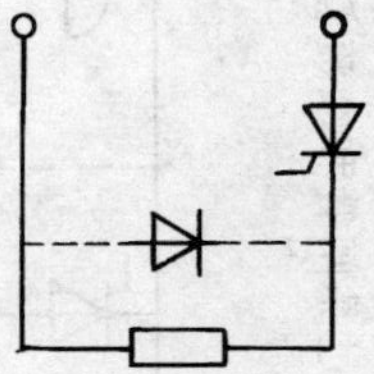 | 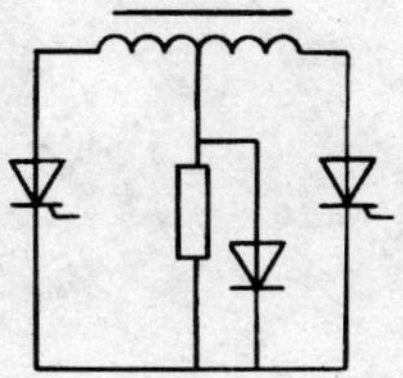 | 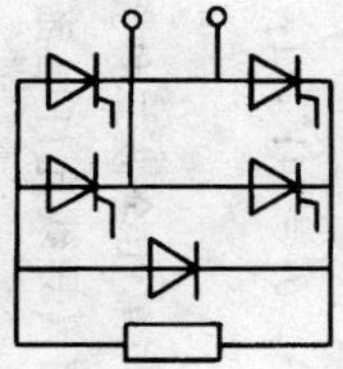 | 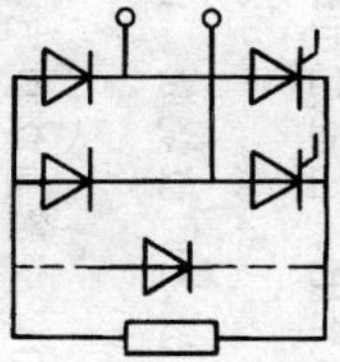 | 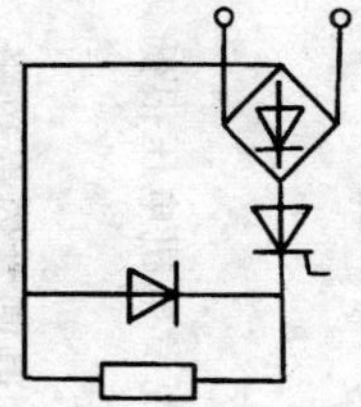 |
| 控制角 $\alpha=0°$时，直流输出电压平均值 $U_{d0}$ | | $0.45U_2$ | $0.9U_2$ | $0.9U_2$ | $0.9U_2$ | $0.9U_2$ |
| 控制角 $\alpha\neq0$ 时空载直流输出电压平均值 | 电阻负载或电感负载有续流二极管的情况 | $\frac{1+\cos\alpha}{2}U_{d0}$ | $\frac{1+\cos\alpha}{2}U_{d0}$ | $\frac{1+\cos\alpha}{2}U_{d0}$ | $\frac{1+\cos\alpha}{2}U_{d0}$ | $\frac{1+\cos\alpha}{2}U_{d0}$ |
| | 电阻加无限大电感的情况 | — | $U_{d0}\cos\alpha$ | $\frac{1+\cos\alpha}{2}U_{d0}$ | $U_{d0}\cos\alpha$ | — |
| $\alpha=0°$时 | 脉动电压最低脉动频率 | $f$ | $2f$ | $2f$ | $2f$ | $2f$ |
| | 脉动电压脉动系数 | 1.57 | 0.666 | 0.666 | 0.666 | 0.666 |
| 元件承受的最大正反向电压 | | $\sqrt{2}U_2$ | $2\sqrt{2}U_2$ | $\sqrt{2}U_2$ | $\sqrt{2}U_2$ | $\sqrt{2}U_2$(正向) |
| 移相范围 | 纯电阻负载或电感负载有续流二极管的情况 | $0\sim\pi$ | $0\sim\pi$ | $0\sim\pi$ | $0\sim\pi$ | $0\sim\pi$ |
| | 电阻加无限大电感的情况 | — | $0\sim\frac{\pi}{2}$ | $0\sim\pi$ | $0\sim\frac{\pi}{2}$ | — |
| 最大导通角 | | $\pi$ | $\pi$ | $\pi$ | $\pi$ | $2\pi$ |
| 特点与适用场合 | | 一个晶闸管，最简单，用于波形要求不高的小电流负载 | 二个晶闸管，较简单，用于波形要求稍高的低压小电流场合 | 二个晶闸管，各项指标较好，用于不要逆变的小功率场合 | 四个晶闸管，各项指标好，用于要求较高或要求逆变的小功率场合 | 一个晶闸管，适用于要求不高的小功率负载，但电感负载时需加续流管 |

# 思考题与习题

1. 图 2-7 所示的同步发电机单相半波自激电路，原运行正常，突然出现发电机电压很低，经检查，晶闸管、触发电路以及熔断器 FU 均正常，试问是何原因？

2. 单相半波可控整流电路中，如（1）晶闸管门极不加触发脉冲，（2）晶闸管内部短路，（3）晶闸管内部断开，试分析上述三种情况晶闸管二端 $u_T$ 与负载二端 $u_d$ 的电压波形。

3. 某单相可控整流电路给电阻性负载供电和给反电动势性质负载蓄电池充电，在流过负载电流平均值相同的条件下，哪一种负载的晶闸管额定电流应选大一点？为什么？

4. 某纯电阻负载的单相桥式半控整流电路，若其中一只晶闸管的阳、阴极之间被烧断，试画出整流二极管、晶闸管两端和负载电阻两端的电压波形。

5. 某电阻负载要求 0～24V 直流电压，最大负载电流 $I_d=30A$，如用 220V 交流直接供电与用变压器降压到 60V 供电，都采用单相半波可控整流电路，是否都能满足要求？试比较两种供电方案的晶闸管的导通角、额定电压、电流值、电源与变压器二次侧的功率因数以及对电源要求的容量。

（$\theta_1=60°$，$I_{T(AV)}\geqslant 53A$，$U_{aM}\geqslant 311V$，$\cos\phi_1=0.302$，$S_1=18.35kV\cdot A$，$\theta_2=141°$，$I_{T(AV)}\geqslant 33.8A$，$U_{aM}\geqslant 84.2V$，$\cos\phi_2=0.71$，$S_2=3.18kV\cdot A$）

6. 某电阻负载，$R_d=50\Omega$，要求 $U_d$ 在 0～600V 可调，试用单相半波与单相全波二种整流电路来供给，分别计算：（1）晶闸管额定电压、电流值；（2）连接负载的导线截面（导线允许电流密度 $j=6A/mm^2$）；（3）负载电阻上消耗的最大功率。

（$U_{aM}\geqslant 1884V$，$I_{T(AV)}\geqslant 12A$，$S=3.14mm^2$，$P_R=17.75kW$；$U_{aM}\geqslant 667V$，$I_{T(AV)}\geqslant 6A$，$S=2.22mm^2$，$P_R=8.87kW$）

7. 图 2-21 为一种简单的舞台调光线路，求：

（1）根据 $u_d$、$u_g$ 波形分析电路调光工作原理。

（2）说明电位器、VD 及开关 Q 的作用。

（3）本电路晶闸管最小导通角 $\theta_{T\min}=$？$\left(\frac{\pi}{2}\right)$

8. 图 2-22 所示单相桥式全控整流电路，大电感负载，$U_2=220V$，$R_d=4\Omega$，试计算当 $\alpha=60°$时，输出电流电压的平均值。如负载端并接续流管，其 $U_d$、$I_d$ 又为多少？并求流过晶闸管和续流管的电流平均值、有效值以及画出二种情况时的电流、电压波形。

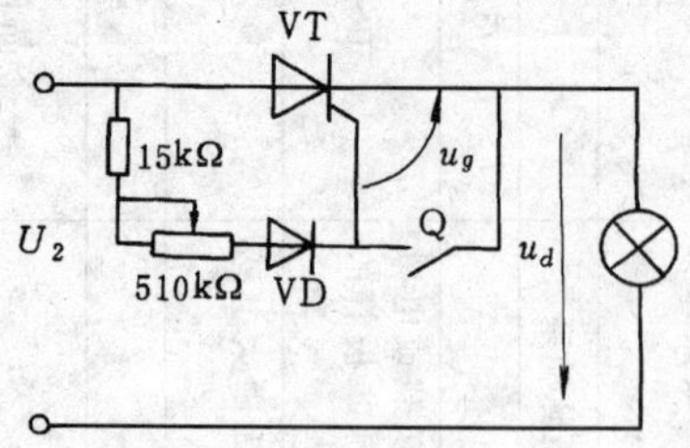


图 2-21　习题 7 附图

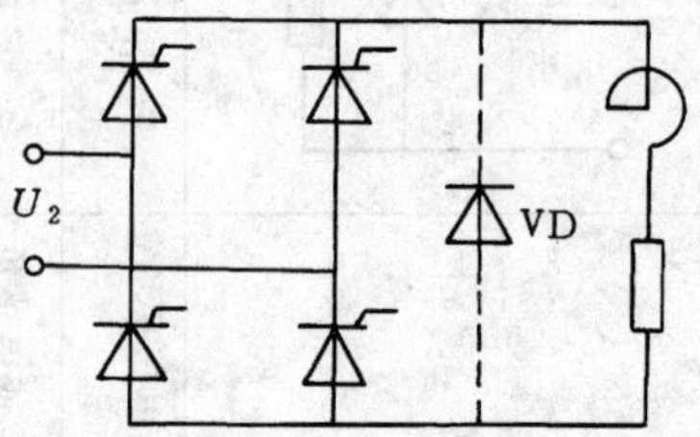


图 2-22　习题 8 附图

（$U_{d1}=99V$，$I_{d1}=24.8A$，$U_{d2}=148.5V$，$I_{d2}=37A$，$I_T=21.4A$，$I_{dT}=12.3A$，$I_D=21.4A$，$I_{dD}=12.3A$）

9. 可控整流纯电阻负载时，负载电阻上的 $U_d$ 与 $I_d$ 的乘积是否等于负载功率？为什么？带大电感负载时，在负载电阻 $R_d$ 上的 $U_d$ 与 $I_d$ 的乘积是否等于负载功率？为什么？

10. 图 2-23 为具有中点连接二极管的单相半控桥式整流电路，分析电路工作情况，并求：

(1) 绘出 $\alpha=90°$时 $u_d$ 与 $u_{T1}$的波形。

(2) $U_d=f(\alpha)$ 的关系式。

(3) $U_{d\max}$与 $U_{d\min}$。

$$\left[U_d=\frac{\sqrt{2}U_2}{\pi}(3+\cos\alpha), U_{d\max}=\frac{4\sqrt{2}}{\pi}U_2, U_{d\min}=\frac{2\sqrt{2}}{\pi}U_2\right]$$

11. 图 2-24 所示单相全波整流电路由一只晶闸管与一只整流二极管组成，已知 $U_2=220V$，$\alpha=60°$，求：

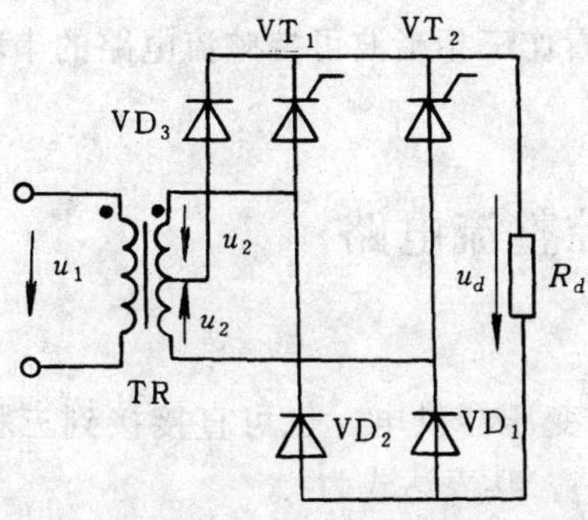


图 2-23　习题 10 附图

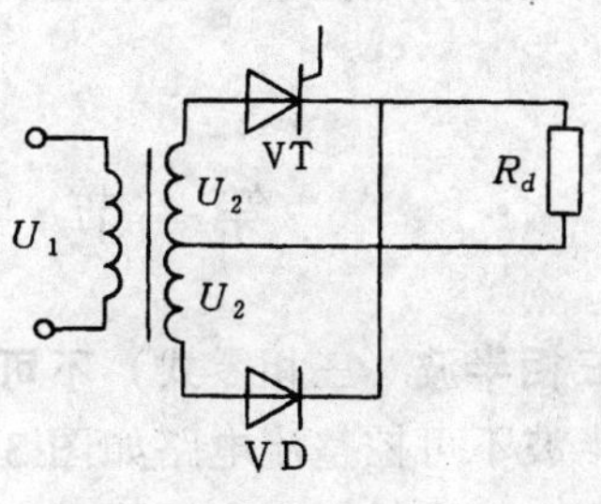


图 2-24　习题 11 附图

(1) 输出直流电压值 $U_d$。(173.3V)

(2) 画出 $u_d$、$i_d$ 波形。

(3) 画出晶闸管电压 $u_T$ 与二极管电压 $u_D$ 的波形。

12. 在图 2-25 上画出单相半波可控整流电路在 $\alpha=60°$时，带不同性质负载时的电流波形 $i_d=f(\omega t)$

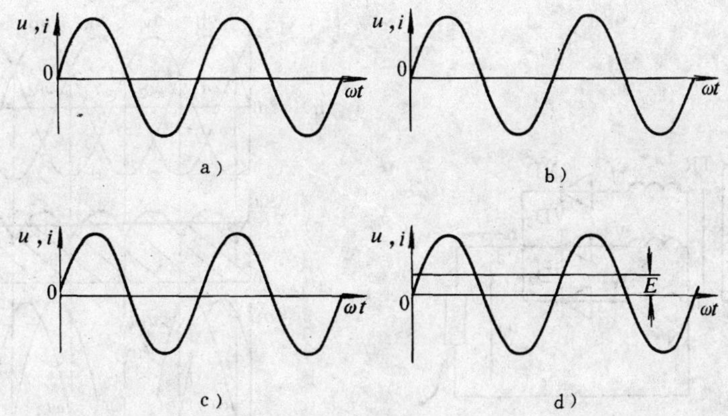


图 2-25　习题 12 附图

a) 电阻负载　b) 大电感负载（不接续流管）　c) 大电感负载（接续流管）

d) 反电动势负载（不串 $L_d$）

与晶闸管二端电压波形 $u_T=f(\omega t)$（电压波形加剖面线表示）。

13. 单相半控桥式整流电路对恒温电炉供电，电炉电热丝电阻为 34Ω，直接由交流 220V 输入，试选用晶闸管与计算电炉功率。

(KP5-7，$P=1.42kW$)

# 第三章　三相可控整流电路
# （Three-Phase Controlled Rectification Circuit）

一般在负载容量超过 4kW 以上，要求直流电压脉动较小的场合，应采用三相整流电路。三相可控整流电路形式很多，有三相半波（三相零式）、三相桥式、双反星形等，但三相半波可控整流电路是最基本的组成形式，其它电路都可看作三相半波可控整流电路的串联与并联。

## 第一节　三相半波可控整流电路

### 一、三相半波（三相零式）不可控整流电路

三相半波不可控整流电路如图 3-1a 所示。由三相变压器供电，也可直接接到三相四线制交流电网，二次相电压有效值为 $U_{2\phi}$，线电压为 $U_{2l}$，其表达式为

$$u_{\mathrm{U}}=\sqrt{2}\,U_{2\phi}\sin\omega t$$

$$u_{\mathrm{V}}=\sqrt{2}\,U_{2\phi}\sin\left(\omega t-\frac{2\pi}{3}\right)$$

$$u_{\mathrm{W}}=\sqrt{2}\,U_{2\phi}\sin\left(\omega t+\frac{2\pi}{3}\right)$$

三只整流管的阴极连在一起接到负载端，称为共阴接法，三个阳极分别接到变压器二次侧。变压器为三角形/星形联结，整流电压、电流波形如图 3-1c 所示。

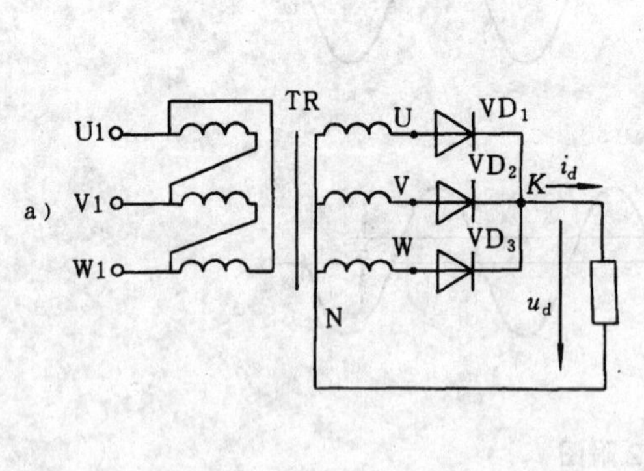


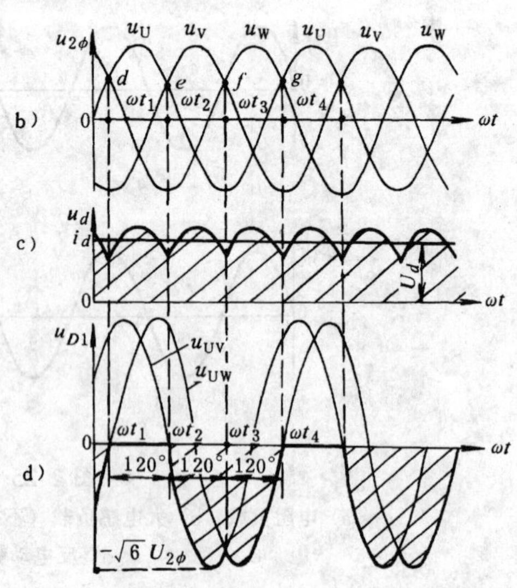


图 3-1　三相半波不可控整流电路及其波形

工作原理分析：

整流二极管导通的唯一条件是阳极电位高于阴极电位。在 $\omega t_1 \sim \omega t_2$ 期间，$u_{\mathrm{U}}$ 瞬时电压

值最高，二极管 $VD_1$ 导通，忽略二极管正向导通压降，U 点与 $K$ 点同电位，$K$ 点电位也最高，使 $VD_2$、$VD_3$ 受反压而截止。同理 $\omega t_2 \sim \omega t_3$ 期间，只有 $VD_2$ 导通，$\omega t_3 \sim \omega t_4$ 期间只有 $VD_3$ 导通。因此三相半波整流电路，任何时刻只有瞬时阳极电压最高的一相管子导通（换流时除外），按电源的相序，每管轮流导通 120°。变压器二次相电压正半周相邻波形的交点，即图 b 中 $d$、$e$、$f$、$g$、…点称为自然换流点（换相点），过了此点，后相的二极管自然转为导通，前相导通的二极管自然转为截止，负载 $R_d$ 上的电压 $u_d$ 轮流由三相电源供给，是三相电源波形的正向包络线。输出直流平均电压为

$$U_d = \frac{1}{2\pi/3}\int_{\pi/6}^{5\pi/6}\sqrt{2}U_{2\phi}\sin\omega t\,\mathrm{d}(\omega t) = \frac{3\sqrt{6}}{2\pi}U_{2\phi} = 1.17U_{2\phi} \tag{3-1}$$

将三相半波整流输出电压 $u_d$ 波形用富氏级数展开可得

$$u_d = \sqrt{2}U_{2\phi}\left(\frac{3\sqrt{3}}{2\pi} + \frac{3\sqrt{3}}{8\pi}\cos 3\omega t - \frac{3\sqrt{3}}{35\pi}\cos 6\omega t + \frac{3\sqrt{3}}{80\pi}\cos 9\omega t - \cdots\right)$$

其中直流分量即为输出电压的平均值 $U_d$，最低次的谐波为三次谐波分量，其幅值为 $\frac{3\sqrt{6}}{8\pi}U_{2\phi}$，故电压脉动系数为

$$S_V = \frac{\dfrac{3\sqrt{6}}{8\pi}U_{2\phi}}{\dfrac{3\sqrt{6}}{2\pi}U_{2\phi}} = 0.25$$

可见，三相半波整流与单相整流比较，输出平均电压 $U_d$ 值提高且脉动大为减小。

整流二极管两端电压 $u_{D1}$ 波形如图 3-1c 所示。以 $VD_1$ 管为例，一个周期内分成三等分，$\omega t_1 \sim \omega t_2$ 为 $VD_1$ 管导通区，$u_{D1}$ 为一条直线；$\omega t_2 \sim \omega t_3$ 期间为 $VD_2$ 导通，V 点与 $K$ 点同电位，所以 $VD_1$ 承受的电压为 $u_{UK} = u_{UV}$（线电压超前对应的相电压 $u_U$ 30°）；$\omega t_3 \sim \omega t_4$ 期间为 $VD_3$ 导通，$VD_1$ 管承受 $u_{UW}$ 电压。由此可见，整流二极管承受最大反向电压为电源线电压峰值。如 $U_{2\phi} = 220V$，则整流二极管承受的最大反向电压至少应大于 $\sqrt{6}U_{2\phi} = 539V$。

整流输出电压 $u_d$ 和管子二端电压 $u_D$ 或 $u_T$ 的波形在调试与维修时很有用，根据波形可判断各元件的工作是否正常以及故障出在何处。

## 二、三相半波可控整流电路

将二极管换成晶闸管即为三相半波可控整流电路。晶闸管整流电路的特点是实际换流点不一定在自然换流点上，而决定于触发脉冲的相位即控制角 $\alpha$。三相半波可控整流的控制角 $\alpha$ 以对应的自然换流点为起算点。由于自然换流点距相电压波形原点为 30°，所以触发脉冲距对应的相电压的原点为 $30° + \alpha$。

### （一）电阻性负载

当 $\alpha = 0°$ 时，触发脉冲在自然换流点加入，电路工作情况与二极管整流时一样。$\alpha \leqslant 30°$ 时，图 3-2a 是 $\alpha = 18°$ 时的波形，$u_{g1}$ 在自然换流点 $\omega t_0$ 后延 $\alpha$ 角在 $\omega t_1$ 时刻触发 $VT_1$ 管，这时 U 相电压最高，$VT_1$ 管导通后，$VT_2$、$VT_3$ 管承受反压，因此即使 $VT_2$、$VT_3$ 管同时被触发也不可能导通。$VT_1$ 管导通到 $VT_2$ 管的自然换流点 $\omega t_2$ 时，如是不可控整流，由于 $u_v$ 电压开始比 $u_U$ 高，迫使 $VT_1$ 管关断。但在晶闸管整流电路中 $u_{g1}$、$u_{g2}$、$u_{g3}$ 触发脉冲间隔为 120°，$\omega t_2$ 时 $u_{g2}$ 还未出现，$VT_2$ 管无法导通，故 $VT_1$ 管也无法关断。继续导通到 $\omega t_3$ 时刻，

待 $u_{g2}$触发 $VT_2$ 后，才迫使 $VT_1$ 关断，$u_d$ 波形如图 a 所示。$\alpha=30°$时，$u_d$、$i_d$ 波形临界连续，此时 $VT_1$ 管是由于阳极电流 $i_{T1}<I_H$（维持电流）而关断，$VT_2$ 导通后立即受反压。所以 $\alpha\leqslant30°$时，每个晶闸管始终轮流导通 120°，输出电压 $U_d$ 为

$$U_d=\frac{1}{2\pi/3}\int_{\alpha+\frac{\pi}{6}}^{\frac{5}{6}\pi+\alpha}\sqrt{2}U_{2\phi}\sin\omega t\,d(\omega t)=1.17U_{2\phi}\cos\alpha\quad 0°<\alpha\leqslant30° \tag{3-2}$$

晶闸管 $VT_1$ 的电流 $i_{T1}$与两端电压 $u_{T1}$波形，分别如图 3-2c 与 d 所示。

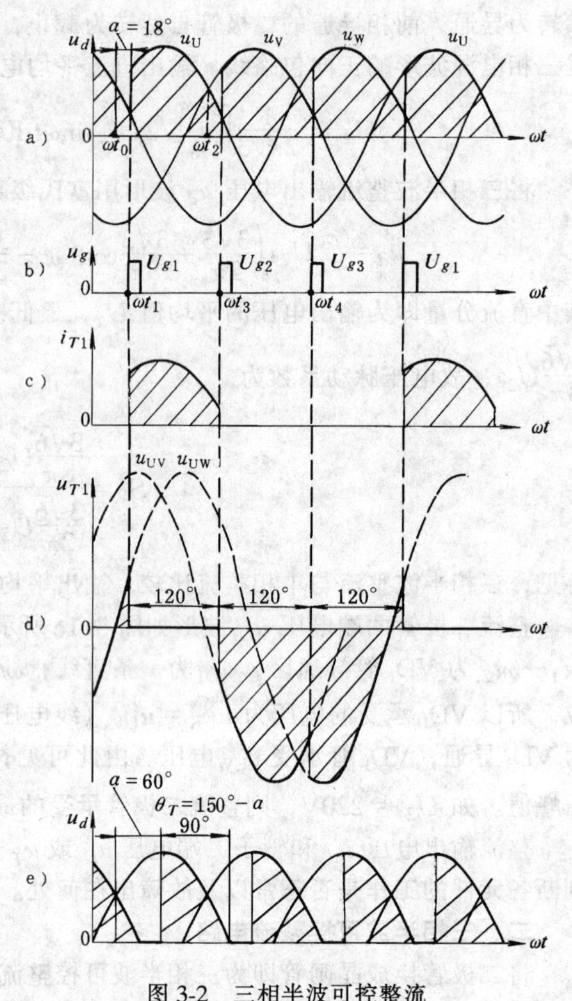

图 3-2　三相半波可控整流波形图

当 $30°<\alpha\leqslant150°$ 时，$u_d$、$i_d$ 波形继续，图 3-2e 所示为 $\alpha=60°$时的 $u_d$ 波形，晶闸管的导通角 $\theta_T=150°-\alpha<120°$，$\alpha=60°$时，$\theta_T=150°-60°=90°$，$U_d$ 值为

$$U_d=\frac{1}{2\pi/3}\int_{\frac{\pi}{6}+\alpha}^{\pi}\sqrt{2}U_{2\phi}\sin\omega t\,d(\omega t)=1.17U_{2\phi}\frac{1+\cos(30°+\alpha)}{\sqrt{3}}\quad 30°<\alpha\leqslant150° \tag{3-3}$$

当 $\alpha=150°$时，$U_d=0$。所以电路中 $\alpha$ 的移相范围为 0°～150°。

总之，带电阻性负载时，当 $\alpha$ 在 0°～150°内变化时，$U_d$ 从 $1.17U_{2\phi}$下降到零。输出电流平均值为 $I_d=U_d/R_d$，流过每个晶闸管的平均电流为 $I_{dT}=\frac{1}{3}I_d$。

当 $\alpha>30°$，负载电流 $i_d$ 断续期间，三个晶闸管都不导通，这时图 3-1a 中 $K$ 点与 N 点同电位，晶闸管两端承受该相相电压，在画管子电压波形时要特别注意。

当触发脉冲提早出现在自然换流点之前且脉冲很窄时，会出现触发脉冲到来时管子还未受正压，当管子开始受正压时脉冲已消失，使输出电压成为断续的、各相间隔轮流导通的缺相波形，这是不允许的。为此在实际可控整流装置中，脉冲左移时对最小控制角 $\alpha_{min}$必须有相应的限制措施。

（二）大电感负载

大电感负载的三相半波可控整流电路及其波形如图 3-3 所示。当 $\alpha\leqslant30°$时，$u_d$ 波形与纯电阻时一样。当 $\alpha>30°$（图中为 $\alpha=60°$）时，$VT_1$ 管导通到 $\omega t_1$ 时，其阳极电压 $u_U$ 已过零开始变负，由于电流减小，在电感 $L_d$ 上产生感应电动势的作用，使 $VT_1$ 仍处于正向电压而继续导通，直到 $\omega t_2$ 时刻，$u_{g2}$触发 $VT_2$ 管导通，$VT_1$ 才承受反压被关断，使 $u_d$ 波形出现部分负压。因此，尽管 $\alpha>30°$，仍然使各相晶闸管导通 120°，从而保证了电流连续。所

以串接了大电感之后，虽然 $u_d$ 波形脉动很大，甚至出现负值，但 $i_d$ 的波形脉动却很小。当 $L_d$ 足够大时，$i_d$ 的波形基本平直，电阻 $R_d$ 上得到的是完全的直流电压。输出电压 $U_d$ 可由 $u_U$ 波形从 $\frac{\pi}{6}+\alpha$ 至 $\frac{5\pi}{6}+\alpha$ 内积分求得

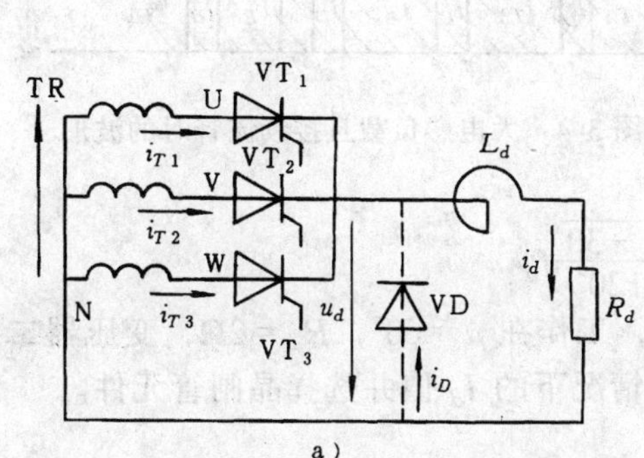


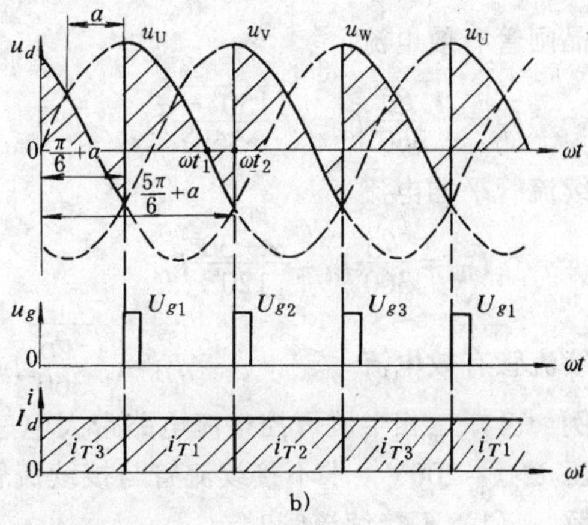


图 3-3 大电感负载的三相半波整流电路及其波形

$$U_d = \frac{1}{2\pi/3}\int_{\frac{\pi}{6}+\alpha}^{\frac{5}{6}+\alpha}\sqrt{2}\,U_{2\phi}\sin\omega t\,\mathrm{d}(\omega t) = 1.17U_{2\phi}\cos\alpha \tag{3-4}$$

输出电流平均值为

$$I_d = 1.17\frac{U_{2\phi}}{R_d}\cos\alpha \tag{3-5}$$

流过晶闸管的平均电流与有效电流分别为

$$I_{dT} = \frac{1}{3}I_d \tag{3-6}$$

$$I_T = \sqrt{\frac{1}{3}}I_d = 0.577I_d \tag{3-7}$$

从公式（3-4）可见，当 $\alpha=90°$ 时，$U_d\approx0$，此时电压波形正负面积相等，所以在大电感负载时，触发脉冲的移相范围为 0°～90°。实际上，$\alpha=90°$ 时，$U_d$ 只能接近于零。因为 $U_d=0$，$I_d$ 与 $i_d$ 也等于零，也就谈不上管子 120°的导通，所以必然是 $\theta_T<120°$，使电压正面积稍大于负面积，电流波形出现断续。当 $\alpha>90°$ 时，输出波形进一步断续的情况与单相时图 2-10 一样。

大电感负载当 $\alpha=90°$ 时，晶闸管承受 $\sqrt{6}U_{2\phi}$ 的最大正向电压，这是与电阻负载只承受 $\sqrt{2}U_{2\phi}$ 不同之处。

三相半波可控整流电路带电感性负载时，也可加接续流管，图 3-4 即为加接续流管且 $\alpha=60°$ 时的电压电流波形。由图可见，接了续流管后，$u_d$ 电压波形和 $U_d$ 的计算公式与带纯电阻负载时安全一样，负载电流 $i_d$ 波形与带大电感负载时一样，$i_d=i_{T1}+i_{T2}+i_{T3}+i_D$。当 $\alpha\leqslant30°$ 时，$u_d$ 电压均大于零，续流管受反压与不接续流管时一样。当 $\alpha>30°$ 时，晶闸管

的导通角 $\theta_T = 150° - \alpha$，由于续流管一周期内续流三次，故续流管的导通角 $\theta_D = 3(\alpha - 30°)$。晶闸管与续流二极管的平均电流与有效电流分别为

晶闸管平均电流

$$I_{dT} = \frac{\theta_T}{360°} I_d = \frac{150° - \alpha}{360°} I_d$$

晶闸管有效电流

$$I_T = \sqrt{\frac{\theta_T}{360°}} I_d = \sqrt{\frac{150° - \alpha}{360°}} I_d$$

续流管平均电流

$$I_{dD} = \frac{\theta_D}{360°} I_d = \frac{\alpha - 30°}{120°} I_d$$

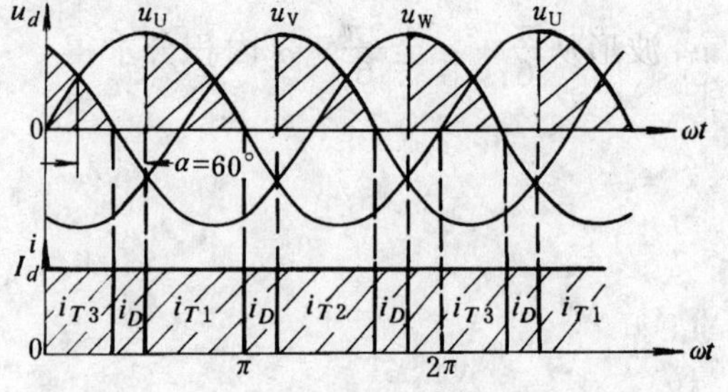


图 3-4　大电感负载且接续流管时的波形

续流管有效电流　$I_D = \sqrt{\dfrac{\theta_D}{360°}} I_d = \sqrt{\dfrac{\alpha - 30°}{120°}} I_d$

**例**　已知三相半波可控整流电路带大电感负载，工作在 $\alpha = 60°$，$R_d = 2\Omega$，变压器二次相电压 $U_{2\phi} = 200V$，求不接续流管与接续流管二种情况下的 $I_d$ 值并选择晶闸管元件。

**解**　(1) 不接续流管时

因为是大电感负载，故有

$$U_d = 1.17 U_{2\phi} \cos\alpha = 1.17 \times 200V \times \cos 60° = 117 \quad V$$

$$I_d = \frac{U_d}{R_d} = \frac{117V}{2\Omega} = 58.5 \quad A$$

$$I_T = \sqrt{\frac{1}{3}} I_d = 33.75 \quad A$$

晶闸管额定电流　$I_{T(AV)} \geqslant (1.5 \sim 2) \dfrac{I_T}{1.57} = (1.5 \sim 2) 21.5 \quad A$

晶闸管额定电压为　$U_{Tn} \geqslant (1.5 \sim 2) \sqrt{6} U_{2\phi} = (1.5 \sim 2) 490V$，所以选择 50A、1000V 的晶闸管，型号规格为 KP50-10。

(2) 接续流管时

按电阻性负载的公式计算，有

$$U_d = 0.577 \times 1.17 U_{2\phi} [1 + \cos(\alpha + 30°)] = 0.577 \times 1.17 \times 200V = 135 \quad V$$

$$I_d = \frac{U_d}{R_d} = \frac{135V}{2\Omega} = 67.5 \quad A$$

$$I_T = \sqrt{\frac{\theta_T}{360°}} I_d = \sqrt{\frac{150° - \alpha}{360°}} I_d = \sqrt{\frac{90°}{360°}} I_d = 33.75 \quad A$$

$$I_{T(AV)} \geqslant (1.5 \sim 2) \frac{I_T}{1.57} = (1.5 \sim 2)\ 21.5 \quad A$$

$$U_{RM} \geqslant (1.5 \sim 2) \sqrt{6} U_{2\phi} = (1.5 \sim 2)\ 490 \quad V$$

选择 KP50-10 晶闸管。

上述计算结果说明，有了续流管，流过整流变压器二次侧的电流即流过晶闸管的电流的导通角 $\theta$ 比不接续流管时减小了，因此当 $I_d$ 相等时，晶闸管额定电流与变压器容量相应减

小。

(三) 反电动势负载

直流电力拖动中，绝大多数是串联电感的电动机负载。当电感 $L_d$ 足够大时，输出电流的波形可近似看成一条直线，$u_d$ 波形与电流计算与大电感负载时一样。当 $L_d$ 不够大或电枢电流太小时，$L_d$ 中储存的磁场能量较小，不足以维持电流连续，使负载电压 $u_d$ 波形出现由于反电动势 $E$ 形成的阶梯，$U_d$ 不再符合前面的计算公式。图 3-5 为 $\alpha=60°$ 时电流连续与断续二种情况的波形，原理请参阅图 2-18 单相电路反电动势负载的分析。

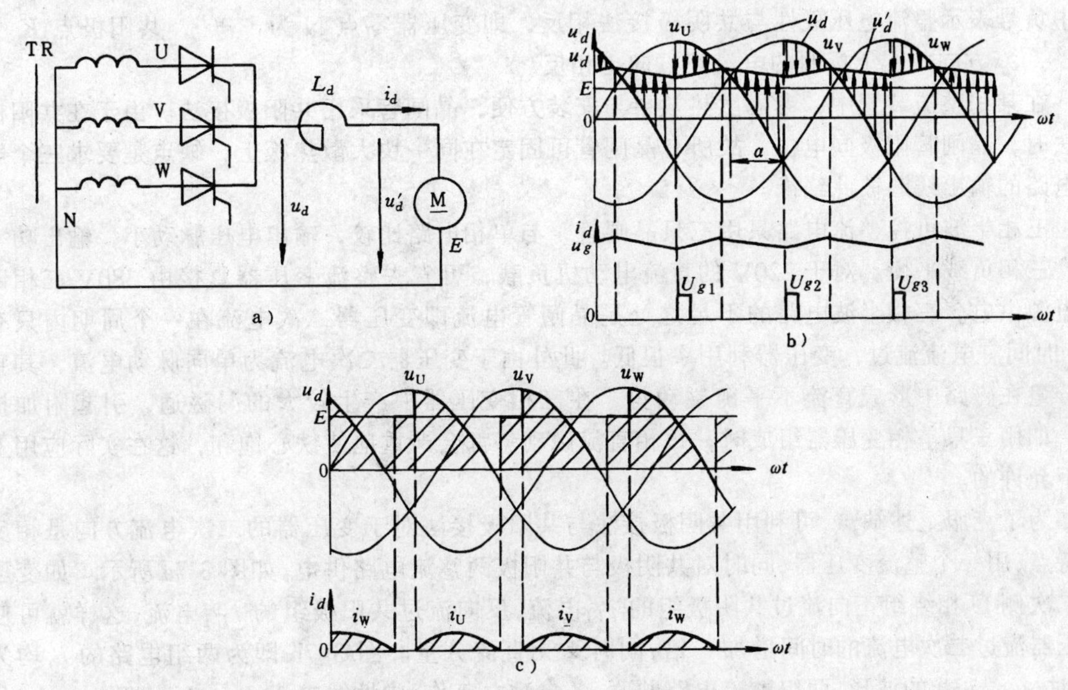


图 3-5 串联电感的反电动势负载的波形

a) 电路图 b) 电流连续波形 c) 电流断续波形

## 三、共阳极整流电路

三相半波可控整流电路除了上面分析的共阴极接法外，另一种方法是把三个晶闸管的阳极联在一起，而三个阴极分别接到三相交流电源，如图 3-6a 所示，这种接法称为共阳极接法。

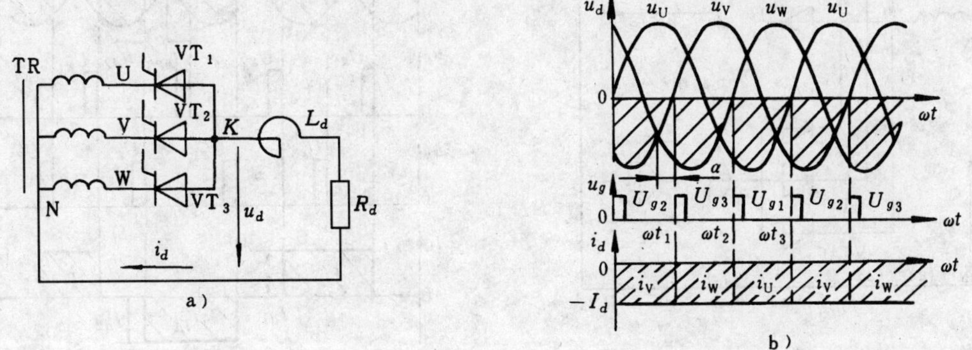


图 3-6 三相共阳极半波可控整流电路及电流电压波形

共阳极接法电路可以和共阴极电路一样分析。由于晶闸管方向反了，因此只能在电源相电压的负半周导通，电流方向改变。因三个晶闸管的阳极联接在一起是等电位，所以电路换相总是换到阴极电位更负的那一相，自然换流点是相电压负半周相邻二相的交点。图 3-6b 为共阳接法 $\alpha=30°$时的波形，在 $\omega t_1$ 时刻触发 $VT_3$ 管导通，直到 $\omega t_2$ 时刻触发 $VT_1$ 管，由于U相电压更负，所以当 $VT_1$ 触发导通后，$VT_3$ 承受反压关断，使电路能正常换流。大电感负载时 $U_d$ 值为

$$U_d=-1.17U_{2\phi}\cos\alpha \tag{3-8}$$

式中负号表示整流电压极性与共阴极接法相反，即变压器零点 N 为“+”，共阳极点 $K$ 为“-”，$i_d$ 方向与图上标明的电流正方向也相反。

在某些整流装置中，考虑散热效果与安装方便，晶闸管采用共阳极接法。由于在共阳极接法时，晶闸管阳极同电位，故所有晶闸管可固定在同一块大散热板上，缺点是要求三个触发电路的输出线圈彼此绝缘。

三相半波可控整流电路只用三只晶闸管，与单相电路比较，输出电压脉动小，输出功率大，三相负载平衡。对于220V的直流电动机负载，可省去整流变压器直接由380V三相四线电源供电。三相半波电路的不足之处是晶闸管电流即变压器二次电流在一个周期内只有1/3时间有电流流过，变压器利用率很低。此外由于变压器二次电流为单向脉动电流，其直流分量在磁路中形成直流不平衡磁动势，在三相变压器中产生较大的漏磁通，引起附加损耗；如用三只单相变压器组成时，每相直流磁动势都会严重地使铁心饱和，这在实际应用上是不允许的。

为了克服上述缺点，可利用共阴极接法与共阳极接法对于变压器的二次电流方向是相反的特点，用一个整流变压器，同时对共阴极与共阳极两整流电路供电，如图 3-7a 所示。如变压器二次侧 U 相绕组正向流过共阴极组的 $i_{T1}$电流，反向流过共阳极组的 $i_{T'1}$电流，这样就可使变压器流过二次电流的时间增加一倍，同时又无直流分量。图 3-7b 即为两组电路的 $\alpha$ 均为30°时，$u_d$ 与 $i_U$ 的波形，两组整流电路并联，各自独立工作，中性线电流 $I_N=I_{d1}-I_{d2}$。

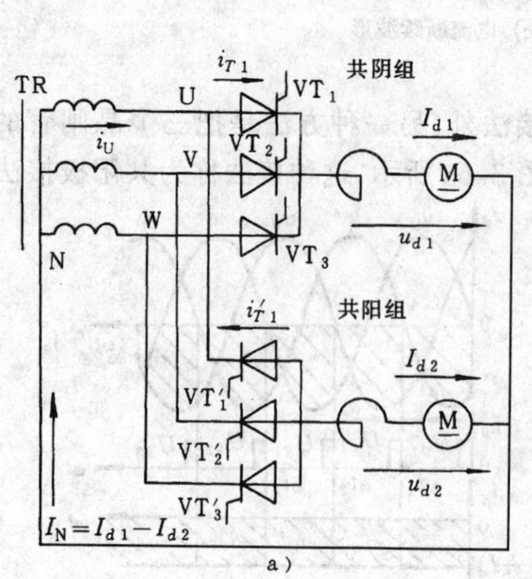


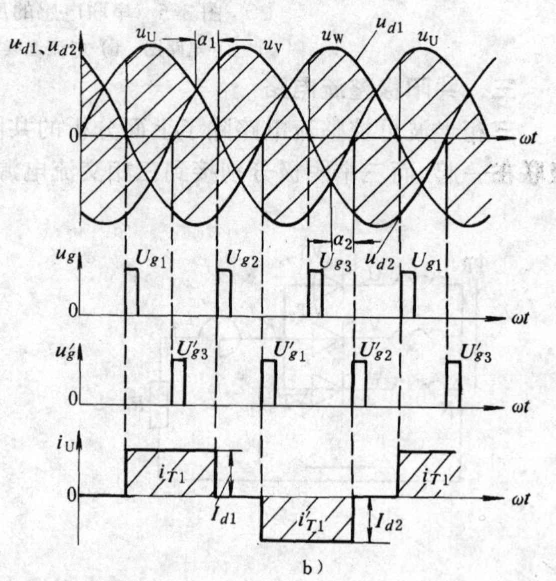


图 3-7 共用变压器共阴共阳可控整流电路及电压电流波形

## 第二节 三相桥式全控整流电路

图 3-7 电路中共阴极组与共阳极组如负载完全相同且控制角 $\alpha$ 一致，则此时负载电流 $I_{d1}$、$I_{d2}$在数值上相同，中性线中电流的平均值 $I_N=I_{d1}-I_{d2}=0$。因此将中性线断开不影响工作，再将两个负载合并为一，就成为工业上广泛应用的三相桥式全控整流电路，如图 3-8 所示。所以三相桥式全控整流电路实质上是一组共阴极组与一组共阳极组的三相半波可控整流电路的串联，可用三相半波电路的基本原理来分析。

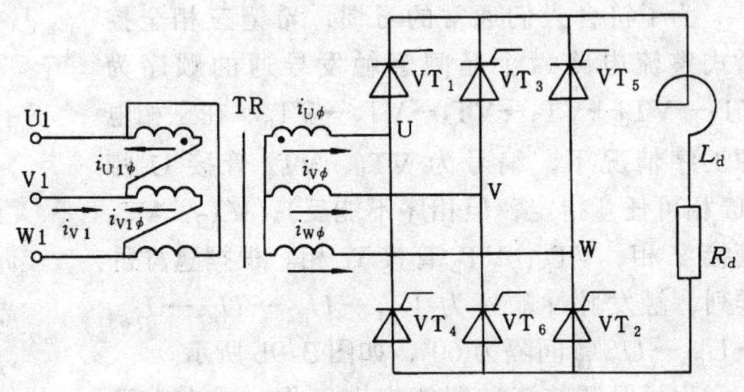


图 3-8 三相桥式全控整流电路

### 一、工作原理

图 3-9 为三相全控桥式整流电路在 $\alpha=0°$、带大电感负载时的电压电流波形。由三相半波电路分析可知，共阴极组的自然换流点（$\alpha=0°$）在 $\omega t_1$、$\omega t_3$、$\omega t_5$ 时刻，分别触发 $VT_1$、$VT_3$、$VT_5$ 晶闸管，共阳极组的自然换流点（$\alpha=0°$）在 $\omega t_2$、$\omega t_4$、$\omega t_6$ 时刻，分别触发 $VT_2$、$VT_4$、$VT_6$ 晶闸管。两组的自然换流点对应相差 60°，电路各自在本组内换流，即 $VT_1 \rightarrow VT_3 \rightarrow VT_5 \rightarrow VT_1$，…，$VT_2 \rightarrow VT_4 \rightarrow VT_6 \rightarrow VT_2$…，每个管子轮流导通 120°，如图 a 所示。由于中性线断开，要使电流流通，负载端有输出电压，必须在共阴极和共阳极组中各有一个晶闸管同时导通。在 $\omega t_1 \sim \omega t_2$ 期间，U 相电压较正，V 相电压较负，在触发脉冲作用下，$VT_6$、$VT_1$ 管同时导通，电流从 U 相流出，经 $VT_1$→负载→$VT_6$ 流回 V 相，负载上得到 U、V 相线电压。从 $\omega t_2$ 开始，U 相电压仍保持电位最高，但 W 相电压开始比 V 相更负了，此时脉冲 $U_{g2}$触发 $VT_2$ 导通，迫使 $VT_6$ 承受反压而关断，负载电流从 $VT_6$ 中换到 $VT_2$。在 $\omega t_2 \sim \omega t_3$ 期间，电流路径为 U 相→$VT_1$→负载→$VT_2$→W 相，负载上得到 U、W 相线电压。在 $\omega t_3$ 时刻，由于 V 相电压比 U 相电位高，故触发 $VT_3$ 管导通后，能迫使 $VT_1$ 管关断，电流从 $VT_1$ 中换到 $VT_3$。依此类推，$\omega t_3 \sim \omega t_4$ 期间是 V、W 相供电，$VT_2$、$VT_3$ 管导通；$\omega t_4 \sim \omega t_5$ 期间是 V、U 相供电，$VT_3$、$VT_4$ 管导通；$\omega t_5 \sim \omega t_6$ 期间为 W、U 相供电，$VT_4$、$VT_5$ 管导通；$\omega t_6 \sim \omega t_7$ 期间为 W、V 相供电，$VT_5$、$VT_6$ 管导通；$\omega t_7 \sim \omega t_8$ 重复 U、V 相供电，$VT_6$、$VT_1$ 管导通，如图 3-9a 所示。这时，对共阴极组而言，其输出电压波形是三相相电压波形正半周的包络线；对共阳极组而言，是负半周的包络线。三相桥式全控整流的输出电压为两组输出电压之和，是相电压波形正负包络线下的面积，其平均直流电压 $U_d=2\times1.17U_{2\phi}=2.34U_{2\phi}$。在三相线电压波形上是正半部分的包络线，如图 3-9c 所示。

整流变压器二次电流 $i_U$、$i_v$ 及电源电流 $i_{v1}=i_{u1\phi}-i_{v1\phi}$的波形如图 3-9d 所示，其它两相电流波形相同，只是相位上依次相差 120°，$K$ 为变压器一、二次侧的匝数比。由于变压器采用 $D/Y$（△/Y）联结使电源线电流有二个阶梯，更接近正弦波，谐波影响小，故在整流装置中，三相变压器大多采用 D/Y 或 Y/D 联结。

当控制角 $\alpha>0°$时，输出电压波形发生变化，图 3-10 即为 $\alpha=30°$、60°、90°以及 120°时

的波形。从图中可见，当 $\alpha \leqslant 60°$ 时，$u_d$ 波形均为正值；当 $60° < \alpha < 90°$ 时，由于 $L_d$ 自感电动势的作用，$u_d$ 波形瞬时出现负值，但正面积大于负面积，平均电压 $U_d$ 仍为正值。当 $\alpha = 90°$ 时，正负面积相等，$U_d = 0$。当 $\alpha > 90°$ 时，$u_d$ 波形断续，由于 $U_d$ 接近于零，$i_d$ 太小，晶闸管无法导通，因此当 $\alpha = 120°$ 时，如图 3-10d 所示，出现不规则的杂乱波形。

## 二、对触发脉冲的要求

为了符合人们通常的习惯，希望三相全控桥式整流电路六个晶闸管触发导通的顺序为 $VT_1 \rightarrow VT_2 \rightarrow VT_3 \rightarrow VT_4 \rightarrow VT_5 \rightarrow VT_6$。在三相电源正序情况下，编号为 $VT_1$、$VT_4$ 管接 U 相（U 相可任意指定，但相序不能反），$VT_3$、$VT_6$ 管接 V 相，$VT_5$、$VT_2$ 管接 W 相。根据这样的排列，触发脉冲顺序为 $U_{g1} \rightarrow U_{g2} \rightarrow U_{g3} \rightarrow U_{g4} \rightarrow U_{g5} \rightarrow U_{g6}$，间隔为 60°，如图 3-9b 所示。

为了保证整流装置能启动工作，或在电流断续后能再次导通，必须对两组中应导通的一对晶闸管同时加有触发脉冲，为此可采取两种方法。一种是宽脉冲触发，使每一个触发脉冲的宽度大于 60°（必须小于 120°，通常取 90°左右）。这样在换相时，相隔 60°的后一个脉冲出现，前一个脉冲还未消失，使电路在任何换相点均有相邻两个管子被触发。另一种方法是在触发某一号晶闸管时，触发电路设法同时给前一号晶闸管补发一个脉冲称辅助脉冲，例如触发 $VT_3$ 管的同时，对 $VT_2$ 管补发辅助脉冲；触发 $VT_4$ 管的同时，对 $VT_3$ 管补发辅助脉冲，如图 3-9b 中的虚线脉冲。这样，就能保证每个换流点同时有两个脉冲触发相邻的晶闸管，作用与宽脉冲一样，这种方式称为双窄脉冲。双窄脉冲虽然触发电路比较复杂，但可减小触发电路功率与脉冲变压器体积，故目前采用较多。

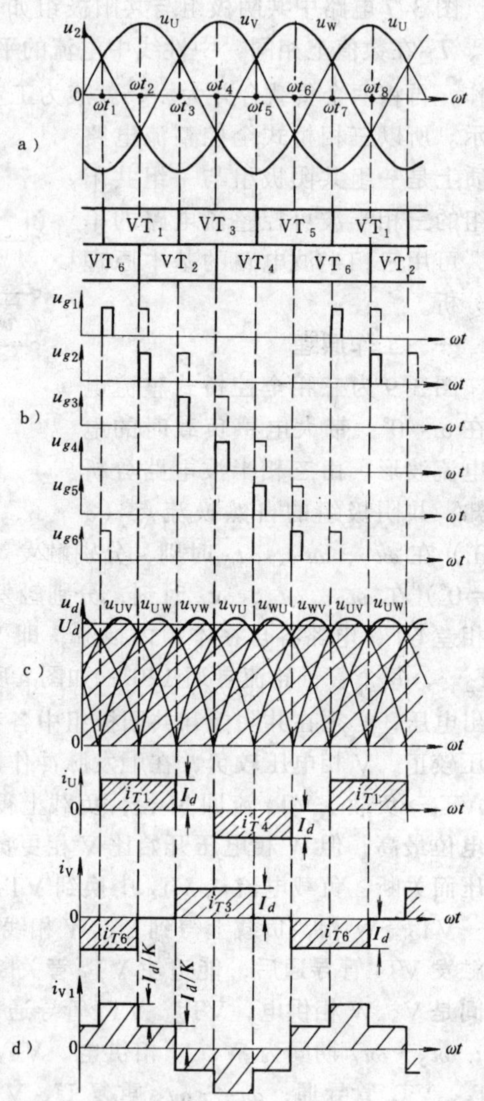


图 3-9 三相桥式全控整流电路的电流电压波形

通过上述分析，可归纳以下几点：

1）三相桥式全控整流电路在任何时刻必须保证有两个晶闸管同时导通才能构成电流回路。象三相半波电路一样，晶闸管换流只在本组内进行，每隔 120°换流一次。由于电路中共阴极与共阳极组换流点相隔 60°，所以每隔 60°有一次换流，管子导通情况见图 3-9a。

2）三相桥式全控整流电路的负载电压 $u_d$ 波形是六个不同线电压的组合，当 $\alpha = 0°$ 时，为三相线电压的正向包络线，每周期脉动 6 次，基波频率为 300Hz，其脉动系数 $S_U \approx 0.05$，基本上是一个平稳的直流。带大电感负载时，其平均值为

$$U_d = 2.34 U_{2\phi} \cos\alpha = 1.35 U_{2l} \cos\alpha \qquad (0 \leqslant \alpha \leqslant 90°) \qquad (3\text{-}9)$$

3）三相全控桥式整流电路控制角 $\alpha$ 的起算点（自然换流点）与三相半波时相同，为相邻相电压的交点（包括正向与负向），距波形原点 30°，但是在线电压波形上，是相邻正向线电压的交点。由于线电压超前对应的相电压30°，因此在对应线电压波形上 $\alpha=0°$ 的点距波形原点为 60°，如 $\alpha=30°$，在相电压波形上脉冲距波形原点 60°，在对应的线电压上，脉冲距波形原点 90°。

4）晶闸管两端电压波形完全与三相半波时一样，最大电压为$\sqrt{6}U_{2\phi}$。由于桥式电路输出电压比三相半波增大一倍，所以在同样的 $U_d$ 值时，三相桥式电路对管子电压要求降低一半。流过晶闸管的电流 $i_T$ 与三相半波时完全相同为 $I_{dT}=\frac{1}{3}I_d$，$I_T=\sqrt{\frac{1}{3}}I_d=0.577I_d$。变压器利用率提高，其二次侧每周期内有 240°流过电流且电流波形正负面积相等，无直流分量。二次电流有效值为

$$I_2=\sqrt{\frac{2}{3}}I_d=0.816I_d$$

5）三相桥式可控整流电路必须用双脉冲或宽脉冲触发，脉冲的移相范围在大电感负载时为 0°～90°，电阻负载时，$\alpha>60°$，波形断续，由于晶闸管的导通要维持到线电压过零反向时才关断，所以移相范围为 0°～120°。

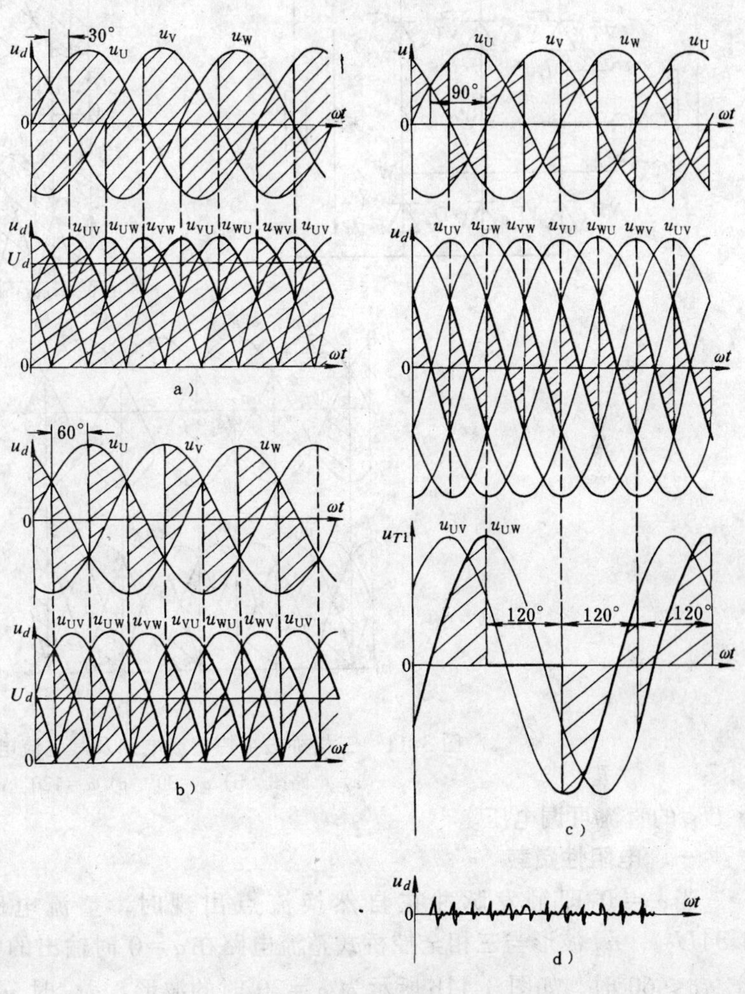


图 3-10　三相桥式全控整流电路波形

## 第三节　三相桥式半控整流电路

在中等容量的整流装置或不要求可逆的电力拖动中，可采用比三相全控桥式整流电路更简单、经济的三相桥式半控整流电路，如图 3-11a 所示，它由共阴极接法的三相半波可控整流电路与共阳极接法的三相半波不可控整流电路串联而成，因此这种电路兼有可控与不可控两者的特性。共阳极组三个整流二极管总是在自然换流点换流，使电流换到比阴极电位更低的一相中去；而共阴极组三个晶闸管则要在触发后才能换到阳极电位高的一相中去。输出整流电压$u_d$的波形是二组整流电压波形之和，改变共阴极组晶闸管的控制角$\alpha$，可获得0～2.34

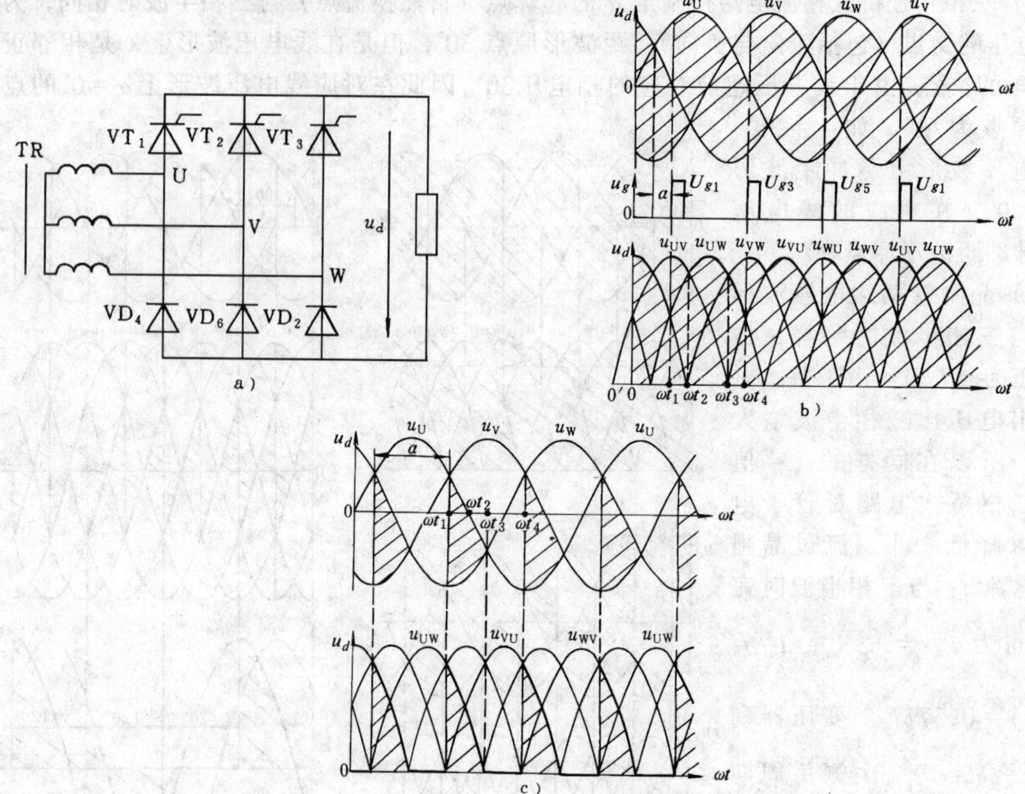


图 3-11　三相桥式半控整流电路及其电流电压波形

a）电路图　b）$\alpha=30°$　c）$\alpha=120°$

$\times U_{2\phi}$的直流可调电压。

## 一、电阻性负载

当$\alpha=0°$即触发脉冲在自然换流点出现时，整流电路输出电压最大，其数值为$2.34U_{2\phi}$，$u_d$波形与三相全控桥式整流电路在$\alpha=0°$时输出的电压波形一样。

$\alpha\leqslant60°$时，如图 3-11b 所示为$\alpha=30°$时的波形。$\omega t_1$时$u_{g1}$触发$VT_1$管导通，电源电压$u_{UV}$通过$VT_1$、$VD_6$加于负载。$\omega t_2$时，共阳极组二极管自然换流，所以$\omega t_2$之后，$VD_2$导通，$VD_6$关断，电源电压$u_{UW}$通过$VT_1$、$VD_2$加于负载。$\omega t_3$时刻，由于$u_{g3}$还未出现，$VT_3$不能导通，$VT_1$维持导通，到$\omega t_4$时刻，触发$VT_3$管导通后使$VT_1$管承受反向电压而关断，电路转为$VT_3$与$VD_2$导通，依次类推，负载$R_d$上得的是三个间隔波头完整三个波头缺角的脉动波形。当$\alpha=60°$时，$u_d$波形只剩下三个波头，波形刚好维持连续。为了计算输出电压平均值$U_d$，计算图 3-11b 中$u_d$波形在$\omega t_1\sim\omega t_4$期间的面积积分，把坐标原点移到$0'$，输出电压平均值为

$$U_d=\frac{1}{2\pi/3}\left[\int_{\frac{\pi}{3}+\alpha}^{2\pi/3}\sqrt{3}\sqrt{2}U_{2\phi}\sin\omega t\,\mathrm{d}(\omega t)+\int_{2\pi/3}^{\pi+\alpha}\sqrt{3}\sqrt{2}U_{2\phi}\sin\left(\omega t-\frac{\pi}{3}\right)\mathrm{d}(\omega t)\right]$$

$$\therefore\qquad U_d=1.17U_{2\phi}\ (1+\cos\alpha)\qquad 0°\leqslant\alpha\leqslant60°\qquad(3\text{-}10)$$

$60°<\alpha<180°$时，例如图 3-11c 所示为$\alpha=120°$时的波形，$VT_1$管在$u_{UW}$电压的作用下，$\omega t_1$时刻开始导通，到$\omega t_2$时刻 U 相相电压为零时$VT_1$管仍不会关断，因为使$VT_1$管正向

导通的不是相电压而是线电压，到 $\omega t_3$ 时刻 $u_{UW}=0$，$VT_1$ 才关断。在 $\omega t_3 \sim \omega t_4$ 期间，$VT_3$ 虽受 $u_{VU}$正向电压，但门极无触发脉冲，故 $VT_3$ 不导通，波形出现断续。到 $\omega t_4$ 时刻，$VT_3$ 才触发导通，一直到 $u_{VU}$线电压为零时关断。其平均电压为

$$\begin{aligned} U_d &= \frac{1}{2\pi/3}\int_{\alpha}^{\pi}\sqrt{3}\sqrt{2}U_{2\phi}\sin\omega t\,\mathrm{d}(\omega t) \\ &= 1.17U_{2\phi}(1+\cos\alpha) \quad 60^\circ < \alpha < 180^\circ \end{aligned} \tag{3-11}$$

从式（3-10）与（3-11）可见，三相桥式半控整流电路在带电阻性负载时，其输出电压的公式为

$$U_d = 1.17U_{2\phi}\ (1+\cos\alpha) \quad 0 \leqslant \alpha \leqslant 180^\circ \tag{3-12}$$

**二、电感性负载**

三相半控桥式整流电路与单相半控桥式整流电路一样，桥路内部二极管有续流作用，因此在带电感性负载时，输出 $u_d$ 波形和平均电压 $U_d$ 值与带电阻性负载时一样，不会出现负电压。

大电感负载如负载端不加接续流二极管，当突然切断触发信号或把控制角突然调到180°以外时，与单相半控桥式整流电路时一样，也会发生某个导通着的晶闸管不关断，而共阳极组的三个整流管轮流导通的现象。如切断触发脉冲时，正值 $VT_3$ 管导通，当 $u_{VW}$或 $u_{VU}$电压为正时，$VT_3$ 要维持导通；当 $u_{VU}$为负时，负载电流通过 $VT_3$ 与 $VD_6$ 续流，仍维持 $VT_3$ 导通，这时负载上的电压波形为图 3-12 所示，其平均值为

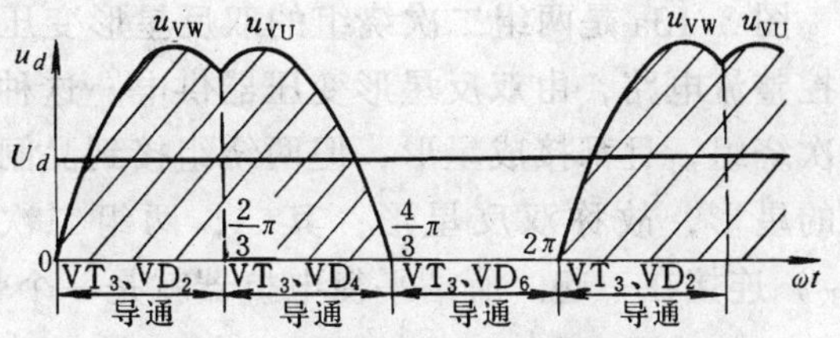


图 3-12　三相半控桥式整流电路失控时的 $u_d$ 波形

$$U_d = \frac{2}{2\pi}\int_0^{\frac{2\pi}{3}}\sqrt{3}\times\sqrt{2}U_{2\phi}\sin\omega t\,\mathrm{d}(\omega t) = 1.17U_{2\phi}$$

这个电压较大，必需切断交流电源。为了避免这种现象，在三相桥式半控整流电路带电感性负载时，必须并联续流管。为了使电路能真正起到续流效果，要选用正向压降小的续流管，整流桥输出端与续流管之间的连线应愈短愈好，并且要选择维持电流较大的晶闸管。

并接续流管后，只有当 $\alpha > 60^\circ$时，续流管才流过电流，这时晶闸管、整流二极管以及续流管电流可参照三相半波电路进行计算。

三相半控桥式整流电路与三相全控桥式整流电路各有优点，现比较如下：

1）三相全控桥式整流电路能工作于有源逆变状态，而三相半控桥式整流电路只能作可控整流，不能工作于逆变状态（逆变原理参阅§6-1 节）。

2）三相全控桥式整流电路输出电压脉动小，基波频率为 300Hz，比三相半控桥式整流电路高一倍，在同样的脉动要求下，全控桥式整流电路要求平波电抗器的电感量可小些。

3）三相半控桥式整流电路只用三个晶闸管，只需三套触发电路，不需要宽脉冲或双脉冲触发，因此线路简单经济，调整方便。

4）三相全控桥式整流电路控制增益大、灵敏度高，其控制滞后时间（改变电路的 $\alpha$ 角后，直流输出电压相应变化的时间）为 3.3ms，而三相半控桥式整流电路为 6.6ms，因此三相全控桥式整流电路的动态响应比半控桥式整流电路好。

随着生产工艺对电力拖动的要求日益严格，以及晶闸管元件价格的降低，即使不要求可逆传动的场合，也逐步采用全控桥式整流。

## 第四节 带平衡电抗器（Balanced Reactor）的双反星形可控整流电路

在电解电镀生产中，常需要低压大电流可调直流电源，直流电压仅几伏到十几伏，而直流电流却高达几千甚至几万安培。如采用三相桥式电路，则大电流要流过两个整流元件，管子功率损耗两份，使效率降低。此外流过元件的平均电流为 $I_d/3$，当 $I_d$ 很大时，每个整流桥臂要由多个元件并联，这就带来均流、保护等一系列问题。

由上节分析可知，三相桥式整流电路是两组三相半波整流电路的串联，适宜在高压而电流不太大的场合。对于低压大电流负载，能否用两组三相半波整流电路并联工作，利用整流变压器二次侧适当连接的方法，达到消除三相半波整流电路变压器直流磁化的缺点，这就是本节要叙述的带平衡电抗器的双反星形可控整流电路。

图 3-13a 是两组二次绕组的双反星形变压器，图 3-13b 为带平衡电抗器 $L_B$ 的双反星形可控整流电路，由双反星形变压器供电。这种电路有两个特点：其一是整流变压器具有两组二次绕组，且都接成星形，但两绕组接到晶闸管的同名端相反，画出的电压矢量图是两个相反的星形，故称双反星形；其二，两组二次绕组的中性点是通过平衡电抗器 $L_B$（$L_{B1}$、$L_{B2}$）连接在一起。所谓平衡电抗器就是一个带有中心抽头的铁心线圈，抽头两侧的匝数相等，二边电感量 $L_{B1}=L_{B2}$，在任一边线圈中有交变电流流过时，在 $L_{B1}$与 $L_{B2}$中均会有大小相同、方向一致的感应电动势产生。

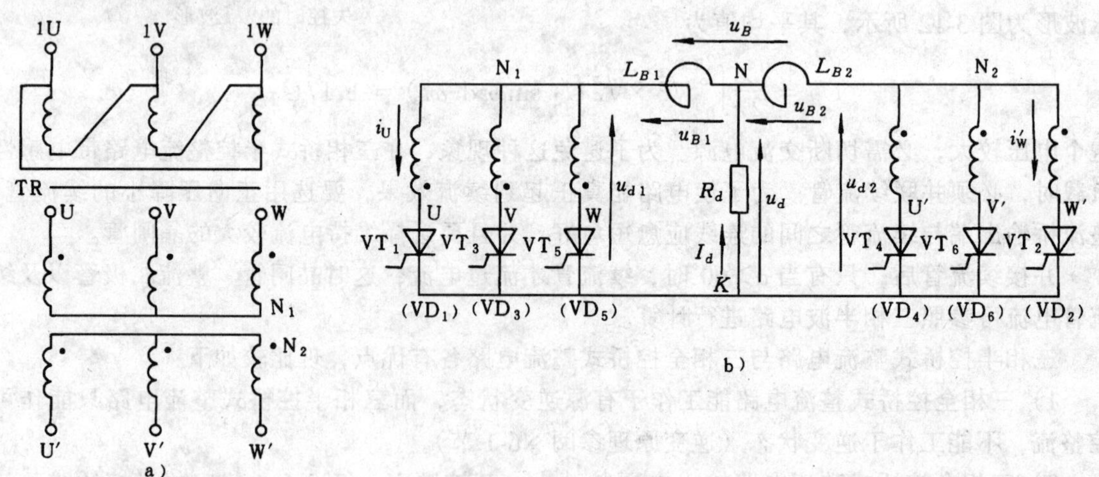


图 3-13 双反星形三相变压器及带平衡电抗器的双反星形可控整流电路

a）双反星形三相变压器 b）带平衡电抗器的双反星形可控整流电路

### 一、平衡电抗器的作用

为了说明平衡电抗器的作用，先将图 3-13b 中的 $L_B$ 短接，并把晶闸管改成二极管，这就构成了通常的六相半波整流电路，变压器二次电压波形如图 3-14a 所示，细实线为 U、

V、W 组的三相波形，细虚线为 U′、V′、W′组波形。由于六个二极管为共阴接法，因此在任何瞬间，只有相电压瞬时值最大的一相元件导通，如 $\omega t_1$ 时刻U相电压最大，$VD_1$ 管导通，以 N 点作电位参考点，则共阴极点 $K$ 电位亦最高，迫使其它五个二极管承受反压而不能导通。变压器二次侧以 U→W′→V→U′→W→V′的顺序依次达到电压最大值，所以整流二极管以 $VD_1$→$VD_2$→$VD_3$→$VD_4$→$VD_5$→$VD_6$ 顺序依次导通 60°，输出直流电压 $u_d$ 波形为六个正向相电压波头的包络线，波形与三相桥式整流时相同，只是六相半波时是相电压 $U_{2\phi}$，而三相桥式是线电压 $U_{2l}$，所以平均直流电压 $U_d=1.35U_{2\phi}$。由于任一瞬时只有一个管子导通，所以每个整流元件与变压器二次绕组就要流过全部负载电流，而导通角 $\theta$ 为 60°，仅为 1/6 周期，U 相电流波形如图 3-14b 所示。所以流过二极管或变压器二次绕组的电流导电时间短，峰值高，即 $i_T$ 的波形系数 $K_f$ 很大，使整流元件的额定电流与变压器导线截面要选大，变压器利用率下降，这就体现不出供应大电流的优点，所以六相半波整流在大电流场合使用较少。

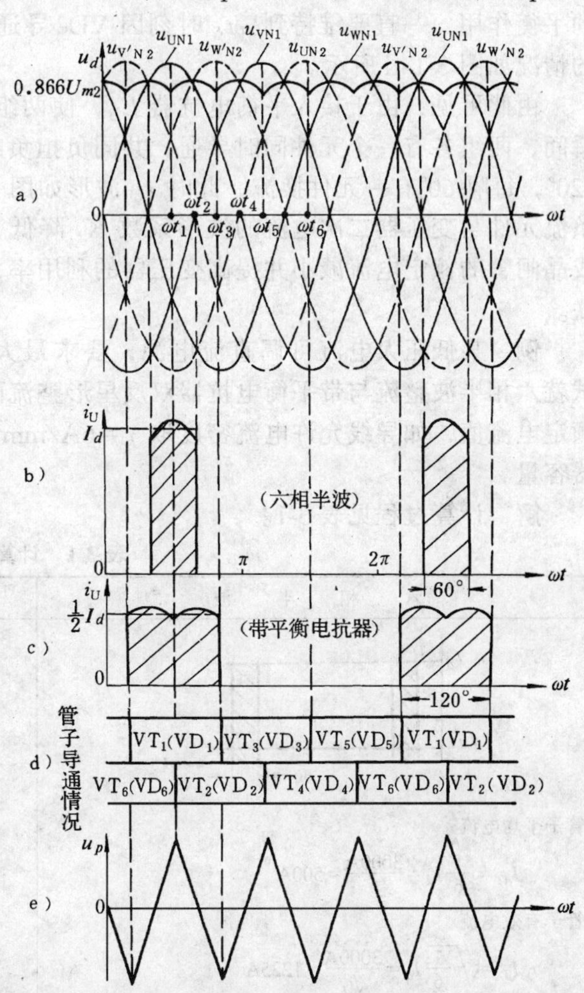

图 3-14　带平衡电抗器双反星形可控整流电路

现接入平衡电抗器，仍以不可控整流进行分析，它对应可控整流 $\alpha=0°$ 的情况。设在图 3-14a 中 $\omega t_1 \sim \omega t_2$ 期间合上变压器一次侧电源，此时 $u_{UN1}$ 相电压最高，二极管 $VD_1$ 导通，从图 3-13b 可见，$VD_1$ 导通后 $K$ 点与 U 点同电位，其它二极管承受反压而不导通。由于存在平衡电抗器，$VD_1$ 管导通后使电流 $i_U$ 逐渐增大，在平衡电抗器 $L_{B1}$ 与 $L_{B2}$ 中感应出电动势 $e_B$ 阻碍电流增大，极性为右正左负（电压 $u_B$ 极性与 $e_B$ 相反）。以 N 点为电位参考点，$u_{B1}$ 削弱左侧整流组管子的阳极电压。在 $\omega t_1 \sim \omega t_2$ 期间是削弱 $VD_1$ 管的阳极电压；$u_{B2}$ 增强右侧整流组管子的阳极电压。在 $\omega t_1 \sim \omega t_2$ 期间，除 $u_{UN1}$ 最高外，右侧 $u_{W'N2}$ 相最高，在 $u_{B2}$ 作用下，只要 $u_B$ 的大小使 $u_{W'N2}+u_B>u_{UN1}$，则二极管 $VD_2$ 亦受正压导通。因此，$L_B$ 的存在使 $VD_1$、$VD_2$ 管同时导通。当同时导通时，$u_U=u_{W'}$ 由于在此期间 $u_{UN1}>u_{W'N2}$，所以 $VD_2$ 导通后，$VD_1$ 不会关断。随着变压器二次相电压的变化，$u_B$ 也相应变化，始终保持 $u_U$、$u_{W'}$ 电位相等，维持 $VD_1$、$VD_2$ 管同时导通。电抗器 $L_B$ 起二相导通的平衡作用，所以称平衡电抗器。

$\omega t_2 \sim \omega t_3$ 期间，$u_{UN1}<u_{W'N2}$，由于 $L_B$ 的作用，$VD_1$ 也不会关断。因为当 $i_U$ 开始减小时，$L_B$ 上产生的 $e_B$ 极性与上述相反，$N_1$ 点为正，$N_2$ 点为负，使 $VD_1$、$VD_2$ 仍能维持共同

导通。$\omega t_3$之后，由于$u_{VN1} > u_{UN1}$，电流从$VD_1$换到$VD_3$，与$\omega t_1 \sim \omega t_2$情况相同，$\omega t_3 \sim \omega t_4$期间$VD_2$与$VD_3$同时导通。V相的二极管$VD_3$，从$\omega t_3$时刻开始导通，由于电抗器$L_B$的平衡作用，一直要维持到$\omega t_6$时刻因$VD_5$导通而关断，导通120°。两组二极管同时导通的情况如图3-14d所示。

由此可见，由于接入平衡电抗器$L_B$，使两组三相半波整流电路能同时工作，即在任一瞬间，两组各有一个元件同时导通，共同负担负载电流，同时每个元件导通角由60°扩大为120°，每隔60°有一元件换流，此时$i_U$波形如图3-14c所示。所以平衡电抗器的作用使流过整流元件与变压器二次电流的波形系数$K_f$降低，在输出同样直流电流$I_d$时，可使二极管或晶闸管的额定电流减小并提高变压器的利用率，在大电流输出时，晶闸管可少并联或不并联。

**例** 某低压大电流可调直流电源，要求最大负载电流$I_d = 3000A$，假定$I_d$波形平直，试就六相半波整流与带平衡电抗器双反星形整流两种电路，分别计算晶闸管电流波形系数与额定电流值，如导线允许电流密度取$j = 6A/mm^2$，计算变压器二次绕组的导线截面与变压器容量。

**解** 计算过程见表3-1。

**表3-1 计算过程**

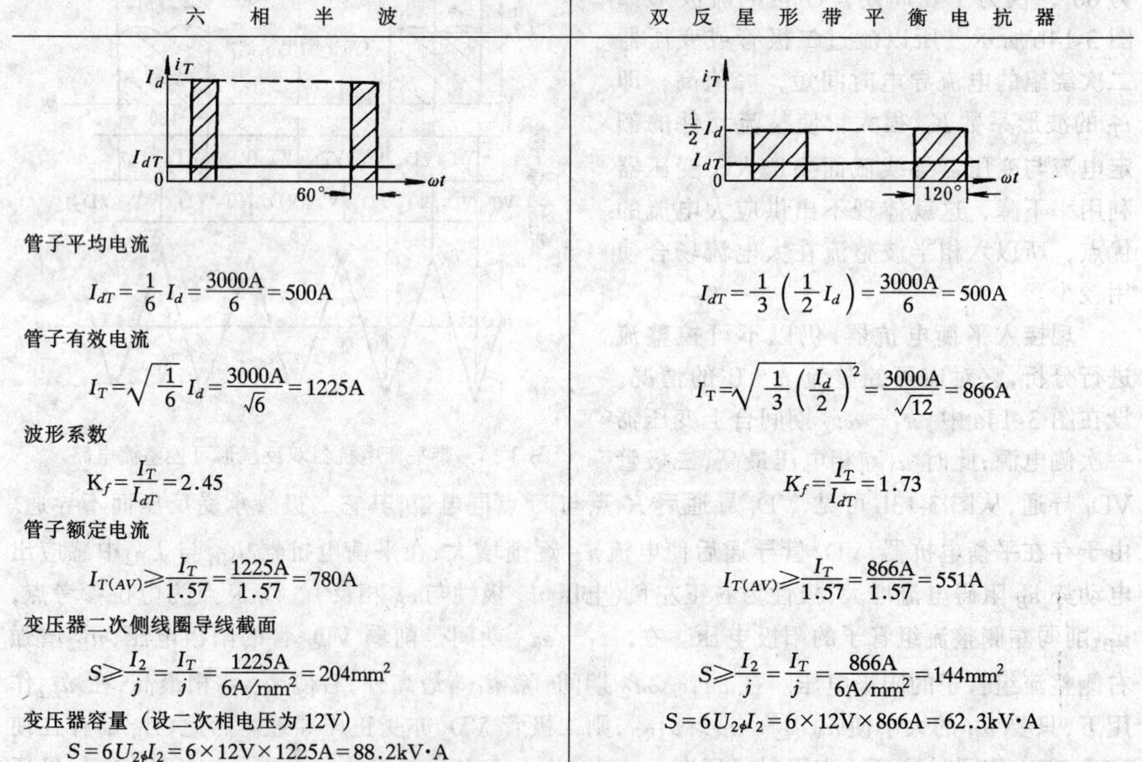

| 六相半波 | 双反星形带平衡电抗器 |
|---|---|
| （波形图：$i_T$，$I_d$，$I_{dT}$，0，60°，$\omega t$） | （波形图：$i_T$，$\frac{1}{2}I_d$，$I_{dT}$，0，120°，$\omega t$） |
| 管子平均电流 | |
| $I_{dT} = \frac{1}{6}I_d = \frac{3000A}{6} = 500A$ | $I_{dT} = \frac{1}{3}\left(\frac{1}{2}I_d\right) = \frac{3000A}{6} = 500A$ |
| 管子有效电流 | |
| $I_T = \sqrt{\frac{1}{6}}I_d = \frac{3000A}{\sqrt{6}} = 1225A$ | $I_T = \sqrt{\frac{1}{3}\left(\frac{I_d}{2}\right)^2} = \frac{3000A}{\sqrt{12}} = 866A$ |
| 波形系数 | |
| $K_f = \frac{I_T}{I_{dT}} = 2.45$ | $K_f = \frac{I_T}{I_{dT}} = 1.73$ |
| 管子额定电流 | |
| $I_{T(AV)} \geqslant \frac{I_T}{1.57} = \frac{1225A}{1.57} = 780A$ | $I_{T(AV)} \geqslant \frac{I_T}{1.57} = \frac{866A}{1.57} = 551A$ |
| 变压器二次侧线圈导线截面 | |
| $S \geqslant \frac{I_2}{j} = \frac{I_T}{j} = \frac{1225A}{6A/mm^2} = 204mm^2$ | $S \geqslant \frac{I_2}{j} = \frac{I_T}{j} = \frac{866A}{6A/mm^2} = 144mm^2$ |
| 变压器容量（设二次相电压为12V） | |
| $S = 6U_{2\phi}I_2 = 6 \times 12V \times 1225A = 88.2kV \cdot A$ | $S = 6U_{2\phi}I_2 = 6 \times 12V \times 866A = 62.3kV \cdot A$ |

计算说明，六相半波整流要选用1000A晶闸管两只并联，而双反星形可用一只1000A的管子。由于流过变压器二次电流有效值在双反星形时较小，所以导线截面（采用铜排）、变压器容量都可相应减小。

从图3-13b左边整流组看，$u_d = u_{d1} - \frac{1}{2}u_B$，从右边整流相看，$u_d = u_{d2} + \frac{1}{2}u_B$，因此得

$$u_4 = \frac{1}{2}(u_{d1} + u_{d2}) \tag{3-13}$$

$$u_B = u_{d1} - u_{d2} \tag{3-14}$$

由式（3-13）可见，带平衡电抗器双反星形整流电路的直流输出电压 $u_d$ 波形是左右两组三相半波整流输出波形相邻二相的平均值如图 3-14a 中粗实线所示。可以看成一个新的六相半波，其峰值为原六相半波峰值乘以 $\cos\frac{\pi}{6}=\frac{\sqrt{3}}{2}=0.866$。此波形的电压平均值 $U_d$ 可通过积分来计算，因为一个周期有六块相同的面积，只取其中一块积分求平均值即可，计算式为

$$U_d = \frac{3}{\pi}\int_{-\pi/6}^{\pi/6}\frac{\sqrt{3}}{2}\times\sqrt{2}U_{2\phi}\cos\omega t\,\mathrm{d}(\omega t) = 1.17U_{2\phi} \tag{3-15}$$

由式（3-14）可见，平衡电抗器 $L_B$ 上的电压波形 $u_B$ 为两组三相半波输出电压波形之差，近似如图 3-14e 所示的三角波，频率为 150Hz。

由于两组三相半波整流电路并联运行，两者输出电压的瞬时值不相等，会产生环流即不经过负载的两相之间的电流，因此必须由平衡电抗器 $L_B$ 来限制。通常要求环流值限制在额定负载电流的 2% 左右，使并联运行的两组电流分配尽量均匀。当负载电流很小，其值与环流幅值相等时，工作电流与环流相反的管子由于流过电流小于维持电流而关断，失去并联导电性能，电路转为六相半波整流状态，输出直流电压 $U_d$ 从原来的 $1.17U_{2\phi}$ 突升为 $1.35U_{2\phi}$，使外特性在小电流负载时上翘变软。

## 二、双反星形带平衡电抗器可控整流电路

由上面分析可知，双反星形带平衡电抗器可控整流电路 $\alpha=0°$ 的位置是三相半波整流时原来的自然换流点，$\alpha$ 从该点起算。带电阻性负载时 $\alpha=0°$、$\alpha=30°$、$\alpha=60°$ 的 $u_d$ 波形如

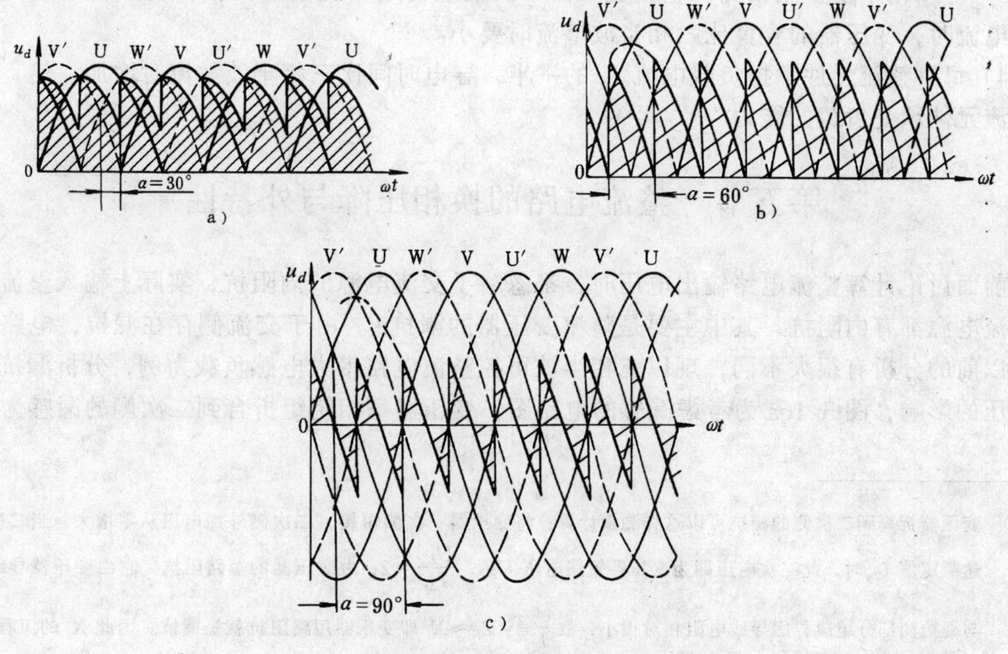


图 3-15　带平衡电抗器双反星形可控整流波形

a）带电阻性负载（$\alpha=30°$）　b）带电阻性负载（$\alpha=60°$）　c）带电感性负载（$\alpha=90°$）

图 3-14a、3-15a、3-15b 所示。当 $\alpha \leqslant 60°$时，$u_d$ 波形连续，输出电压平均值

$$U_d = 1.17U_{2\phi}\cos\alpha \qquad 0 \leqslant \alpha \leqslant 60° \tag{3-16}$$

当 $\alpha > 60°$时，$u_d$ 波形断续

$$U_d = \frac{1}{\pi/3}\int_{\alpha+\frac{\pi}{3}}^{\pi}\left(\sqrt{2}U_{2\phi}\cos\frac{\pi}{6}\right)\sin\omega t\,\mathrm{d}(\omega t) =$$

$$1.17U_{2\phi}[1+\cos(\alpha+60°)] \quad 60° < \alpha < 120° \tag{3-17}$$

为了确保电流断续后，两组三相半波整流电路还能同时工作，与三相桥式整流电路一样，也要求采用双窄脉冲或宽脉冲触发，窄脉冲脉宽应大于 30°。带电阻性负载时，触发脉冲的最大移相范围为 120°（单组时为 150°）。

带电感性负载时，$\alpha \leqslant 60°$时 $u_d$ 波形不出现负电压，与带电阻性负载相同；当 $60° < \alpha < 90°$时，$u_d$ 波形出现负电压；$\alpha = 90°$时，$U_d \approx 0$，波形如图 3-15c 所示，带电感性负载时输出直流平均电压

$$U_d = 1.17U_{2\phi}\cos\alpha \qquad 0° < \alpha < 90° \tag{3-18}$$

晶闸管可能承受的最大正反向电压与三相半波整流时相同，也为$\sqrt{6}U_{2\phi}$。

从上面分析可见，带平衡电抗器的双反星形整流电路有如下特点：

1）双反星形电路是两组三相半波整流电路的并联，输出整流电压波形与六相半波整流时一样，所以脉动情况比三相半波整流小得多。双反星形电路输出的电压瞬时最大值为六相半波整流最大值的 0.866 倍。

2）由于同时有两相导通，整流变压器磁路平衡，不像三相半波整流，存在直流磁化问题。

3）与六相半波整流相比，整流变压器二次绕组利用率提高了一倍，所以在输出同样的直流电流时，变压器的容量比六相半波整流时要小。

4）每一整流元件承担负载电流 $I_d$ 的一半，导电时间比三相半波整流时增加一倍，提高了整流元件承受负载的能力。

## 第五节　整流电路的换相压降与外特性

前面讨论计算整流电路输出电压时，都忽略了交流电源的内阻抗，实际上输入整流桥路的交流电源都有内阻抗，其中主要是整流变压器的漏抗[①]。由于交流侧存在漏抗，电路换相时与以前的分析有很大不同，现以三相半波可控整流电路带大电感负载为例，分析漏抗对整流电压的影响，图 3-16a 为考虑漏感的电路图，变压器每相绕组折合到二次侧的漏感为 $L_l$。

---

① 变压器折算到二次侧的漏抗可以这样测量计算：将变压器一次侧短接，二次侧外加电压从零增大，当二次电流达额定值 $I_{2n}$时，此二次电压即为变压器短路电压 $U_{K2}$，$\frac{U_{K2}}{I_{2e}} = Z_K$ 为变压器的短路阻抗，它由变压器导线电阻与漏抗两部分组成，因导线电阻相对很小，故$\frac{U_{K2}}{I_{2e}} = Z_K \approx X_l$ 即变压器短路阻抗就是漏抗。因此 $X_l$ 的工程计算，只需根据变压器铭牌数据查出短路电压比 $U_{dl}\left(=\frac{U_{K1}}{U_{1n}}=\frac{U_{K2}}{U_{2n}}\right)$，通过 $\omega L_l = X_l = \frac{U_{2n}}{I_{2n}} \times U_{dl}$即可求得，通常容量 100kV·A 以下的变压器短路电压比约为 0.05。

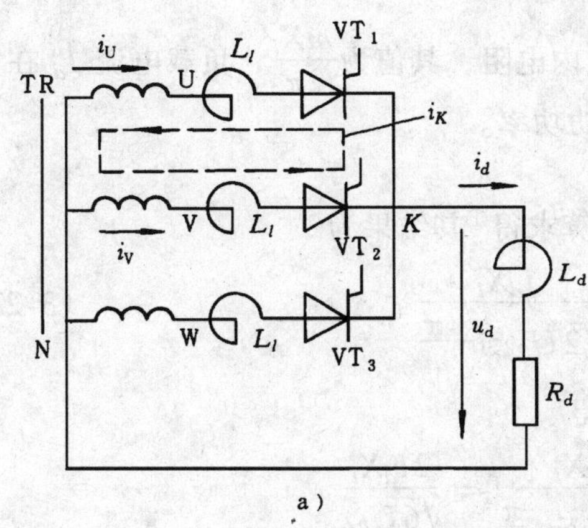


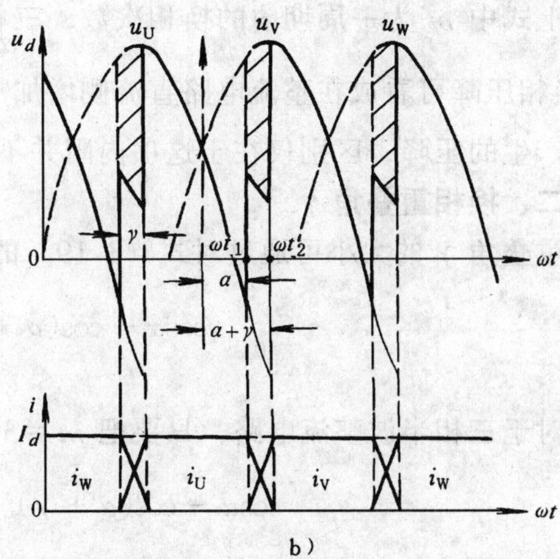


图 3-16 考虑变压器漏抗的可控整流电路及其电压电流波形

## 一、换相期间的输出电压

变压器存在漏抗，使电路换相时电流不能突变，图 3-16b 中当 $\omega t_1$ 时刻触发 $VT_2$ 管时，V 相电流 $i_V$ 不能瞬时上升到 $I_d$ 值；U 相电流 $i_U$ 不能瞬时下降为零，使电流换相需要一段时间。在换相过程 $\omega t_1 \sim \omega t_2$ 期间，两个相邻相的晶闸管同时导通，对应的电角度称为换相重叠角（换相角、换流角）用 $\gamma$ 表示。在重叠角 $\gamma$ 期间，U、V 两相同时导通，相当于 U、V 两相线间短路，$u_V - u_U$ 为短路电压，产生一个假想的短路电流 $i_K$，如图 3-16a 虚线所示(实际上晶闸管都是单向导电的，相当于在原有电流上叠加一个 $i_K$)。U 相电流 $i_U = I_d - i_K$，随着 $i_K$ 的增大而逐渐减小；而 $i_v = i_K$ 将逐渐增大。当 $i_v$ 增大到 $I_d$ 也就是 $i_U$ 下降为零时，$VT_1$ 关断，$VT_2$ 管电流达到稳定值 $I_d$，完城了 U 到 V 相之间的换流。换流期间，短路电压由两个漏抗电动势所平衡即

$$u_V - u_U = 2_{Ll} \frac{di_K}{dt} \tag{3-19}$$

而输出电压为

$$u_d = u_v - L_l \frac{di_K}{dt} = u_U + L_l \frac{di_K}{dt} = u_v - \frac{1}{2}(u_v - u_U)$$

$$\therefore \qquad u_d = \frac{1}{2}\ (u_U + u_V) \tag{3-20}$$

上式说明，在换流期间，直流输出电压 $u_d$ 的波形既不是 $u_U$ 也不是 $u_v$，而是换流的两相电压的平均值，如图 3-16b 所示。与不考虑漏抗即 $\gamma = 0°$ 相比，输出电压波形减少了一块阴影面积，使输出平均电压 $U_d$ 值减小。这块减少的面积是由负载电流 $I_d$ 换相引起的，相当于 $I_d$ 在某电阻上产生一个压降，称换相压降，其大小为图中三块阴影面积在一周期内的平均值。由式（3-20）可见降低的电压值为 $u_v - u_d = L_l \dfrac{di_K}{dt}$，所以一块阴影面积为

$$\Delta U_\gamma = \int_0^\gamma L_l \frac{di_K}{dt} d(\omega t) = \omega L_l \int_0^{I_d} di_K = X_l I_d$$

∴ 换相压降为

$$U_\gamma = \frac{m}{2\pi} X_l I_d \tag{3-21}$$

上式中 $m$ 为一周期内的换相次数，三相半波整流时为 $m=3$，三相桥式整流时为 $m=6$。换相压降可看成在整流电路直流侧增加一只等效内电阻，其值为$\frac{mX_l}{2\pi}$，负载电流 $I_d$ 在它上面产生的压降，区别仅在于这项内阻并不消耗有功功率。

**二、换相重叠角 $\gamma$**

重叠角 $\gamma$ 的大小可通过对式（3-19）的数学运算求得①其结果为

$$\cos\alpha-\cos(\alpha+\gamma)=\frac{I_dX_l}{\sqrt{2}U_{2\phi}\sin\frac{\pi}{m}} \tag{3-22}$$

上式对于三相半波整流电路，只要把 $m=3$ 代入可得

$$\cos\alpha-\cos(\alpha+\gamma)=\frac{I_dX_l}{\sqrt{2}U_{2\phi}\sin\frac{\pi}{3}}=\frac{2I_dX_l}{\sqrt{6}U_{2\phi}}$$

式（3-22）对于三相桥式整流电路，因它等效于相电压为$\sqrt{3}U_{2\phi}$时的六相半波整流电路，电压以$\sqrt{3}U_{2\phi}$、$m=6$ 代入，其结果与三相半波整流电路相同。

由式（3-22）可见，已知 $I_d$、$X_l$、$U_{2\phi}$与控制角 $\alpha$，即可计算重叠角 $\gamma$。当 $\alpha$ 一定时，$X_l$、$I_d$ 增大，则换流时间增大即 $\gamma$ 增大，因此大电流时更要考虑换相重叠角的影响。当 $I_d$、$X_l$ 一定时，$\alpha$ 愈大 $\gamma$ 愈小，这是因为 $\alpha$ 愈大，换相时的电压差愈大，为使两相重叠导电，$\frac{\mathrm{d}i_K}{\mathrm{d}t}$势必增大，以迅速释放磁能。

---

① 为了便于计算，将坐标原点移到 U、V 相的自然换流点，如图 3-16b 中虚线所示，这样 $u_U=\sqrt{2}U_{2\phi}\cos\left(\alpha+\frac{\pi}{3}\right)$，$u_v=\sqrt{2}U_{2\phi}\cos\left(\alpha-\frac{\pi}{3}\right)$，由式（3-19）得

$$2L_l\frac{\mathrm{d}i_K}{\mathrm{d}t}=u_v-u_U=\sqrt{2}U_{2\phi}\left[\cos\left(\alpha-\frac{\pi}{3}\right)-\cos\left(\alpha+\frac{\pi}{3}\right)\right]=2\sqrt{2}U_{2\phi}\sin\frac{\pi}{3}\sin\omega t$$

两边乘 $\omega$ 整理得

$$\omega L_l di_K=\sqrt{2}U_{2\phi}\sin\frac{\pi}{3}\sin\omega t\,\mathrm{d}\omega t$$

∵ $i_K=i_V$，对上式两边积分得

$$X_l\int di_v=\sqrt{2}U_{2\phi}\sin\frac{\pi}{3}\int\sin\omega t\,\mathrm{d}\omega t$$

$$X_li_v=-\sqrt{2}U_{2\phi}\sin\frac{\pi}{3}\cos\omega t+C\quad（C\text{为积分常数}）$$

$\omega t_1=\alpha$ 时，$i_v=0$ ∴ $C=\sqrt{2}U_{2\phi}\sin\frac{\pi}{3}\cos\alpha$，代入上式得

$$i_v=\sqrt{2}U_{2\phi}\sin\frac{\pi}{3}(\cos\alpha-\cos\omega t)$$

$\omega t_2=\alpha+\gamma$ 时，$i_v=I_d$

$$\therefore\ X_lI_d=\sqrt{2}U_{2\phi}\sin\frac{\pi}{3}\left[\cos\alpha-\cos(\alpha+\gamma)\right]$$

$$\therefore\ \cos\alpha-\cos(\alpha+\gamma)=\frac{I_dX_l}{\sqrt{2}U_{2\phi}\sin\frac{\pi}{3}}$$ 运算完毕。

综上所述，由于存在换相电抗，相当于增加电源内阻抗，所以使换流期间的输出电压降低，使交流电源的电压相间短路，波形出现缺口，造成波形畸变，形成干扰源。用示波器观察电压波形时，在换流点上出现“毛刺”。但是，对于限制短路电流，使换流过程的$\frac{di}{dt}$与$\frac{du}{dt}$不超过晶闸管的允许值，有时单靠变压器的漏抗电感还不够大，而特意在交流侧串入进线电抗。因此在工程实践中要全面权衡利弊来考虑。

**三、可控整流电路的外特性**

可控整流电路对直流负载来说，是一个带内阻的可变直流电源，考虑到换相压降 $U_r$、整流变压器电阻 $R_T$（为变压器二次绕组每相电阻与一次绕组折算到二次侧的每相电阻之和）以及晶闸管导通压降 $\Delta U$ 后，直流输出电压为

$$U_d = U_{d0}\cos\alpha - n\Delta U - I_d\left(R_T + \frac{m}{2\pi}X_l\right) = U_{d0}\cos\alpha - n\Delta U - I_dR_i \tag{3-23}$$

$U_{d0}$为电路 $\alpha=0°$ 时空载直流输出电压，$R_i$ 为整流桥路内阻，$R_i=\left(R_T+\frac{m}{2\pi}\times X_l\right)$。

$\Delta U$ 是一个晶闸管的正向导通压降，以 1V 计算，三相半波整流时流经一个整流元件，$n=1$，三相桥式整流时 $n=2$，外特性曲线如图 3-17 所示。

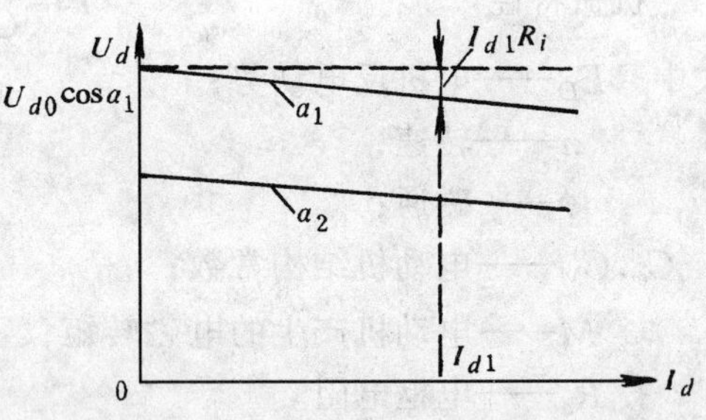


图 3-17 考虑变压器漏抗的可控整流电路外特性

**例** 某龙门刨床的直流电动机由三相半波可控整流电路供电，供电变压器二次侧电压为 220V，变压器每相绕组漏感折合到二次侧的 $L_1$ 为 100μH，直流侧负载电流 300A，求换相压降的等效内阻 $R_i$、$U_r$ 以及 $\alpha=0$ 时的换相角 $\gamma$。

**解**

$$\cos\alpha - \cos（\alpha+\gamma） = \frac{X_lI_d}{\sqrt{2}U_{2\phi}\sin\frac{\pi}{m}} = \frac{2X_lI_d}{\sqrt{6}U_{2\phi}}$$

$$\cos\alpha - \cos(\alpha+\gamma) = \frac{2\times 314\times 0.1\times 10^{-3}\times 300}{\sqrt{6}\times 220} = 0.035$$

当 $\alpha=0°$ 时 $\cos\gamma=1-0.035=0.965$，查三角函数表得 $\gamma=15°$

$$U_\gamma = \frac{3}{2\pi}I_dX_l = \frac{3}{2\pi}\times 300\times 0.1\times 10^{-3}\times 314\text{V} = 4.5\quad\text{V}$$

$$R_i = \frac{U_\gamma}{I_d} = \frac{4.5}{300}\Omega = 0.015\quad\Omega$$

## 第六节　晶闸管可控整流供电的直流电动机机械特性
## (Mechanical Characteristic)

晶闸管整流电路主要的用途之一是直流拖动，作为可调直流电源供给直流电动机进行速度调节。晶闸管整流供电在电动机空载或轻载时会出现电动机电流断续的特殊现象，对电动机特性影响很大，现以三相半波可控整流电路为例，以电流连续与断续两种情况来分析。

### 一、电流连续时直流电动机的机械特性

当电动机串接较大电感的平波电抗器 $L_d$ 而且电动机轴上负载较大即电枢电流 $I_d$ 较大时，$i_d$ 波形连续。由“电机及拖动基础”课程知识可知，直流电动机具有下列关系式：

电动势公式
$$E_D = C_e\phi n \tag{3-24}$$
转矩公式
$$M = C_M\phi I_d \tag{3-25}$$
电压方程
$$U_d = E_D + I_dR_a \tag{3-26}$$
机械特性
$$n = \frac{1}{C_e\phi}\ (U_d - I_dR_a) \tag{3-27}$$

式中　$E_D$——电机反电动势；
$n$——转速；
$\phi$——磁通；
$C_e, C_M$——电动机结构常数；
$M$——电动机产生的电磁转矩；
$R_a$——电枢电阻。

由上节式（3-23）可知，$U_d = U_{d0}\cos\alpha - \left(\frac{3X_l}{2\pi} + R_T\right)I_d - N\Delta U$，代入式（3-27），得晶闸管可控整流供电、电流连续的机械特性为

$$n = \frac{1}{C_e\phi}(U_{d0}\cos\alpha - N\Delta U - I_dR_\Sigma) = n_0' - \Delta n \tag{3-28}$$

式中　$R_\Sigma = \frac{3X_l}{2\pi} + R_T + R_a$ 是直流回路总电阻，$\Delta n = \frac{R_\Sigma}{C_e\phi}I_d$，画出特性曲线如图 3-18 所示（虚线部分是假定电流连续时画出的，实际上 $I_d$ 很小时，电流 $i_d$ 会变得不连续，要按电流断续情况来分析），由于晶闸管整流供电时，存在换相等效电阻，所以机械特性比直流发电机供电时要软一些。改变晶闸管控制角 $\alpha$ 值，就可以方便地调节电动机转速。

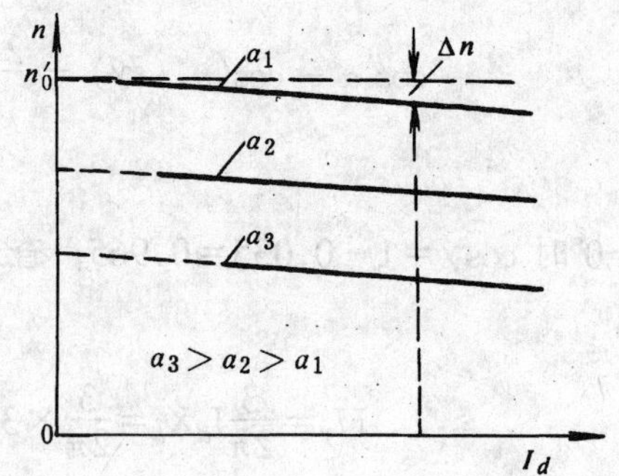


图 3-18　电流连续时的机械特性

### 二、电流断续时直流电动机的机械特性

电流断续时整流电路不存在换相，所以可用单相等效电路进行分析，电路与波形图如图 3-19 所示。由于 $R_\Sigma$ 很小，在小电流时更可忽略。假如 $\omega t_1$ 时刻触发 $VT_1$ 管导通，于是列出电路电压方程为

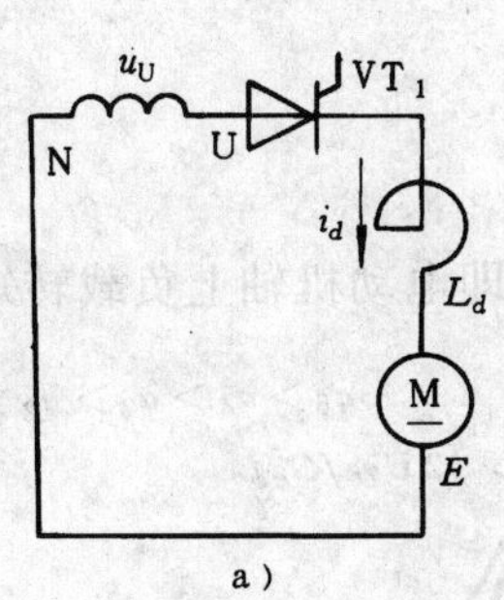


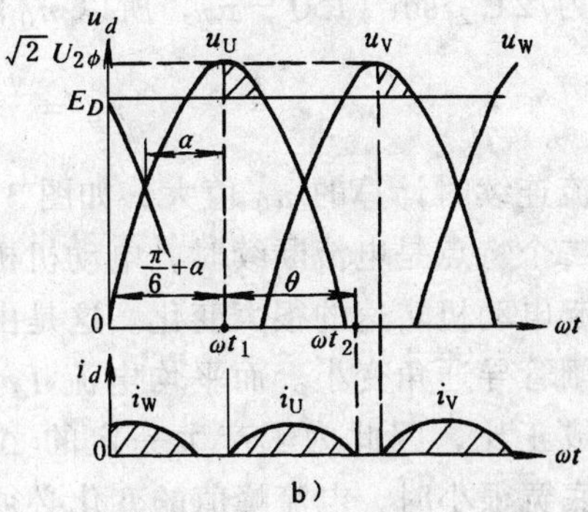


图 3-19　电流断续时等效电路及波形图

a) 等值电路　b) 波形图

$$u_U=\sqrt{2}U_{2\phi}\sin\omega t=E_D+L_D\frac{\mathrm{d}i_d}{\mathrm{d}t}$$

解微分方程得

$$i_d=-\frac{\sqrt{2}U_{2\phi}}{\omega L_d}\cos\omega t-\frac{E_Dt}{L_d}+C$$

将 $\omega t_1=\frac{\pi}{6}+\alpha$ 时，$i_d=0$ 的初始条件代入，求得积分常数 $C$，把 $C$ 值代入 $i_d$ 式得

$$i_d=-\frac{\sqrt{2}U_{2\phi}}{\omega L_d}\left[\cos\omega t-\cos\left(\frac{\pi}{6}+\alpha\right)\right]-\frac{E_Dt}{L_d}+\frac{E_D}{\omega L_d}\left(\frac{\pi}{6}+\alpha\right)\tag{3-29}$$

$$I_d=\frac{1}{2\pi/3}\int_{\frac{\pi}{6}+\alpha}^{\frac{\pi}{6}+\alpha+\theta}i_d\mathrm{d}(\omega t)$$

$$\therefore\quad I_d=\frac{3}{2\pi}\frac{\sqrt{2}U_{2\phi}}{\omega L_d}\cos\left(\frac{\pi}{6}+\alpha+\frac{\theta}{2}\right)\left(\theta\cos\frac{\theta}{2}-2\sin\frac{\theta}{2}\right)\tag{3-30}$$

当 $\omega t_2=\frac{\pi}{6}+\alpha+\theta$ 时，$i_d$ 又降为零，代入式（3-29）得

$$n=\frac{2\sqrt{2}U_{2\phi}}{C_e\phi\theta}\sin\left(\frac{\pi}{6}+\alpha+\frac{\theta}{2}\right)\sin\frac{\theta}{2}\tag{3-31}$$

根据式（3-30）和（3-31），在某一 $\alpha$ 值时，给出不同的 $\theta$，就可求得对应的 $n$ 和 $I_d$，从而求得电流断续时电动机的机械特性，如图 3-20 实线部分所示。

电流断续时，机械特性有如下两个特点，第一个特点是理想空载转速 $n_0$ 升高。以 $\alpha=60°$ 为例，按电流连续式计算为

$$n_0'=\frac{1.17U_{2\phi}\cos\alpha-\Delta U}{C_e\phi}\approx\frac{1.17U_{2\phi}\cos60°}{C_e\phi}=\frac{0.585U_{2\phi}}{C_e\phi}$$

实际上从图 3-19b 可见，要使 $i_d=0$ 必须 $E_D\geqslant\sqrt{2}U_{2\phi}$，当 $\alpha\leqslant60°$ 时，所有不同 $\alpha$ 的特性曲线实际空载转速均为

$$n_0=\frac{\sqrt{2}U_{2\phi}}{C_e\phi}$$

当 $\alpha=60°$ 时，是电流连续时计算的空载转速 $n_0'$ 的 2.4 倍。当 $\alpha>60°$ 时，$u_d$ 电压波形最大

瞬时值为$\sqrt{2}U_{2\phi}\sin$（150°－α），所以 $n_0$ 随 α 的增大而下降，为

$$n_0 = \frac{\sqrt{2}U_{2\phi}}{C_e\phi}\sin(150° - \alpha)$$

也比电流连续时计算的 $n_0'$值大，如图 3-20 所示。

第二个特点是电流断续时，电动机机械特性显著变软，即电动机轴上负载转矩的很小变化能引起电动机转速的很大变化。这是由于电流断续后，晶闸管导通角变小。而平均电流 $I_d$ 与电流 $i_d$ 波形面积成正比，因此为了产生一定的 $\Delta I_d$ 值，在电流波形底宽很小时，电流峰值的变化必须很大，这就要求（$u_d - E_D$）变化很大，当 $u_d$ 一定时即反电动势必须显著降低，才能产生足够的 $\Delta I_d$ 值，因此电流断续时，随着 $I_d$ 的增大，反电动势 $E_D$ 与转速 $n$ 的降落较显著，即机械特性软。

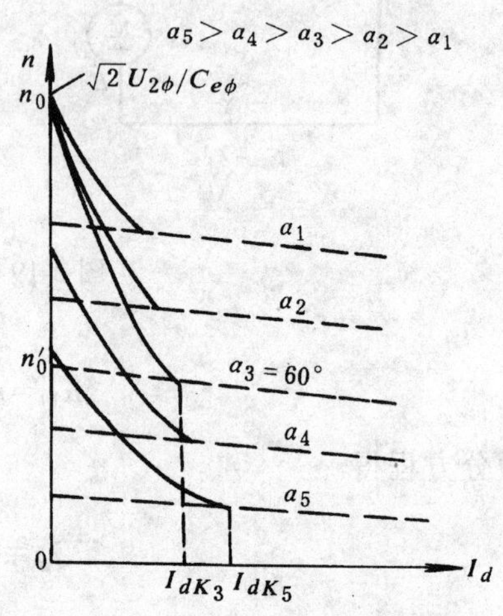


图 3-20　电流断续时的机械特性

所以，直流电动机由晶闸管可控整流电路供电时，其机械特性在电流连续时与直流发电机恒压供电时相似，基本上是一条平线，特性很硬；电流断续时特性变软，空载转速升高，与串激电动机的特性相似。

## 三、临界电流 $I_{dK}$

直流电动机电流连续与断续的临界值，称临界电流，用 $I_{dK}$表示。由上述分析可知，电流连续与否对电动机特性影响甚大。为了改善电动机运行情况，使其始终工作在特性较硬的区域，直流电动机负载中大多串联电抗器 $L_d$，使临界电流减小。$L_d$ 愈大临界电流愈小，但过大的 $L_d$ 不仅将影响系统的快速性，而且电抗器 $L_d$ 的体积和费用均增大。

在三相半波整流电路中，临界电流 $I_{dK}$对应于晶闸管导通角 $\theta_T$ 从小于$\frac{2\pi}{3}$增大到$\frac{2\pi}{3}$的电流值，因此将 $\theta=\frac{2\pi}{3}$代入式（3-30），可求出临界电流为

$$I_{dK} = 0.462\frac{U_{2\phi}}{\omega L_d}\sin\alpha \tag{3-32}$$

式(3-32)说明，$I_d \leqslant I_{dK}$电流断续，$I_{dK}$越小，电流连续工作区域越大。当 $U_{2\phi}$一定时，$L_d$ 越大 $I_{dK}$越小。通常是根据直流电机拖动的生产机械，在空载时对应的最小工作电流 $I_{d\min}$（一般为电机额定电流的 5%～10%），使 $I_{dK} \leqslant I_{d\min}$，就能保证电动机工作在电流连续区域，即

$$I_{d\min} \geqslant I_{dK} = \frac{0.462}{\omega L_d}U_{2\phi} \quad (\alpha \text{ 取 } 90°)$$

保证电流连续时最大电感量为　　$L_d \geqslant 1.46\frac{U_{2\phi}}{I_{d\min}}$

对于三相桥式整流电路有

$$L_d \geqslant 0.693\frac{U_{2\phi}}{I_{d\min}}$$

注意：此 $L_d$ 是回路总电感

# 小 结

三相可控整流电路由于三相负载平衡且输出电压脉动比单相小，广泛用于 4kW 以上、直流电压需要可调的场合。三相整流电路的基本形式是三相半波整流电路，它有共阴极组接法与共阳极组接法两种，其它型式的三相整流电路都可以看成两个三相半波整流电路的串联与并联。

三相可控整流与单相电路不同，它的自然换相点即 $\alpha=0°$ 为相邻电压的交点，距相电压波形原点为 30°，距对应线电压的原点为 60°。$\alpha=0°$ 时三相半波可控整流电路的输出电压波形为三相相电压的正向包络线，而三相桥式整流电路的输出电压波形是三相相电压正负包络线，也就是三相线电压的正向包络线。带平衡电抗器的双反星形可控整流电路的输出电压为三相相电压波形中相邻二相电压的平均值，其峰值为 $\frac{\sqrt{3}}{2}$（$\sqrt{2}U_{2\phi}$），几种电路的比较列于表 3-2。

**表 3-2　常用三相可控整流电路比较**

| 整流主电路 | | 三相半波整流电路 | 三相半控桥式整流电路 | 三相全控桥式整流电路 | 双反星形带平衡电抗器的整流电路 |
|---|---|---|---|---|---|
| 控制角 $\alpha°=0$ 时，空载直流输出电压平均值 $U_{d0}$ | | 1.17′ | $2.34U_{2\phi}$ | $2.34U_{2\phi}$ | $1.17U_{2\phi}$ |
| 控制角 $\alpha\neq0°$ 时空载直流输出电压平均值 | 电阻性负载或电感性负载有续流二极管的情况 | 当 $0\leqslant\alpha\leqslant\frac{\pi}{6}$ 时为 $U_{d0}\cos\alpha$<br>当 $\frac{\pi}{6}<\alpha\leqslant\frac{5\pi}{6}$ 时为 0.577 $\times U_{d0}\left[1+\cos\left(\alpha+\frac{\pi}{6}\right)\right]$ | $\frac{1+\cos\alpha}{2}\times U_{d0}$ | 当 $0\leqslant\alpha\leqslant\frac{\pi}{3}$ 时为 $U_{d0}\cos\alpha$<br>当 $\frac{\pi}{3}<\alpha\leqslant\frac{2\pi}{3}$ 时为 $U_{d0}\left[1+\cos\left(\alpha+\frac{\pi}{3}\right)\right]$ | 当 $0\leqslant\alpha\leqslant\frac{\pi}{3}$ 时为 $U_{d0}\cos\alpha$<br>当 $\frac{\pi}{3}<\alpha\leqslant\frac{2\pi}{3}$ 时为 $U_{d0}\left[1+\cos\left(\alpha+\frac{\pi}{3}\right)\right]$ |
| | 电阻＋无限大电感的情况 | $U_{d0}\cos\alpha$ | $\frac{1+\cos\alpha}{2}\times U_{d0}$ | $U_{d0}\cos\alpha$ | $U_{d0}\cos\alpha$ |
| $\alpha=0°$ 时 | 脉动电压的最低脉动频率脉动系数 | $3f$<br>0.25 | $6f$<br>0.057 | $6f$<br>0.057 | $6f$<br>0.057 |
| 元件承受的最大正反向电压 | | $\sqrt{6}U_{2\phi}$ | $\sqrt{6}U_{2\phi}$ | $\sqrt{6}U_{2\phi}$ | $\sqrt{6}U_{2\phi}$ |
| 移相范围 | 纯电阻性负载或电感性负载有续流二极管的情况 | $0\sim\frac{5\pi}{6}$ | $0\sim\pi$ | $0\sim\frac{2\pi}{3}$ | $0\sim\frac{2\pi}{3}$ |
| | 电阻＋无限大电感的情况 | $0\sim\frac{\pi}{2}$ | $0\sim\pi$ | $0\sim\frac{\pi}{2}$ | $0\sim\frac{\pi}{2}$ |
| 最大导通角 | | $\frac{2\pi}{3}$ | $\frac{2\pi}{3}$ | $\frac{2\pi}{3}$ | $\frac{2\pi}{3}$ |
| 特点与使用场合 | | 电路最简单，但元件承受电压高，对变压器或交流电源因存在直流分量，故较少采用或用在功率不大的场合 | 各项指标较好，适用于较大功率高电压场合 | 各项指标好，用于电压控制要求高或者要求逆变的场合。但晶闸管要六只，触发比较复杂 | 在相同 $I_d$ 时，元件电流等级最低，电流仅经过一个元件产生压降，因此适用于低压大电流场合 |

可控整流电路对直流负载来说，可以看成具有一定内阻的可调直流电源。内阻主要是变压器漏抗在晶闸管换相时造成，内阻的大小为$\frac{mX_l}{2\pi}$。对于较大容量的整流装置，由于变压器漏抗与电阻很小，故可控整流的外特性基本上可看成是平行于横轴的直线。

晶闸管整流供电的直流电动机，其机械特性可分为电流连续与断续两部分，电流连续时特性硬，电流断续时空载转速升高，特性软，甚至造成电动机运行不稳定。为了使电动机工作在特性的电流连续段，平波电抗器的电感值必须选得足够大。

## 思考题与习题

1. 带电阻性负载三相半波可控整流电路，如触发脉冲左移到自然换相点之前15°处，分析电路工作情况，画出触发脉冲宽度分别为10°与20°时负载两端的$u_d$波形。

2. 三相半波可控整流电路，如图3-1所示（整流管VD改成晶闸管VT），当$VT_1$管无触发脉冲时，试画出$\alpha=15°$、$\alpha=60°$两种情况下的$u_d$波形，并画出$\alpha=60°$时V相晶闸管$VT_2$两端电压$u_{T2}$波形。

3. 三相半波可控整流电路带大电感负载，$R_d=10\Omega$，$U_{2\phi}=220V$。求$\alpha=45°$时负载直流电压$U_d$、流过晶闸管的平均电流$I_{dT}$和有效电流$I_T$，画出$u_d$、$i_{T2}$、$u_{T3}$波形。

（$U_d=182V$，$I_{dT}=60.7A$，$I_T=10.5A$）

4. 三相半波可控整流电路，电动机负载并串入足够大的电抗器，接续流管。$U_{2\phi}=220V$，电动机负载电流为40A，负载回路总电阻为0.2Ω。求当$\alpha=60°$时流过晶闸管与续流管的电流平均值与有效值、电动机的反电势。

（$I_{dT}=10A$，$I_T=20A$，$I_{dD}=10A$，$I_D=20A$，$E=140.6V$）

5. 三相半波可控整流电路，能否用图3-21所示只用一套触发装置，每隔120°送出触发脉冲使电路工作？如能工作，移相范围多大？最小输出直流电压为多大？

（α：0°～120°，$U_{d\min}=0.095U_{2\phi}$）

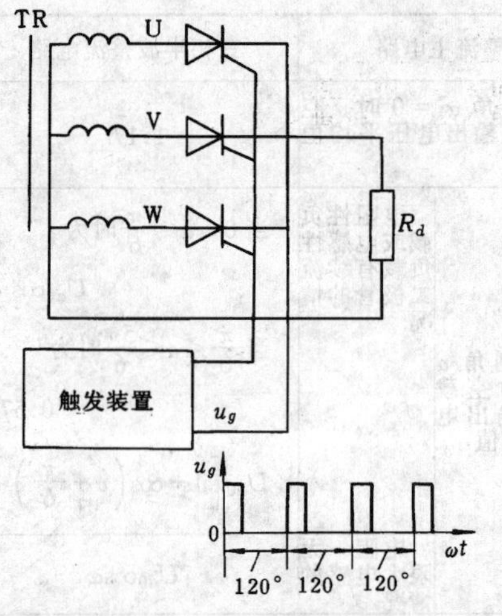


图3-21　习题5附图

6. 图3-22电路中，当$\alpha=60°$时，画出下列故障时的$u_d$波形。

（1）熔断器1FU熔断。

（2）熔断器2FU熔断。

（3）熔断器2FU、3FU同时熔断。

7. 现有单相半波、单相桥式、三相半波三种整流电路带电阻性负载，负载电流$I_d$都是40A，问流过与晶闸管串联的熔断器的平均电流、有效电流各为多大？

（平均电流为40A，20A，13.3A；有效电流为62.8A，31.4A，23.5A）

8. 三相半波整流电路，如图3-23所示，将变压器二次侧绕组分为两段，接成曲折接法。每段绕组电压为100V，试求：

（1）晶闸管交流电压为多少？（173V）

（2）变压器铁心有没有直流磁化？为什么？

9. 图（3-24）为二相零式可控整流电路，直接由三相交流电源供电，试求：

（1）画出晶闸管控制角$\alpha=0°$、$\alpha=60°$时$u_d$波形。

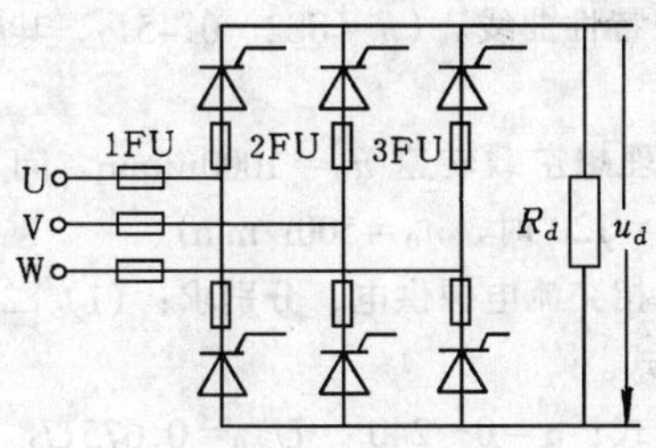


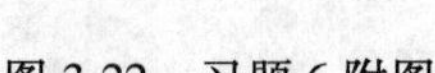

图 3-22　习题 6 附图

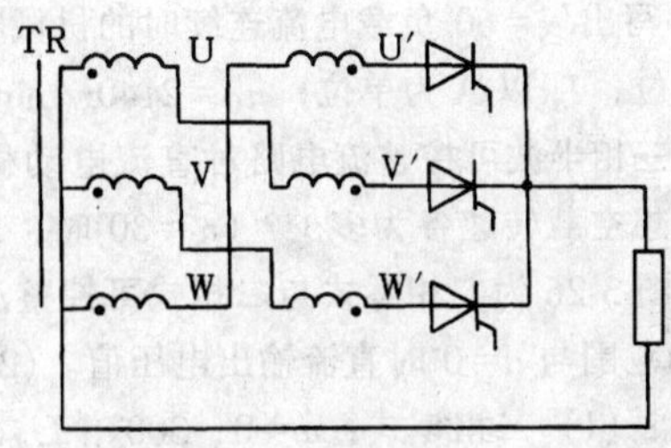


图 3-23　习题 8 附图

（2）U 相晶闸管的移相范围。(150°)

（3）$U_{d\max}$与 $U_{d\min}$各为多少？

（4）导出 $U_d$ 的计算公式。

$$\left[U_{d\max}=\frac{\sqrt{2}}{2\pi}U_{2\phi}(\sqrt{3}+2)(\alpha=0°),U_{d\min}=\frac{\sqrt{2}}{\pi}U_{2\phi}\quad(\alpha=150°)\right]$$

10. 三相全控桥式整流电路，$L_d=0.2$H，$R_d=4\Omega$，要求 $U_d$ 从 0～220V 之间变化。试求：

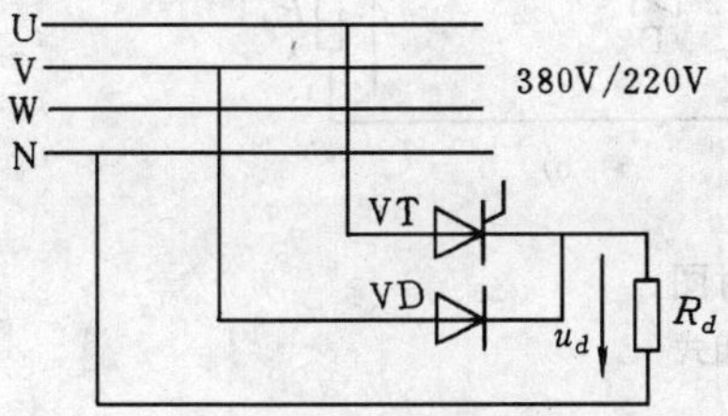


图 3-24　习题 9 附图

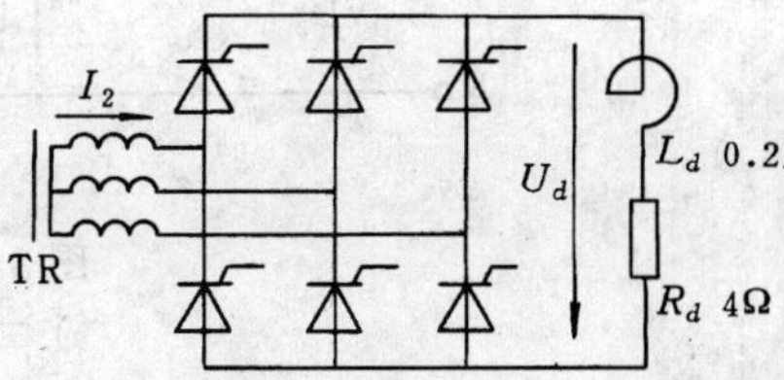

图 3-25　习题 10 附图

（1）不考虑控制角裕量时的，整流变压器二次线电压。($U_{2\phi}=94$V)

（2）计算晶闸管电压、电流值，如电压、电流裕量取 2 倍，选择晶闸管型号。(KP50-5)

（3）变压器二次电流有效值 $I_2$。(44.9A)

（4）计算整流变压器二次侧容量 $S_2$。(12.66kV·A)

（5）$\alpha=0°$时，电路功率因数 $\cos\phi$。(0.956)

（6）当触发脉冲距对应的二次相电压波形原点多少电角度时，$U_d$ 已为零。(120°)

11. 串联 $L_d$ 的带电动机负载的三相全控桥电路，已知变压器二次电压 $U_{2\phi}$为 100V，变压器每相绕组漏感（折合至二次侧）$L_l$ 为 100μH，负载电流为 150A，求由于漏抗引起的换相压降，该压降所对应整流器的等效内阻及 $\alpha=0°$时的重叠角。(4.5V，0.03Ω，16°)

12. 如上题中变压器每相电阻折合至二次侧为 0.02Ω，电动机电枢电阻为 0.03Ω，试写出该系统 $\alpha=0°$在电流连续时的机械特性方程式（电机额定电压、电流、转速分别为：220V，150A，1000r/min）。($n=1072-2.15I_a$，其中 $n$ 以 r/min 为单位，$I_a$ 以 A 为单位)

13. 某车床刀架采用小惯量 GZ-180 直流电动机，其额定功率为 5.5kW，额定电压 220V，额定电流 28A，电枢电阻为 0.03Ω。由三相半波可控整流电路经 D/Y 联结的三相整流变压器供电，二次相电压为 $U_{2\phi}=220$V，整流变压器每相绕组漏抗和电阻折算到二次侧分别为 100μH 和 0.02Ω，设法控制电动机的起制动电流不超过 60A，当负载电流降至 3A 时电流仍连续，试求：

（1）整流变压器容量。($S=10.7$kV·A)

（2）通过计算选择晶闸管型号规格。(KP50-12)

（3）平波电抗器的电感量（不计变压器漏抗和电动机电感量）。(107mH)

(4) 写出 $\alpha=60^{\circ}$ 负载电流连续时的机械特性方程，并绘出特性曲线。($n=882-0.45I_d$，其中 $n$ 以 r/min 为单位，$I_d$ 以 A 为单位；$n_0=2140\text{r/min}$，$I_{dK}=2.6\text{A}$)

14. 三相半波可控整流电路对直流电动机供电，$\alpha=60^{\circ}$ 时理想空载转速 $n_0=1000\text{r/min}$。问 $\alpha=30^{\circ}$ 与 $120^{\circ}$ 时理想空载转速各为多少？($\alpha=30^{\circ}$ 时，$n_0=1000\text{r/min}$；$\alpha=120^{\circ}$ 时，$n_0=500\text{r/min}$)

15. 图 3-26 为二相零式与二相式可控整流电路，直接由三相交流电源供电，分别求：(1) 二电路晶闸管的移相范围与 $\alpha=0^{\circ}$ 时直流输出电压值。(2) $U_d$ 与 $\alpha$ 的关系式。

答案：(1) 二相零式：$\alpha=0\sim300^{\circ}$，$U_{d0}=0.839U_{\phi}$；二相式；$\alpha=0\sim240^{\circ}$，$U_{d0}=0.675U_1$

(2) 二相零式：$U_d=0.268\ (2.73+\cos\alpha)\ U_{d0}$，$(0\leqslant\alpha\leqslant150^{\circ})$

$U_d=0.268\ [1+\cos\ (\alpha-120^{\circ})]\ U_{d0}$ $(150^{\circ}\leqslant\alpha\leqslant300^{\circ})$

三相式：$U_d=0.334\ (2+\cos\alpha)\ U_{d0}$，$(0\leqslant\alpha\leqslant120^{\circ})$

$U_d=0.334\ [1+\cos\ (\alpha-60^{\circ})]\ U_{d0}$ $(120^{\circ}\leqslant\alpha\leqslant240^{\circ})$

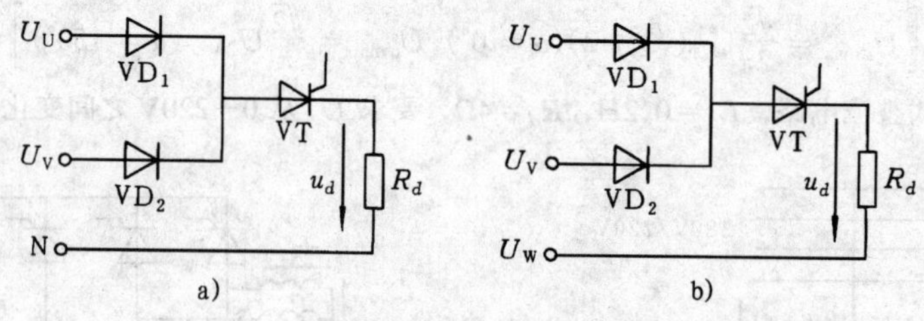


图 3-26　习题 15 附图

a) 二相零式　b) 二相式

# 第四章　晶闸管整流主电路计算及保护（Protection）

## 第一节　整流变压器参数计算

由前面分析可知，要求输出直流电压 $U_d$ 一定时，如整流桥路的交流输入电压 $U_2$ 太高，则晶闸管运行时的控制角 $\alpha$ 过大，造成直流电压谐波分量增大，功率因数变坏，无功功率增大，晶闸管额定电压升高；若 $U_2$ 选择过低，则可能在 $\alpha=0°$ 时仍不能达到负载要求的电压额定值。在许多情况下，晶闸管整流桥路所要求的交流供电电压与电网不一致。另外如要求晶闸管主电路与电网隔离，减小电网与整流装置的相互干扰，限止高次谐波电流流入电网，都需要配置整流变压器。

整流变压器的基本技术参数为二次电压值与变压器容量，这是设计选用变压器的依据，可选用现有的电力变压器系列产品或自行设计。

### 一、变压器二次相电压 $U_{2\phi}$

要比较精确地计算二次相电压必须考虑以下因素：

1）最小控制角 $\alpha_{min}$。对于要求直流输出电压保持恒定或要求电机转速恒定的整流装置，$\alpha$ 需能自动调节进行补偿，这就要求变压器二次电压留有一定的调节裕量，即 $\alpha_{min}$ 不能以 0° 计算。一般可逆传动系统的 $\alpha_{min}$ 取 30°～35°，不可逆传动系统的 $\alpha_{min}$ 取 10°～15°，对于电阻性负载，$\alpha_{min}$ 可取 0°。

2）电网电压波动。根据规定电网允许波动 +5%～−10%，考虑在电网电压最低时要求仍能保证最大整流输出电压，故通常取波动系数 $\beta=0.9$。

3）变压器漏抗产生的换相压降：

$$U_r=\frac{m}{2\pi}X_lI_d=\frac{m}{2\pi}\frac{U_{dl}\beta U_{2\phi}}{I_{2e}}I_d$$

4）晶闸管或整流二极管的正向导通压降 $\Delta U$。

考虑了以上因素后，变压器二次电压的计算公式为

$$U_{2\phi}=\frac{U_{d\max}+n\Delta U}{A\beta\left(\cos\alpha_{\min}-CU_{dl}\frac{I_2}{I_{2n}}\right)} \tag{4-1}$$

式中　$A$——理想情况 $\alpha=0°$ 时整流电压与二次电压之比，见表 4-1；

$C$——线路接线方式系数，见表 4-1；

$U_{dl}$——变压器短路电压比，100kV·A 以下取 $U_{dl}=0.05$，容量越大，$U_{dl}$ 也越大（最大为 0.1）；

$\frac{I_2}{I_{2n}}$——变压器二次侧实际工作电流与变压器二次侧额定电流之比（过载倍数）。

表 4-1 为常用整流电路的变压器计算系数。

**例**　已知　没有调节器的三相桥式可控整流电路，带电阻性负载，电压波动系数 $\beta=$

表 4-1　几种整流电路变压器电压计算系数

| 电路型式 | $A$ | $C$ | 电路型式 | $A$ | $C$ |
|---|---|---|---|---|---|
| 单相全波 | 0.9 | 0.707 | 三相半波 | 1.17 | 0.866 |
| 单相桥式 | 0.9 | 0.707 | 三相桥式 | 2.34 | 0.5 |

0.9，整流电压 $U_d$ 为600V，变压器短路电压比 $U_{dl}=0.05$，管压降 $\Delta U=1$V，$n=2$，$\frac{I_2}{I_{2n}}=1$。

求变压器二次电压。

**解**　查表 4-1，对于三相桥式可控整流线路 $A=2.34$，$C=0.5$

所以
$$U_{2\phi}=\frac{U_d+n\Delta U}{A\beta\left(\cos\alpha-CU_{dl}\frac{I_2}{I_{2n}}\right)}=\frac{600+2\times1}{2.34\times0.9\ (1-0.5\times0.05\times1)}\text{V}=294\ \text{V}$$

为了简化计算，对于一般的中小容量调压装置，可用理想情况时的电压计算值增加15%来计算。如上例简化计算为：

$$U_{2\phi}=(1+0.15)\frac{U_d}{2.34}=295\ \ \text{V}$$

上面计算是针对最严重情况的，对于直流调速系统则是电网电压最低、电机转速最高，同时又工作在最大电流下，这样的计算结果往往偏高。一般在三相桥式电路的工程设计中可采用以下经验公式：

不可逆系统：
$$U_{2L}=(0.9\sim1.0)U_d$$

可逆系统：
$$U_{2L}=(1.0\sim1.1)U_d$$

在实际应用中，标准系列装置已经规定了变压器的二次电压，有的装置则连同变压器一起成套供应。表 4-2 为国内外中小功率标准系列装置交流进线电压和相配的直流电动机额定电压的关系表。

表 4-2　交流进线电压与相配直流电动机额定电压关系表

| 名　　称 | 不可逆系统 | | 可逆系数 | |
|---|---|---|---|---|
| | 交流进线电压 $U_{2L}$ (V) | 直流输出额定电压 $U_d$ (V) | 交流进线电压 $U_{2L}$ (V) | 直流输出额定电压 $U_d$ (V) |
| 原联邦德国 | 380<br>500 | 460<br>600 | 380<br>500 | 400<br>520 |
| 日　　本 | 220<br>440 | 220<br>440 | 220<br>440 | 220<br>440 |
| 国内联合设计 | 210<br>380<br>420 | 220<br>400<br>440 | 230<br>380<br>460 | 220<br>360<br>440 |

## 二、一次、二次电流与变压器容量

根据整流电路的不同型式与负载性质，可计算变压器一次与二次电流的有效值。如忽略

变压器激磁电流，则变压器一次侧、二次侧电流的关系根据磁势平衡原理为

$$I_1N_1 = I_2N_2 \quad I_1 = \frac{N_2}{N_1}I_2 = \frac{1}{K}I_2$$

式中 $N_1$、$N_2$——变压器一次侧、二次侧绕组的匝数；

$K=\dfrac{N_1}{N_2}$——变压器匝数比。

为了便于分析，假定 $K=1$。对于普通电力变压器，一次、二次绕组流过的是有效值相等的正弦电流，$I_1=I_2$（如考虑变压器激磁电流，则 $I_1$ 比原计算值再增加 5%）。对于整流变压器，通常一次侧、二次侧流过的不是正弦电流。现以三相桥式整流电路与三相半波整流电路两种情况进行分析。

（一）三相桥式整流电路

大电感负载时变压器二次电流 $i_2$ 波形如图 4-1 所示，这种波形可分解成基波与各次谐波。因没有直流分量，因此它们都可以通过变压器的磁耦合反映到一次绕组中去，因此 $i_1$ 也具有与 $i_2$ 相同的电流波形，其有效值为

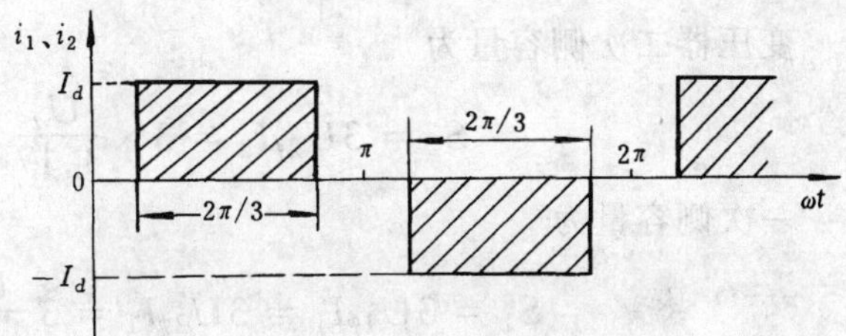


图 4-1　三相全控桥式整流电路的变压器一次、二次电流波形

$$I_1 = I_2 = \sqrt{\frac{1}{2\pi}\left[I_d^2\frac{2\pi}{3} + (-I_d)^2\frac{2\pi}{3}\right]} = \sqrt{\frac{2}{3}}I_d = 0.816I_d$$

二次电压以理想情况计算，有

$$U_{2\phi} = \frac{U_d}{2.34}$$

所以，变压器二次侧容量为

$$S_2 = 3U_{2\phi}I_2 = 3\times\frac{U_d}{2.34}\times 0.816I_d = 1.05P_d$$

变压器一次侧容量为

$$S_1 = 3U_{1\phi}I_1 = 3U_{2\phi}I_2 = 1.05P_d$$

可见，当变压器二次电流无直流分量时，二次侧容量等于一次侧容量，对三相桥式整流电路来说 $S_1=S_2=1.05P_d$。

（二）三相半波整流电路

大电感负载时，变压器二次侧电流 $i_2$ 波形如图 4-2 所示。由于 $i_2$ 是单方向的矩形电流，可分解为直流分量 $i_{2-}=I_{2-}=\dfrac{1}{3}I_d$ 与交流分量 $i_{2-}$。由于直流分量 $i_{2-}$ 只能产生直流磁势，无法耦合到一次侧，因此只有交流分量 $i_{2\sim}$ 能反映到一次侧，所以 $i_1=i_{2\sim}$，二次电流有效值 $I_2$ 为

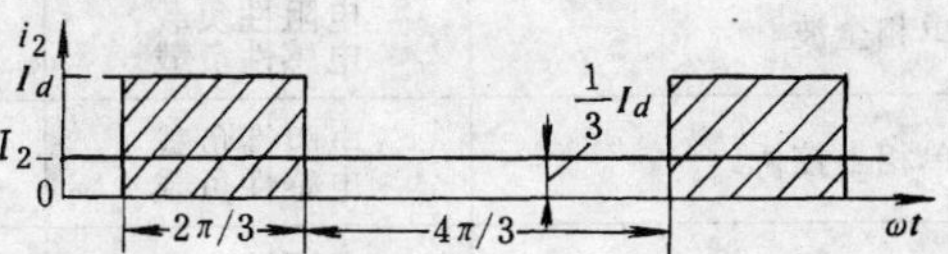


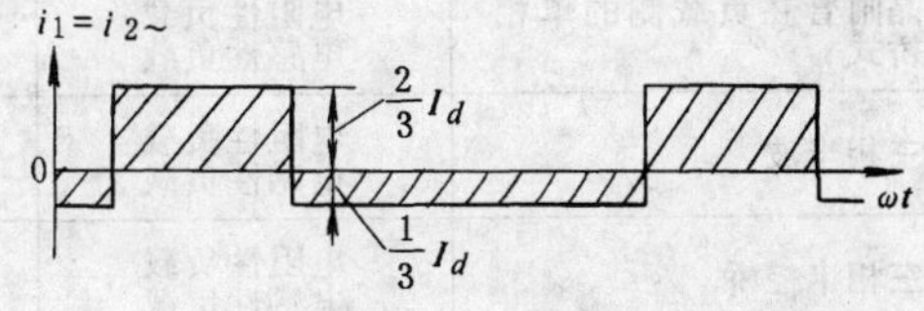


图 4-2　三相半波整流电路的变压器一次、二次电流波形

$$I_2 = \sqrt{\frac{1}{2\pi} I_d^2 \frac{2\pi}{3}} = \sqrt{\frac{1}{3}} I_d = 0.577 I_d$$

$$I_{2-} = \frac{1}{2\pi} I_d \frac{2\pi}{3} = \frac{1}{3} I_d$$

由于直流分量 $I_{2-}$ 不能耦合到一次侧，所以一次电流有效值 $I_1$ 为

$$I_1 = I_{2\sim} = \sqrt{\frac{1}{2\pi}\left[\left(\frac{2}{3}I_d\right)^2 \frac{2\pi}{3} + \left(\frac{-I_d}{3}\right)^2 \frac{4\pi}{3}\right]} = 0.473 I_d$$

$$\sqrt{{I_{2-}}^2 + {I_{2-}}^2} = \sqrt{(0.473 I_d)^2 + \left(\frac{1}{3}I_d\right)} = 0.577 I_d = I_2$$

变压器二次侧容量为

$$S_2 = 3U_{2\phi} I_2 = 3 \times \frac{U_d}{1.17} \times 0.577 I_d = 1.48 P_d$$

一次侧容量为

$$S_1 = 3U_{1\phi} I_1 = 3U_{2\phi} I_1 = 3\frac{U_d}{1.17} \times 0.473 I_d = 1.21 P_d$$

通过上述计算可见，变压器一次电流与容量小于二次电流与容量，是由于二次电流存在直流分量的缘故。在这种情况下变压器容量用一次侧、二次侧容量的平均值 $S$ 来衡量

$$S = \frac{1}{2}(S_1 + S_2) = \frac{1}{2}(1.21 + 1.48) P_d = 1.35 P_d$$

可见，三相半波整流电路在同样直流输出功率 $P_d$ 时，变压器容量比三相桥式整流电路大，也就是变压器利用率不及三相桥式整流电路高。各种整流电路的变压器容量参数见表 4-3。

**表 4-3　各种整流电路变压器容量计算参数**

| 电　路　型　式 | 负　载　性　质 | $\frac{U_{d0}}{U_2\ (U_{2\phi})}$ | $\frac{I_d}{I_2}$ | $\frac{S_1}{U_d I_d}$ | $\frac{S_2}{U_d I_d}$ | $\frac{S}{U_d I_d}$ |
|---|---|---|---|---|---|---|
| 单相半波 | 电阻性负载<br>电感性负载 | 0.45<br>0.45 | 0.637<br>1.414 | 2.68<br>1.11 | 3.48<br>1.57 | 3.08<br>1.34 |
| 单相全波 | 电阻性负载<br>电感性负载 | 0.9<br>0.9 | 1.27<br>1.41 | 1.23<br>1.11 | 1.75<br>1.57 | 1.5<br>1.34 |
| 单相半控桥 | 电阻性负载<br>电感性负载 | 0.9<br>0.9 | 0.9<br>1 | 1.23<br>1.11 | 1.23<br>1.11 | 1.23<br>1.11 |
| 单相全控桥 | 电阻性负载<br>电感性负载 | 0.9<br>0.9 | 0.9<br>1 | 1.23<br>1.11 | 1.23<br>1.11 | 1.23<br>1.11 |
| 晶闸管在负载侧的单相桥式 | 电阻性负载<br>电感性负载 | 0.9<br>0.9 | 0.9<br>1 | 1.23<br>1.11 | 1.23<br>1.11 | 1.23<br>1.11 |
| 三相半波 | 电阻性负载<br>电感性负载 | 1.17<br>1.17 | 1.73<br>1.73 | 1.24<br>1.21 | 1.51<br>1.48 | 1.38<br>1.34 |
| 三相半控桥 | 电阻性负载<br>电感性负载 | 2.34<br>2.34 | 1.22<br>1.22 | 1.05<br>1.05 | 1.05<br>1.05 | 1.05<br>1.05 |
| 三相全控桥 | 电阻性负载<br>电感性负载 | 2.34<br>2.34 | 1.22<br>1.22 | 1.05<br>1.05 | 1.05<br>1.05 | 1.05<br>1.05 |
| 双反星形带平衡电抗器 | 电阻性负载<br>电感性负载 | 1.17<br>1.17 | 3.40<br>3.46 | 1.05<br>1.05 | 1.51<br>1.48 | 1.28<br>1.26 |

## 第二节　晶闸管电压电流的计算与选择

选择晶闸管元件主要根据是晶闸管整流装置的工作条件，计算管子电压、电流值，正确确定晶闸管型号规格，以得到满意的技术经济效果。在整流装置中选择KP型普通晶闸管，其主要规格即额定电压、电流值的计算已在整流电路各章中叙述，本节将计算结果列成表格形式，今后选择晶闸管可直接查表确定。

晶闸管额定电压必须大于元件在电路中实际承受的最大电压。考虑电源电压的波动与抑制后的过电压（将在本章第三节中叙述），晶闸管的额定电压必须大于线路实际承受最大电压的2～3倍。

晶闸管额定电流的计算原则是必须使管子的额定电流有效值 $I_{Tn}=1.57I_{T(AV)}\geqslant I_T$（实际流过管子电流的最大有效值）。对于不同电路型式、不同控制角及不同性质的负载，流过晶闸管的电流的波形系数 $K_{fT}=\dfrac{I_T}{I_{dT}}$ 和流过晶闸管的平均电流 $I_{dT}$ 与负载平均电流 $I_d$ 之比，都可通过数学方法求得，因此，有

$$1.57I_{T(AV)}\geqslant I_T=K_{fT}I_{dT}=K_{fT}\left(\frac{I_{dT}}{I_d}\right)I_d$$

$$\therefore\quad I_{T(AV)}\geqslant\frac{K_{fT}}{1.57}\frac{I_{dT}}{I_d}I_d$$

令

$$k=\frac{K_{fT}}{1.57}\frac{I_{dT}}{I_d}$$

$$\therefore\quad I_{T(AV)}\geqslant kI_d \tag{4-2}$$

$K_{fT}$、$\dfrac{I_{dT}}{I_d}$、$k$ 均列于表4-4，由式(4-2)可见，根据不同电路、不同控制角与负载的性质，已知 $I_d$ 值即可确定晶闸管的额定电流；反之，已知 $I_{T(AV)}$ 亦可确定允许的负载电流 $I_d$。

由于晶闸管电流过载能力很差，在带电阻性负载时，要考虑电阻在冷态时阻值小，故有较大的启动电流；在带电动机负载时，最大输出电流 $I_d$ 要考虑启动电流过载倍数与电动机允许的过载能力。考虑了上述因素之后，晶闸管的额定电流 $I_{T(AV)}$ 还要比查表计算值大1.5～2倍。

**例**　某晶闸管直流调速系统采用Z2-92直流电动机，主电路为三相全控桥式整流电路，已知整流变压器二次相电压为 $U_{2\phi}=140\text{V}$，电动机的最大电流为466A，试用查表法选择晶闸管。

**解**　三相全控桥式整流电路中元件承受的峰值电压 $U_{TM}$ 查表4-3得

$$U_{TM}=\sqrt{6}U_{2\phi}=\sqrt{6}\times140\text{V}=343\quad\text{V}$$

晶闸管额定电压为

$$U_{Tn}=(2\sim3)U_{TM}=(2\sim3)\times343\text{V}=686\sim1029\quad\text{V}$$

取

$$U_{Tn}=800\quad\text{V}$$

晶闸管的额定电流查表4-4得

**表 4-4 晶闸管额定电压、额定电流选择表**

| 主电路接线型式 | 整流器输出电压波形 $u_d$ | 流过晶闸管的电流波形 $i_f$ | 元件承受的峰值电压 $U_{TM}$ | 控制角 $\alpha$ | $\frac{U_d}{U_2}$ ① | $K_{fT}$ $\left(\frac{I_T}{I_{dT}}\right)$ | $\frac{I_d}{I_{dT}}$ | $k$ |
|---|---|---|---|---|---|---|---|---|
| 单相半波整流电路带电阻性负载 | 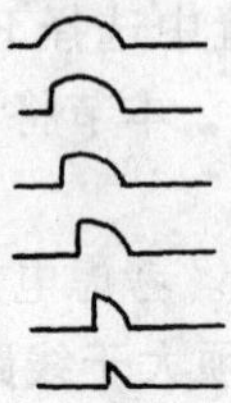 | 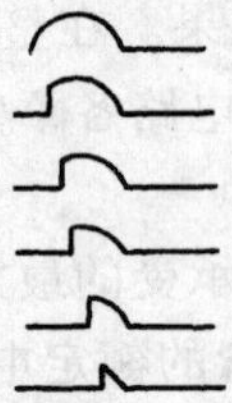 | $\sqrt{2}U_2$ | 0° | 0.450 | 1.57 | 1 | 1 |
| | | | | 30° | 0.420 | 1.66 | 1 | 1.06 |
| | | | | 60° | 0.338 | 1.88 | 1 | 1.20 |
| | | | | 90° | 0.225 | 2.22 | 1 | 1.41 |
| | | | | 120° | 0.113 | 2.78 | 1 | 1.77 |
| | | | | 150° | 0.030 | 3.99 | 1 | 2.54 |
| 单相半波整流电路带大电感负载并接续流管 | 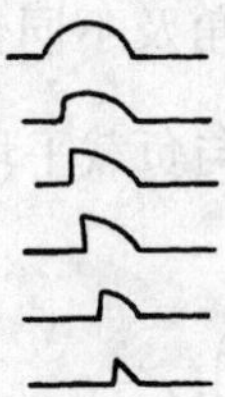 | 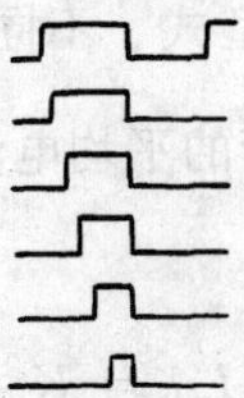 | $\sqrt{2}U_2$ | 0° | 0.450 | 1.41 | 2 | 0.45 |
| | | | | 30° | 0.420 | 1.55 | 2.4 | 0.413 |
| | | | | 60° | 0.338 | 1.73 | 3 | 0.367 |
| | | | | 90° | 0.225 | 2.00 | 4 | 0.319 |
| | | | | 120° | 0.113 | 2.45 | 6 | 0.261 |
| | | | | 150° | 0.030 | 3.46 | 12 | 0.183 |
| 单相半控桥式整流电路带电阻性负载 | 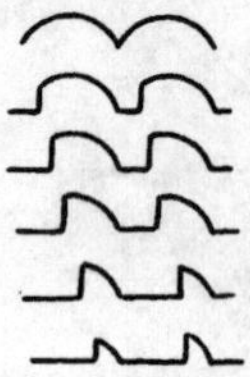 | 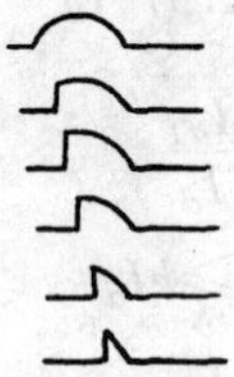 | $\sqrt{2}U_2$ | 0° | 0.900 | 1.57 | 2 | 0.5 |
| | | | | 30° | 0.840 | 1.66 | 2 | 0.53 |
| | | | | 60° | 0.676 | 1.88 | 2 | 0.60 |
| | | | | 90° | 0.450 | 2.22 | 2 | 0.707 |
| | | | | 120° | 0.225 | 2.78 | 2 | 0.885 |
| | | | | 150° | 0.060 | 3.99 | 2 | 1.27 |
| 单相半控桥式整流电路带大电感负载并接续流管 | 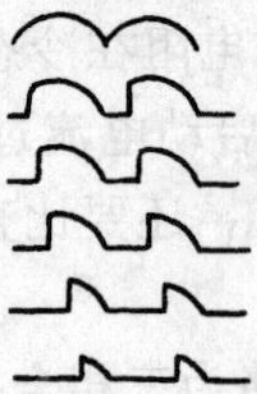 | 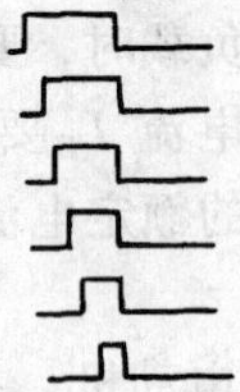 | $\sqrt{2}U_2$ | 0° | 0.900 | 1.41 | 2 | 0.45 |
| | | | | 30° | 0.840 | 1.55 | 2.4 | 0.413 |
| | | | | 60° | 0.676 | 1.73 | 3 | 0.367 |
| | | | | 90° | 0.450 | 2.00 | 4 | 0.319 |
| | | | | 120° | 0.226 | 2.45 | 6 | 0.261 |
| | | | | 150° | 0.060 | 3.46 | 12 | 1.83 |
| 单相全控桥式整流电路带电阻性负载 | 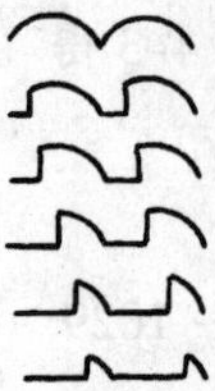 | 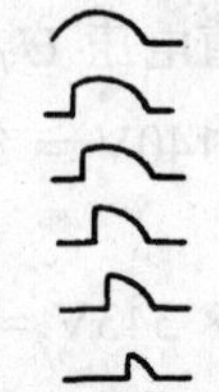 | $\sqrt{2}U_2$ | 0° | 0.900 | 1.57 | 2 | 0.5 |
| | | | | 30° | 0.840 | 1.66 | 2 | 0.53 |
| | | | | 60° | 0.676 | 1.88 | 2 | 0.60 |
| | | | | 90° | 0.450 | 2.22 | 2 | 0.707 |
| | | | | 120° | 0.225 | 2.78 | 2 | 0.885 |
| | | | | 150° | 0.060 | 3.99 | 2 | 1.27 |

(续)

| 主电路接线型式 | 整流器输出电压波形 $u_d$ | 流过晶闸管的电流波形 $i_f$ | 元件承受的峰值电压 $U_{TM}$ | 控制角 $\alpha$ | $\frac{U_d}{U_2}$ ① | $K_{fT}$ $\left(\frac{I_T}{I_{dT}}\right)$ | $\frac{I_d}{I_{dT}}$ | $k$ |
|---|---|---|---|---|---|---|---|---|
| 单相全控桥式整流电路带大电感负载 |  | 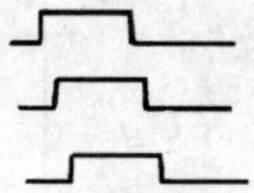 | $\sqrt{2}U_2$ | 0° | 0.900 | 1.414 | 2 | 0.45 |
| | | | | 30° | 0.780 | 0.414 | 2 | 0.45 |
| | | | | 60° | 0.450 | 0.414 | 2 | 0.45 |
| 三相半波整流电路带电阻性负载 |  | 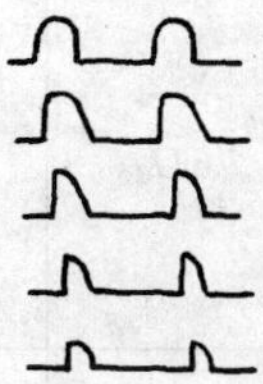 | $\sqrt{6}U_{2\phi}$ | 0° | 1.17 | 1.76 | 3 | 0.373 |
| | | | | 30° | 1.01 | 1.88 | 3 | 0.4 |
| | | | | 60° | 0.675 | 2.22 | 3 | 0.471 |
| | | | | 90° | 0.338 | 2.75 | 3 | 0.591 |
| | | | | 120° | 0.0905 | 3.92 | 3 | 0.846 |
| 三相半波整流电路带大电感负载并接续流管 | 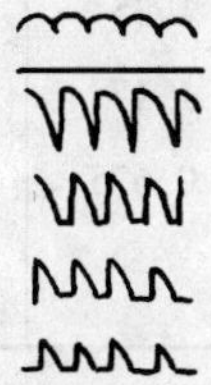 | 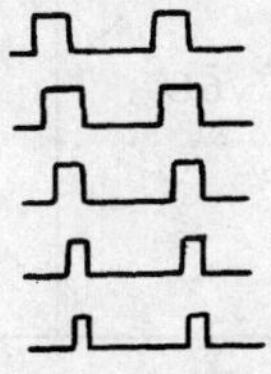 | $\sqrt{6}U_{2\phi}$ | 0° | 1.17 | 1.73 | 3 | 0.367 |
| | | | | 30° | 1.01 | 1.73 | 3 | 0.367 |
| | | | | 60° | 0.675 | 2.00 | 4 | 0.318 |
| | | | | 90° | 0.338 | 2.45 | 6 | 0.259 |
| | | | | 120° | 0.0905 | 3.48 | 12 | 0.184 |
| 三相半波整流电路带大电感负载 | 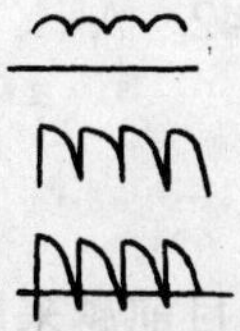 | 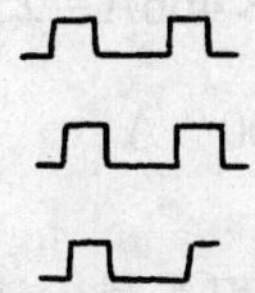 | $\sqrt{6}U_{2\phi}$ | 0° | 1.17 | 1.73 | 3 | 0.367 |
| | | | | 30° | 1.01 | 1.73 | 3 | 0.367 |
| | | | | 60° | 0.586 | 1.73 | 3 | 0.367 |
| 三相半控桥式整流电路带电阻性负载 |  | 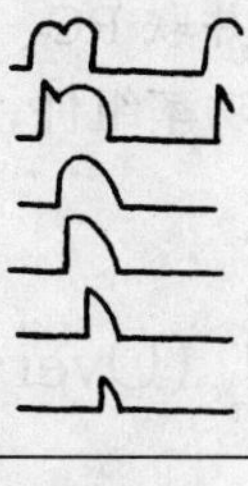 | $\sqrt{6}U_{2\phi}$ | 0° | 1.35 | 1.73 | 3 | 0.367 |
| | | | | 30° | 1.26 | 1.75 | 3 | 0.372 |
| | | | | 60° | 1.01 | 1.88 | 3 | 0.397 |
| | | | | 90° | 0.675 | 2.22 | 3 | 0.471 |
| | | | | 120° | 0.337 | 2.78 | 3 | 0.589 |
| | | | | 150° | 0.091 | 3.99 | 3 | 0.846 |
| 三相半控桥式整流电路带大电感负载并接续流管 |  | 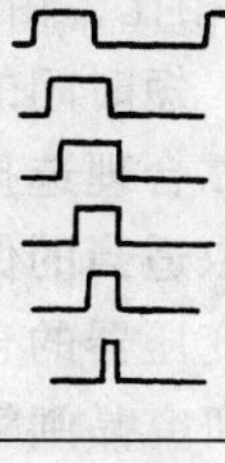 | $\sqrt{6}U_{2\phi}$ | 0° | 1.35 | 1.73 | 3 | 0.367 |
| | | | | 30° | 1.26 | 1.73 | 3 | 0.367 |
| | | | | 60° | 1.01 | 1.73 | 3 | 0.367 |
| | | | | 90° | 0.675 | 2.00 | 4 | 0.318 |
| | | | | 120° | 0.337 | 2.45 | 6 | 0.26 |
| | | | | 150° | 0.091 | 3.48 | 12 | 0.184 |

（续）

| 主电路接线型式 | 整流器输出电压波形 $u_d$ | 流过晶闸管的电流波形 $i_f$ | 元件承受的峰值电压 $U_{TM}$ | 控制角 $\alpha$ | $\frac{U_d}{U_2}$① | $K_{fT}$ $\left(\frac{I_T}{I_{dT}}\right)$ | $\frac{I_d}{I_{dT}}$ | $k$ |
|---|---|---|---|---|---|---|---|---|
| 三相半控桥式整流电路带大电感负载 | 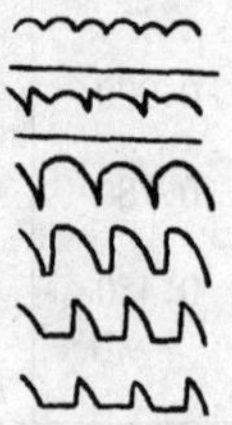 | 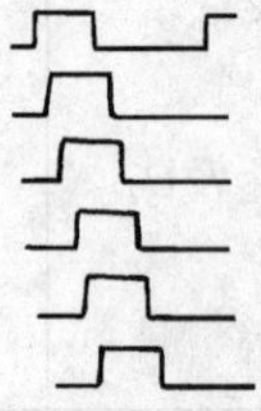 | $\sqrt{6}U_{2\phi}$ | 0° | 1.35 | 1.73 | 3 | 0.367 |
| | | | | 30° | 1.26 | 1.73 | 3 | 0.367 |
| | | | | 60° | 1.01 | 1.73 | 3 | 0.367 |
| | | | | 90° | 0.675 | 1.73 | 3 | 0.367 |
| | | | | 120° | 0.337 | 1.73 | 3 | 0.367 |
| | | | | 150° | 0.091 | 1.73 | 3 | 0.367 |
| 三相全控桥式整流电路带电阻性负载 | 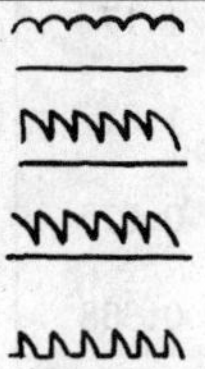 | 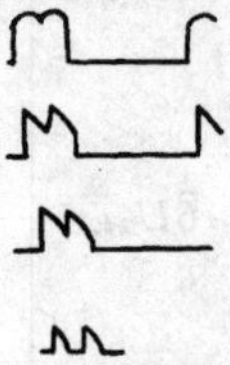 | $\sqrt{6}U_{2\phi}$ | 0° | 1.35 | 1.73 | 3 | 0.367 |
| | | | | 30° | 1.17 | 1.76 | 3 | 0.374 |
| | | | | 60° | 0.675 | 1.97 | 3 | 0.418 |
| | | | | 90° | 0.180 | 2.82 | 3 | 0.599 |
| 三相全控桥式整流电路带大电感负载 |  | 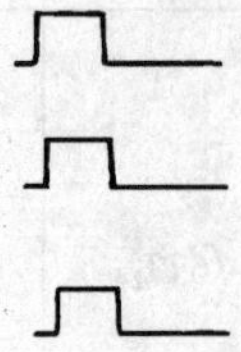 | $\sqrt{6}U_{2\phi}$ | 0° | 1.35 | 1.73 | 3 | 0.367 |
| | | | | 30° | 1.17 | 1.73 | 3 | 0.367 |
| | | | | 60° | 0.675 | 1.73 | 3 | 0.367 |

① 三相半波整流电路 $U_2=U_{2\phi}$（相电压），三相桥式整流电路 $U_2=U_{2L}$（线电压）

$$I_{T(AV)}=(1.5\sim2)\times kI_d=(1.5\sim2)\times0.367\times466\text{A}=257\sim342\quad\text{A}$$

取

$$I_{T(AV)}=300\quad\text{A}$$

所以晶闸管的型号规格为 KP300-8。

为使产品标准化、提高通用化程度、缩小体积、减少连线，目前越来越多地采用电力半导体的组件结构形式。较多使用的有二个元件串联、四个元件组成的单相桥、六个元件组成的三相桥等。在某些大功率场合，将晶闸管及其并联 RC、触发装置的功率级、脉冲变压器等都装在用工程塑料压制成的框架上，组成一个功率组件，由功率组件组成具有各种容量输出的变流柜。

## 第三节 晶闸管的过电压保护（Overvoltage Protection）

晶闸管元件有许多优点，但与其它电气设备相比，由于元件的击穿电压较接近运行电压，热时间常数小。因此过电压、过电流能力差，短时间的过电流、过电压都可能造成元件损坏。为使晶闸管装置能正常工作而不损坏，只靠合理选择元件还不行，还要十分重视保护环节，以防不测。因此在晶闸管装置中，必须采取适当的保护措施。

在变流回路中，电感性电路的开与关、整流变压器的合闸与分闸、快速熔断器的熔断以及电源侧浸入的浪涌电压等，都会产生过电压。研究晶闸管的过电压保护，主要是了解过电压产生的原因与特性，以便采取有效措施，降低过电压数值，保护元件不受过电压损坏，使装置能正常工作。

**一、晶闸管关断过电压**（换流过电压、空穴积蓄效应过电压）**及其保护**

晶闸管从导通到阻断时，和开关断开电路一样，线路电感（主要是变压器漏感 $L_1$）会释放能量产生过电压。由于晶闸管在导通期间，载流子充满元件内部，因此在关断过程中，管子在反向电压作用下，正向电流下降到零时，元件内部仍残存着载流子。这些载流子在反向电压作用下瞬时出现较大的反向电流，使残存的载流子迅速消失，这时反向电流减小的速度极快，即 $di_G/dt$ 极大，晶闸管关断过程中电流与管压降变化如图 4-3 所示。因此即使和元件串联的线路电感 $L_l$ 很小，产生的感应电动势也很大，这个电动势与电源电压串联，反向加在已恢复阻断的元件上，可能导致晶闸管的反向击穿。这种由于晶闸管关断引起的过电压，称为关断过电压，数值可达工作电压峰值的 5～6 倍，所以必须采取保护措施。图 4-4a 所示为晶闸管两端的电压波形，在管子关断的瞬时出现的反向电压尖峰（毛刺）即是关断过电压。输出端接续流二极管时，续流二极管由导通转为截止的瞬间，也是立即承受反向电压的，故也会产生换相过电压，如图 4-4b 所示。因此续流二极管也应采取换相过电压的保护措施。

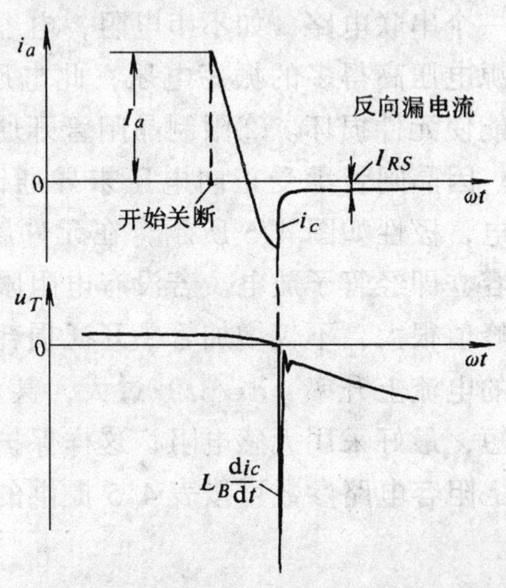


图 4-3　晶闸管关断时的电流电压波形

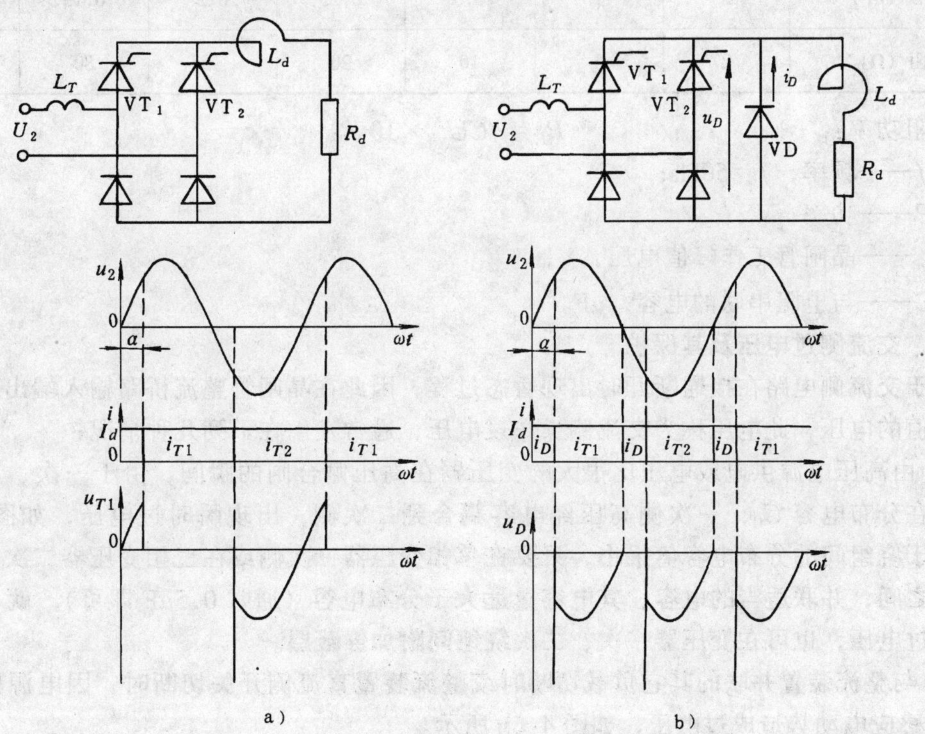


图 4-4　关断过电压波形

对于这种尖峰状的瞬时过电压，最常用的方法是在晶闸管两端并接电容 $C$，利用电容两端电压瞬时不能突变的特性，吸收尖峰过电压，把它限止在允许的范围内。实用时，在电容电路中串接电阻 $R$，这种电路称为过电压阻容吸收电路，如图 4-5 所示。串联电阻的作用是：①阻尼 $L_lC$ 电路振荡。由于电路总有电感 $L_l$ 存在，故在晶闸管阻断时，$L_l$、$C$、$R$ 与外电源刚好组成一个串联电路，如不串电阻，电容两端将会产生比电源电压高得多的振荡电压，此电压加到晶闸管上，可能使元件损坏。②限制晶闸管开通损耗与电流上升率。因晶闸管承受正向电压未导通时，电容 $C$ 上已充电，极性如图 4-5 所示，在元件触发导通的瞬间，电容立即经管子放电。若没有电阻限流，这个放电电流峰值很大，不仅增加管子开通损耗，而且使流过管子的电流上升率（$\mathrm{d}i/\mathrm{d}t$）过大，甚至会损坏管子。阻容吸收电路要尽量靠近晶闸管，引线要短，最好采用无感电阻，这样保护效果较好。

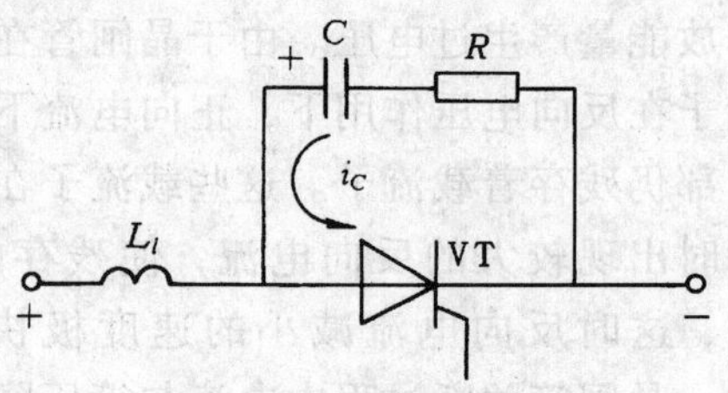


图 4-5　晶闸管阻容吸收电路

阻容电路参数可按表 4-5 提供的经验数据值，电容耐压一般选晶闸管电压的 1.1～1.5 倍。

**表 4-5　晶闸管阻容电路经验数据**

| 晶闸管额定电流 (A) | 1000 | 500 | 200 | 100 | 50 | 20 | 10 |
|---|---|---|---|---|---|---|---|
| 电　容（μF） | 2 | 1 | 0.5 | 0.25 | 0.2 | 0.15 | 0.1 |
| 电　阻（Ω） | 2 | 5 | 10 | 20 | 40 | 80 | 100 |

电阻功率：

$$P_R = fCU_m^2 \times 10^{-6}$$

式中　$f$——频率，$f = 50\text{Hz}$；

$P$——功率，W；

$U_m$——晶闸管工作峰值电压，V；

$C$——与电阻串联的电容，μF。

## 二、交流侧过电压及其保护

由于交流侧电路在接通断开时出现暂态过程，因此在晶闸管整流桥路输入端出现超过正常计算值的电压，此电压称为交流侧操作过电压，通常发生在下列几种情况：

1）由高压电源供电或电压比很大的变压器在高压侧合闸的瞬间，由于一次、二次绕组之间存在分布电容 $C_0$，一次侧高压经电容耦合到二次侧，出现瞬时过电压，如图 4-6a 所示。由于绕组间的分布电容值很小，只要在单相变压器二次侧或在三相变压器二次侧星形中点与地之间，并联适当的电容，其电容量远大于分布电容（通常 0.5μF 即可），就可显著减小这种过电压，也可在变压器一次、二次绕组间附加屏蔽层。

2）与整流装置并联的其它负载切断时或整流装置直流侧开关切断时，因电源回路电感 $L_l$ 产生感应电动势造成过电压，如图 4-6b 所示。

3）在整流变压器空载且电源电压过零时，一次侧拉闸，因变压器激磁电流 $I_0$ 的突变，

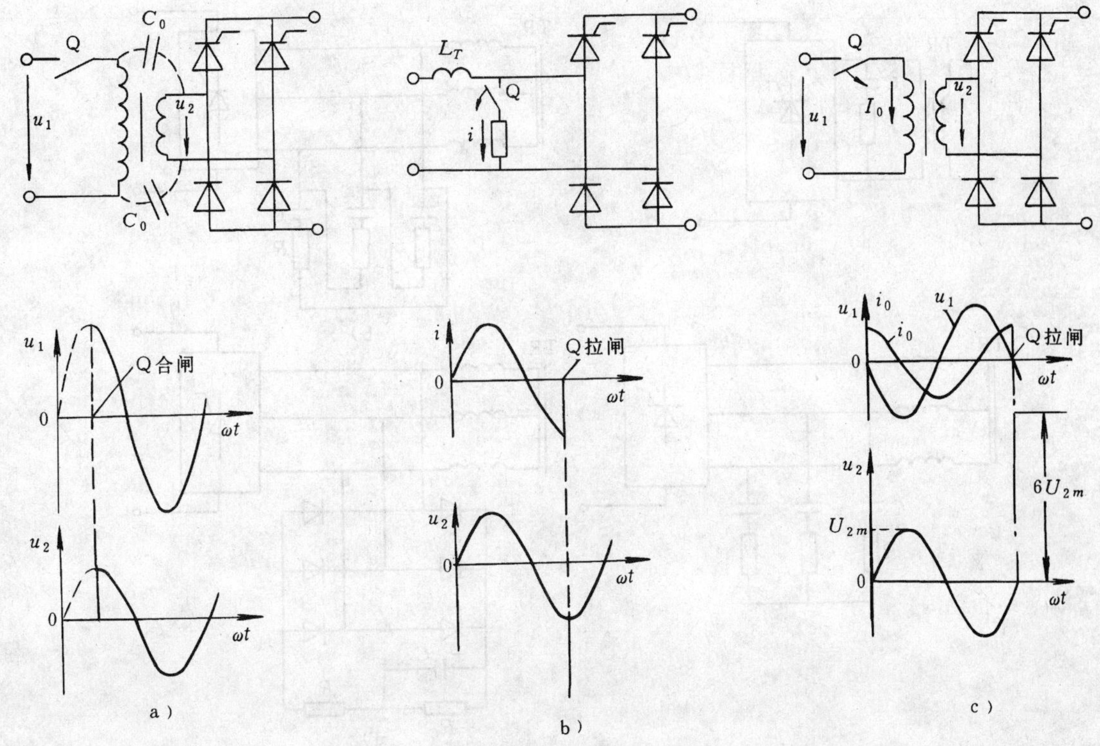


图 4-6　交流侧操作过电压

a）高压变压器合闸，因静电感应过电压　b）并联负载拉闸过电压　c）变压器初级断开激磁电流产生过电压

在二次侧感应出很高的瞬时过电压，如没有保护措施，这种过电压尖峰值可达工作电压峰值的6倍以上，这种情况最为严重，波形如图 4-6*c* 所示。

4）交流电网遭受雷击或从电网侵入的干扰过电压，称为偶发性的浪涌电压。由于这种过电压能量大，持续时间较长，通常采用阀型避雷器来保护变压器。

一般操作引起的过电压都是瞬时的尖峰电压，常用的保护方法是并接阻容吸收电路，几种接法如图 4-7 所示。

在实际系统中，由于在开关断开时，开关触点上出现电弧要消耗能量，并且系统中还存在其它放电电路，变压器的磁场能量不会全部转移到阻容吸收的电容中去，因此实际需要的电容量比计算值为小。由于开关断弧速度与其它放电电路的情况较难精确计算，因此通常取计算值的1/3。也可先取计算的电容值，再在实际调试中进一步减小。调试方法如下：示波器 *Y* 轴测量线接在变压器二次侧，把 *X* 轴幅值调到零，重复拉合变压器一次侧开关20～30次，观察示波器 *Y* 轴的最大幅值，如低于允许值，则还可以适量减小吸收电容。

对于大容量的装置，三相阻容吸收设备较庞大，可采用图 4-7d 的整流式阻容吸收电路，此电路虽然多了一个三相整流桥，但只用一个电容。由于电容只承受直流电压，故可采用体积小得多的电解电容，而且还可以避免在晶闸管导通时，电容的放电电流流过管子。

阻容吸收保护应用广泛，性能可靠，但正常运行时，电阻上消耗功率，引起电阻发热，且体积较大，对于能量较大的过电压不能完全抑制。因此根据稳压管的稳压原理，目前较多采用非线性电阻吸收装置，常用的有硒堆与压敏电阻。

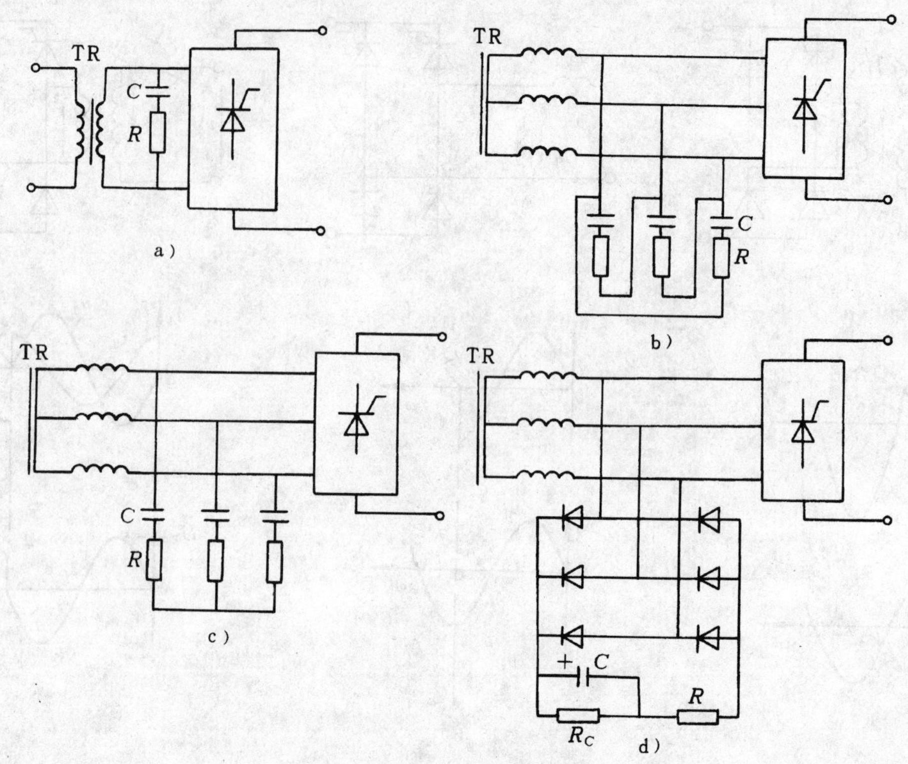


图 4-7　交流侧阻容电路的几种接法

硒堆就是成组串联的硒整流片。单相时用两组对接后再与电源并联，三相时用三组对接成 Y 形或用六组接成 D 形，如图 4-8 所示。在正常电压时，硒堆总有一组处于反向状态，故漏电流很小。当出现一般性的过电压时，处于反向状态的一组硒堆工作在反向特性的转折段，因此反向电阻降低，漏电流增大，以吸收一般的过电压能量。当出现异常的浪涌电压时，会造成硒片反向击穿，如同瞬时把电源短路一样，故能吸收浪涌能量，从而限制了过电压的数值。硒片由于面积较大，故击穿时只是烧焦几个点，待浪涌电压消失后，整个硒片仍能恢复正常，继续起保护作用。

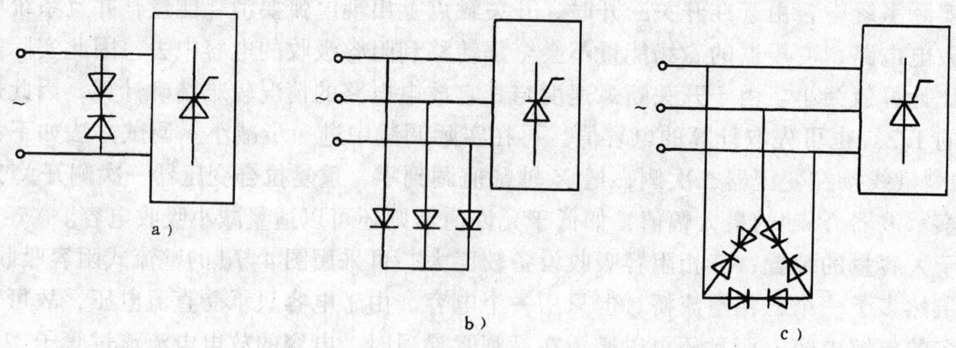


图 4-8　硒堆保护的接法

a）单相　b）三相 Y 接　c）三相 D 接

每片硒片的额定反向电压有效值一般为 20～30V。考虑到电网电压的可能升高和硒片特性的分散性，通常用（1.1～1.3）倍的正常工作线电压 $U_{2l}$除以每片额定电压，即得每组所需片数。

硒片的面积有 40×40、60×60、100×100mm² 等规格，选择硒片面积 $A$ 的经验公式为

$$A \geqslant 3.9 I_0 I_{2l} \text{mm}^2 \tag{4-3}$$

式中 $I_0$——变压器激磁电流百分比；

$I_{2l}$——变压器二次线电流额定值。

硒堆的缺点是体积大，反向伏安特性不陡，而且长期放置不用会产生“储存老化”，即正向电阻增大，反向电阻降低，因而失效。所以使用前必须先加 50% 的额定电压 10min，再加额定电压 2h，才能恢复性能，所以硒堆不是理想的保护元件。

近几年来，发展了一种新型非线性过电压保护元件——金属氧化物压敏电阻，亦称 VYJ 浪涌吸收器，它的系列型号为 MY31，外形如图 4-9 所示。

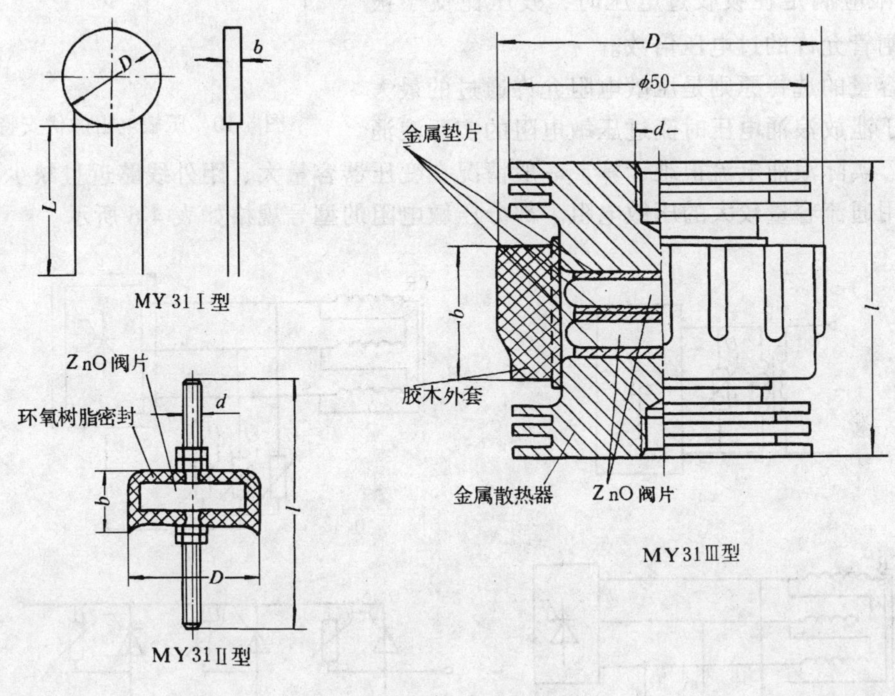


图 4-9 MY31 型压敏电阻外形

金属氧化物压敏电阻是由氧化锌、氧化铋等烧结而成，每一颗氧化锌晶粒外面裹着一层薄薄的氧化铋，构成象硅稳压管一样的半导体结构，具有正反向都很陡的稳压特性，其伏安特性如图 4-10 所示。正常工作时压敏电阻没有击穿，漏电流极小（微安级），故损耗小；遇到尖峰过电压时，可通过高达数千安培的放电电流，因此抑制过电压的能力强。此外压敏电阻还具有反应快、体积小、价格便宜等优点，正逐步取代硒堆，它也可并联在晶闸管二端吸收关断过电压，是一种较理想的保护元件。由于压敏电阻正反向特性对称，因此在单相电路中可只用一个压敏电阻，三相电路中可用三个接成星形或三角形，几种接法如图 4-11 所示。压敏电阻的主要缺点是持续平均功率太小，仅有数瓦，一旦工作电压超过了它的额定电压，很短时间内就会烧毁。

压敏电阻的主要特性参数有：①漏电流为 1mA 时的额定电压值 $U_{1mA}$；②放电电流达到规定值 $I_y$ 时的电压 $U_y$，其数值由残压比 $U_y/U_{1mA}$ 所确定；③允许的通流容量，即在规定波形下（冲击电流前沿 8ms，波长 20ms），允许通过的浪涌峰值电流。

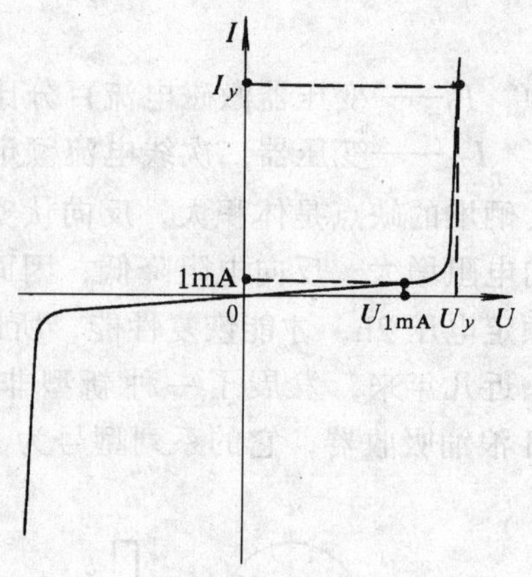


图 4-10 压敏电阻的伏安特性

压敏电阻的选用主要考虑额定电压和通流容量。额定电压 $U_{1mA}$ 的下限是线路工作电压峰值，考虑到电网电压的波动以及多次承受冲击电流以后 $U_{1mA}$ 值可能下降，因此额定电压的取值应适当加大，通常建议以 30% 的裕量计算，即

$$U_{1mA} \geqslant 1.3\sqrt{2}U$$

式中 $U$——压敏电阻两端正常工作电压有效值。

$U_{1mA}$ 的上限应满足在吸收过电压时，残压比低于被保护的晶闸管允许的过电压倍数。

通流容量的选择原则是压敏电阻允许通过的最大电流应大于泄放浪涌电压时流过压敏电阻的实际浪涌峰值电流。实际浪涌电流很难计算，一般情况在变压器容量大、距外线路近且缺少避雷器的场合应选用通流容量较大的压敏电阻。部分压敏电阻的型号规格如表 4-6 所示。

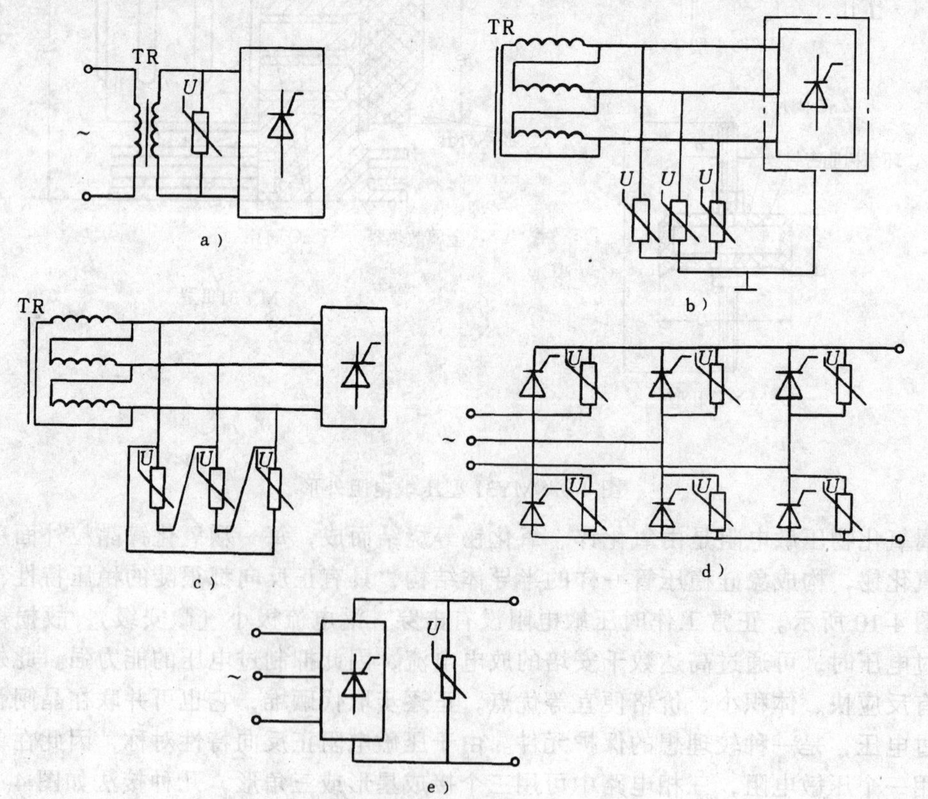


图 4-11 压敏电阻的几种接法

## 三、直流侧过电压及其保护

直流侧也可能发生过电压。当断开负载时（直流侧快速开关断开或直流侧快速熔断器熔断），储存在交流电路、变压器中的磁场能量会在开关和整流桥两端产生过电压。虽然在交流侧的阻容吸收可以抑制这种过电压，但由于变压器过载时所储能量比空载时大，因此过电压会通过导通着的晶闸管反映到直流侧来，如图 4-12 所示。这个过电压有可能使晶闸管反向击穿。设置了直流侧吸收装置后，可抑制过电压。

另一种如图 4-13 所示，当整流器某两桥臂突然阻断（快速熔断器熔断或晶闸管烧断），因大电感 $L_d$ 中的电流不能突变，所以立即在直流侧感应出很高的反向电压，并通过负载加在另外处于关断状态的晶闸管上，因此有可能造成晶闸管硬开通而损坏。

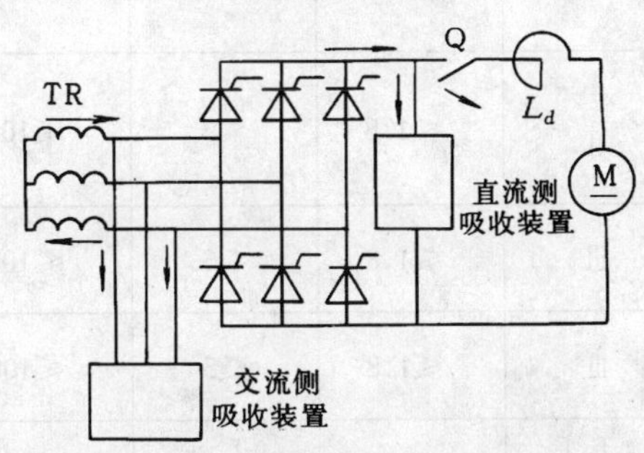


图 4-12　直流侧断开引起的过电压

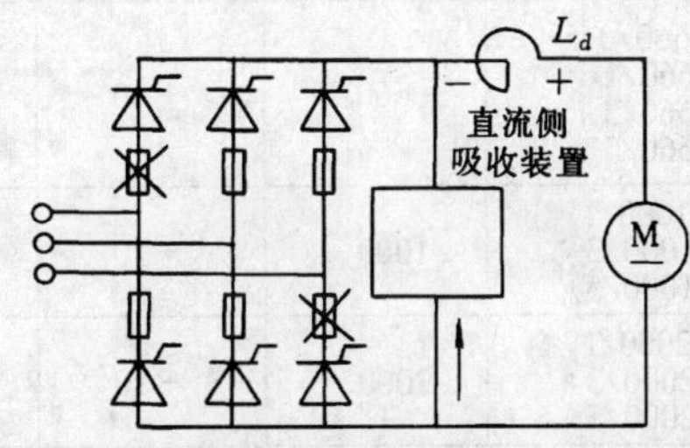


图 4-13　整流桥断开引起的过电压

如果快速熔断器或快速开关选配恰当，则拉弧时过电压不会超过正常电压的 2 倍，这时直流侧可不设置过电压保护。但是考虑到快速熔断器或开关可能不合规格或选配不当，则在直流侧设置过电压保护是需要的。由于直流侧过电压能量较大，因此通常可采用硒堆、压敏电阻或小晶闸管来保护。

**表 4-6　部分压敏电阻规格**

| 型号规格 | 标称电压 $U_{1mA}$ (V) | 允许偏差 (%) | 通流容量 (8ms/20ms) (kA) | 产品外形 | 残压比 $\frac{U_{100A}}{U_{1mA}}$ | 残压比 $\frac{U_{3kA}}{U_{1mA}}$ | 漏电流 $\left(\frac{1}{2}U_{1mA}时\right)$ (μA) |
|---|---|---|---|---|---|---|---|
| MY31-10/0.05<br>-10/0.1 | 10 | +25 | 0.05<br>0.1 | I | ≤3 | | ≤150 |
| MY31-40/0.1<br>-40/0.5 | 40 | +20 | 0.1<br>0.5 | I | ≤3 | | ≤150 |
| MY31-80/0.5<br>-80/1 | 80 | +15 | 0.5<br>1.0 | I | ≤2.5 | | ≤100 |
| MY31-100/0.5<br>-100/1<br>-100/2<br>-100/3 | 100 | +15 | 0.5<br>1<br>2<br>3 | I | ≤2 | ≤5 | ≤100 |
| MY31-160/0.5<br>-160/1<br>-160/2<br>-160/3 | 160 | +15 | 0.5<br>1<br>2<br>3 | I | ≤2 | ≤5 | ≤100 |
| MY31-220/0.5<br>-220/1<br>-220/2<br>-220/3<br>-220/5 | 220 | +10 | 0.5<br>1<br>2<br>3<br>5 | I | ≤1.8 | ≤4 | ≤100 |

（续）

| 型 号 规 格 | 标称电压<br>$U_{1mA}$<br>(V) | 允许偏差<br>(%) | 通流容量<br>(8ms/20ms)<br>(kA) | 产品外形 | 残 压 比<br>$\frac{U_{100A}}{U_{1mA}}$ | <br>$\frac{U_{3kA}}{U_{1mA}}$ | 漏电流<br>$\left(\frac{1}{2}U_{1mA}时\right)$<br>(μA) |
|---|---|---|---|---|---|---|---|
| MY31-330/0.5<br>-330/1<br>-330/2<br>-330/3<br>-330/5 | 330 | +10 | 0.5<br>1<br>2<br>3<br>5 | Ⅰ | ≤1.8 | ≤4 | ≤100 |
| MY31-440/0.5<br>-440/1<br>-440/3<br>-440/5 | 440 | +10 | 0.5<br>1<br>3<br>5 | Ⅱ | ≤1.8 | ≤3 | ≤100 |
| MY31-660/0.5<br>-660/1<br>-660/3<br>-660/5 | 660 | +10 | 0.5<br>1<br>3<br>5 | Ⅰ<br>Ⅱ | ≤1.8 | ≤3 | ≤100 |
| MY31-1000/1<br>-1000/3<br>-1000/5 | 1000 | +10 | 1<br>3<br>5 | Ⅲ | ≤1.8 | ≤3 | ≤100 |
| MY31-2000/1<br>-2000/3<br>-2000/5 | 2000 | +10 | 1<br>3<br>5 | Ⅲ | ≤1.8 | ≤3 | ≤100 |
| MY31-3000/1<br>-3000/3<br>-3000/5 | 3000 | +10 | 1<br>3<br>5 | Ⅲ | ≤1.8 | ≤3 | ≤100 |

综上所述，晶闸管电路引起过电压的原因，主要是电路中电感元件当电流突变时产生感应电动势以及外界侵入的浪涌电压。从能量观点分析，过电压产生的实质是电路中电感元件储存的磁场能量瞬时消散不通畅。保护元件的基本做法是设置能量消散通道，减慢能量的消散速度。晶闸管装置可能采用的几种过电压保护如图 4-14 所示，实用时，根据具体情况，选择几种即可。

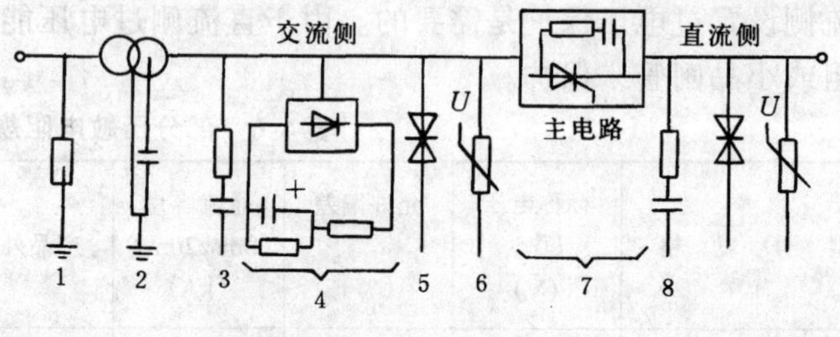


图 4-14 晶闸管装置可能采用的过电压保护

1—避雷器 2—接地电容 3—阻容吸收 4—整流式阻容 5—硒堆 6—压敏电阻 7—晶闸管泄能 8—元件侧阻容

需要指出：保护元件的参数计算大多不很严格。因此在设计时除根据计算结果外，还应参考国内外同类型产品的保护参数作适当的修正。在工程实践中，不少是凭经验选择的。

## 第四节 晶闸管的过电流保护与电压、电流上升率的限制 (Overcurrent Protection)

### 一、过电流保护

晶闸管装置出现的元件误导通或击穿、可逆传动系统中产生环流、逆变失败以及传动装置生产机械过载及机械故障引起电机堵转等，都会导致流过整流元件的电流大大超过其正常工作电流，即产生所谓过电流。晶闸管的电流过载能力比一般电气设备差得多，而过电流是难免的，因此更要重视晶闸管的过电流保护。过电流保护的任务，就是当电路一旦出现过电流，能在元件还未烧毁之前，迅速地把过电流现象消除。

晶闸管常用的过电流保护有以下五种：

1）在交流进线中串接电抗器（称交流进线电抗），或采用漏抗较大的变压器是限制短路电流以保护晶闸管的有效方法，缺点是在有负载时要损失较大的电压降。考虑到电源阻抗，通常以3%的压降来计算进线电感值。感抗为

$$X_L = \frac{U_{2\phi}}{I_{2\phi}} \times 3\% = \frac{U_{2L}}{\sqrt{3} I_{2L}} \times 3\%$$

因为三相桥式整流电路带大电感负载时，$I_{2L} = 0.816 I_d$，所以有

$$L = \frac{U_{2L} \times 3\%}{\sqrt{3} \times 0.816 \times 2\pi f \times I_d}$$

若 $U_{2L}$ 以V为单位，$I_d$ 以A为单位，$f = 50\text{Hz}$，$L$ 以mH为单位，则

$$L = 0.0676 U_{2L} / I_d$$

进线电感通常空芯烧制。

2）灵敏过电流继电器保护。继电器可装在交流侧或直流侧，在发生过电流故障时动作，使交流侧自动开关或直流侧接触器跳闸。由于过电流继电器和自动开关或接触器动作需几百毫秒，故只能保护由于机械过负载引起的过电流，或在短路电流不大时，才能对晶闸管起保护作用。

3）限流与脉冲移相保护。如图4-15所示，交流电流互感器TA经整流桥组成交流电流检测电路，得到一个能反映交流电流大小的电压信号去控制晶闸管的触发电路。当整流输出端过载，直流电流 $I_d$ 增大时，交流电流也同时增大，检测电路输出超过某一电压，使稳压管击穿，于是控制晶闸管的触发脉冲左移即 $\alpha$ 增大，使输出电压 $U_d$ 减小，$I_d$ 减小，以达到限流目的，调节电位器即可调节负载电流限流值。当出现严重过电流或短路时，故障电流迅速上升，此时限流控制可能来不及起作用，电流就已超过允许值。在全控整流带大电感负载时，为了尽快消除故障电流，可控制晶闸管的触发脉冲快速左移到整流状态的移相范围之外，使输出端瞬时出现负电压，电路进入逆变状态（第六章叙述），将故障电流迅速衰减到零，这种称为拉逆变保护。

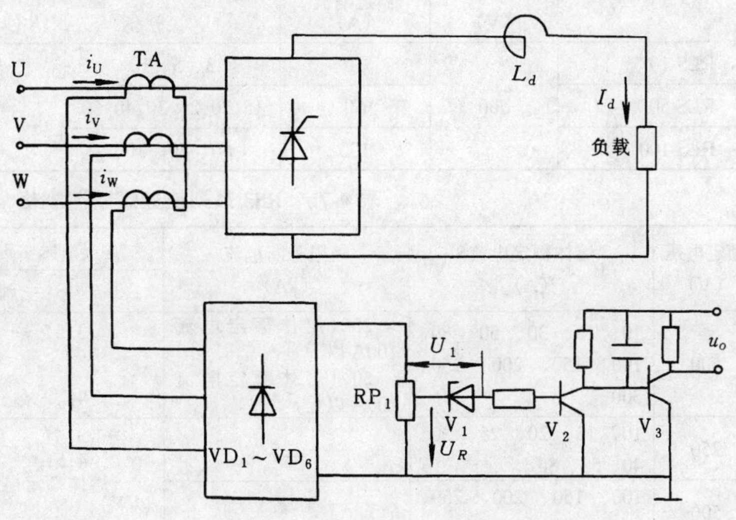


图4-15　脉冲移相保护线路

4）直流快速开关保护。在大容量、要求高、经常容易短路的场合，可采用装在直流侧的直流快速开关作直流侧的过载与短路保护。这种快速开关经特殊设计，它的开关动作时间

只有2ms，全部断弧时间仅25～30ms，目前国内生产的直流快速开关为DS系列。从保护角度看，快速开关的动作时间和切断整定电流值应该和限流电抗器的电感相协调。

5）快速熔断器保护。熔断器是最简单有效的保护元件，针对晶闸管、硅整流元件过流能力差的特点，专门制造了快速熔断器，简称快熔。与普通熔断器相比，它具有快速熔断特性，通常能做到当流过5倍额定电流时，熔断时间小于0.02s，在流过通常的短路电流时，快熔能保证在晶闸管损坏之前，切断短路电流，故适用于短路保护场合。

快熔的选择：目前生产的快熔有大容量RTK（插入式）、RS3、RS0（汇流排式）与小容量RLS（螺旋式）。表4-7为RLS与RS3系列快速熔断器规格。螺旋式熔断器与普通RL型一样，只是熔体改成快速熔体，它调换方便并有明显的熔断指示，在100A以下广泛采用。除了与普通熔断器一样要考虑熔断器电压必须大于线路工作电压、熔断器的电流等级应大于或等于内部熔体的额定电流外，还需特别注意熔体的额定电流是有效值，而晶闸管的额定电流 $I_{T(AV)}$ 是正弦半波平均值，其有效值为 $1.57I_{T(AV)}$，通常熔体的额定电流 $I_{RD}$ 以下式选取：

$$1.57I_{T(AV)} > I_{RD} > I_T \text{（实际管子最大电流有效值）}$$

为保证可靠与选用方便起见，可取 $I_{RD}=I_{T(AV)}$，即快熔与晶闸管串联时，如50A的晶闸管选用50A的快熔。

**表 4-7a RLS 系列快速熔断器**

| 型号 | 额定电压（V） | 熔断器额定电流（A） | 熔体额定电流（A） | 极限分断电流（kA） | 保护特性 | |
|---|---|---|---|---|---|---|
| | | | | | 电流 | 熔断时间 |
| RLS-10 | 500 | 10 | 3、5、10 | 40 | $1.1I_e$<br>$3I_e$<br>$3.5I_e$<br>$4I_e$<br>$5I_e$ | 5h内不断<br>0.3s内断<br>0.12s内断<br>0.06s内断<br>0.02s内断 |
| RLS-50 | | 50 | 15、20、25、30、40、50 | | | |
| RLS-100 | | 100 | 60、80、100 | | | |

**表 4-7b RS3 系列快速熔断器规格**

| 额定电压（V） | 熔体额定电流（A） | 极限分断电流（kA） | 保护特性 | | 制造厂 |
|---|---|---|---|---|---|
| | | | 电流 | 熔断时间 | |
| 500 | 10、15、30、50、80、100、150、200、250、300 | 25（熔体额定电流100A以下）<br>50（熔体额定电流100A以上） | $3.5I_n$<br>$4I_n$ | <0.06s<br><0.02s | 北京电器元件厂 |
| 250 | 10、15、20、25、30、40、50、80 | 25 | $3.5I_n$<br>$4.5I_n$<br>（熔体额定电流100A以下） | <0.06s | 上海电瓷厂 |
| 500 | 100、150、200、250、300 | 50 | | <0.02s | |
| 750 | 200、300 | | $4I_n$<br>（熔体额定电流100A以上） | <0.02s | 上海电器陶瓷厂 |

没有快速熔断器时，对于小容量装置也可用普通的RL系列螺旋式熔断器代替，这时熔体的额定电流值不要大于整流元件额定电流值的2/3。

快熔的接法有三种：①接入桥臂与晶闸管串联，如图4-16a所示；②接在交流输入端如图4-16b所示。这两种接法所选快熔的额定电流是不同的，前者额定电流小，因此保护可靠性要好一些，但数量用得多；③如图4-13c所示为直流侧接快熔。在容量较大的装置中，由于快熔价格较高，更换不方便，在可能经常发生短路的场合，快熔必须与其它过流保护措施

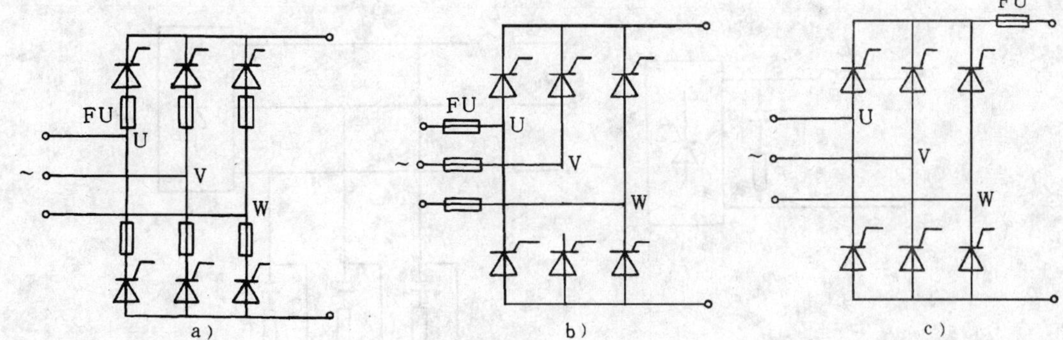


图 4-16 快速熔断器的接法

a) 桥臂快熔 b) 交流侧快熔 c) 直流侧快熔

同时使用。快熔是最后一道保护，非不得已，希望不要熔断。

快熔通常都有熔断指示，在要求较高的场合，当有快熔熔断出现缺相时，为了保护其它相的晶闸管，不使其它快熔熔断，要求设置缺相保护，当一旦某相快熔熔断后，能迅速发出信号或自动切断交流电源。

总之，过电流保护是根据晶闸管允许的过电流能力，设法限止短路电流峰值，配合反应灵敏的保护措施，使短路电流的持续时间尽量缩短，这样才能达到保护晶闸管的目的。

过电流保护有如图 4-17 所示的几种，可根据需要选择其中的一种或数种对晶闸管进行过电流保护。

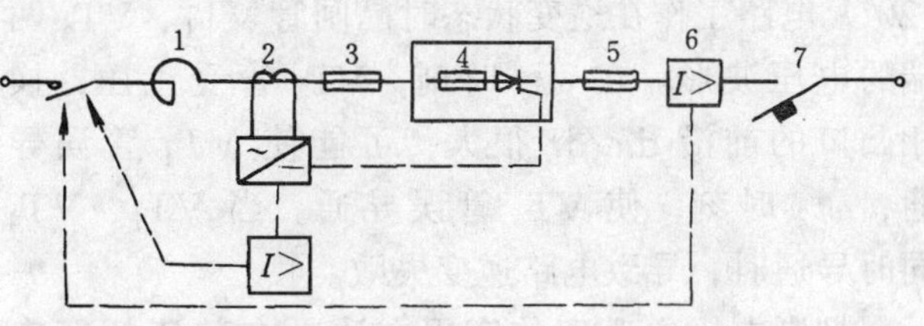


图 4-17 晶闸管装置可能采用的过电流保护

1—进线电抗限流 2—电流检测和过流继电器

3、4、5—快速熔断器 6—过电流继电器 7—直流快速开关

## 二、电压与电流上升率的限制

### (一) 晶闸管的正向电压上升率及抑制

加到晶闸管上的正向电压上升率 ($du/dt$) 有一定限制。因元件在阻断状态其阳极与阴极之间相当于一个电容，若晶闸管突然加上正向电压，便会有一充电电流流过结面，当充电电流流进靠近阴极的 PN 结时，相当于门极有触发电流的作用。因此，如加到晶闸管上的正向电压上升率 ($du/dt$) 太大，引起充电电流过大，就会使晶闸管发生误导通。为了防止误导通，使用 KP 型元件时，要规定最大允许正向电压上升率。

在有整流变压器的整流电路中，由于变压器的漏感和阻容吸收电路的作用，在电源合闸时，加到晶闸管二端的正向电压上升率 ($du/dt$) 不会太大，因此不会引起误导通。在无变压器的整流电路中，应在电源输入端串联电感 $L_l$（称进线电感），它对 ($du/dt$) 有一定的抑制，但串入 $L_l$ 后又易产生过电压，故必须设备阻容吸收电路，如图 4-18 所示。

进线电感 $L_l$ 可近似按变压器漏感的计算方法计算

$$L_l = \frac{U_{2\phi}}{\omega I_2} U_{dl} = \frac{U_{2\phi}}{2\pi f I_2} u_{dl} \tag{4-4}$$

式中 $U_{2\phi}$、$I_2$——交流侧相电压、相电流；

$u_{dl}$——与晶闸管装置容量相等的整流变压器的短路比，进线电感 $L_l$ 同时起限

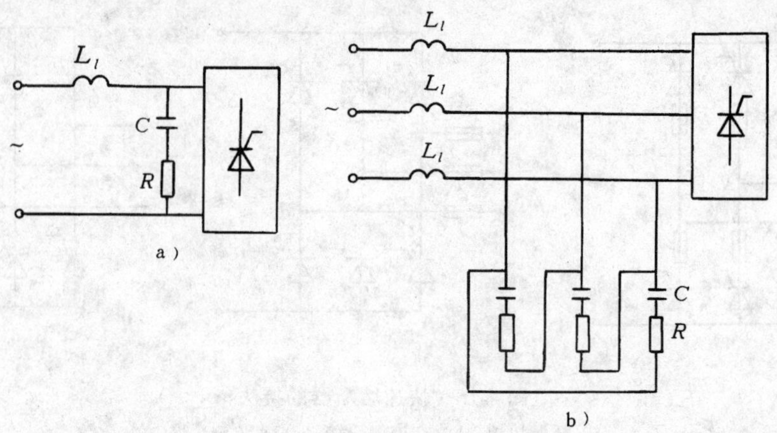


图 4-18　串联进线电感抑制电压上升率

a）单相　b）三相

制短路电流的作用。

在晶闸管换相重叠角 $\gamma$ 期间，两相晶闸管同时导通，线电压被短路，在输出电压波形上出现换相缺口。按照第三章的分析方法，画出晶闸管两端的电压波形，则在间隔 60°的换相点上，出现相应的凸口与缺口。图 4-19 为三相全控桥式整流电路，带大电感负载，$\alpha=120°$，电路工作在逆变状态时晶闸管 $VT_1$、$VT_4$ 两端的电压波形。在 $\omega t_1$ 时刻，$VT_1$ 管受正压，换相凸口的前沿 $du/dt$ 很大，可能使 $VT_1$ 管误导通，$\omega t_2$ 时刻，使 $VT_4$ 管误导通。当 $VT_1$、$VT_4$ 同时导通时，导致电路逆变失败。

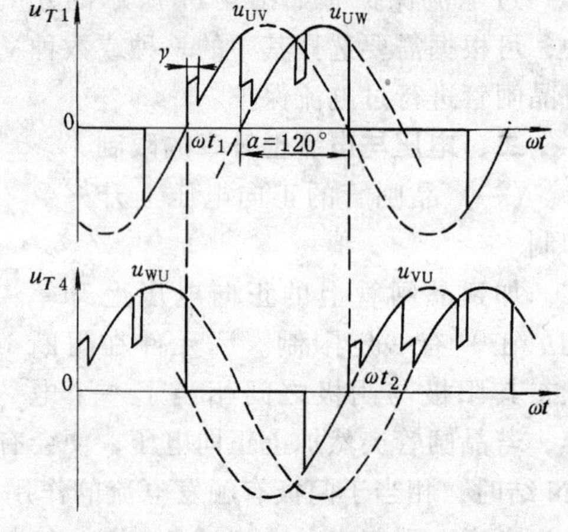


图 4-19　$\alpha=120°$时，U 相二桥臂晶闸管电压波形

抑制电压上升率的实用方法是在整流桥臂串接空芯电抗 $L_s$ 或在桥臂上套磁环，抑制后的电压上升率 $du/dt$ 与桥臂交流电压峰值成正比，与桥臂电抗 $L_s$ 成反比，$L_s$ 通常取 20～30μH。

（二）晶闸管的电流上升率及抑制

晶闸管在触发导通的瞬间，如阳极电流增大的速度（电流上升率）太大，虽然电流值未超过元件的额定值，但由于晶闸管内部电流还来不及扩大到 PN 结的全部面积，故导致在门极附近的 PN 结面因电流密度过大而烧毁。因此对晶闸管必须规定最大允许的电流上升率（$di/dt$），如 KP-100 晶闸管，允许的 $di/dt$ 小于或等于 50A/μs。

无论整流电路还是逆变电路，晶闸管从阻断到导通，均存在（$di/dt$）的问题。当桥路交流侧电抗较小或电路中阻容吸收中电容量过大，都可能引起电流上升率过大。另外在大电流负载，采用多只晶闸管并联时，最先导通的管子承受较大的电流上升率。

在有整流变压器的电路中，存在的变压器漏感对换相电流产生的（$di/dt$）已有抑制作用，照例可不需另加限制电路。但晶闸管导通时，除了换相电流外，还有阻容吸收电路（包括交直流侧吸收电路以及与管子并联的吸收电路）中电容的充放电电流，这个充放电电流只

受串联电阻 $R$ 限制，由于 $R$ 阻值小，所以（$di/dt$）很大。如增大 $R$ 值，则会影响吸收电路的效果，解决的办法有两个：

1）在桥臂上串联电感。这样除了直接与元件并联的阻容外，其它阻容中的电容充放电流均经过桥臂电感。因此选择合适的电感值，即可把（$di/dt$）值限制在允许范围内。通常桥臂电感取 20～30μH 为宜。

在功率较大或频率较高的逆变电路中，加接桥臂电感后，使换流时间增长，影响工作。因此为了减少这种影响，有的桥臂电感采用几只铁淦氧磁环，套在桥臂导线上，使桥臂电感在小电流时磁环不饱和，电感量大，满足限制（$di/dt$）值的要求；在大电流时，电流在晶闸管结面已扩散，允许电流上升率较大，磁环饱和，桥臂电感量减小，使阳极电流快速上升，不使换流时间延长。这种方法还可以缩短晶闸管的关断时间。

2）阻容吸收电路采用图 4-7d 整流式接法，使电容放电电流不经过晶闸管，对限制（$di/dt$）值也有好处。

## 第五节　晶闸管的串联和并联

在高电压或大电流的晶闸管电路中，如要求的电压、电流值超过一个元件所能承受的数值时，可把元件串联或并联起来使用。

元件串联时，要保证每个串联元件所分担的正反向电压基本相等，称为均压；并联时要保证每一路元件所分担的电流基本相等，称为均流。否则负担不均，负担重的元件可能首先损坏，从而加重了其它元件的负担，使其它元件过电压或过电流引起连锁损坏。尽管挑选相同型号、规格的元件，它们的特性并不相同，故在串联或并联工作时，必须采取均压或均流措施。

### 一、晶闸管的串联（Series）

晶闸管可分五种工作状态，即正向阻断状态、开通过程、导通状态、阻断能力恢复过程(关断过程)、反向阻断状态。晶闸管串联时，除了在导通状态时特性不同没有什么影响外，在其它四个状态，必须在一定的范围内保护电压的均衡。

正向与反向阻断状态的均压称为静态均压。当晶闸管外加一定电压处于阻断状态时，总有一定的漏电流。晶闸管串联时，漏电流最小即漏电阻最大的元件承受的电压最大，由于同样的元件漏电流不一致，所以晶闸管在串联时，正反向阻断状态承受的电压严重不均，如图 4-20a 所示，$u_{T2} > u_{T1}$。有效的解决方法是在串联晶闸管上并联阻值相等的电阻，称均压电阻 $R_j$，图 4-20b 所示。$R_j$ 的阻值比元件的漏电阻小得多，因此元件二端并联后的阻值基本相等，那么晶闸管在正反向阻断状态时承受的电压也基本相等。通常均压电阻数值为

$$R_j \leqslant (0.1 \sim 0.25)\frac{U_{Tn}}{\pi I_{DR}} \tag{4-5}$$

式中　$U_{Tn}$——晶闸管额定电压有效值；

$I_{DR}$——断态重复平均电流，$\pi I_{DR}$ 近似为漏电流峰值。

均压电阻功率为

$$P_{Rj} \geqslant K_{Rj}\left(\frac{U_m}{n}\right)^2\frac{1}{R_i}$$

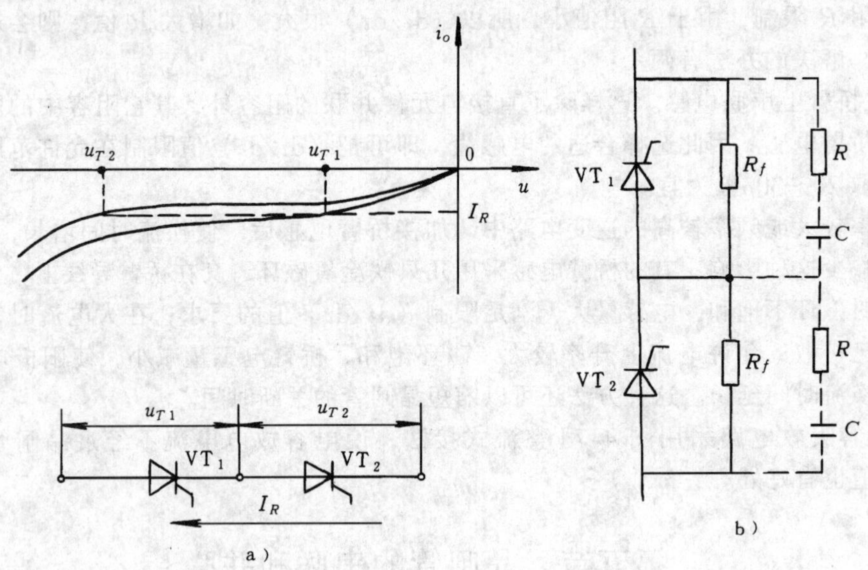


图 4-20 晶闸管串联时反向电压分配与均压措施
a）串联时反向电压分配 b）均压措施

式中 $U_m$——作用于元件上的正反向峰值电压；

$n$——串联元件数；

$K_{Rj}$——系数。单相为 0.25，三相为 0.45，直流为 1。

均压电阻 $R_j$ 只能使直流电压或变化缓慢的电压均匀分配在各串联晶闸管上。晶闸管在开通与关断过程中瞬时电压的分配，决定于各管子的结电容、触发特性、导通与关断时间。在开通时，后开通的元件将瞬时受到较高电压；在关断时，先关断的元件在关断的瞬时，承受全部的换流反向电压，可能导致元件反向击穿而损坏。因此还必须在串联元件上，并联电容 $C$。为了防止晶闸管导通瞬间，电容放电电流造成过大的（$di/dt$），还应在电容 $C$ 上串联电阻 $R$，这样才能保证动态均压，如图 4-20b 中虚线所示。C、R 的经验数据见表 4-8。晶闸管两端的阻容吸收电路在串联时可起动态均压作用，不必再接电阻电容。

**表 4-8 晶闸管串联时动态均压阻容经验数据**

| 管子额定电流（A） | 1～5 | 10～20 | 50～100 |
|---|---|---|---|
| $C$（$\mu$F） | 0.01～0.05 | 0.1～0.25 | 0.25～0.5 |
| $R$（$\Omega$） | 100 | 50 | 20 |

由于元件串联后虽采取均压措施，但还不能保证绝对均压，因此必须降低电压额定值，通常降低 10%，如 1000V 的晶闸管，以 900V 计算。晶闸管串联时，要求管子开通时间差别要小，对门极触发脉冲要求触发电流大、前沿陡，最好采用强触发。

## 二、晶闸管的并联（Parallel）

当单个晶闸管的额定电流不能满足要求时，可用几个晶闸管并联使用。元件并联时，由于正向特性不一致，即导通时，同样的管压降值所对应的正向电流不同，使并联晶闸管承受的电流有很大差别，如图 4-21 所示。为使并联元件的电流均匀分配，除选用特性比较一致的元件外，还必须采取串联电阻和电抗等均流措施。

（一）电阻均流

图 4-22a 为串电阻均流，$R$ 的数值取元件最大工作电流时，电阻压降 $U_R$ 为元件正向压降的（1~2）倍时的电阻值为宜。若晶闸管正向压降为 1V，如电阻压降取 2V，则 50A 的元件均流电阻值为 0.04Ω。这种方法适用于小容量元件，电阻功耗不严重。对于大容量元件的并联，均流可依靠各并联支路的快熔电阻、电抗器电阻和主电路连接导线电阻的总和来达到。

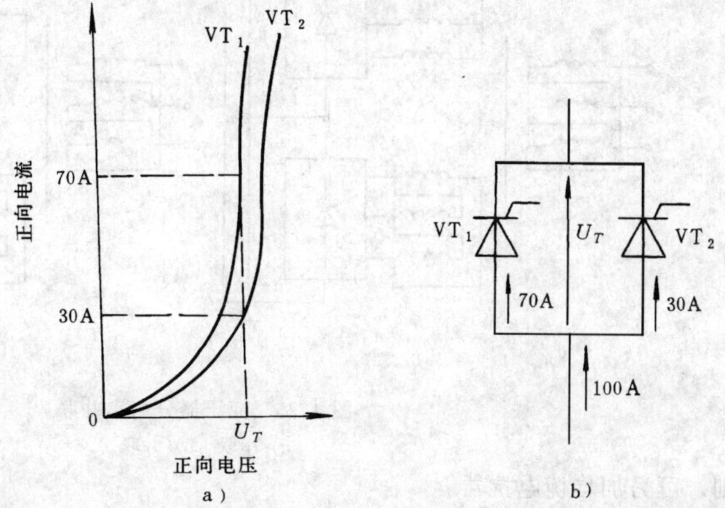


图 4-21 晶闸管并联时的电流分配

（二）电抗均流

用一个均流电抗（铁心上带有两个相同的线圈）接在并联的晶闸管电路中，如图 4-22b 所示。均流的原理是利用电抗中感应电动势的作用，使一个元件的电压升高，另一个元件的电压减小，以达到并联晶闸管电流分配基本上均匀。如 $VT_1$ 管先导通，电流 $I_1$ 增大，在电抗上产生如 b 图极性的感应电动势，提高了 $VT_2$ 管的电压，促进 $VT_2$ 管迅速导通。所以当 $VT_1$ 管电流 $I_1$ 增大时，感应电动势有使 $I_1$ 减小、$I_2$ 增大的作用，有利于并联晶闸管的触发导通。

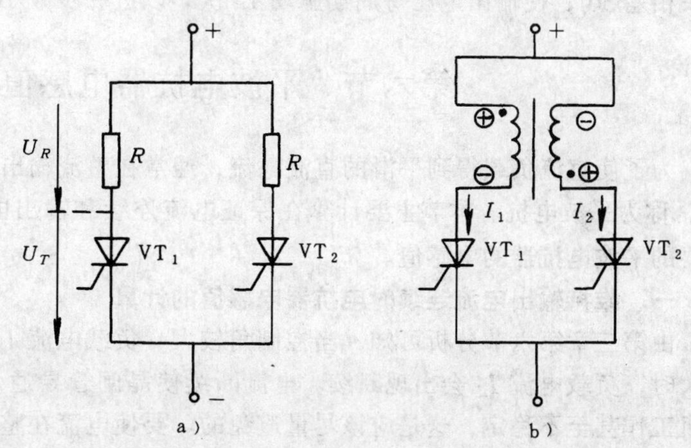


图 4-22 并联晶闸管的均流

a）电阻均流 b）电抗均流

晶闸管并联工作时，若有一个管子触发后先导通且管压降很小，则其它并联元件可能不能触发导通，而使先导通的管子承担全部电流而烧毁。因此要求并联晶闸管开通特性尽可能一致，最好采用强触发。晶闸管并联即使采取均流措施，电流也不可能完全平均分配，所以元件的额定电流应降低。

总之，对于晶闸管串并联的场合，有效的方法是提高触发脉冲的前沿陡度，缩短管子开通时间与保持导通的一致性。

除了采用元件的串并联外，在大电流高电压设备中，广泛采用整流变压器二次侧分组整流，然后再成组串联或并联，如图 4-23 所示。变压器二次侧分组串联时，因为每组都是独立的整流装置，没有均压问题；整流组并联时，变压器漏抗如合适可代替均流电抗的作用，

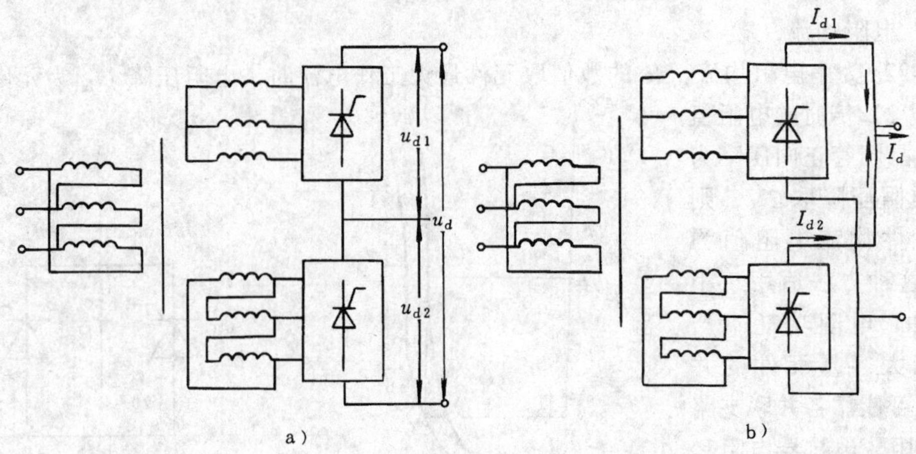


图 4-23 变压器分组串并联
a) 串联 b) 并联

否则，可另加均衡电抗器。

变压器的两组二次绕组，通常接成 $D$、$Y$ 的不同接法，两套装置整流电压 $u_{d1}$、$u_{d2}$的波头相差 30°，使输出电压每周期脉动 12 次，以进一步减小脉动与纹波。

## 第六节 平波电抗器电感值的计算

为了使直流负载得到平滑的直流电流，通常在整流输出电路串入带有气隙的铁心电抗器 $L_d$，称为平波电抗。本节主要计算在保证电流连续和输出电流脉动系数达到一定要求时所需要的平波电抗器的电感值。

### 一、维持输出电流连续时电抗器电感值的计算

由第三章第六节分析可知，当控制角较大、负载电流 $I_d$ 很小或者平波电抗器电感 $L_d$ 不够大时，负载电流 $I_d$ 会出现断续。电流断续使晶闸管导通角减小，机械特性明显变软，电动机工作甚至不稳定，这是应该尽量避免的。要使电流在整个工作区保持连续，必须使临界电流 $I_{dK}$小于或等于最小负载电流 $I_{d\min}$（对应直流电动机最小机械负载）。对三相半波整流电路临界电流为

$$I_{dK} = \frac{0.462}{\omega L_1} U_{2\phi} \sin\alpha \leqslant I_{d\min}$$

把满足电流连续的最小电感量称为临界电感，若 $L_1$ 以 mH 为单位，$U_{2\phi}$以 V 为单位，$I_{d\min}$以 A 为单位，$\omega = 2\pi f$，$f = 50$Hz。则临界电感为

$$L_1 = \frac{0.462}{\omega} \frac{U_{2\phi}\sin\alpha}{I_{d\min}} = 1.46 \frac{U_{2\phi}\sin\alpha}{I_{d\min}}$$

因为 $\alpha = 90°$时，临界电流最大，要求的临界电感量最大，所以取 $\alpha = 90°$。其它型式电路可以同样计算，因此临界电感的计算公式为

$$L_1 = K_1 \frac{U_{2\phi}}{I_{d\min}} \tag{4-6}$$

式中　$K_1$——考虑不同电路时临界电感的计算系数，见表 4-9。

表 4-9　平波电抗器计算参数

| 电路名称 | 临界电感计算系数 $K_1$ | 最大脉动时的 $\alpha$ 值 | 最大脉动时 $\frac{U_{dM}}{U_{2\phi}\ (U_2)}$ | 输出最低频率 $f_d$ (Hz) | 整流变压器漏感计算系数 $K_B$ |
|---|---|---|---|---|---|
| 单相全控桥 | 2.87 | 90° | 1.2 | 100 | 3.18 |
| 三相半波 | 1.46 | 90° | 0.88 | 150 | 6.75 |
| 三相全控桥 | 0.693 | 90° | 0.46 | 300 | 3.9 |
| 带平衡电抗器双反星形 | 0.348 | 90° | 0.46 | 300 | 11 |

## 二、限制输出电流脉动时电抗器电感值的计算

晶闸管整流装置的输出电压可分解成一个恒定直流分量与一个交流分量，通常负载需要的只是直流分量，对电动机负载来说，过大的交流分量会使电动机换向恶化和因铁心损耗增大而引起电动机过热。抑制交流分量的有效办法是串联平波电抗器，使交流分量基本上降落在电抗器上，而负载上能够得到比较恒定的直流电压与电流。

输出电压 $u_d$ 用富氏级数展开后，可求得最低频率电压分量即基波分量的幅值。以三相半波整流电路为例，最低频率交流分量为三次谐波，其电压幅值为

$$U_{dM} = \frac{3\sqrt{6}}{8\pi}U_{2\phi}\sqrt{8\sin^2\alpha + 1}$$

由上式可见，最低频率的交流电压分量幅值与控制角 $\alpha$ 有关，当 $\alpha = 90°$ 时幅值 $U_{dM}$ 最大，为

$$U_{dM} = \frac{9\sqrt{6}}{8\pi}U_{2\phi} = 0.88U_{2\phi} \quad \therefore \frac{U_{dM}}{U_{2\phi}} = 0.88$$

常用电路的最大（$U_{dM}/U_{2\phi}$）值，列于表 4-9 中。当带大电感负载时，最低频率交流电流分量的幅值 $I_{dM}$ 为

$$I_{dM} = \frac{U_{dM}}{2\pi f_d L_2}$$

可用脉动系数衡量交流分量的大小，输出电流的脉动系数为 $S_i = I_{dM}/I_d$，代入上式得到满足一定脉动要求时临界电感量 $L_2$ 为

$$L_2 = \frac{U_{dM}/U_{2\phi}}{2\pi f_d} \quad \frac{U_{2\phi}}{S_i I_d} \tag{4-7}$$

式中　$f_d$——输出最低频率分量的频率值，常用电路 $f_d$ 值列于表 4-9；

$S_i$——给定的允许电流脉动系数，通常在三相整流电路中 $S_i$ 在 5%～10% 之间，在单相整流电路中 $S_i$<25%。

由式（4-6）与（4-7）计算得到的电感值均是电路总电感，其中包括负载电动机的电感 $L_D$ 与变压器的漏感 $L_B$，因此外接平波电抗器 $I_d$ 应减去 $L_D$ 与 $L_B$，电动机电感值 $L_D$ 为

$$L_D = K_D \frac{U_{eD} \times 10^3}{2Pn_{eD} \cdot I_{eD}}\text{mH} \tag{4-8}$$

式中　$U_{eD}$、$I_{eD}$、$n_{eD}$——直流电动机的额定电压、电流与转速，单位分别为 V、A、r/min；

$P$——电动机磁极对数；

$K_D$——计算系数，一般无补偿电动机 $K_D = 8～12$，快速无补偿电动机

$K_D=6\sim8$，有补偿电动机 $K_D=5\sim6$。

所以串接平波电抗器的电感量为

考虑电流连续 $L_{d1}=L_1-(L_B+L_D)$

考虑电流脉动 $L_{d2}=L_2-(L_B+L_D)$

对于三相桥式整流电路，因变压器两相串联导电，所以式中 $L_B$ 应以 $2L_B$ 代入，对于双反星形带平衡电抗器电路应 $\frac{1}{2}L_B$ 代入。

在不可逆整流电路中，可以只串接一个平波电抗器，使它在最大负载电流时，电感量不小于 $L_{d2}$，符合脉动要求；而在最小负载电流时，电感量不小于 $L_{d1}$，满足电流连续的要求，通常总是 $L_{d1}>L_{d2}$。如果设计出的电抗器无法同时满足二种情况，可调节电抗器的空气隙。气隙增大，大电流时电抗器不易饱和，对满足脉动要求有利；气隙减小，小电流时电抗器的电感量增大，对维持电流连续有利。平波电抗器工作时有直流电流流过，设计测量时必须考虑直流励磁。

**例** 某直流电动机系统，电动机型号为 ZZK-32，额定功率 6kW，额定电压 U＝220V，额定电流 $I=32$A，额定转速 $n=1350$r/min。采用三相桥式整流电路供电，整流变压器二次相电压 $U_{2\phi}$为 127V，整流桥路输出额定电流 $I_d$ 为 35.5A。

求（1）维持电流连续时，平波电抗器的 $L_{d1}$值；

（2）限制电流脉动系数为 $S_i=5\%$ 时平波电抗器的 $L_{d2}$值。

**解** 电动机电枢电感 $L_D$，按式（4-8）为

$$L_D = K_D\frac{U\times10^3}{2PnI}\text{mH} = 8\frac{220\times10^3}{2\times2\times1350\times32}\text{mH} = 10.2\quad\text{mH}$$

式中，对于快速无补偿电机 $K_D$ 取 8，极对数 $p=2$。

变压器电感 $L_B$ 为

$$L_B = K_B\frac{U_{dl}U_{2\phi}}{I_d} = 3.9\frac{0.05\times127}{35.5}\text{mH} = 0.7\quad\text{mH}$$

式中，查表 4-9 得 $K_B=3.9$ $U_{dl}$取 0.05。

（1）电流连续时 $L_{d1}$值为

$$L_{d1} = L_1-(2L_B+L_D) = K_1\frac{U_{2\phi}}{I_{d\min}}-(2L_B+L_D) =$$

$$0.693\frac{127}{0.05\times35.5}\text{mH}-(0.7\times2+10.2)\text{mH} = (49.6-11.6)\text{mH} =$$

$$38\quad\text{mH}$$

式中，$K_1$ 由表 4-9 中查得，$L_{d\min}$取额定电流的 5%。

（2）$S_i=5\%$时 $L_{d2}$值为

$$L_{d2}=L_2-(2L_B+L_D)=\frac{\left(\frac{U_{dM}}{U_{2\phi}}\right)}{2\pi f_d}\frac{U_{2\phi}}{S_iI_d}-(2L_B+L_D)=$$

$$\frac{0.46\times10^3}{2\pi\times300}\times\frac{127}{0.05\times35.5}\text{mH}-11.6\text{mH}=17.5\text{mH}-11.6\text{mH}=5.9\quad\text{mH}$$

式中，$\frac{U_{dM}}{U_{2\phi}}$、$f_d$ 由表 4-9 查得。

由上面计算可知，根据电流连续要求选取平波电感 38mH 时，脉动要求也能同时满足。

## 小　结

整流变压器的计算要考虑电流波形非正弦的特点，在单相半波与三相半波整流电路中，变压器二次电流存在很大的直流分量，由于直流分量无法与一次侧磁耦合，出现变压器一次侧二次侧容量不一致的特殊现象，这是一般电力变压器所没有的。由于上述原因，在同样负载功率时，整流变压器要比电力变压器体积大。

确定晶闸管电流等级可利用表 4-4，查得各种电路、各种负载以及各个控制角 $\alpha$ 时的 $k$ 值，则晶闸管额定电流为 $I_{T(AV)} \geqslant 2 \times kI_{d\max}$。在带电动机负载时，最大输出电流 $I_{d\max}$ 要考虑启动、电动机过载倍数等因素。选择晶闸管的原则是首先要可靠，其次要经济。由于电路中不可避免地会出现过电压、过电流等非正常情况，故除了正确选择管子额定值外，还必须设置必要的过电压、过电流保护措施。正确的保护是晶闸管装置能否正常运行的关键。最常用的过电压保护是阻容吸收电路，最常用的过电流保护是快速熔断器。因现在元件质量不断提高，且都配以有效的保护措施，故元件的电压、电流等级不应盲目选得过大。

晶闸管整流装置在输出低电压小电流时，会出现电流波形不连续；在输出大电流时因平波电抗器的电感 $L_d$ 减小所以电流脉动系数增大。为了防止铁心磁路饱和、在大电流时电感量减小太多，电抗器总留有一定的气隙。电抗器的电感量 $L_d$ 的计算主要考虑要满足最小电流时电流连续的需要。

## 思考题与习题

1. 晶闸管二端并联阻容吸收电路可起哪些保护作用？
2. 指出图 4-24 中①～⑦各保护元件及 VD、$L_d$ 的名称及作用。

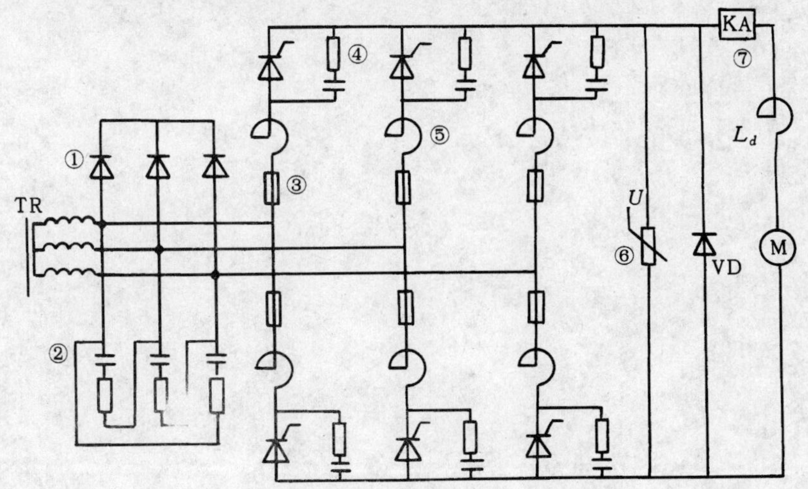


图 4-24　习题 2 附图

3. 不用过电压、过电流保护，选用较高电压等级与较大电流等级的晶闸管行不行？

4. 选择几道第二、三章的习题采用查表法计算晶闸管电压、电流等级并与原计算结果比较。

5. 某造纸机晶闸管调速系统，已知直流电动机额定参数为 $P=13\text{kW}$，$U=220\text{V}$，$I=68.5\text{A}$，$n=1500\text{r/min}$，过载倍数为1.5，采用三相半控桥式整流电路，整流变压器接法为D/Y，试计算整流变压器的电压与功率，$U_{dl}$取0.06，$\frac{I_2}{I_{2n}}=1.5$（过载倍数），$\alpha_{\min}$取12°。（$U_{2\phi}=113.5\text{V}$，$S\approx19\text{kV}\cdot\text{A}$）

6. 发生过电流的原因有哪些？可以采用哪些过电流保护措施？它们起保护作用的先后次序应怎样配合？

7. 整流变压器的二次电压由哪些因素决定？如果二次电压选得过低或过高，将出现什么问题？

8. 试设计三相全控桥式整流不可逆传动电路，电动机额定参数为：$P=2.2\text{kW}$，$U=220\text{V}$，$n=1500\text{r/min}$，$I=12.1\text{A}$。过载倍数 $\lambda=\frac{I_{\max}}{I}=2$，电网电压波动±10%，计算

（1）整流变压器电压与容量。$\alpha_{\min}$取15°，$U_{dl}$取0.05。

（2）计算并选择晶闸管。

（3）最小空载电流 $I_{d\min}=10\%I$，维持电流连续时计算平波电抗器电感量 $L_d$，$K_D$ 取10。

（$U_{2l}\approx220\text{V}$，$S=3.4\text{kV}\cdot\text{A}$，KP20-7，$L_d=L_1-L_D=66.1\text{mH}-30.3\text{mH}=35.8\text{mH}$）

# 第五章　晶闸管触发电路（Trigger Circuit）及应用实例

晶闸管最重要的特性是正向导通的可控性。当阳极加上正向电压后，还必须在门极与阴极之间加上足够功率的正向控制电压即触发电压，元件才能从阻断转化为导通。这个触发电压可以用交流正半周的一部分，也可用直流，还可用短暂的正脉冲电压。为门极提供触发电压与电流的电路称为触发电路，它决定每个晶闸管的触发导通时刻，是晶闸管装置中的重要部分，正确设计选择与使用触发电路，可以充分发挥晶闸管和其装置的潜力，保证安全可靠的运行。

触发电路根据控制晶闸管的通断状况可分为移相触发与过零触发两类。移相触发就是改变晶闸管每周期导通的起始点即控制角 $\alpha$ 的大小，以达到改变输出电压、功率的目的；而过零触发是晶闸管在设定的时间间隔内，通过改变导通的周波数来实现电压或功率的控制。本章只讨论应用最广泛的移相触发，较详细分析常用的单结晶体管、正弦波同步与锯齿波同步三种触发电路。

## 第一节　对触发电路（Trigger Circuit）的要求

为保证晶闸管装置能正常可靠地工作，触发电路必须满足以下要求：

1）触发信号应有足够的功率（电压与电流）触发电路送出的触发信号是作用于晶闸管门极与阴极的。由晶闸管原理可知，门极与阴极之间可近似看成一个 PN 结（J*s* 结），其典型伏安特性曲线如图 5-1 所示。由于同一型号元件的门极伏安特性分散性很大，因此规定元件的门极阻值在某高阻（曲线 *OD*）和低阻（曲线 *OG*）之间，才可能算合格产品。

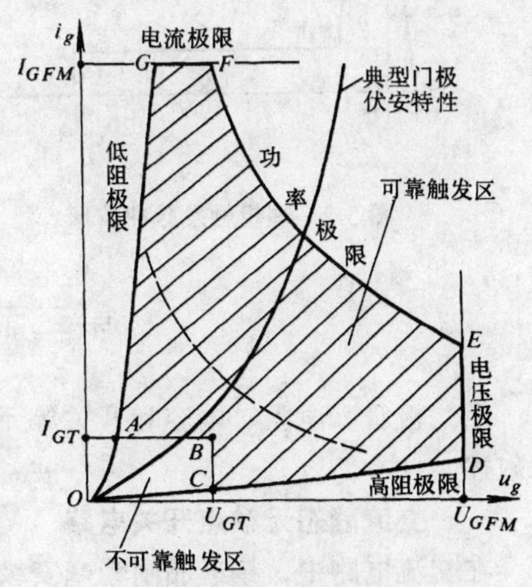

图 5-1　晶闸管门极伏安特性与可靠触发区

元件出厂时，给出的触发电流 $I_{GT}$、电压 $U_{GT}$，不是元件触发容许值，而是指该型号的所有合格元件都能被触发的最小门极电流电压值，因此在接近坐标原点以 $I_{GT}$、$U_{GT}$ 划出 *OABCO* 区域，在此区域内为不可靠触发区。在元件门极极限电流、电压和功率曲线包围下，面积 *ABCDEFG*（图中剖面线部分）为允许可靠触发区，所有合格的元件，其触发电流与电压均应落在这个区域，在正常使用时，触发电路送至门极的触发电流与电压都应处于这个区域。

另外，即使是同一个元件，温度不同时，元件的触发电流与电压值也不同。通常可这样估算，在 100℃ 高温时，触发电流电压值比室温时低 2～3 倍，而在 −40℃ 低温时，触发电流与电压比室温时高 2～3 倍。因此，为使所有合格的元件在各种可能的工作条件下都能可靠触发，触发电路送出的触发电压与电流，必须大于元件门极规定的触发电压 $U_{GT}$ 与触发电流 $I_{GT}$ 的最大值，并留有足够的余量。如触发电压为脉冲形式时，只要触发功率不超过规定，电压、电流的幅值短时间内可大大超过额定值。

2）触发脉冲应有一定的宽度，脉冲前沿尽可能陡，以使元件在触发导通后，阳极电流能迅速上升超过擎住电流而维持导通。对于大电感负载，由于电流上升较慢，触发脉冲宽度通常要 0.5～1ms，相当于 50Hz18°电角度。为了快速而可靠地触发大功率晶闸管，常在窄脉冲的前沿叠加上一个强触发脉冲，波形如图 5-2 所示，强触发脉冲的幅值 $i_{gm}$ 可达最大触发电流的 5 倍，前沿 $t_1$ 在几微秒以内，达到快速触发与准时触发的目的。对于三相全控桥电路脉宽要大于 60°或采用双窄脉冲。为了减小触发功率，保证可靠触发，目前也有使用由许多窄脉冲以一定高频调制而组成的脉冲列来触发。

3）触发脉冲必须与晶闸管的阳极电压同步，脉冲移相范围必须满足电路要求。为使晶闸管在每个周期都在相同的控制角 $\alpha$ 触发导通，触发脉冲必须与电源同步且脉冲与电源保持固定的相位关系。移相触发的结构如图 5-3 所示，触发电路同时受控制电压 $U_c$ 与同步电压 $u_s$（同步电压与晶闸管阳极电压同频率且有一定的相位关系）控制。控制电压 $U_c$ 使脉冲在要求范围内移相，同步电压使脉冲与电源电压同步，保证每一个周期内控制角恒定，以得到稳定的直流电压。为了使电路在给定范围内工作，必须保证触发脉冲能在相应范围内进行移相。例如三相半波电路带电阻性负载，要求移相范围为 0°～150°；带大电感负载（电流连续），只要求整流，则移相范围为 0°～90°；如既要整流又要逆变，则为 0°～180°；三相桥式全控电路，带电阻性负载为 0°～120°，既要整流又要逆变，其移相范围为 0°～180°，为保证逆变工作可靠，对最小逆变角 $\beta_{min}$ 应加以限制。

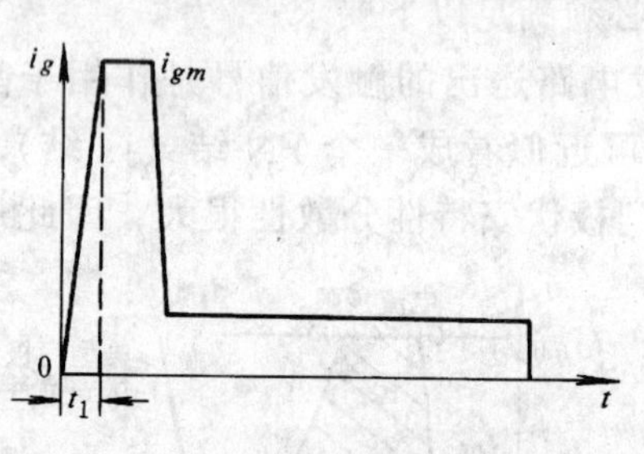


图 5-2　理想触发脉冲波形

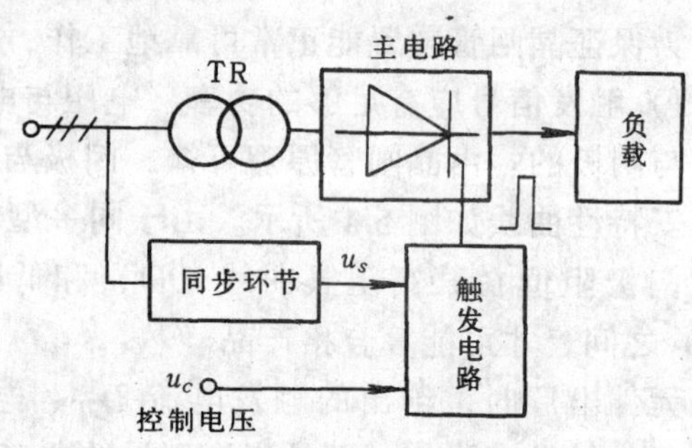


图 5-3　整流装置框图

## 第二节　简单触发电路

用二极管、电阻、电容和开关等元件可组成各种简单实用的触发电路，下面分五种类型来叙述。

### 一、交流静态无触点开关电路

在交流电路中，接通晶闸管毫安级的门极电路，可控制阳极大电流电路的导通。当门极断开时，利用交流电压过零反向，晶闸管自动关断。像交流接触器一样，晶闸管可看成一个开关。这种开关，无触点、无火花、无声、速度快、寿命长，因此得到广泛应用。

图 5-4a 为最简单的静态开关，二极管 VD 与开关 Q 组成触发电路，触发电源取自管子

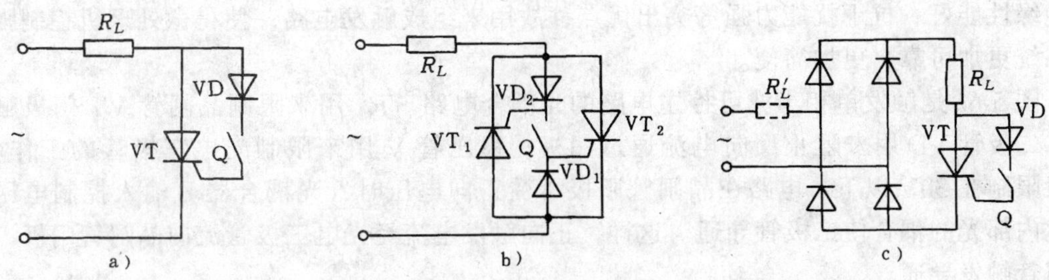


图 5-4 静态无触点开关电路

阳极电压，当管子触发导通后，阳极电压降为 1V 左右，触发电压接近消失。当图中 Q 合上时，电源正半周开始，通过负载电阻 $R_L$、二极管 VD、开关 Q 经晶闸管门极与阴极构成触发电流回路，由于管子有毫安级门极电流即能触发导通，因此几乎在电源正半周起始时刻 VT 就被触发导通，负载电阻 $R_L$ 上得到正弦半波电压。待管子一导通，触发电流即下降为零。当 Q 断开时，管子在电源过零反向时自动关断。二极管 VD 可以防止门极承受反压。图 5-4b 为使用较多的交流开关，当 Q 合上时，正半周 $VT_2$ 导通，负半周 $VT_1$ 导通，负载 $R_L$ 上得到交流波形；当 Q 断开时，电路能保证在电源电压过零点附近断开。图 5-4c 为桥式整流型开关，负载 $R_L$ 可放在直流侧也可放在交流侧，晶闸管利用整流电压过零时小于维持电流而关断。此电路应挑选维持电流大的管子，以保证可靠关断。

## 二、用光耦合器（Photon Coupler）组成的触发电路

光耦合器是一种将电信号转换为光信号，又将光信号转换为电信号的半导体器件。它是将发光和受光的元件密封在同一管壳里，以光为媒介传递信号的。光耦合器的发光源通常选砷化镓和镓铝坤发光二极管，而受光部分采用硅光电二极管及光电三极管。图形符号如图 5-5 所示。常用的 GD-10 光耦合器主要参数列于表 5-1 中。

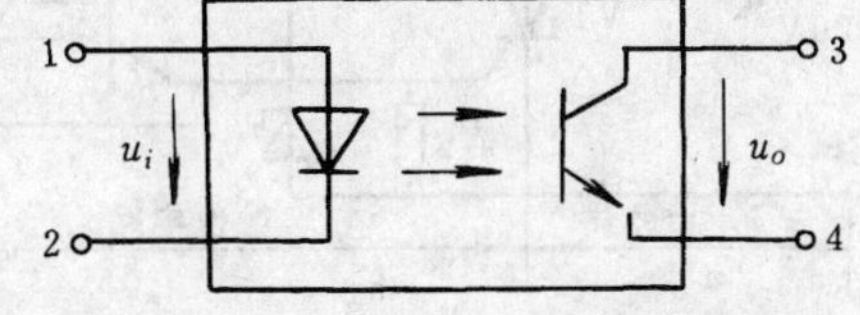


图 5-5 光耦合器符号

光耦合器由于有可实现电的隔离、输入和输出

**表 5-1 GD-10 光耦合器的主要参数**

| 名　称 | 符　号 | 单　位 | 参 数 值 | 测 试 条 件 |
|---|---|---|---|---|
| 输入正向电压 | $U_F$ | V | ≤1.3 | $I_F=10mA$ |
| 输入反向击穿电压 | $U_R$ | V | ≥6 | $I_R=100mA$ |
| 输入正向最大电流 | $I_{FM}$ | mA | 50 | — |
| 输入端饱和压降 | $U_{CB}$ | V | ≤0.3 | $I_F=20mA$ |
| 暗　电　流 | $I_d$ | μA | ≤0.1 | $U_{CE}=10V$ |
| 最高工作电压 | $BU_{CEo}$ | V | ≥30 | — |
| 电流传输比 | $CTR$ | — | 20%～60% | $U_{CE}=10V$ <br> $I_F=10mA$ |
| 输入输出耐压 | $U_{ISo}$ | V | >100 | DC |
| 上升下降时间 | $t_r+t_q$ | μs | ≤10 | $U_{CE}=10V$ <br> $R_1=50\Omega$ |
| 耗散功率 | $P_C$ | mW | 100 | 输入＋输出 |

间绝缘性能好、抗干扰能力强等突出优点，故用来组成触发电路，使得微处理机控制强电自动系统更加可靠，更加简便。

图 5-6a 是触发单相半波可控主电路的光耦合电路。$R_1$ 用来限制晶闸管 VT 门极触发电流；二极管 VD 用来阻止反向电流通过门极；稳压管 V 用来限制光电三极管的工作电压，一般限制在 30V 以下。电路在晶闸管阳极承受正向电压时，光耦合器 B 输入控制电压 $U_c$，通过内部光的耦合使三极管导通。这样，正向触发电流经光电三极管流向晶闸管门极，于是晶闸管触发导通。

图 5-6b 是利用电容 $C$ 在电源正半周充电储存电能，以此作为光电三极管的工作电源，并在晶闸管可移相范围内能保持较稳定的电压。这样，本电路移相范围可扩大到 0°～180°。

**三、用数字集成块组成的触发电路 IC**（Integrated Circuit）

I/O 接口电路、TTL、CMOS 及 PMOS 等数字集成电路因输出电流很小，难以触发普通晶闸管使之导通。但目前我国已生产一种高灵敏度的晶闸管，型号为 TF-320，容量有 0.5A、1A 和 3A 等几种，其触发电流很小，约为 0.04～2mA。由于触发电流小，故上述几种数字集成电路可直接触发这种高灵敏的晶闸管使之导通，触发电路如图 5-7a 所示，高电平输出直接触发高灵敏度的晶闸管 VT。为避免引起误触发，集成块不触发时输出的低电平必须小于 0.2V，然而有些集成块输出低电平大于 0.2V（如 TTL 低电平为 0.4V），为此，可在门极与阴极之间接上 4.7kΩ 电阻，这样就可避免低电平引起的误触发。

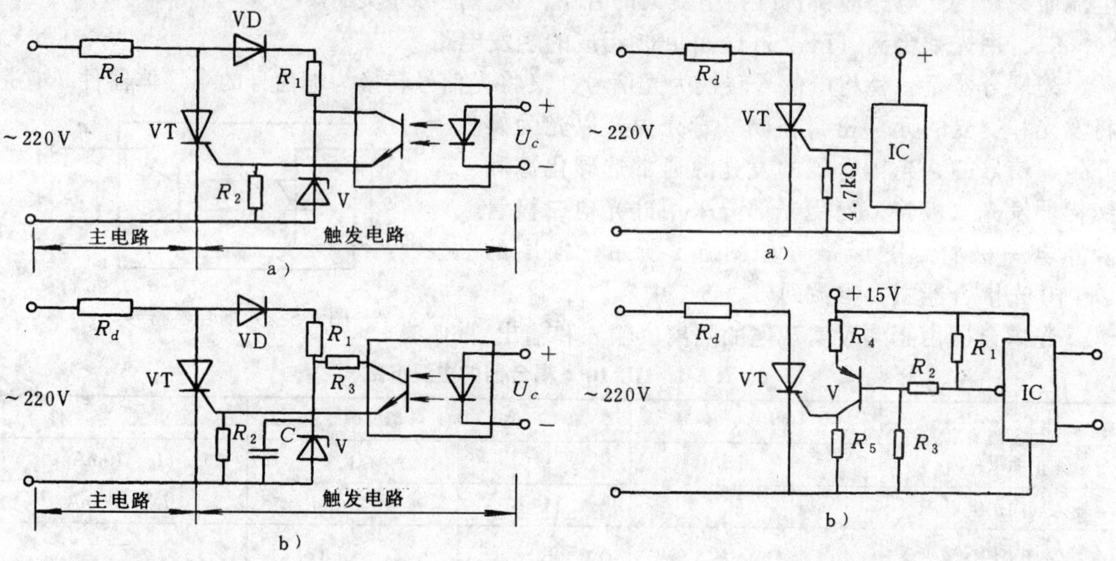


图 5-6　光耦合器触发电路
a）稳压管给光耦合器供电　b）稳压管、电容给光耦合器供电

图 5-7　数字集成块触发电路
a）IC 输出高电平直接触发　b）IC 输出低电平经放大触发

图 5-7b 电路是数字集成块输出低电平时来触发导通晶闸管的电路形式。当 IC 输出低电平时，晶体管 V 导通，为晶闸管门极提供足够的触发电流。这时，即使是普通晶闸管也能被触发导通。

**四、简易移相触发电路**

图5-8为6种简易移相触发实用电路。图5-8a为调光也可调温电路，当Q闭合时晶闸管

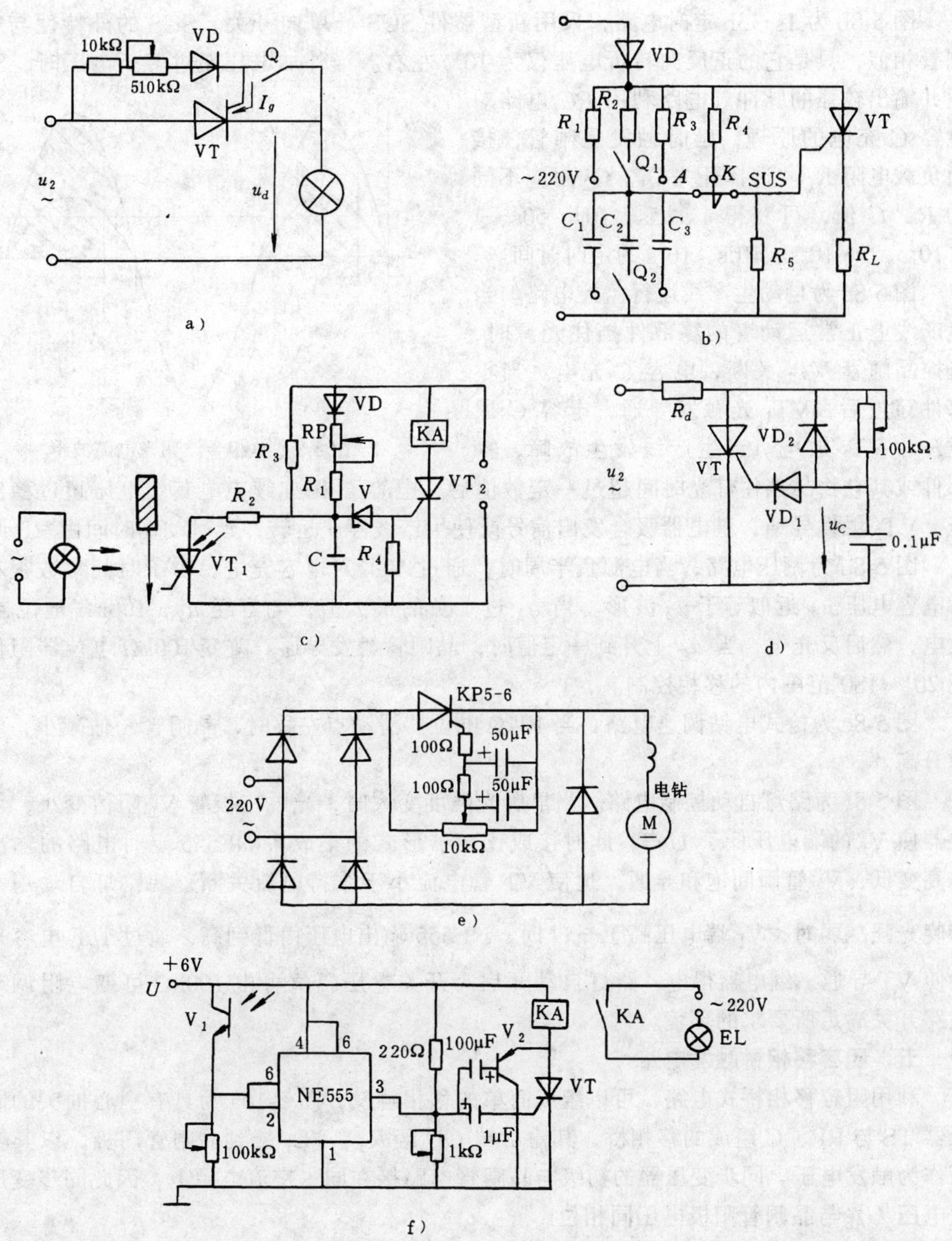


图 5-8　简易移相触发电路

门极短路，管子不导通灯不亮。当 Q 打开时，电源经可变电阻与负载（负载灯泡电阻远小于 510kΩ）加到管子门极，触发电流 $I_g \approx \frac{U_2}{510\text{k}\Omega}$，波形为正弦半波如图 5-9 所示。当 $I_g$ 上升到等于 $I_{GT}$（该晶闸管触发电流）时，管子触发导通。改变电阻值即可改变 $I_g$ 上升到 $I_{GT}$ 的时间，达到改变控制角 $\alpha$ 的目的，本电路最大控制角 $\alpha_{max} = 90°$。

图 5-8b 为 1s～3h 定时电路，采用新型器件 SUS-硅单向开关。SUS 的外特性与普通晶闸管相似，只是它的正反向转折电压仅为 10V 左右。当外加电压超过转折电压时，SUS 导通并输出较强的脉冲。电路利用 $RC$ 电路对电容 $C$ 充电的原理，延时触发晶闸管，接通负载电阻 $R_L$。选择开关 $Q_1$、$Q_2$ 对应不同的 $R$、$C$ 值，可获得 1s、5s、10s、50s、$1\times10^2$s、$5\times10^2$s、$10^3$s、$10^4$s 的定时时间。

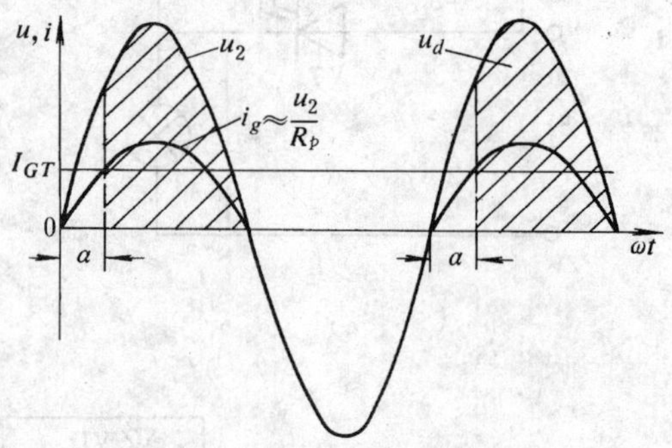

图 5-9 单相半波调光电路波形

图 5-8c 为自动生产线运行监控电路。当生产线上正常运动着的零部件挡住光源时，光控晶闸管 $VT_1$ 关断，电容 $C$ 充电。当零部件穿过后，$VT_1$ 光触发导通，电容 $C$ 通过$R_2$、$VT_1$ 放电。当生产线发生故障，零部件或其它物品挡住灯光时间超过一定数值后，电容 $C$ 因连续充电其端电压超过稳压管电压，$VT_2$ 触发导通，继电器吸合发出信号或使生产线停止运转，延时动作时间由 RP 调节。

图 5-8d 为调压电路，当电源负半周时，通过 $VD_2$ 对电容充电，由于时间常数很小，这时电容电压 $u_C$ 近似等于$u_2$ 波形。当 $u_2$ 过了负的最大值，电容经 $u_2$、100kΩ 电位器、$R_d$ 放电，然后反充电，当 $u_C$ 上升到一定值时，晶闸管触发导通。改变 100kΩ 电位器阻值可实现 20°～180°范围内的移相控制。

图 5-8e 为枪式电钻调速电路，当 10kΩ 电位器滑动点左移时，晶闸管 $\alpha$ 值减小，电钻转速升高。

图 5-8f 为路灯自动控制电路。当早晨光强度变大时，光电三极管 $V_1$ 阻值变小，调整电位器使 $V_1$ 的端电压低于 $U/3$，此时接成比较器形式的集成块 NE555 定时电路的输出电压由高变低，$V_2$ 管瞬间饱和导通，迫使 VT 管电流小于维持电流关断，使路灯自动熄灭，当傍晚光强减弱时，$V_1$ 端电压高于$\frac{2}{3}U$ 时，NE555 输出电压由低到高，通过 1$\mu$F 电容送出脉冲使 VT 导通，继电器得电，路灯自动开启。开关电压幅值可由 100kΩ 可变电阻调节，使电路开关满足所要求的环境。

**五、阻容移相桥触发电路**

利用阻容移相桥式电路，可以组成简单的移相触发，图 5-10a 为具有中心抽头的同步变压器 TS 与 RP、$C$ 组成的移相桥，其输出端 $OD$ 经$R_1$、$VD_1$ 接到晶闸管门极，以其输出电压作为触发电压。同步变压器的初级与晶闸管电路接在同一交流电源上，因此同步变压器二次电压 $U_{AB}$与晶闸管阳极电压同相位。

移相桥输出端 $\dot{U}_{OD}$不接门极负载时，变压器二次电压 $\dot{U}_{AB}$等于 RP 电阻与电容 $C$ 上电压之矢量和，$\dot{U}_{AB}=\dot{U}_{AD}+\dot{U}_{DB}$；由于 $\dot{U}_{AD}$与 $\dot{U}_{DB}$电压互成直角，故改变 RP 值时，$D$ 点的轨迹将是一个半圆，移相桥输出电压 $\dot{U}_{OD}$与 $\dot{U}_{AB}$的相位差为 $\alpha$ 且落后于 $\dot{U}_{AB}$，如图 5-10b 所示。因此晶闸管的门极电压滞后晶闸管阳极电压一个 $\alpha$ 角，使元件在阳极电压正半周 $\alpha$ 值时触发。RP 阻值增大时 $\alpha$ 角相应增大。图 5-11 为管子阳极电压$u_{A|O|}$、门极电压 $u_{OD}$以及负载电压波形。

当 $\dot{U}_{OD}$电压接上门极负载时，由于门极电流流过电阻产生压降，故移相范围要缩小，移

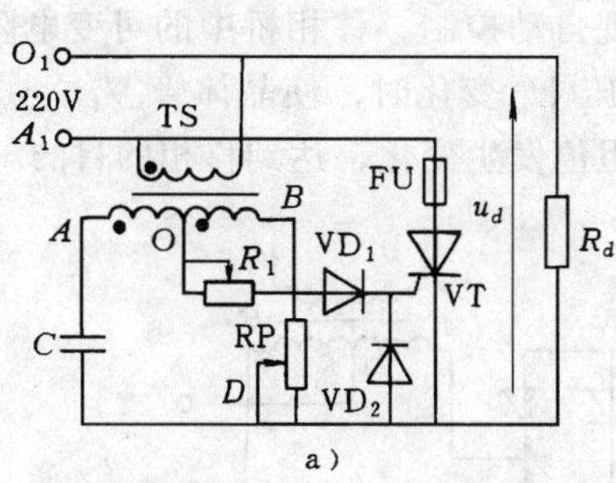


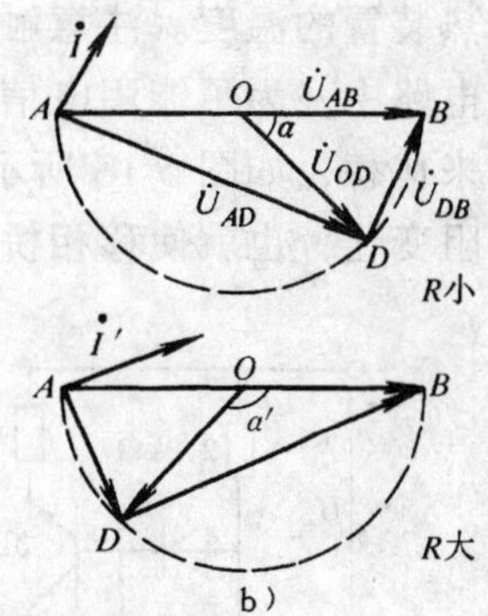


图 5-10 单相半波阻容移相触发

相桥参数可由下式求得

$$C \geqslant \frac{3I_{OD}}{U_{OD}} \quad \mu\text{F}$$

$$R \geqslant K\frac{U_{OD}}{I_{OD}} \quad \text{k}\Omega$$

式中 $U_{OD}$与$I_{OD}$——分别为移相桥输出电压（V）、电流值（mA），应分别大于晶闸管门极触发电压与电流。

$K$——电阻系数（经验数据），可由表 5-2 中查得。

**表 5-2 阻容移相范围表**

| 整流电路输出电压的调节倍数 | 2 | 2～10 | 10～50 | 50 以上 |
|---|---|---|---|---|
| 要求移相范围 | 90° | 90°～144° | 144°～164° | 164°以上 |
| 电阻系数 $K$ | 1 | 2 | 3～7 | 大于 7 |

使用阻容移相桥触发时，需注意如把 RP、$C$ 位置调换或把 $\dot{U}_{OD}$反相，或同步变压器一次侧和二次侧同名端弄反了，则晶闸管门极电压会超前阳极电压，使电路失去正常控制作用。

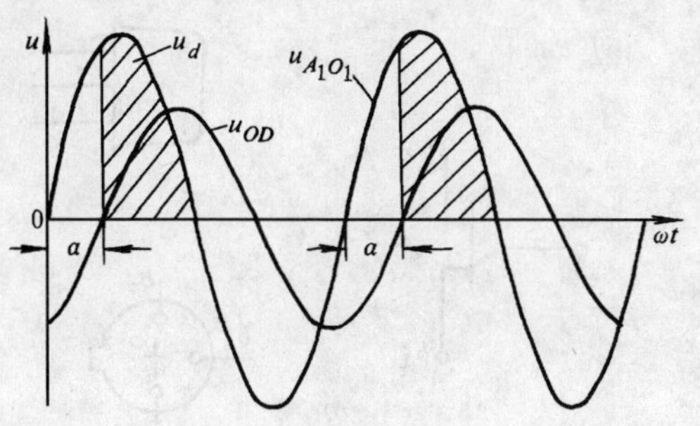


图 5-11 阻容移相电压波形

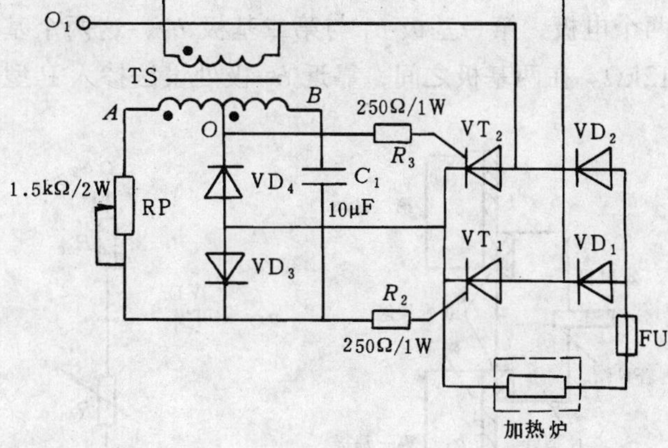


图 5-12 单相半控桥阻容移相电路

图 5-12 为单相半控桥用阻容移相触发的加热电路，可触发 5A 的晶闸管。二极管 $VD_3$、$VD_4$ 起隔离作用，把正负半周产生的触发信号分开，$R_2$、$R_3$ 是门极限流电阻，改变 RP 值，

即可改变加热装置的温度。注意触发电压的相位，这是电路正常工作的关键。

在实用电路中，为了能用电信号来控制相位实现自动控制，移相桥中的可变电阻 RP 往往用晶体管来代替，如图 5-13 所示。当移相控制电压 $U_c$ 变化时，使晶体管 $V_1$、$c$、$e$ 极之间的等效电阻变化，也就使移相桥中的可变电阻的阻值发生变化，达到移相的目的。

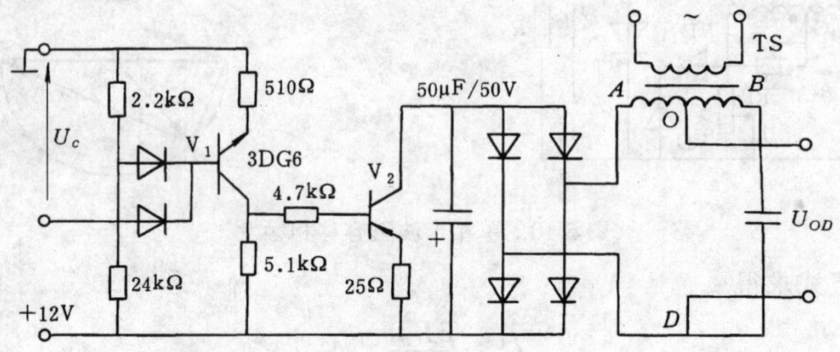


图 5-13　用晶体管代替可变电阻的阻容移相

阻容移相桥触发电路结构简单、工作可靠、调节方便。但由于触发电压为正弦波，故前沿差，直接受电网电压波动影响较大。同时，由于不是脉冲触发，故门极电流大，晶闸管损耗增加，而且调节范围受限制，所以仅用在小容量或要求不高的场合。

## 第三节　单结晶体管触发电路

由单结晶体管组成的触发电路，具有简单、可靠、触发脉冲前沿陡、抗干扰能力强以及温度补偿性能好等优点，在单相与要求不高的三相晶闸管装置中得到广泛应用。

### 一、单结晶体管（Unijunction Transistor）的结构与特性

1. 结构

单结晶体管示意性结构如图 5-14a 所示，在一块高电阻率的 N 型硅半导体基片上，引出两个电极，第一基极 $b_1$ 与第二基极 $b_2$，这两个基极之间的电阻 $R_{bb}$ 即是基片的电阻约 2～12kΩ。在两基极之间，靠近 $b_2$ 极处设法掺入 P 型杂质铝，引出电极称为发射极 $e$。所以它

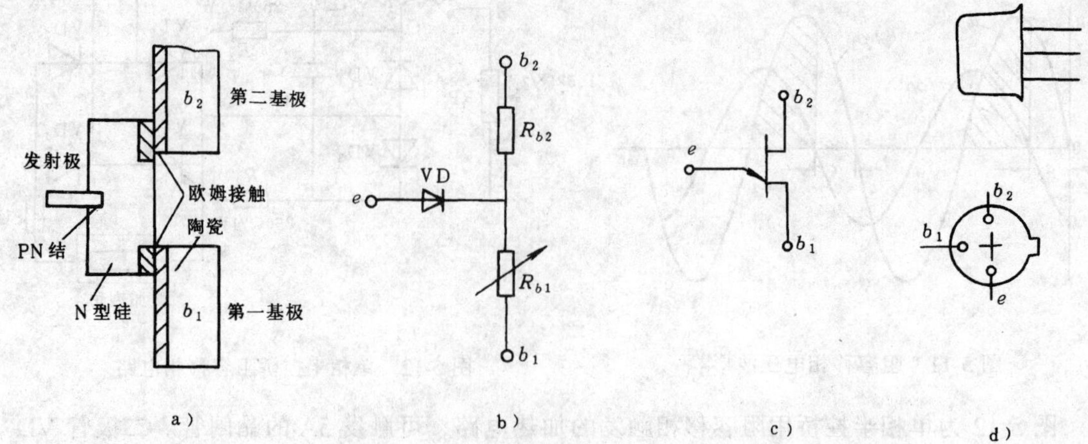


图 5-14　单结晶体管的构造与符号

是一种特殊的半导体器件，有三个引出端，只有一个 PN 结，故称单结晶体管，又称双基极二极管。其等效电路、符号与管脚如图 b、c、d 所示，$R_{b1}$、$R_{b2}$分别为 $e$ 极与 $b_1$、$b_2$ 之间的基片电阻。

2．特性

将单结晶体管接成图 5-15 试验电路，$U_{bb}$ 称基极电压，$U_e$ 随发射极电流变化称发射极电压。

1）当 $Q_1$ 断开 $Q_2$ 闭合时，外加基极电压 $U_{bb}$ 由 $R_{b1}$、$R_{b2}$分压，则管子中 $A$ 点对 $b$ 极之间的电压 $U_A$ 为

$$U_A = \frac{R_{b1}}{R_{b2} + R_{b1}} U_{bb} = \eta U_{bb} (A\text{ 点在管子内部,无法直接测量}) \quad (5\text{-}1)$$

式中　$\eta$——单结晶体管的分压比，由管子内部结构决定，通常在 0.3～0.9 之间。

2）当 $U_{bb}$ 断开，$I_{bb}=0$，$Q_1$ 闭合加上 $U_e$ 时，二极管 VD 与 $R_{b1}$ 组成串联电路，发射极电压与电流的伏安特性如图 5-16 中最下边一条曲线所示，与二极管正向特性接近。

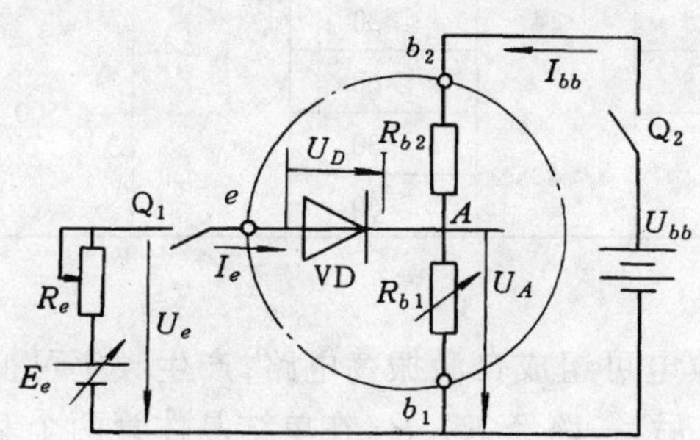


图 5-15　单结晶体管试验电路

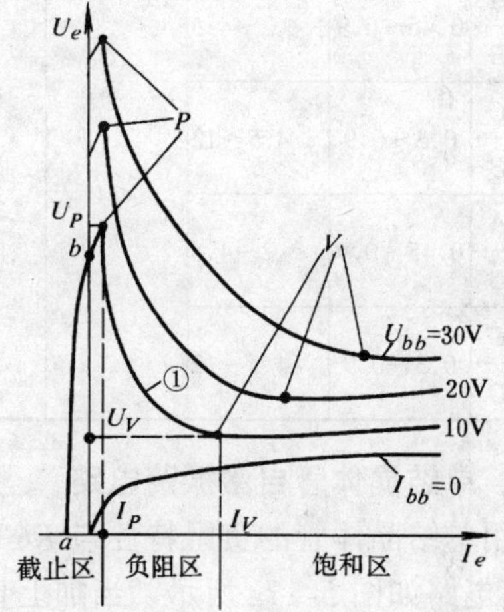


图 5-16　单结晶体管的伏安特性

3）若管子加上一定的基极电压 $U_{bb}$（10V），$U_e$ 从零开始增大，当 $U_e < U_A = \eta U_{bb}$ 时，二极管 VD 反偏，只有很小的反向漏电流，$I_e$ 为负值。当 $U_e$ 增加到与 $U_A$ 相等时，二极管 VD 零偏，$I_e=0$，对应于图 5-16 中曲线①上 $b$ 点。当 $U_e$ 再增大，$U_e < U_A + U_D$（$U_D$ 为硅二极管 VD 的导通压降，通常为 0.7V）时，二极管 VD 开始正偏，但还未充分导通，$I_e>0$ 但数值很小。当 $U_e$ 继续增大，达到 $U_P$ 值（图中 $P$ 点），$U_P = \eta U_{bb} + U_D$，则二极管 VD 充分导通，$I_e$ 显著增大，由于发射极 P 区的空穴不断注入 N 区，使 N 区 $R_{b1}$ 段中的载流子大量增加，阻值迅速减少。$R_{b1}$ 的减小导致 $U_A$ 值降低，使 $I_e$ 进一步增大；而 $I_e$ 的增大又进一步使 $R_{b1}$ 减小，因此在元件内部形成一个强烈的正反馈过程。当 $R_{b1}$ 的下降超过 $I_e$ 的增大时，从元件 $e$、$b_1$ 极看进去，出现一个与常规相反的现象，$U_e$ 随 $I_e$ 的增大而减小，即动态电阻 $\Delta R_{eb1} = \frac{\Delta U_e}{\Delta I_e}$ 为负值，这就是单结晶体管所特有的负阻特性。在曲线上对应 $P$、$V$ 两点之间的一段，称负阻区，$P$ 点称峰点电压，$V$ 点称谷点电压，当 $U_e > U_P$ 后，单结晶体管从截止区迅速经过负阻区到达谷点 $V$，在负阻区不能停留。

当 $I_e$ 再继续增大，空穴注入 N 区增大到一定程度时，部分空穴来不及与基区电子复合，出现空穴剩余，使空穴继续注入遇到阻力，相当于 $R_{b1}$ 变大。因此在谷点 $V$ 之后，元件又

恢复正阻特性，$V_e$ 随着 $I_e$ 的增大而缓慢增大，工作由负阻区进入饱和区。显然，$U_V$ 是维持管子导通的最小发射极电压，一旦出现 $U_e<U_V$ 时，管子将重新截止。

当 $U_{bb}$ 改变时 $U_P$ 也随之改变，可以得到一组伏安特性。在触发电路里，希望选用分压比 $\eta$ 较大、谷点电压 $U_V$ 小一些以及 $I_V$ 大的管子，这样可使输出脉冲幅值大，调节电阻范围宽，常用的单结晶体管的主要参数见表 5-3。

**表 5-3　单结晶体管参数表**

| 参数名称 | | 分压比 $\eta$ | 基极电阻 $R_{bb}$（kΩ） | 峰点电流 $I_P$（μA） | 谷点电流 $I_V$（mA） | 谷点电压 $U_V$（V） | 饱和电压 $U_{es}$（V） | 最大反压 $U_{b2e\max}$（V） | 发射极反向漏电流 $I_{e0}$（μA） | 耗散功率 $P_{\max}$（mW） |
|---|---|---|---|---|---|---|---|---|---|---|
| 测试条件 | | $U_{bb}=20V$ | $U_{bb}=3V$ $I_e=0$ | $U_{bb}=0$ | $U_{bb}=0$ | $U_{bb}=0$ | $U_{bb}=0$ $I_e=I_{e\max}$ | | $U_{b2e}$为最大值 | |
| BT33 | A | 0.45～0.9 | 2～4.5 | <4 | >1.5 | <3.5 | <4 | ≥30 | <2 | 300 |
| | B | | | | | | | ≥60 | | |
| | C | 0.3～0.9 | >4.5～12 | | | <4 | <4.5 | ≥30 | | |
| | B | | | | | | | ≥60 | | |
| BT35 | A | 0.45～0.9 | 2～4.5 | | | <3.5 | <4 | ≥30 | | 500 |
| | B | | | | | >3.5 | | ≥60 | | |
| | C | 0.3～0.9 | >4.5～12 | | | >4 | <4.5 | ≥30 | | |
| | D | | | | | | | ≥60 | | |

## 二、单结晶体管自激振荡电路

利用单结晶体管的负阻特性与 $RC$ 电路的充放电可组成自激振荡电路，产生频率可变的脉冲，其电路如图 5-17a 所示。当加上直流电压 $U$ 后，一路经 $R_2$、$R_1$ 在单结晶体管两个基极之间按分压比 $\eta$ 分压；另一路通过 $R_e$ 对电容 $C$ 充电，发射极电压 $u_e$ 为电容两端电压 $u_C$ 按指数曲线渐渐上升，如图 5-17c 所示。当 $u_e<U_P$ 时，管子 $e$、$b_1$ 之间处于截止状态。随着 $u_C$ 值的增大，管子工作情况按图 5-17b 伏安特性上沿着曲线经 $M$ 点上升。到达峰点 $P$，电容电压 $u_C$ 充到刚开始大于 $U_P$ 的瞬间，管子 $eb_1$ 间的电阻突然变小（降为 20Ω 左右）而开始导通。由于电容上电压不能突变，电流突跳，工作点从 $P$ 点跳到 $N$ 点。电容上的电荷开始通过 $eb_1$ 迅速向电阻 $R_1$ 放电。由于放电回路电阻很小，放电时间很短，所以在 $R_1$ 上得到很窄的尖

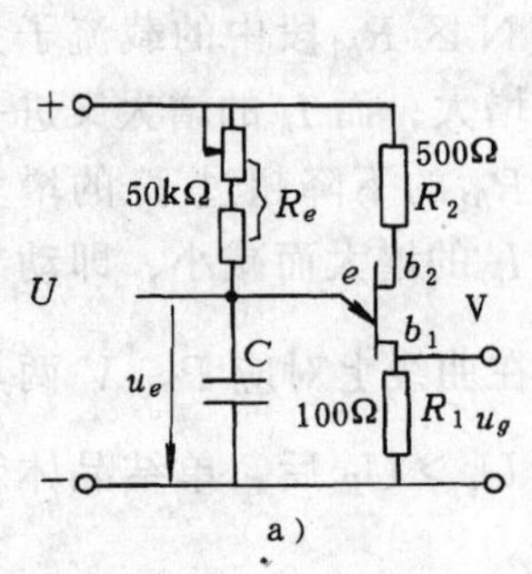


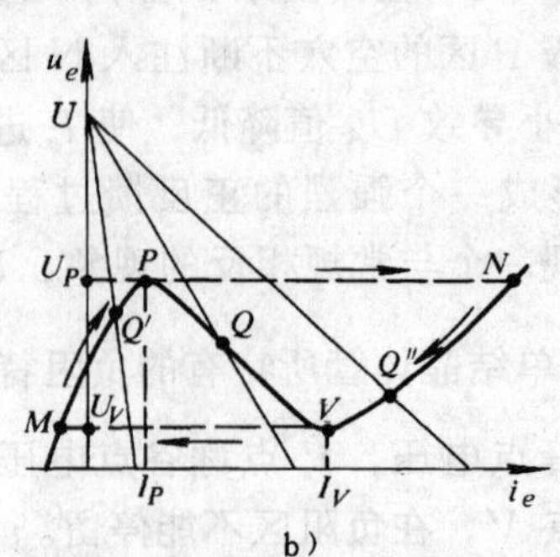


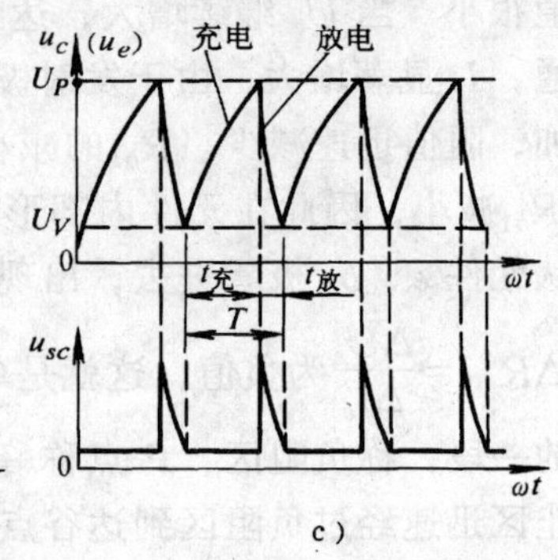


图 5-17　单结晶体管振荡电路与波形

脉冲。

随着电容的放电，电压 $u_e$ 沿 b 图特性曲线 $NV$ 逐渐下降，当工作点移到 $V$（谷点）$u_V$ 开始小于 $U_V$ 的瞬间，管子从导通转为截止，由于 $u_C$ 不能突变，工作点从 $V$ 点突变到 $M$ 点。接着电源又重新对电容充电。重复上述过程，在电容上形成锯齿波振荡电压，在 $R_1$ 上得到一系列前沿很陡的尖脉冲。从图 5-17c 锯齿波形中可见，振荡周期 $T$ 由充电时间 $t_{充}$ 与放电时间 $t_{放}$ 之和组成。$t_{充}$ 对应 b 图中 $M \rightarrow P$ 点的时间，充电时间常数 $\tau_{充} = R_eC$；$t_{放}$ 对应 $N \rightarrow V$ 点的时间，放电时间常数 $\tau_{放} =$（$R_1 + R_{b1}$）$C$。由于 $R_e \gg$（$R_1 + R_{b1}$），$\tau_{充} \gg \tau_{放}$，所以 $T \approx t_{充}$。由电工基础知识可知，充电过程中

$$u_e = u_C = U\left(1 - e^{-\frac{t}{\tau_{充}}}\right)$$

当 $u_C$ 充到 $U_P$ 时，所需时间即为 $t_{充} = T$，

所以

$$U_P = \eta U = U\left(1 - e^{-\frac{T}{\tau_{充}}}\right)$$

$$1 - \eta = e^{-\frac{T}{R_eC}}$$

$$T = R_eC\ln\left(\frac{1}{1-\eta}\right)$$

振荡频率为

$$f = \frac{1}{R_eC\ln\left(\frac{1}{1-\eta}\right)}$$

由上式可见，调节 $R_e$ 即可改变振荡频率。$R_e$ 减小时，频率增大，脉冲密又多；$R_e$ 增大时，频率减小，脉冲疏而少。但频率调节有一定范围，在管子伏安特性曲线上作负载线，其方程为

$$U = i_eR_e + u_e$$

上述振荡的产生，是由于静态工作点 $Q$ 选在负阻区的缘故，图 5-17b 所示。如工作点由于 $R_e$ 过大，不适当地选在截止区 $Q'$ 点，管子在二极管开始正偏产生的正向小电流在 $R_e$ 上的压降，使电容电压只能上升到 $Q'$ 点对应的值，充不到 $U_P$，因此管子只能稳定工作在截止区。如果由于 $R_e$ 过小，不适当地选在 $Q''$ 点，则管子能导通一次，输出一个脉冲后，稳定工作在 $Q''$ 点，也就是管子导通后，$U$ 通过 $R_e$ 供给的电流 $I_e$ 仍大于 $I_V$，管子无法关断，也无法形成振荡。

因此，充电电阻 $R_e$ 必须保证当 $u_e$ 等于峰点电压 $U_P$ 时，流过 $R_e$ 的充电电流要大于峰点电流 $I_P$，才能使管子导通，即

$$\frac{U - U_P}{R_{emax}} > I_P$$

所以

$$R_{emax} < \frac{U - U_P}{I_P}$$

当 $u_e$ 下降到谷点电压 $U_V$ 时，必须使 $I_e$ 小于谷点电流 $I_V$，才能保证单结晶体管截止，即

$$\frac{U - U_V}{R_{emin}} < I_V$$

所以

$$R_{emin} > \frac{U - U_V}{I_V}$$

因此在实际调试电路时，将 $R_e$ 过份减小，会突然变为只输出一只脉冲。因为当电容第一次被充到 $U_P$ 值，单结管导通后，由于 $R_e$ 值小，流过单结管的电流大于谷点电流 $I_V$，所以单结管无法关断，直到电源 $U_{bb}$ 电压降到梯形波右斜边时，单结管的电流才小于 $I_V$ 而关断，所以只出现一只脉冲。其原理如图 5-18 所示。

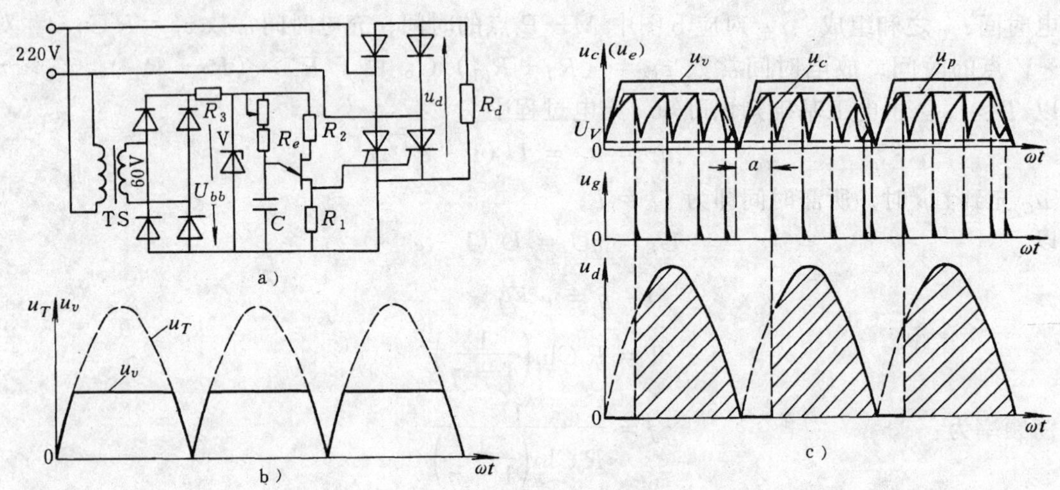


图 5-18　单相半控桥单结晶体管触发电路波形

$R_1$—50Ω　$R_2$—500Ω　$R_3$—1kΩ/5W　$R_e$—50kΩ　V—2CW21K　$C$—0.47μF

进一步减小 $R_e$ 时，电容充电电压跟着 $U_{bb}$ 左斜边一起上升，因为 $U_{bb}$ 此时很小，$U_P$ 值也很小，产生的尖脉冲幅值也很小甚至看不出，所以一只脉冲也产生不了。为了保证 $R_e$ 调到最小时仍输出脉冲，算出最小 $R_e$ 值，作为串联的固定电阻。

输出电阻 $R_1$ 的大小将影响输出脉冲的宽度与幅值，如 $R_1$ 太小，放电太快，脉冲太窄，不易触发晶闸管；如 $R_1$ 太大，在单结晶体管未导通时，电流 $I_{bb}$ 在 $R_1$ 上的压降较大，可能造成晶闸管误导通，通常 $R_1$ 取 50～100Ω。

电阻 $R_2$ 用来补偿温度对 $U_P$ 的影响，通常在 200～600Ω 之间。电容 $C$ 的大小与脉冲宽窄、$R_e$ 的大小有关，通常取 0.1～1μF。

**例**　图 5-17a 振荡电路，单结晶体管型号为 BT35B，$I_P=4\mu A$，分压比 $\eta=0.6$，$U_V=3.5V$，$I_V=2mA$，$U=20V$，求：1. $R_e$ 的范围。2. $C$ 取 0.22μF 时振荡频率 $f$ 的调节范围。

**解**　1. $U_P=\eta U_{bb}+U_D=0.6\times20V+0.7V=12.7V$

$$\frac{U-U_P}{I_P}>R_e>\frac{U-U_V}{I_V}$$

$$\frac{20-12.7}{4\times10^{-6}}>R_e>\frac{20-3.5}{2\times10^{-3}}$$

$\therefore$　$1.83M\Omega>R_e>8.3k\Omega$

即　$R_e$ 在 8.3kΩ 到 1.83MΩ 范围内变化时，电路都能振荡。

2.　$$f_{max}=\frac{1}{R_{emin}C\ln\left(\frac{1}{1-\eta}\right)}=\frac{1}{8.3\times10^3\times0.22\times10^{-6}\ln\left(\frac{1}{1-0.6}\right)}Hz=595\quad Hz$$

$$f_{\min}=\frac{1}{R_{e\max}C\ln\left(\frac{1}{1-\eta}\right)}=\frac{1}{1.83\times10^{6}\times0.22\times10^{-6}\cdot\ln\left(\frac{1}{1-0.6}\right)}\text{Hz}=$$

$$2.7\quad\text{Hz}$$

即　振荡频率在 2.7～595Hz 之间变化。

## 三、单结晶体管同步触发电路

触发电路送出的触发脉冲必须与晶闸管阳极电压同步，保证在管子阳极电压每个正半周内以相同的控制角 $\alpha$ 时刻被触发，才能得到稳定的直流电压。图 5-18a 为单相半控桥式单结晶体管触发电路，同步变压器 TS、整流桥及稳压管 V 组成同步电路。同步变压器一次侧与晶闸管整流桥路，接在同一交流电源上，同步变压器二次侧正弦电压经桥式整流与稳压管削波，得到的梯形波电压 $u_V$ 与晶闸管阳极电压过零点一致，作为触发电路的电源，波形如图 5-18b 所示。因此每当电源波形半周过零时，$u_V=u_{bb}=0$，单结管内部 $A$ 点电压 $U_A=0$，可使电容上电荷很快放掉，在下一半周开始，基本上从零开始充电，这样才能保证每周期触发电路送出第一只脉冲距离过零点的时刻即 $\alpha$ 一致，起到同步作用。

当 $R_e$ 增大时，单结晶体管充到峰点电压的时间 $t_{充}$ 增大，第一个脉冲出现的时刻推迟，即 $\alpha$ 增大，桥路输出直流电压 $U_d$ 下降，如图 5-18c 所示。所以这个触发电路既能保证同步，又能在一定范围内移相。为了简化电路，单结晶体管输出脉冲同时触发晶闸管 $VT_1$、$VT_2$，因只有阳极电压为正的管子才能触发导通，所以能保证桥式半控整流两个晶体管轮流导通。为了扩大移相范围，要求同步电压梯形波 $u_V$ 的两腰边尽量接近垂直，可提高同步变压器二次电压 $U_2$，如稳压管 V 选用 20V，$U_2$ 电压通常要大于 60V。

触发脉冲的输出可如图 5-18a 直接由电阻 $R_1$ 上取出，这种方式简单、经济，但触发电路与主电路的电源有直接电联系，不安全，对于晶闸管串联接法的半控桥电路，就无法工作，因此很多场合采用脉冲变压器输出。

从上面分析可见，单结晶体管触发电路只能产生窄脉冲。对于电感较大的负载，由于晶闸管在触发导通时阳极电流上升较慢，在阳极电流还未达到管子掣住电流 $I_L$ 时，触发脉冲已经消失，使晶闸管在触发期间导通后又重新关断。所以单结晶体管如不采取脉冲扩宽措施，是不宜触发电感性负载的。

图 5-19 为二种单结晶体管实用电路，图 a 为单相交流调压电路，可用作调光、电熨斗、电烙铁、电炉调温，也可用在单相交流电机的调压调速，30kΩ 电位器 RP 为调压旋钮，$R_5$、

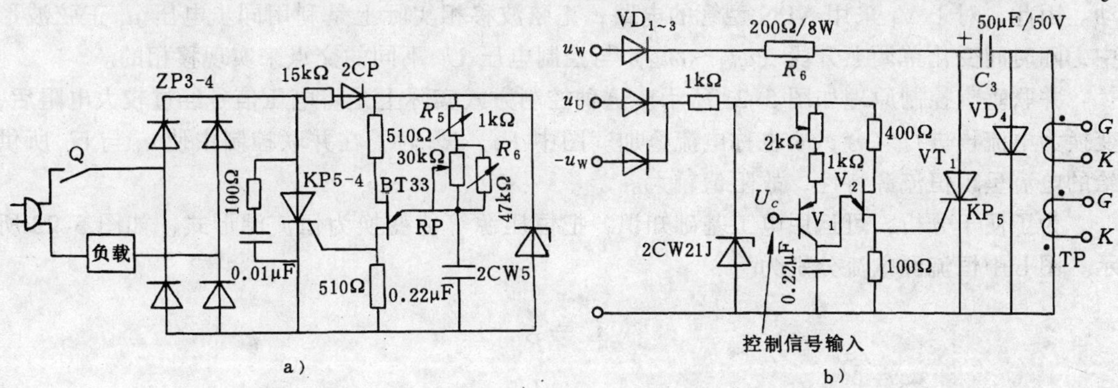


图 5-19　单结晶体管实用电路

$R_6$ 用作范围调整，晶闸管宜选维持电流大的管子，有利关断。图 b 为单结晶体管组成的用小晶闸管放大脉冲功率的触发电路，脉冲放大后再输出去触发大电流晶闸管。电路利用三相交流中 $+u_W$ 相电压经 $R_6$、$VD_4$ 对电容 $C_3$ 充电，极性为左正右负，然后由单结管触发小晶闸管 $VT_1$ 导通，使 $C_3$ 上的电压经 $VT_1$ 管、脉冲变压器 TP 一次侧放电，二次侧送出一定脉宽、幅值与功率很大的脉冲。为了扩大移相范围,触发电路的同步电压,由三相电压的 $+u_U$ $-u_W$ 相通过二极管并联供给,使稳压管上的梯形波底宽扩大到 240°,输出脉冲的移相范围可达 180°。由于 $+u_W$ 相电压超前 $+u_U$、$-u_V$ 相,可保证先对 $C_3$ 充电,然后再触发 $VT_1$ 管。

## 第四节　正弦波同步触发电路

单结晶体管组成的触发电路产生窄脉冲，输出功率小，不能很好满足电感性或反电动势负载的需要，移相范围也受到限制。在要求较高、功率较大的晶闸管装置中，大多采用晶体管组成的触发电路，其中最常用的是同步信号为正弦波移相与锯齿波移相触发电路两种。

### 一、正弦波同步触发电路

由晶体管组成的触发电路通常由同步移相与脉冲形成放大两部分组成。脉冲形成放大环节通常利用电容充放电与晶体管的开关特性，受同步移相信号的控制，产生前沿陡、幅值与宽度符合要求的触发脉冲。

正弦波触发电路的同步移相一般都是采用正弦波同步电压与一个控制电压或几个电压的叠加，改变控制电压的大小，从而改变晶体管翻转时刻，这种方式称为垂直控制或正交控制。在实际应用中，经常需要几个信号加以综合，最简单的是一个同步电压 $u_s$ 与一个控制电压 $U_c$ 的叠加。根据信号叠加的方式又可分为串联叠加控制与并联叠加控制两种。

串联垂直控制的原理如图 5-20 所示，同步电压 $u_s$ 为正弦电压，由同步变压器 TS 二次侧供给，与直流控制电压 $U_c$ 串联连接，因此也称为电压叠加。当 $u_s$ 与 $U_c$ 合成后的信号由负变正时去控制晶体管 $V_1$ 翻转导通。当 $U_c=U_{c1}$ 时，$(u_s+U_{c1})$ 的合成波形如图 5-20c 所示，由负变正的过零点左移到 $\omega t_2$ 时刻；当 $U_c=-U_{c2}$ 时，合成波形如图 5-20d 所示，由负变正的过零点右移到 $\omega t_3$ 时刻。因此忽略 $V_1$ 发射结压降，控制电压 $U_c$ 从 $+U_{SM}$（同步电压峰值）变化到 $-U_{sM}$ 时，晶体管 $V_1$ 从截止到导通的时刻就能从 $\omega t_1 \rightarrow \omega t_4$ 之间变化，以此通过微分电路送出负脉冲去控制脉冲形成放大电路，使输出的触发脉冲从 0°～180°之间移动。因此，对于 $V_1$ 采用 NPN 型管的电路，正弦波移相实际上是利用同步电压 $u_s$ 正弦波形中，随时间变化单调上升段（$\omega t_1 \sim \omega t_4$）与控制电压 $U_c$ 不同的交点来实现移相的。

并联垂直控制原理如图 5-21 所示。这种控制方式实际上是将电压信号经过较大电阻后，变换为电流再进行综合，故也称电流叠加。图中 $R_s$、$R_c$ 为了在并联控制中使 $u_s$ 与 $U_c$ 所供给的电流呈现恒流源特性，故阻值较大。

为了便于分析，可运用电工基础知识，把恒压源等值变换为恒流源形式，如图 5-22 所示。图 b 中恒流源电流分别为

$$i_s=\frac{u_s}{R_s}$$

$$I_c=\frac{U_c}{R_c}$$

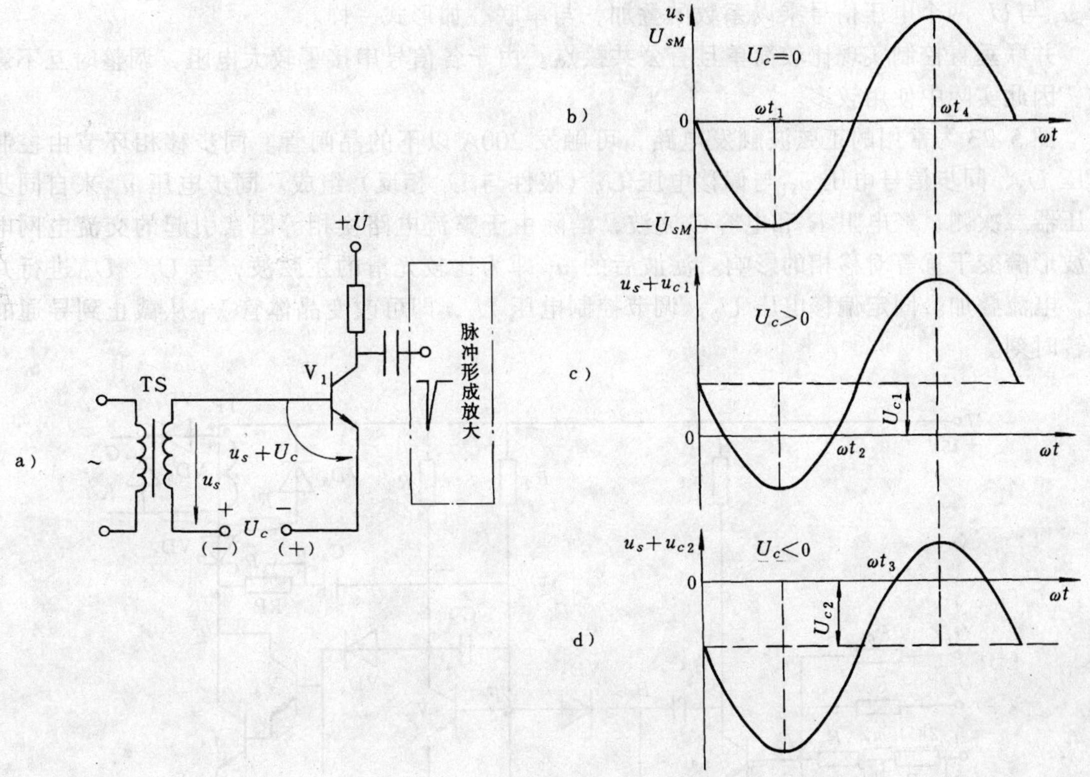


图 5-20　串联垂直控制原理

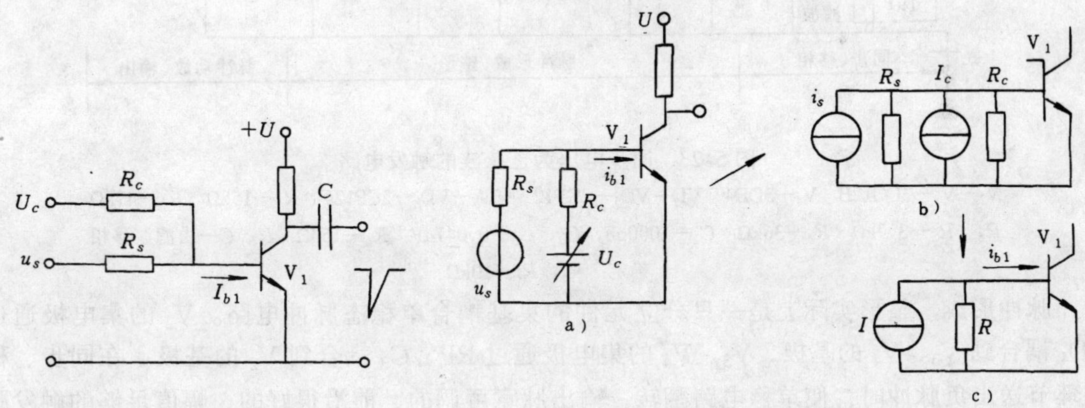


图 5-21　并联垂直控制　　　　图 5-22　恒压源化为恒流源

图 c 中
$$R = R_s /\!/ R_c = \frac{R_s R_c}{R_s + R_c}$$
$$i = i_s + I_c = \frac{1}{R_s}u_s + \frac{1}{R_c}U_c = K_1 u_s + K_2 U_c$$
当满足 $R \gg R_{be1}$（$V_1$ 发射结电阻）时，可忽略 $R$ 对 $I$ 的分流作用，近似为：
$$i_{b1} \approx i = K_1 u_s + K_2 U_c$$
对于 NPN 型晶体管 $V_1$ 来说，$i_{b1}>0$ 翻转导通；$i_{b1}\leqslant 0$ 则截止。因此 $V_1$ 的导通与否仍取决

于 $u_s$ 与 $U_c$ 两个电压信号乘以系数的叠加，与串联叠加形式一样。

并联垂直控制实现比较简单且有公共接点。由于各信号串接了较大电阻，调整时互不影响，因此实际中使用较多。

图 5-23 为常用的正弦波触发电路，可触发 200A 以下的晶闸管。同步移相环节由控制电压 $U_c$、同步信号电压 $u_{s1}$与偏移电压 $U_b$（极性与 $U_c$ 相反）组成。同步电压 $u_{s1}$来自同步变压器二次侧，经电阻 $R$ 和电容 $C$ 滤波，消除由于整流电路换相等因素引起的交流电网电压波形畸变干扰等对移相的影响。滤波后的 $u_s$ 即为比较光滑的正弦波，与 $U_c$、$U_b$ 进行并联，电流叠加。固定偏移电压 $U_b$，调节控制电压 $U_c$，即可改变晶体管 $V_1$ 从截止到导通的翻转时刻。

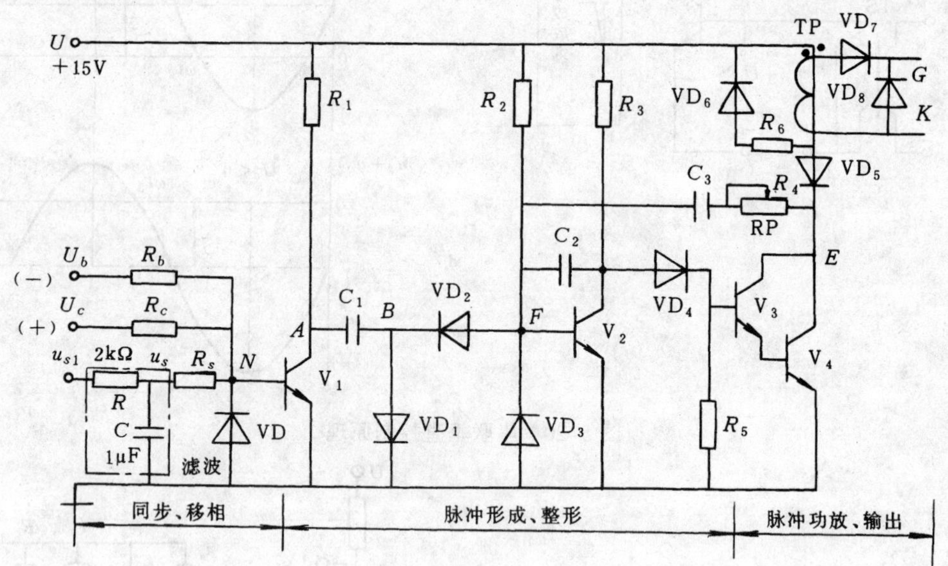


图 5-23　同步电压为正弦波的触发电路

$V_1$～$V_3$—3DG12B　$V_4$—3DD4　VD～$VD_5$—2CP12　$VD_6$～$VD_8$—2CP12F　$R_1$—15kΩ　$R_2$—47kΩ　$R_3$、$R_5$—3.9kΩ　$R_4$—36kΩ　$C_1$—1000pF　$C_2$、$C_3$—0.047μF　$R_6$—150Ω　$R$、$C$—由滤波移相确定　$R_b$、$R_c$—10kΩ

脉冲形成、整形实际上是一只分立元件的集基耦合单稳态脉冲电路。$V_2$ 的集电极通过 $VD_4$ 耦合到 $V_3$、$V_4$ 的基极，$V_3$、$V_4$ 的集电极通过 RP、$C_3$ 耦合到 $V_2$ 的基极。在同步、称相环节送出负脉冲时，使单稳电路翻转，输出脉宽可调的、前沿很好的、幅值足够的触发脉冲，其工作过程如下：

（1）稳态　$V_1$ 管未导通，$R_2$ 供给 $V_2$ 足够基极电流使之饱和，$V_3$、$V_4$ 截止，电容 $C_3$ 如图 5-24a 所示路径充电到接近 15V，电容 $C_1$ 经 $R_1$、$VD_1$ 充电到接近 15V，极性为左正右负。

（2）暂态　同步移相环节使 $V_1$ 进入饱和导通，输出负脉冲开始使 $V_2$ 转为截止；$V_3$、$V_4$ 转为导通，脉冲变压器 TP 送出脉冲。由于设置了 RP 与 $C_3$ 组成的正反馈回路，使 $V_4$ 翻转加快，提高输出脉冲前沿陡度。$V_4$ 导通经正反馈耦合，使 $F$ 点维持负电位，保持 $V_2$ 截止，同时 $C_3$ 经图 5-24b 所示路径放电反充，其放电快慢由时间常数 $\tau_3 = C_3(R_2 + R_4)$ 决定（$R_4$ 为 RP 的阻值）。当 $F$ 点电位由负上升到 0.7V 时，$V_2$ 恢复导通，$V_3$、$V_4$ 恢复截止，暂态结束，输出脉冲终止。

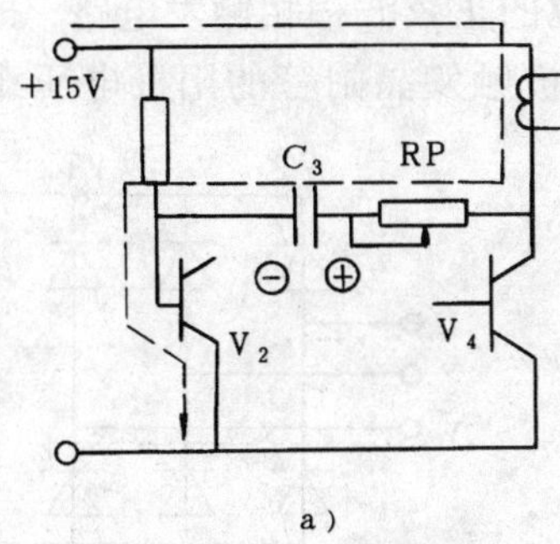

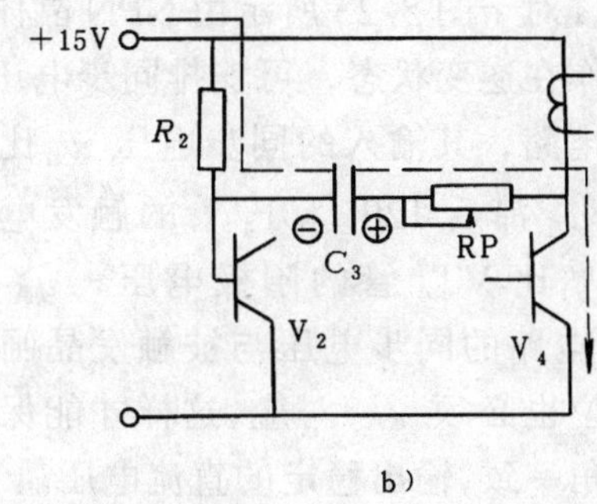


图 5-24 电容 $C_3$ 充、放电路径

电路中 $C_2$ 起微分负反馈作用以提高电路的抗干扰能力，$VD_6$、$R_6$ 为防止 $V_3$、$V_4$ 截止时脉冲变压器一次侧产生感应高电压，引起 $V_3$、$V_4$ 击穿。为了防止电源端进入负脉冲干扰，通过脉冲变压器一次侧与 RP、$C_3$，直接加到 $V_2$ 的基极，引起单稳电路的误翻转，克服方法通常在电路中增加二极管 $VD_5$。电路各点电压波形如图 5-25 所示，输出脉冲的宽度由 $\tau_3 = C_3(R_2+R_4)$ 来决定。由于二极管 VD、$VD_3$ 的作用，$u_N$、$u_F$ 波形负向被箝位在 0.7V。

设置了阻容正反馈电路后，不仅提高了输出脉冲的前后沿，而且增大了脉宽。只要改变 RP 的阻值，就可改变 $F$ 点电位上升到 +0.7V 的时间，即改变输出脉宽。如对于三相全控桥宽脉冲触发时，可调节脉宽为 90°。

由上面分析可见，只要同步移相环节给单稳电路一个负脉冲，即可输出符合要求的触发脉冲。那么同步移相环节什么时刻输出负脉冲？也就是什么时刻该给晶闸管送触发脉冲呢？这应该根据晶闸管主电路的不同接线方式、各晶闸管的阳极电压相位来决定。以三相全控桥式整流电路大电感负载为例，通常设定控制电压 $U_c=0$ 时，整流输出电压 $U_d=0$。这就要求当 $U_c=0$ 时，触发脉冲的位置对准主电路晶闸管阳极电压的控制角 $\alpha=90°$，也即要求同步电压 $u_s$ 的正弦波由负到正的过零点时刻对准 $\alpha=90°$。图 5-26 所示为 $VT_1$ 管触发电路同步电压与输出脉冲的位置，对于 $\alpha=90°$ 时，同步电压 $u_{sa}$ 由负到正的过零点在 $\omega t_1$ 时刻。当调节 $U_c>0$ 时，$(u_s+U_c)$ 叠加波形过零交点左移，触发脉冲 $u'_{g1}$ 也相应左移到 $\omega t'_1$ 时刻，主电路工作在 $\alpha<90°$ 的整流状态，当 $U_c=U_{sM}$ 时，$\alpha=0°$，$U_d$ 最大。当 $U_c<0$ 时，$(u_s+U_c)$ 波形过零交点右移，主电路工作在 $\alpha>90°$ 即 $\beta<90°$ 的有源逆变状态（第六章讲述），脉冲 $U_{g1}''$ 右移到 $\omega t_1''$ 时刻。

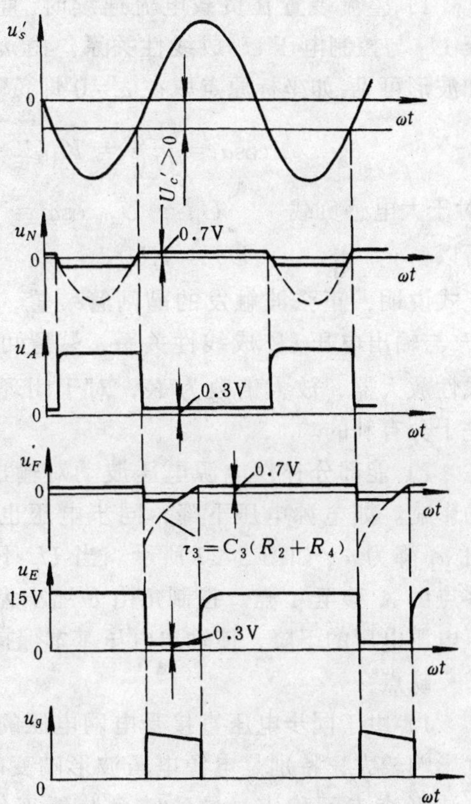


图 5-25 正弦波移相各点电压波形

由此可见，对于图 5-23 所示由 NPN 晶体管组成的正弦波移相触发电路，既要工作在整流状态又要工作在逆变状态，可安排同步电压 $u_s$ 比被触发晶闸管的阳极电压滞后 120°，如 $VT_1$ 管的触发电路，其输入的同步电压 $u_{sa}$ 比 $VT_1$ 管的阳极电压 $u_A$ 滞后 120°，$VT_4$ 管的触发电路其同步电压 $u_{s(-a)}$ 比 $VT_4$ 管的阳极电压 $-u_A$ 滞后 120°，其余触发电路的同步电压与被触发晶闸管的阳极电压的相位也必须一一对应，这样才能保证每个周期的控制角一致，输出稳定的直流电压。

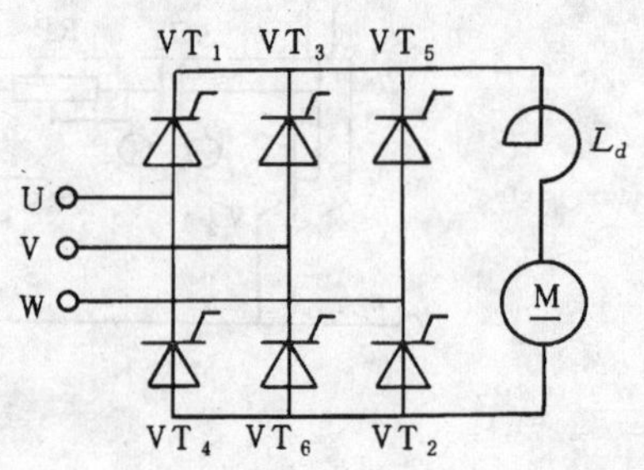


如采用 PNP 晶体管触发电路，则 $(u_s+U_c)$ 的合成波形由正到负过零点时输出脉冲，则要求同步电压比被触发晶闸管的阳极电压超前 60°。同步电压与晶闸管阳极电压之间要求的特定相位关系，可通过同步变压器的不同连接与移相电路来实现。

## 二、正弦波移相触发电路的优缺点

优点：

1）整流装置在负载电流连续时，直流输出电压 $U_d$ 与控制电压 $U_c$ 成线性关系。由 $u_s$ 与 $U_c$ 叠加波形可见，如坐标原点取在 $\alpha=0°$ 即负峰值点，则

$$\cos\alpha = \frac{U_c}{U_{sM}} = K_1 U_c$$

对于大电感负载 $$U_d = U_{d0}\cos\alpha = U_{d0}K_1U_c$$

所以 $$U_d = KU_c$$

上式说明，正弦波触发的晶闸管装置，控制电压 $U_c$ 与输出电压 $U_d$ 成线性关系，装置可看成一个线性放大器，放大倍数为 $K$，对于闭环控制系统是十分有利的。

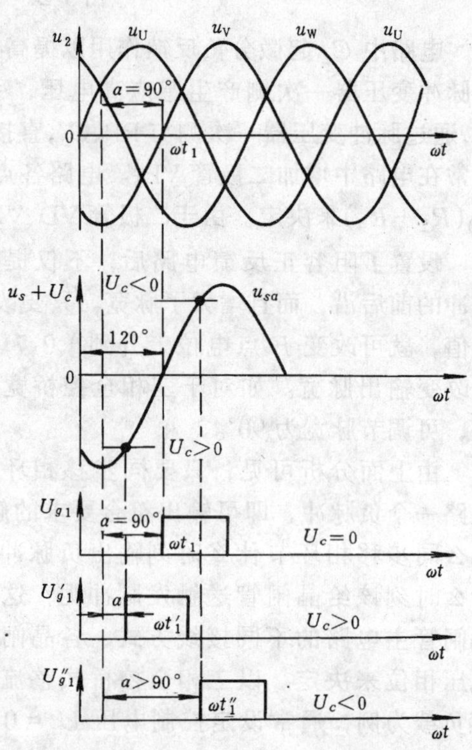


图 5-26 $VT_1$ 管同步电压与触发脉冲位置

2）能部分补偿电源电压波动对输出电压 $U_d$ 的影响。如电源电压下降，同步电压也随之下降由 $u_s$ 降为 $u'_s$ 如图 5-27 所示。当 $U_c$ 不变时，过零点由 $A$ 移至 $A'$ 点，控制角由 $\alpha$ 缩小为 $\alpha'$，补偿了电源电压的下降，使输出电压基本保持不变。

缺点：

1）由于同步电压直接受电网电压的波动及干扰影响较大，特别是电源电压波形畸变时，$U_c$ 与 $u_s$ 波形交点不稳定，导致整个装置工作不稳定。因此在要求较高的场合，同步变压器二次电压 $u_{s1}$ 必须经过 $R$、$C$ 滤波电路再送入触发器输入端。滤波环节不但可滤除一些高次谐波，使同步电压

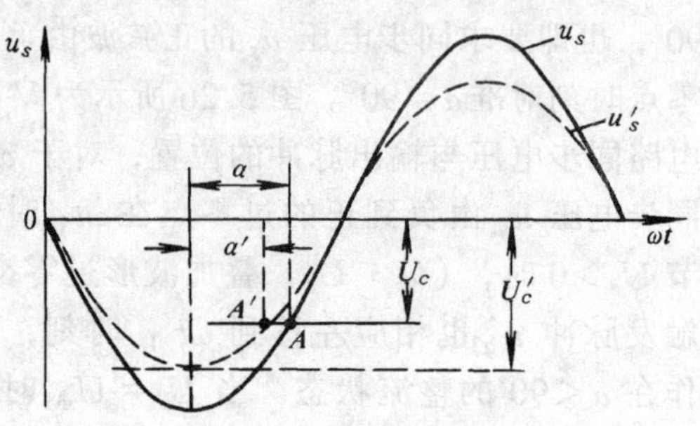


图 5-27 电源电压波动的补偿作用

$u_s$ 更接近正弦，而且改变滤波电路中 $R$ 值可调节同步电压 $u_s$ 的相位，如图 5-23 中所示滤波环节参数，同步电压 $u_s$ 约滞后同步信号电压 $u_{s1}$30°，若 $R_3$ 阻值由 2kΩ 改为 4kΩ，$u_s$ 约滞后 $u_{s1}$60°。

2）正弦波移相电路理论上分析移相范围可达 0°～180°，实际上由于正弦波顶部平坦与 $U_c$ 交点不明确而无法工作。另外如图 5-27 中，当 $U_c = U_c'$ 时，由于电源电压波动，导致 $U_c$ 与 $u_s$ 无交点，不发脉冲，这在使用中是不允许的。所以实际移相范围最多只能达 0°～150°。为了防止各种可能出现的意外情况，电路中必须设置对最小控制角 $\alpha_{\min}$ 与最小逆变角 $\beta_{\min}$ 的限制措施，或在同步电压的正负峰值处叠加尖脉冲，组成带尖脉冲的正弦波移相触发电路。

$\alpha_{\min}$ 与 $\beta_{\min}$ 限制电路可采用在 $u_s$ 上叠加 $\beta_{\min}$ 限制正弦波与 $\alpha_{\min}$ 限制正弦波的方法，如图 5-28a 所示，图中 $u_\beta'$ 与 $u_\alpha'$ 是从同步变压器另外两个绕组上得到的正弦电压，$u_\beta'$ 经 $R$、$C$ 移相滤波后经二极管 $VD_1$ 取其正半波 $u_\beta$ 用于 $\beta_{\min}$ 限制；$u_\alpha'$ 经 $R$、$C$ 经 $VD_2$ 取其负半波 $u_\alpha$ 用于 $\alpha_{\min}$ 限制。适当选择 $u_\alpha'$、$u_\beta'$ 的相位与移相滤波参数，即可获得相位符合要求的 $u_\alpha$、$u_\beta$ 半波。合成同步电压的波形如图 5-28b 所示，使 $\beta$ 减小时，限制在 $\beta_{\min}$ 区域；$\alpha$ 减小时限制在 $\alpha_{\min}$ 区域。

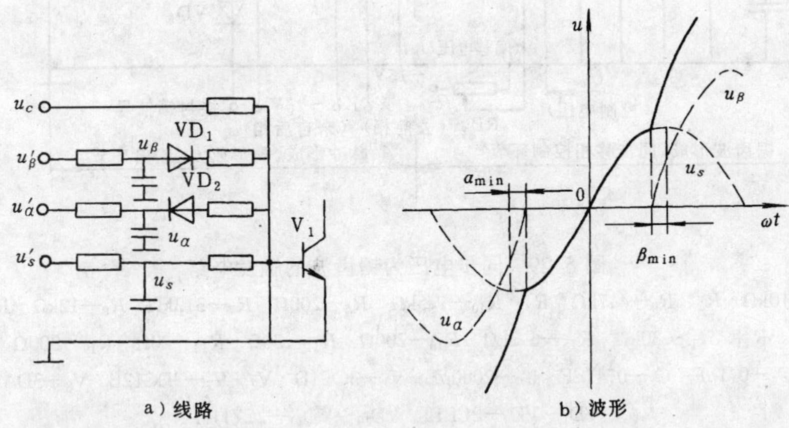


图 5-28 $\alpha_{\min}$、$\beta_{\min}$ 的限制

## 第五节 锯齿波同步触发电路

图 5-29 为锯齿波同步触发电路，具有强触发、双脉冲和脉冲封锁等环节，可触发 200A 的晶闸管。由于同步电压采用锯齿波，不直接受电网波动与波形畸变的影响，移相范围宽，克服了正弦波移相的缺点，在大中容量中得到广泛应用。锯齿波同步触发电路也有锯齿波形成、同步移相与脉冲形成放大两部分组成，现分别叙述如下：

### 一、脉冲形成放大环节

图中右下部即为脉冲形成放大环节，受同步移相控制，当晶体管 $V_4$ 截止时，$V_5$、$V_6$ 管分别经 $R_{14}$、$R_{13}$ 供给足够的基极电流使之饱和导通，因此⑥点电位为 −13.7V（二极管正向压降以 0.7V、晶体管饱和压降以 0.3V 计算），$V_7$、$V_8$ 处于截止状态，无触发脉冲输出。

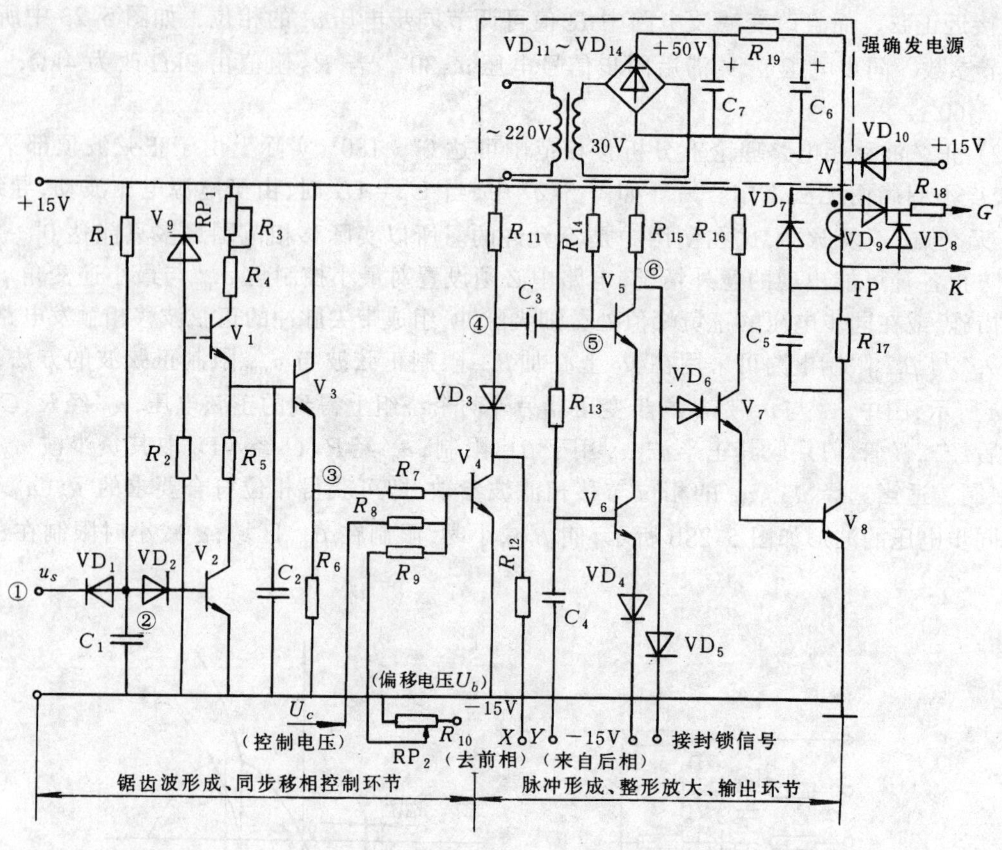


图 5-29 同步电压为锯齿波的触发电路

$R_1$、$R_6$—10kΩ $R_2$、$R_4$—4.7kΩ $R_3$、$R_{10}$—1.5kΩ $R_5$—200Ω $R_7$—3.3kΩ $R_8$—12kΩ $R_9$—6.2kΩ $R_{12}$—1kΩ $R_{13}$、$R_{14}$—30kΩ $R_{15}$—6.2kΩ $R_{16}$—200Ω $R_{17}$—30Ω $R_{18}$—20Ω $R_{19}$—300Ω $C_1$、$C_2$、$C_6$—1μF $C_3$、$C_4$—0.1μF $C_5$—0.47μF $C_7$—2000μF $V_1$—3CG1D $V_2$～$V_7$—3DG12B $V_8$—3DA1B $V_9$—2CW12 $VD_1$～$VD_9$—2CP12 $VD_{10}$～$VD_{14}$—2CZ11A

此时电容 $C_3$ 经 $R_{11}$→$C_3$→$V_5$ 发射结→$V_6$→$VD_4$ 充电至接近 30V，极性为左正右负。

当同步移相控制 $V_4$ 管由截止转为饱和导通时，④点电位从 15V 突降为 1V 左右，由于电容 $C_3$ 两端电压不能突变，使⑤点电位也突降到 -27.3V，导致 $V_5$ 截止，$V_7$、$V_8$ 立即饱和导通，脉冲变压器输出脉冲。与此同时，电容 $C_3$ 由 15V 经 $R_{14}$、$VD_3$、$V_4$ 放电与反向充电，使⑤点电位逐渐升高。当⑤点电位升到 -13.3V 时，$V_5$ 发射结加正压又复导通，使⑥点电位从 2.1V 又降为 -13.7V，迫使 $V_7$、$V_8$ 截止，输出脉冲终止。由此可见，脉冲产生的时刻是管子 $V_4$ 导通的瞬时也就是 $V_5$ 转为截止的瞬时。$V_5$ 截止的持续时间即为输出脉冲的宽度，所以脉宽由 $C_3$ 反向充电回路的时间常数（$\tau_3 \approx C_3R_{14}$）来决定，在窄脉冲时，通常使脉宽为 1ms。$R_{16}$、$R_{17}$为晶体管 $V_7$、$V_8$ 的限流电阻，防止由于 $V_5$ 或 $V_6$ 长时间截止(工作不正常或损坏时)，使 $V_7$、$V_8$ 长时间过流而烧毁。$VD_6$ 是为了增加 $V_7$、$V_8$ 导通阈值，提高抗干扰能力的，电容 $C_5$ 可以改善输出脉冲的前沿。

## 二、锯齿波形成、同步移相环节

锯齿波同步移相的原理是利用受正弦同步信号电压控制的锯齿波电压作为同步电压，再

与直流控制电压 $U_c$ 与直流偏移电压 $U_b$ 组成并联控制，进行电流叠加，去控制晶体管 $V_4$ 的截止与饱和导通来实现的，图 5-29 左面即为锯齿波形成、同步移相电路。

电路中采用恒流源（$V_1$、$V_9$、$R_3$、$R_4$）对电容 $C_2$ 充电形成锯齿波电压，当 $V_2$ 截止时，恒流源电流 $I_{c1}$对 $C_2$ 恒流充电，电容两端电压为

$$u_{C2}=\frac{1}{C_2}\int i_{C1}\mathrm{d}t=\frac{I_{C1}}{C_2}t$$

其充电斜率为$\frac{I_{C1}}{C_2}$，恒流充电电流 $I_{C1}\approx\frac{U_{V9}}{R_3+R_4}$，因此调节电位器 $RP_1$ 即可调节锯齿波斜率。

晶体管 $V_2$ 饱和导通时，由于 $R_5$ 阻值小，电容 $C_2$ 经 $R_5$、$V_2$ 管迅速放电。所以，只要 $V_2$ 管周期性关断导通，电容 $C_2$ 两端就能得到线性很好的锯齿波电压。为了减小锯齿波电压与控制电压 $U_c$、偏移电压 $U_b$ 之间的影响，锯齿波电压 $u_{C2}$经射极输出与 $U_c$、$U_b$ 进行并联叠加，分别通过 $R_7$、$R_8$、$R_9$ 与 $V_4$ 管基极相连。

根据电工基础的叠加原理，在分析 $V_4$ 基极电位时，可看成锯齿波电压 $u_{e3}$（③）、控制电压 $U_c$（正值）和偏移电压 $U_b$（负值）三者单独作用的叠加。当 $V_4$ 基极 $b_4$ 断开时，只考虑锯齿波电压 $u_{e3}$其等效电路如图 5-30a 所示，直接作用到 $b_4$ 点的电压为

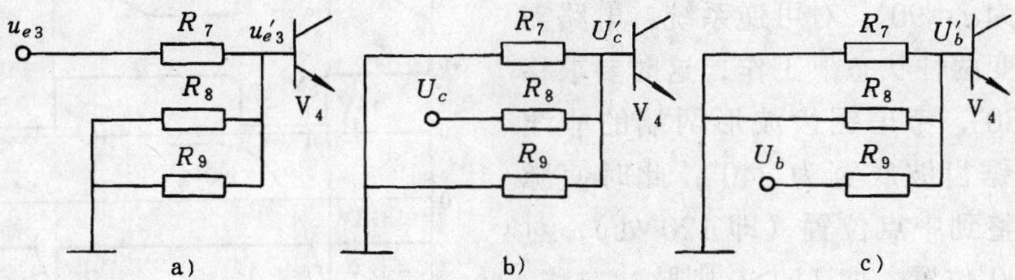


图 5-30　移相控制的等效电路

$$u_{e3}{}'=\frac{R_8/\!/R_9}{R_7+(R_8/\!/R_9)}u_{e3}=0.55u_{e3} \tag{5-2}$$

可见，$u_{e3}{}'$仍为锯齿波，但斜率比 $u_{e3}$小。同理只考虑 $U_c$ 与 $U_b$ 时，等效电路如图 5-30b、c 所示，其数值为

$$U_c{}'=\frac{R_7/\!/R_9}{R_8+(R_7/\!/R_9)}U_c=0.15U_c \tag{5-3a}$$

$$U_b{}'=\frac{R_7/\!/R_8}{R_9+(R_7/\!/R_8)}U_b=0.3U_b \tag{5-3b}$$

所以 $V_4$ 管基极电流由三个分量叠加为

$$I_{b4}=\frac{u_{e3}{}'}{R_{be4}}+\frac{U_c{}'}{R_{be4}}-\frac{U_b{}'}{R_{be4}}=\frac{1}{R_{be4}}[u_{e3}{}'+(U_c{}'-U_b{}')]=\frac{u_{b4}}{R_{be4}}$$

式中　$R_{be4}$——$V_4$ 管发射结正向电阻；

　　$u_{b4}$——合成电压，由时间函数的锯齿波电压与直流电压（$U_c{}'-U_b{}'$）叠加。

锯齿波触发电路各点波形如图 5-31 所示，从图中③点电压波形可见，（$U_c{}'-U_b{}'$）为负值，在 $Q$ 点合成电压$u_{b4}$由负变正过零时，$V_4$ 由截止转为饱和导通。

控制电压 $U_c$ 与偏移电压 $U_b$ 值的估算：电路中稳压管 $V_9$ 为 2CW12，其稳压值为 5V 左

右，当恒流充电使管 $V_1$ 达到饱和时，锯齿波实际充到最大值 $(u_{e3})_M$ 约为 9V，由公式（5-2）计算 $(u_{e3})_M$ 约为 4.9V。考虑裕量，$(u_{e3}')_M$ 取 4.5V。当 $U_c=0$ 时，偏移电压 $U_b'$ 应等于 $(u_{e3}')_M$（此时 $\alpha$ 为最大值），所以 $U_b'=4.5V$，由式（5-3a）计算实际最大偏移电压应为 $-15V$。同理，$U_c$ 最大时（$\alpha=0°$）$U_c'=4.5V$，实际控制电压最大值应为 30V。

工作时，把负偏移电压 $U_b$ 调整到某值固定后，改变控制电压 $U_c$，就能改变 $u_{b4}$ 波形与时间横轴的交点，就改变了 $V_4$ 转为导通的时刻，即改变了触发脉冲产生的时刻，达到移相的目的。

电路中增加负偏移电压 $U_b$ 的目的是为了调整 $U_c=0$ 时触发脉冲的初始位置（$\alpha$ 最大值）。当装置为不可逆且负载为大电感时，对于三相全控桥，$U_c=0$ 时，可调节 $U_b$ 值使脉冲的初始相位为 $\alpha=90°$；对可逆系统，电路需要在整流与逆变两种状态下工作，这时要求移相范围约为 180°，考虑锯齿波形两端的非线性，因此要求锯齿波底宽为 240°，此时使脉冲初始位置调整到中点位置（即 120°处），对应主电路 $\alpha=90°$ 位置。如 $U_c>0$ 则脉冲左移，$\alpha<90°$，电路工作在整流状态；如 $U_c<0$，则 $\alpha>90°$，电路工作于逆变状态。也可以当 $U_c=0$ 时，调节 $U_b$ 使脉冲右移到 $\alpha=150°$（$\beta=30°$）处，使电路无论工作在整流状态，还是工作在逆变状态，$U_c$ 可以不改变极性。

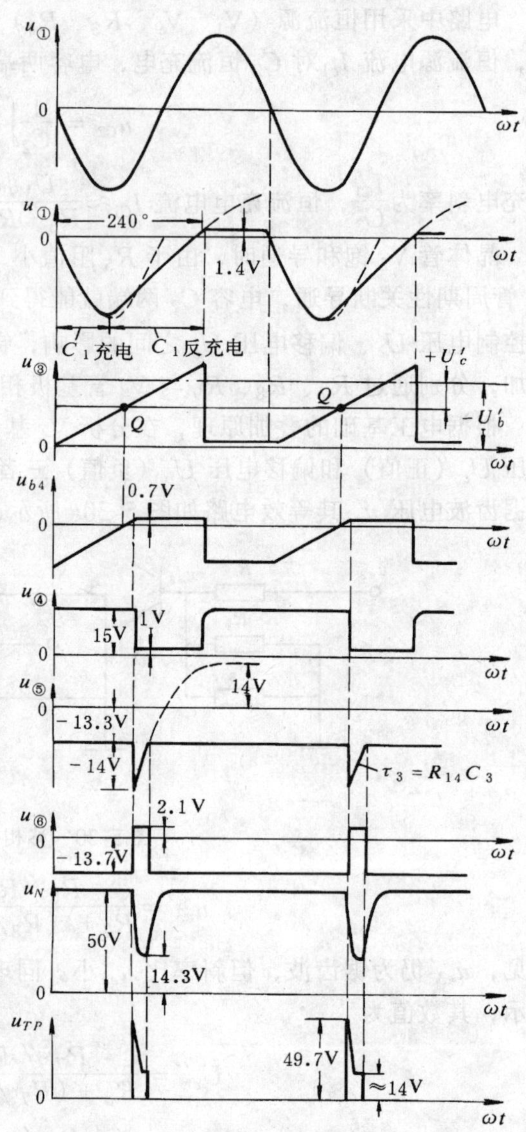

图 5-31　锯齿波触发电路各点电压波形

电容 $C_2$ 两端的锯齿波如何能保证与晶闸管主电路电压同步呢？可由晶体管 $V_2$ 来控制。当 $V_2$ 截止时，$C_2$ 充电，$V_2$ 截止的持续时间就是锯齿波的底宽，$V_2$ 的开关频率就是锯齿波的频率。同步环节由图 5-29 中同步变压器 TS 二次电压 $u_s$，来控制 $V_2$ 管的通断。当 TS 二次电压 $u_s$ 即①点波形在负半周下降段，电容 $C_1$ 经 $VD_1$ 充电，极性为上负下正，忽略 $VD_1$ 正向压降，②点波形与①点一致，$V_2$ 发射结反偏而截止。在①点波形负半周上升段，+15V 经 $R_1$ 对 $C_1$ 放电后反充，由于②点电位上升比①点缓慢，$VD_1$ 反偏，②点电压波形如图 5-31 所示。当②点电位反充到 +1.4V 左右，$V_2$ 导通并将②点电位箝制在 1.4V，直到 $u_①$ 下一个负半周开始，$V_2$ 重新截止。电容 $C_2$ 两端电压即③点波形如图所示。图中可见，锯齿波的底宽由 $\tau_1=C_1R_1$ 决定，可达 240°。

如晶体管发射结与二极管正向压降以 0.7V 计，晶体管饱和压降以 0.3V 计，电路各点电压波形与幅值如图 5-31 所示。

## 三、其它环节

1. 强触发

晶闸管采用强触发可缩短开通时间，提高管子承受电流上升率的能力，有利于改善串并联元件的动态均压与均流，增加触发的可靠性。因此在大中容量系统的触发电路都带有强触发环节。

图 5-29 中右上角强触发环节由单相桥式整流获得近似 50V 直流电压作电源，在 $V_8$ 导通前，50V 电源经 $R_{19}$对 $C_6$ 充电，$N$ 点电位为 50V。当 $V_8$ 导通时，$C_6$ 经脉冲变压器一次侧、$R_{17}$与 $V_8$ 迅速放电，由于放电回路电阻很小，$N$ 点电位迅速下降，当 $N$ 点电位下降到 14.3V 时，$VD_{10}$导通，脉冲变压器 TP 改由 +15V 稳压电源供电。这时虽然 50V 电源也在向 $C_6$ 再充电使它电压回升，但由于充电回路时间常数较大，$N$ 点电位只能被 15V 电源箝制在 14.3V。电容 $C_5$ 的目的是为了提高强触发脉冲前沿。加强触发后，脉冲变压器 TP 一次电压 $u_{TP}$近似如图 5-31 所示。

2. 双脉冲形成

双窄脉冲触发是三相全控桥或带平衡电抗器双反星形电路的特殊要求。如图 3-9 所示，要求接连送出两个间隔为 60°的窄脉冲去触发晶闸管。产生双脉冲有二种方法：一种是每个触发电路在每个周期内只产生一个脉冲，而其输出去同时触发两个桥臂的晶闸管，这种称为“外双脉冲”。每个触发电路的负载是两个桥臂的管子门极，输出功率与脉冲变压器均要求增大。另一种是每个触发电路一个周期内连续送出两个间隔为 60°的窄脉冲，只供给一个桥臂的晶闸管门极，称为“内双脉冲”，目前应用较多，图 5-29 为内双脉冲线路。晶体管 $V_5$、$V_6$ 构成一个“或”门电路，不论哪一个截止，都会使⑥点电位上升到 2.1V，触发电路输出脉冲。$V_5$ 基极端由本相同步移相环节送来的负脉冲信号使 $V_5$ 截止，送出第一个窄脉冲，接着由滞后 60°的后相触发电路在产生其本相第一个脉冲的同时，由 $V_4$ 管的集电极经 $R_{12}$的 $X$ 端送到本相的 $Y$ 端，经电容 $C_4$ 微分产生负脉冲送到 $V_6$ 基极，使 $V_6$ 截止，于是本相的 $V_8$ 又导通一次，输出滞后 60°的第二个窄脉冲。$VD_3$、$R_{12}$主要是为了防止双脉冲信号的相互干扰。当第二个窄脉冲消失即 $V_6$ 恢复导通时，其集电极电位 $U_{c6}$瞬时下跳，经过 $V_5$ 的发射结、$C_3$ 到④点，电位也瞬时下跳，如无二极管 $VD_3$，则下跳电位经 $X$ 端输出到前相的 $Y$ 端，造成前相送出不需要的脉冲。串接 $VD_3$ 后，就能有效地防止双脉冲之间的相互干扰。由于串接 $VD_3$ 后，晶体管 $V_4$ 的集电极电位仍有较小的电位下跳（0.3V～0），为了进一步抑制干扰，串联电阻 $R_{17}$。

对于图 5-26 所示的主电路，电源 U、V、W 为正相序时，则元件触发的次序为 $VT_1$→$VT_2$→$VT_3$→$VT_4$→$VT_5$→$VT_6$ 彼此相隔 60°，为了得到内双脉冲，六块触发板的 $X$、$Y$ 端可按图 5-32 方式连接，使后相的 $X$ 端与前相的 $Y$ 端相连。这样当 2CF 触发电路工作，对 $VT_2$ 管发出第一个脉冲 $U_{g2}$的同时，由 $X$ 端到 1CF 的 $Y$ 端送出负跳边，使 1CF 对 $VT_1$ 管补发一只滞后 60°的附加脉冲。同理触发 $VT_3$ 时对 $VT_2$ 补发附加脉冲，依次类推，每一块触发块，都能送出间隔为 60°的两只

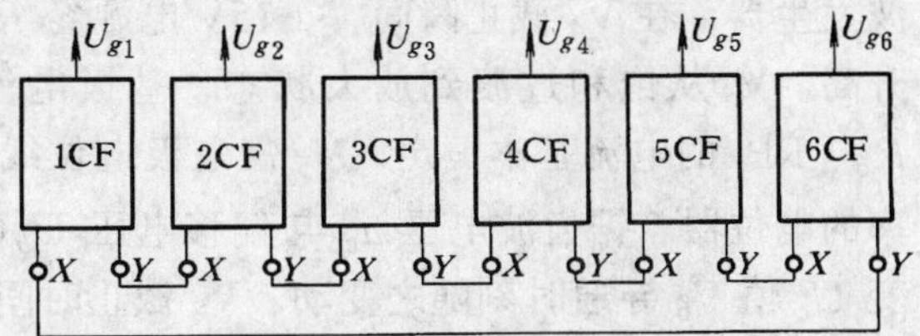

图 5-32 触发电路 X、Y 端的连接

窄脉冲，保证三相桥式电路正常工作。

需要特别注意：使用这种触发电路的晶闸管装置，要求三相电源有确定的相序。在新装置安装使用时，必须先测定电源的相序，按照装置要求正确连接，才能正常使用。如电源的相序接反了，虽然装置的主电路与同步变压器同时反相序，同步没有破坏，但因主电路晶闸管的导通次序在管子下标不变时，改为 $VT_6 \to VT_5 \to VT_4 \to VT_3 \to VT_2 \to VT_1$，与原来正好相反，即原来先导通的管子变成后导通。此时 6 个触发电路的 $X$、$Y$ 端之间的连接关系未变。由于管子导通先后次序反了，使得原来由后相对前相补发附加脉冲变为前相对后相补发脉冲，使补发的附加脉冲变成触发脉冲，导致原来调整好的脉冲移相范围向前移（左移）60°。因此出现控制电压 $U_c$ 减小时 $U_d$ 仍有较大数值；$U_c$ 增大时 $U_d$ 出现间隔为 60°的两次最大值，使装置不能正常工作。

3. 脉冲封锁

在事故情况下或在可逆逻辑无环流系统，要求一组晶闸管桥路工作，另一组桥路封锁，这时可将脉冲封锁引出端接零电位或负电位，晶体管 $V_7$、$V_8$ 就无法导通，触发脉冲无法输出。串接二极管 $VD_5$ 是为了防止封锁端接地时，经 $V_5$、$V_6$ 和 $VD_4$ 到 −15V 之间产生大电流通路。

从上述可知，锯齿波同步触发电路不受电网电压波动与波形畸变的直接影响，抗干扰能力强，而且移相范围宽。它的缺点是整流装置的输出电压 $U_d$ 与控制电压 $U_c$ 之间不是线性关系，电路比较复杂。

## 第六节　集成电路触发器

随着晶闸管变流技术的发展，目前已使用 KC（KJ）系列集成电路触发器。由于集成触发器的应用，提高了触发电路工作可靠性，缩小体积，大大简化了触发电路的生产与调试。

目前 KC 系列已发展到 11 个品种，用于各种移相触发、过零触发、双脉冲形成以及脉冲列调制等场合，本节介绍比较典型的 3 种集成触发器。

### 一、KC04 移相集成触发器

图 5-33a、b 分别为触发器的内部原理图与外形图。引出管脚顺序由缺口起，按逆时针方向排列。它与分立元件组成的锯齿波同步触发电路一样，由同步信号、锯齿波产生、移相控制、脉冲形成和整形放大输出等环节组成。管脚 7、8 通过 $R_4$ 接同步电压 $u_s$，在 $u_s$ 过零点时，$V_1$、$V_2$、$V_3$ 均截止，$V_4$ 饱和导通使积分电容 $C_1$ 放电。同步电压过零结束后 $V_4$ 恢复截止，积分电容 $C_1$ 接在 $V_5$ 集电极与基极，组成密勒积分。这是一种电容负反馈的锯齿波发生器，在 $V_4$ 截止瞬间，±15V 电源经 $R_{10}$、$R_6$、$RP_1$ 向电容 $C_1$ 充电，$V_5$ 集电极电位升高。$V_5$ 从饱和过渡到放大状态，基极电流减小，集电极电流亦相应下降，使流经 $C_1$、$R_6$、$RP_1$ 的电流基本恒定，$V_5$ 集电极电位线性增长得到锯齿波电压。$RP_1$ 是调节锯齿波斜率的电位器。锯齿波电压 $u_{c5}$ 与偏移电压 $U_b(-)$、控制电压 $U_c(+)$ 在 $V_6$ 基极并联综合，改变 $U_c$ 值 $V_6$ 导通时刻随之变动。$V_7$ 截止时间即为输出脉冲的宽度，由 $R_8$、$C_2$ 值决定。

$V_7$ 集电极每个周期输出相隔 180°的两个脉冲，经脉冲选择环节 $V_8$ 和 $V_{12}$ 分别截去负半周和正半周的脉冲，使 $1^{\#}$ 脚输出正相脉冲 $15^{\#}$ 脚输出负相脉冲，集成触发电路引出脚各点波形如图 5-34 所示。$13^{\#}$、$14^{\#}$ 脚提供脉冲列调制和脉冲封锁控制端。KC04 的同步电压可任意值，限流电阻 $R_4$ 按下式估算

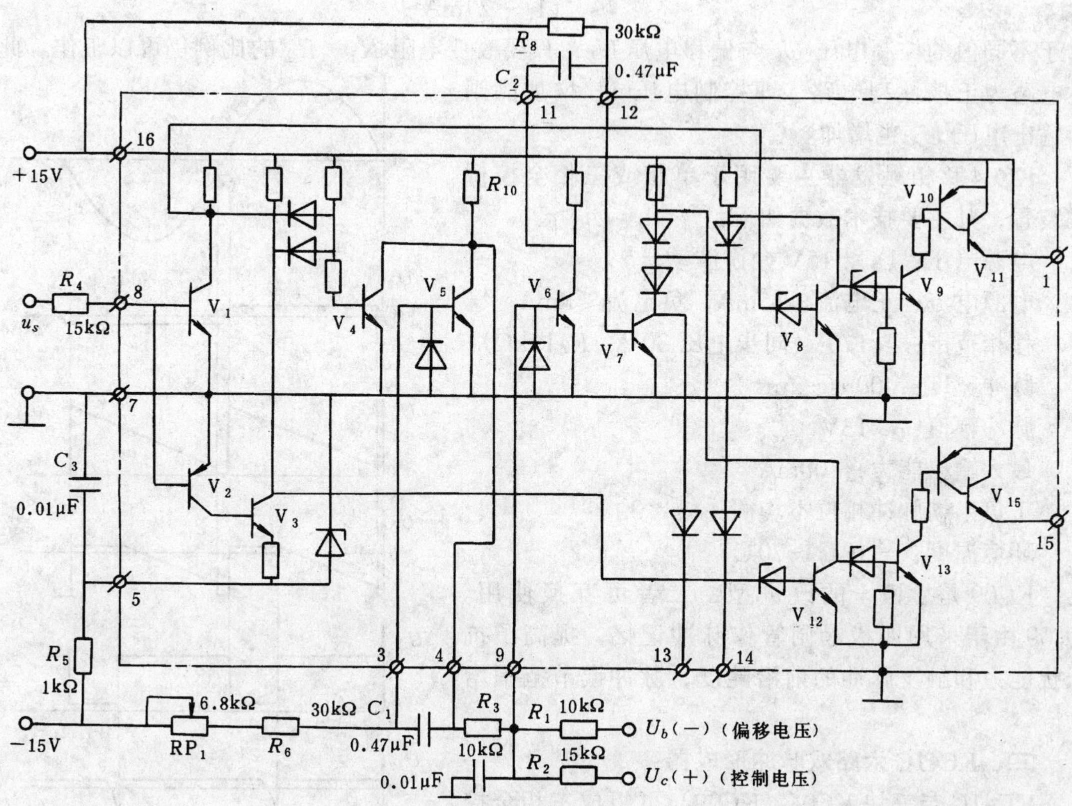


a）

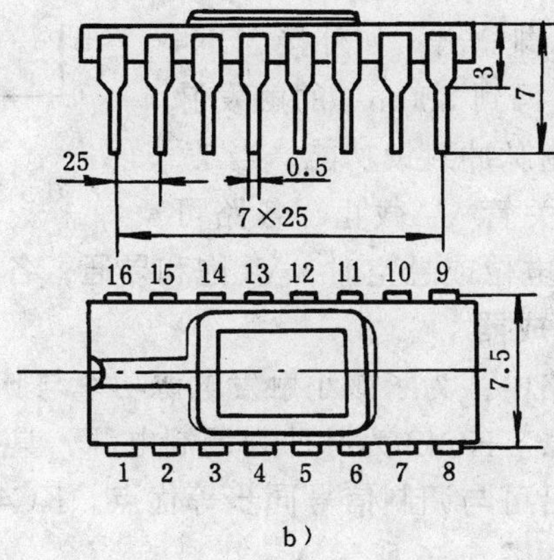


b）

图 5-33　KC04 移相集成触发器

a）原理图　b）外形

$$R_4 = \frac{\text{同步电压}}{(1 \sim 2)\text{mA}}$$

对于不同值的控制电压 $U_c$ 与偏移电压 $U_b$，只要改变电阻 $R_1$、$R_2$ 的比例仍可以工作。此触发电路为正极性型电路，即控制电压 $U_c$ 增加晶闸管输出电压 $U_d$ 也增加。

KC04 移相触发器主要用于单相或三相全控桥式装置，其主要技术数据如下：

电源电压：DC±15V 允许波动±5%

电源电流：正电流≤15mA，负电流≤8mA

移相范围：≥170°（同步电压 30V，$R_4$15kΩ）

脉冲宽度：400μs～2ms

脉冲幅值：≥13V

最大输出能力：100mA

正负半周脉冲相位不均衡：≤±3°

环境温度：－10℃～70℃

KC09 是 KC04 的改进型，二者可互换使用。KC09 由于采用四极晶闸管作脉冲记忆，提高了抗干扰能力和触发脉冲的前沿陡度，脉冲调节范围增大。

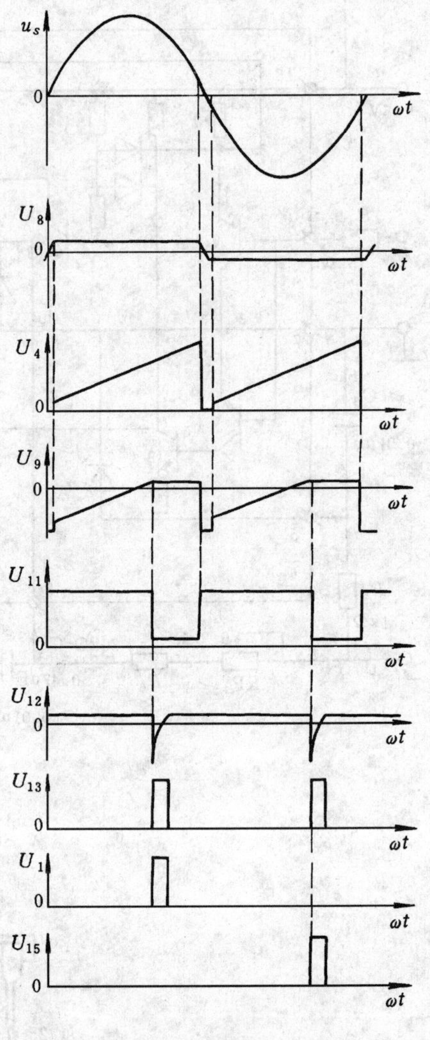

图 5-34　KC04 电路各点电压波形

## 二、KC41C 六路双脉冲形成器

KC41C 与三块 KC04（KC09）可组成三相全控桥双脉冲触发电路，其内部电路与外部接线如图 5-35 所示。其 1# ～6# 脚接三块 KC04 的 6 个脉冲输出（$A_i$、$-C_i$、$B_i$、$-A_i$、$C_i$、$-B_i$）。每个脉冲由输入二极管送到本相与前相形成双脉冲，再由 6 个三极管放大，从 10# ～15# 脚输出，如外接 3DK4 或 3DG27 作功率放大器，可得到 800mA 的触发脉冲电流。本形成器还具有控制脉冲封锁功能，当 7# 脚接地或处于低电位时，开关管 $V_7$ 截止，各路可正常输出脉冲；当 7# 脚接高电位或悬空时，$V_7$ 饱和导通，各路无脉冲输出。

## 三、KC42 脉冲列调制形成器

在大功率晶闸管触发电路中，为了减小触发电源功率与脉冲变压器体积，提高脉冲前沿陡度，常采用脉冲列式触发器。KC42 为脉冲列调制电源，具有脉冲占空比可调性好、频率调节范围宽，触发脉冲上升沿可与调制信号同步等优点。KC42 也可作为可控的方波发生器用于其它场合，其电气原理如图 5-36 所示。

以三相全控桥式电路为例，来自三块 KC04 触发器 13# 脚的脉冲信号分别送入 KC42 的 2#、4#、12#。$V_1$、$V_2$、$V_3$ 构成“或非”门电路，只要三个触发器中任意一个有输出、则 $M$ 点为低电平，$V_4$ 管截止，使 $V_5$、$V_6$、$V_8$ 组成环形振荡器起振。三个触发器都没有输出时，$M$ 点高电平，$V_4$ 导通，环形振荡器停振。

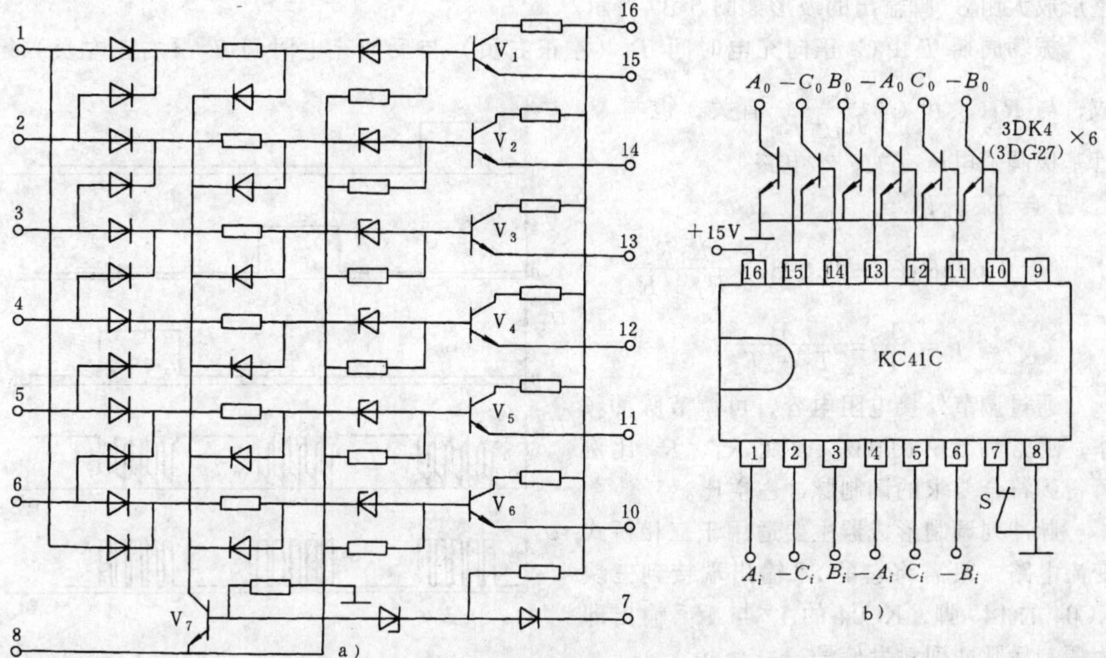


图 5-35 六路双脉冲形成器

a）内部原理图 b）外部接线图

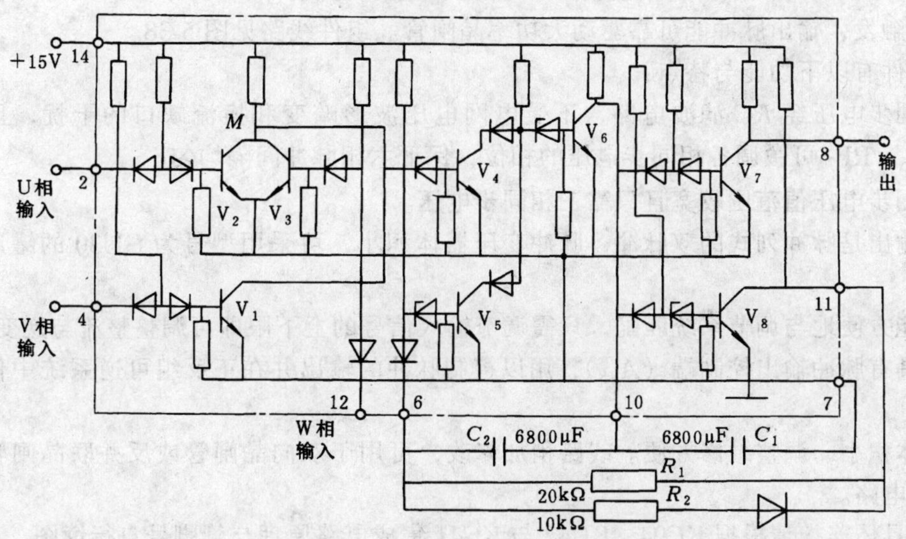


图 5-36 KC42 电气原理图

环形振荡器振荡原理如下：$V_4$ 截止时，$V_6$ 导通，$10^{\#}$ 脚低电平，$V_8$ 截止，$11^{\#}$ 脚经 $R_1$、$C_2$ 至 $10^{\#}$ 回路对 $C_2$ 充电。随着充电 $6^{\#}$ 脚电位逐渐升高，当升高到一定值时 $V_5$ 管导通，$V_6$ 管截止，$10^{\#}$ 脚电位突然升高，使 $V_8$ 导通，$11^{\#}$ 脚降为低电位。此时 $C_2$ 通过 $R_1$、$R_2$ 并联反向充电，反充电速度决定于时间常数 $C_2\dfrac{R_1R_2}{R_1+R_2}$。$6^{\#}$ 脚电位渐降，当小于一定值时 $V_5$ 截止、$V_6$ 导通、$V_8$ 截止，$11^{\#}$ 脚又输出高电位。如此循环振荡，$10^{\#}$ 脚电位及经 $V_7$

整形放大由 8[#] 脚输出的波形如图 5-37 所示。

振荡周期 $T$ 由 $C_2$ 正向充电时间 $T_1$（左正右负）与反向充电时间 $T_2$（右正左负）组成，与 $R_1C_2$ 和 $C_2\dfrac{R_1R_2}{R_1+R_2}$ 有关，也与 $V_5$ 管基极阀值电压有关，本电路

$$T=T_1+T_2=0.693R_1C_2+0.693C_2\frac{R_1R_2}{R_1+R_2}$$

$$f=\frac{1}{T}=\frac{1}{T_1+T_2}$$

通过调节外接电阻电容，可调节脉冲频率，通常为 5～10kHz。改变 $R_1$、$R_2$ 比例可得到符合要求的调制脉冲占空比。

脉冲列调制形成器主要适用于三相桥式变流电路，只需将它的 8[#] 输出端接到三块 KC04 的 14[#] 脚，KC04 的 1[#] 与 15[#] 输出即为调制后脉冲列触发信号。

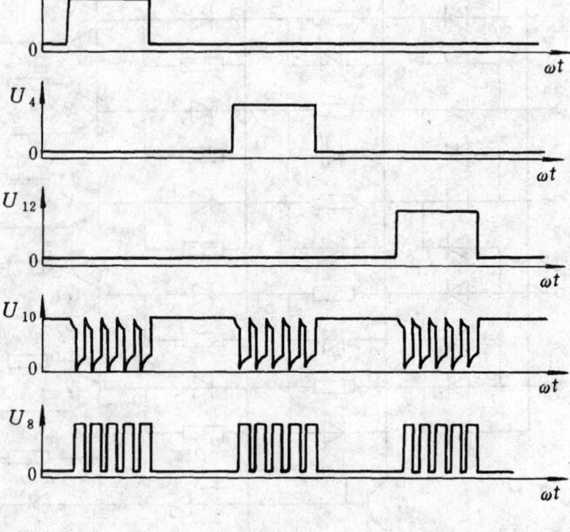


图 5-37　KC42 各点波形

**四、KCZ6 集成化六脉冲触发组件**

本组件是由三块 KC04、一块 KC41 与一块 KC42 组成。用于要求较高的三相桥式全控变流器的触发，输出脉冲能可靠驱动大功率晶闸管。组件线路见图 5-38。

本组件有以下功能与特点：

1）同步电压经 $RC$ 滤波电路，不受电网电压波形畸变和换流缺口的干扰，且电位器 $RP_5$、$RP_6$、$RP_7$ 可微调各相同步电压的相位，保证六相脉冲间隔均匀。

2）同步电压值范围较宽且只需三相同步电压。

3）输出是脉冲列式的双脉冲，脉冲变压器体积小，可采用型号为 GU30 的罐形锰锌铁氧体。

4）能方便地与调节系统匹配，只需调节输入信号的上下限即可调整整流与逆变角。

5）具有脉冲输出控制端（$A_{18}$），用以控制脉冲的输出并在正反组可逆系统中作逻辑切换控制。

6）体积小，调整维修方便。线路稍加修改，可用于双向晶闸管或反并联晶闸管的三相交流调压电路。

线路具体连接请根据 KC04、KC42 与 KC41 集成电路原理与管脚号自行读图。

目前新生产 KJ001 与 KJ004 两种产品，KJ001 采用双列直插式，主要用于单相、三相半控桥等整流电路中的移相触发，可获得 60°的宽脉冲。KJ004 适用于单相、三相全控桥式整流电路的触发移相，可输出两路相位差 180°的脉冲。它具有输出负载能力大、移相性能好、正负半周脉冲均衡性好，对同步要求低，有脉冲列调制输出功能等特点。

**五、数字式触发电路**

前面介绍的触发电路由于采用控制电压与同步电压叠加移相的方法，因元件参数的分散性、同步电压波形畸变、波动都会导致各个触发器的移相特性不一致，一般触发脉冲的不对

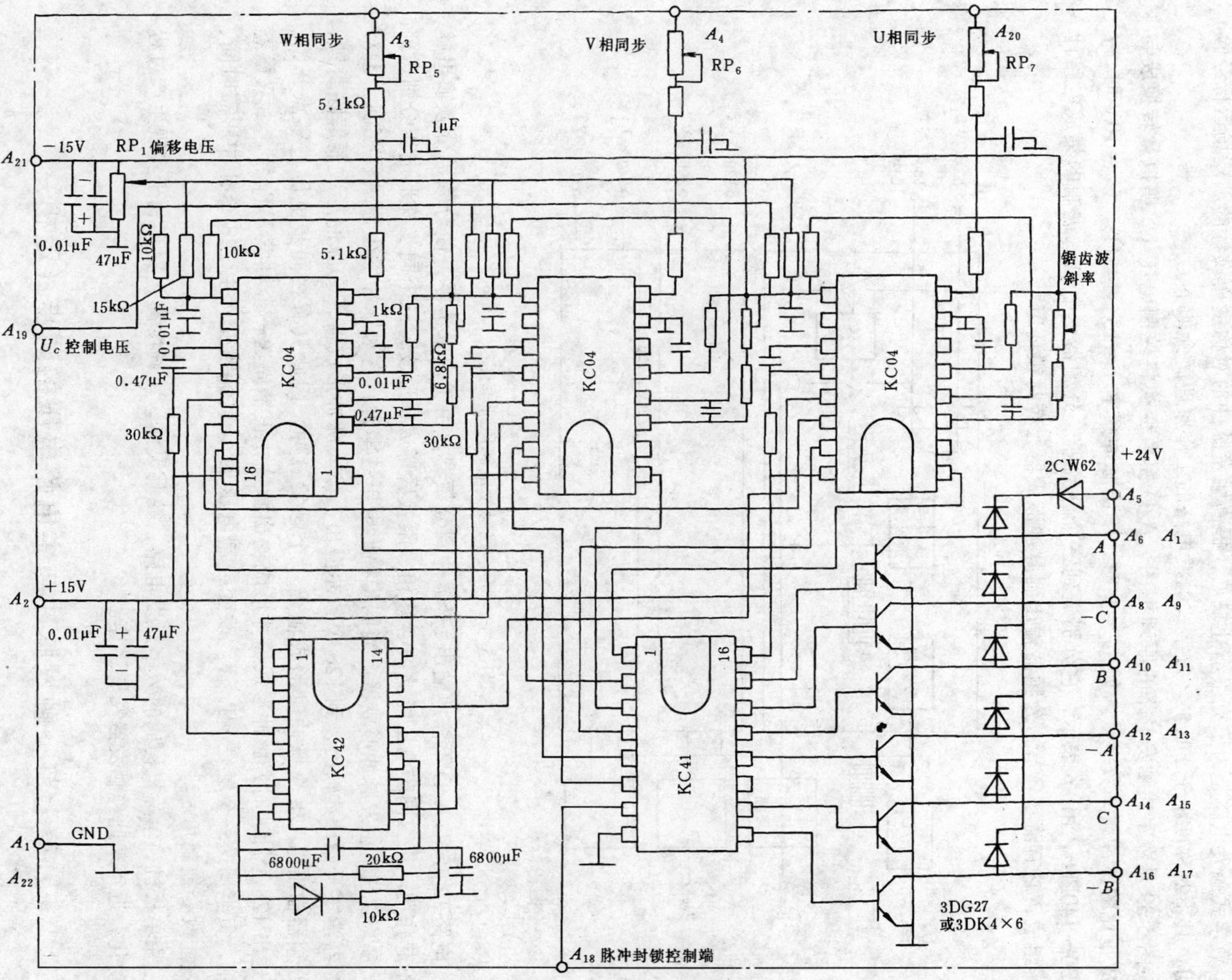

图 5-38　KCZ6 集成六脉冲触发组件原理接线图

称度为 3°～5°。这会使主电路一次电流不平衡，出现谐波电流，电网三相电压中性点偏移等，功率越大，这种现象就越严重。

数字式触发电路是为了克服上述缺点，提高触发脉冲的对称度而设计的。现场运行经验表明，其不对称度小于 ±1.5°。数字式触发电路的工作原理简介如下。

图 5-39 是数字式触发电路的原理框图，A/D 模数变换将控制电压 $U_c$ 模拟量转换成与 $U_c$ 成正比的脉冲频率数字量。如 $U_c=0$ 时，输出脉冲频率 $f=13\sim14\text{kHz}$，$U_c=10\text{V}$ 时，$f=130\sim140\text{kHz}$，用 $cp$ 表示，它分别送到三个分频器。分频器由七位二进制的集成电路计数器组成，它有清零环节，分频器输出到脉冲形成器，有封锁环节。

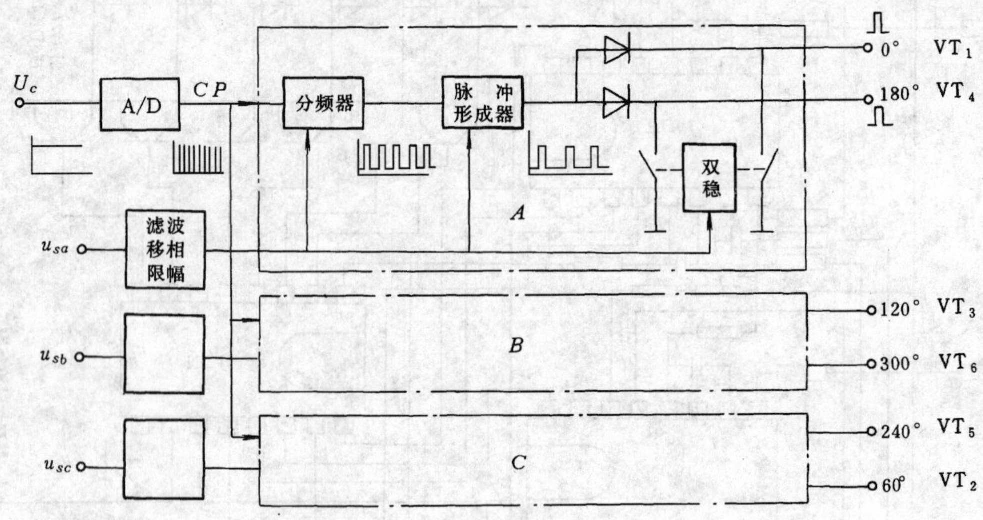


图 5-39 数字式触发电路原理框图

电路工作时，A/D 不停地输出 $cp$ 脉冲到分频器，由于尚未清零，使分频器分频输出脉冲不起作用。正弦同步电压经滤波、移相、限幅后形成梯形波，三个同步梯形电压分别送到 $A$、$B$、$C$ 三组触发脉冲形成器。当同步梯形电压过零时，它对脉冲发生器进行控制，①对分频器清零开始计数输出，到 128 个脉冲溢出，输入脉冲形成器，②脉冲形成器解除封锁，在分频器输出第 128 个脉冲时形成输出一个触发脉冲。因此只有在同步电压过零点开始，$cp$ 送出 128 个脉冲时，脉冲形成器才形成输出脉冲，正半周送一个触发 $VT_1$ 管，由双稳态控制，负半周送一个触发 $VT_4$ 管。改变控制电压 $U_c$，就能改变产生 128 个脉冲所需时间，也就能改变控制角 $\alpha$。

用单板机、单片机构成的数字触发电路，控制灵活，精确度高，更有利于实现生产过程自动化，近年来此种触发器发展迅速。

## 第七节 触发脉冲与主电路电压的同步（定相）

制作或修理调整晶闸管装置时，常会碰到一种故障现象：在单独检查晶闸管主电路时，接线正确，元件完好；单独检查触发电路时，各点电压波形、输出脉冲正常，调节控制电压 $U_c$ 时，脉冲移相符合要求。但是当主电路与触发电路连接后，工作不正常，直流输出电压

$u_d$ 波形不规则、不稳定，移相调节不能工作。这种故障是由于送到主电路各晶闸管的触发脉冲与其阳极电压之间相位没有正确对应，造成晶闸管工作时控制角不一致，甚至使有的晶闸管触发脉冲在阳极电压负值时出现，当然不能导通。怎样才能消除这种故障使装置正常工作呢？这就是本节要讨论的触发电路与主电路之间的同步（定相）问题。

**一、同步的概念**

前面分析可知，触发脉冲必须在管子阳极电压为正时的某一区间内出现，晶闸管才能被触发导通，而在常用的正弦波移相和锯齿波移相触发电路中，送出脉冲的时刻是由接到触发电路不同相位的同步电压 $u_s$ 来定位，由控制与偏移电压的大小来决定移相。因此必须根据被触发晶闸管的阳极电压相位，正确供给各触发电路特定相位的同步信号电压，才能使触发电路分别在各晶闸管需要触发脉冲的时刻输出脉冲。这种正确选择同步信号电压相位以及得到不同相位同步信号电压的方法，称为晶闸管装置的同步或定相。

现用三相全控桥式电路来说明。图 5-40a 为主电路接线，电网电压为 $U_{U1}$、$U_{V1}$、$U_{W1}$，经整流变压器 TR 供给晶闸管桥路，对应电压为 $U_U$、$U_V$、$U_W$，其波形如图 5-40c 所示。假定控制角 $\alpha=0°$，则 $u_{g1}-u_{g6}$六个触发脉冲应出现在各自的自然换流点 $\omega t_1 \sim \omega t_6$，依次相隔 60°。要保证每个晶闸管的控制角 $\alpha$ 一致，六块触发板 1CF～6CF 输入的同步信号电压 $u_s$ 也必须依次相隔 60°。为了得到六个不同相位的同步电压，通常用一只三相同步变压器 TS 具有两组二次绕组，二次侧得到相隔 60°的六个同步信号电压分别输入六个触发电路。同步信号电压 $u_s$ 下标的符号与被触发晶闸管阳极电压符号一致，如图 5-40b 所示。因此只要一块触发板的同步信号电压相位符合要求，那其它五个同步信号电压相位也肯定正确。

那么，每一个触发电路的同步信号电压 $u_s$ 与被触发晶闸管的阳极电压必须有怎样的相

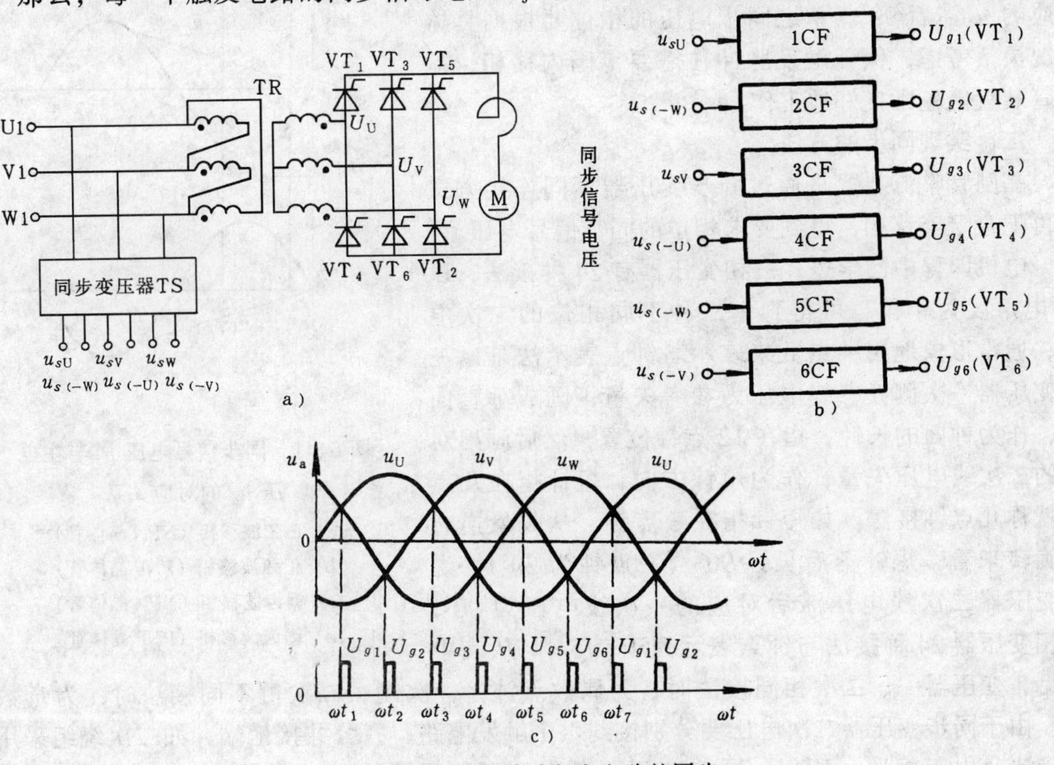


图 5-40　触发脉冲与主电路的同步

位关系呢？这决定于主电路的不同形式、不同的触发电路、负载性质以及不同的移相要求。现以触发 $VT_3$ 管的触发电路 3CF 为例，输入的同步电压为 $u_{sV}$与 $VT_3$ 管的阳极电压 $u_V$对应，二者在三相桥式电路中要求特定的相位关系如图 5-41 所示，触发电路晶体管类型（PNP 还是 NPN），是指信号综合的晶体管，如图 5-23 中的 $V_1$ 管、图 5-29 中的 $V_1$ 管。

对于图 5-23 触发电路，为正弦波移相由 NPN 晶体管组成，在大电感负载要求可逆工作时，常把同步电压 $u_{sV}$由负变正过零点定在主电路 $\alpha=90°$位置 $\omega t_2$ 时刻，如图 5-41a 所示，$\alpha=0°$对准同步电压最大负值 $\omega t_1$时刻，因此 $u_{sV}$应滞后对应的晶闸管阳极电压 $u_V$ 120°。如改用 PNP 晶体管电路，则 $u_{sV}$应超前对应的 $u_V$60，图 5-41b 所示。对于图 5-29 锯齿波移相电路，通常 $u_{sV}$与 $u_V$相差 180°，使主电路 $\alpha=90°$即 $\omega t_2$ 时刻正恰近似在锯齿波的中点附近，图 c 所示。当锯齿波移相采用 PNP 晶体管触发电路时，$u_{sV}$与 $u_V$同相，如图 5-41 所示。

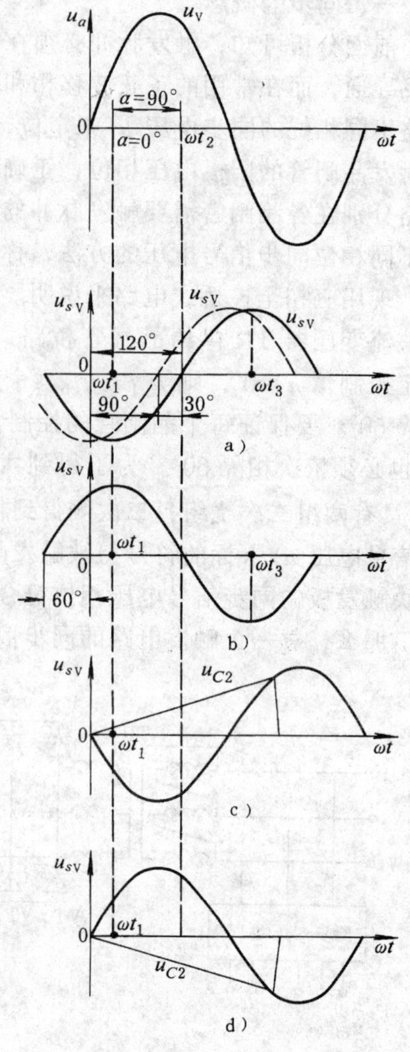


图 5-41　同步信号电压 $u_s$ 与主电压 $u_a$ 的对应关系

a）正弦波移相（NPN 晶体管）
b）正弦波移相（PNP 晶体管）
c）锯齿波移相（NPN 晶体管）
d）锯齿波移相（PNP 晶体管）

当脉冲移相范围要求较小时，如正弦波移相电路，为了避免同步电压顶部过于平坦，交点不明确，工作不稳定，选择线性较好的工作段，也可以将同步电压 $u_{sV}$前移 30°，如图 5-41a 虚线位置，这样就要求 $u_{sV}$比对应的 $u_V$滞后 90°。总之同步电压的相位要根据具体情况灵活考虑，保证触发脉冲在需要范围内移相，晶闸管装置能正常良好地工作。

## 二、实现同步的方法

晶闸管整流装置是通过同步变压器不同连接方式或再配合阻容移相，得到要求相位的同步信号电压。

电机课程中已学过，三相变压器有 24 种接法，以 30°电角度为单位，可得到十二种不同相位的二次电压，通常形象地用钟点数来表示。钟点表示法是以三相变压器一次侧任一线电压为参考矢量，画成垂直向上，作为钟面的长针，指在 12 点钟位置，然后画出对应的二次线电压矢量，作为短针方向，短针指在几点钟就称几点钟接法。如短针指在 3 点钟，从矢量逆时针旋转来看，短针落后长针 90°（一点钟为 30°），说明变压器二次线电压滞后对应的一次线电压为 90°，三相变压器 24 种接法与钟点表示列于表 5-4。从表中可见，变压器一、二次相同接法时，为偶数点钟；一次侧、二次侧不同接法时，为奇数点钟。由于同步变压器二次电压要分别接到六个触发电路，有公共接地端，如二次绕组采用三角接法会引起短路，所以，同步变压器二次侧只能星形连接，只能有 Y/Y 和 D/Y（△/

丫）两种型式的接法。

**表 5-4　三相变压器接法与钟点数**

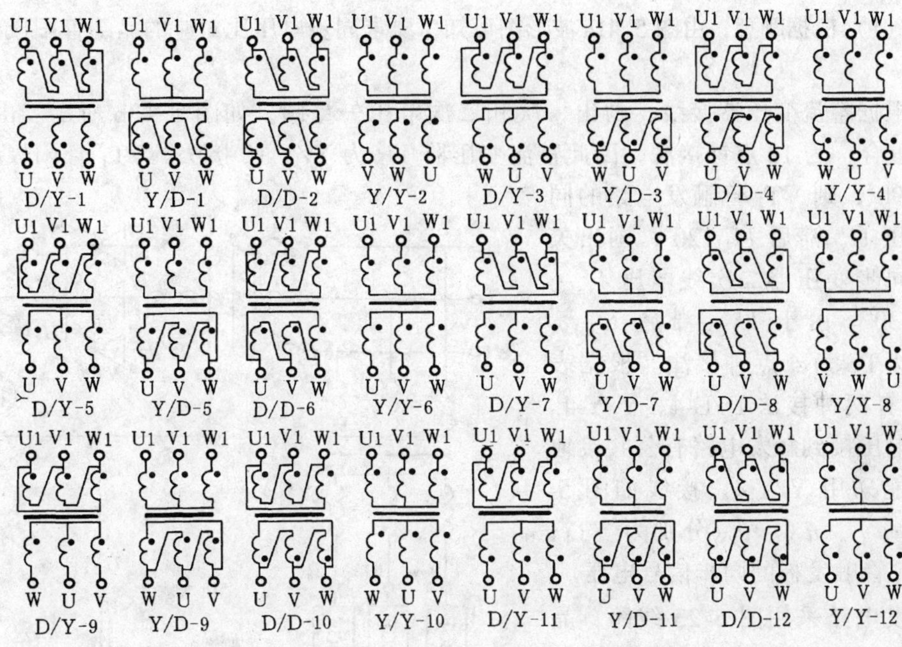


以图 5-40a 电路的整流变压器 TR 为例，选择 $\dot{U}_{U1V1}$一次线电压为参考矢量，根据接法与标出的同名端，二次电压 $\dot{U}_V$与 $\dot{U}_{U1V1}$同相，由此画出 $\dot{U}_{UV}$超前 $\dot{U}_V$30°，$\dot{U}_{UV}$指在 11 点钟位置，所以这种接法为 D/Y-11，表示一次侧为 D 接，二次侧为 Y 接，二次线电压落后对应的一次线电压 330°或超前 30°，矢量图如图 5-42 所示。

(12)
$\dot{U}_{U1V1}$
(11)
$\dot{U}_{UV}$
$\dot{U}_U$
30°
D/Y-11

图 5-42　整流变压器矢量图

实现同步的具体步骤如下：

1）根据不同触发电路与脉冲移相范围的要求，确定同步信号电压 $u_s$ 与对应晶闸管阳极电压之间的相位关系，如图 5-41 所示或根据具体要求确定。

2）根据整流变压器 TS 的接法与钟点数，以电网某线电压作参考矢量，画出整流变压器二次侧也就是晶闸管阳极电压的矢量。再根据第一点确定的同步信号电压 $u_s$ 与晶闸管阳极电压的相位关系，画出对应的同步相电压矢量和同步线电压的矢量。

3）根据同步变压器二次线电压矢量位置，定出同步变压器 TS 的钟点数和接法。按照上述步骤确定的同步变压器接法之后，只需把同步变压器二次电压 $U_{sU}$、$U_{sV}$、$U_{sW}$分别接到 $VT_1$，$VT_3$，$VT_5$ 管的触发电路；$U_{s(-U)}$、$U_{s(-V)}$、$U_{s(-W)}$分别接到 $VT_4$、$VT_6$、$VT_2$ 的触发电路，与主电路的符号完全对应，即能保证触发脉冲与主电路同步。

## 三、同步举例

1）已知三相半波可控整流电路，整流变压器 TR 如图 5-43a 接线，采用图 5-23 触发电路，电路要求工作在整流与逆变状态，求同步变压器接法。

**解** (1) 根据题意，由图 5-41a 波形图可知，要求同步电压比对应的晶闸管阳极电压滞后 120°。

(2) 根据整流变压器接线，画出一次和二次电压矢量图，如图 5-43b 所示。由于 $\dot{U}_{UV}$ 与 $\dot{U}_{U1V1}$重合，为 12 点钟接法，因此整流变压器 TR 为 Y/Y-12 接法。$VT_1$ 管阳极电压 $\dot{U}_U$ 滞后 $\dot{U}_{UV}$90°，则 $VT_1$ 管触发电路的同步信号电压 $\dot{U}_{sU}$滞后 $\dot{U}_U$120°，画出矢量位置。同步变压器二次线电压 $\dot{U}_{sUV}$ 超前 $\dot{U}_{sU}$ 30°。由于 $U_{sUV}$ 滞后 $U_{U1V1}$ 120°，所以 TS 为 4 点钟接法。根据表 5-4，可以有两种接法 D/D-4、Y/Y-4。由于同步电压接到触发电路有公共接地端，故只能采用 Y/Y-4，接线如图 5-43a 所示，$u_{sU}$、$u_{sV}$、$u_{sW}$分别为 $VT_1$、$VT_2$、$VT_3$ 管触发板的同步信号电压。

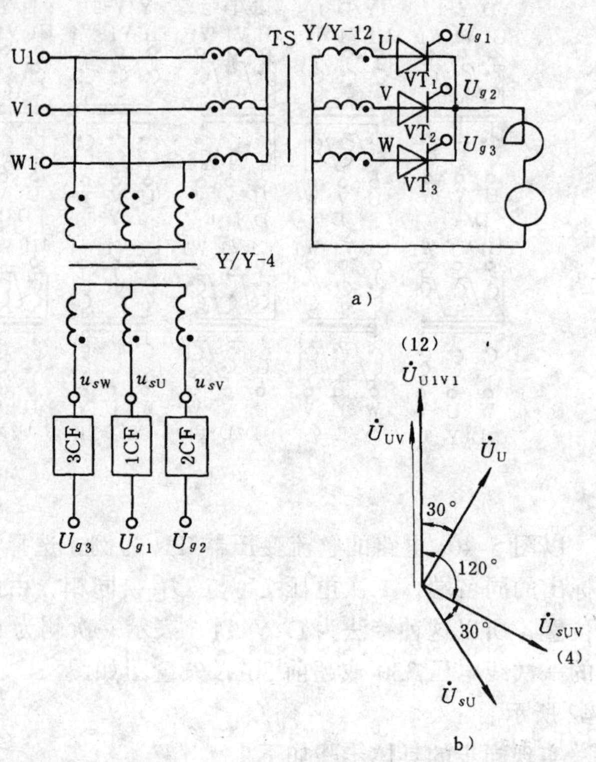


图 5-43 三相半波整流电路同步变压器接法与矢量图

如触发电路采用图 5-23 线路，晶体管换成 PNP 类型，则根据图 5-41b，要求同步信号电压 $u_s$ 超前晶闸管阳极电压 60°，同样画出矢量图，求得同步变压器 TS 为 Y/Y-10 接法。

2）三相桥式全控整流电路，整流变压器 TR 接法为 D/Y-5，触发电路为图 5-29 锯齿波移相，电路要求工作在逆变状态。同步变压器 TS 二次相电压 $U_s$ 经阻容滤波后为 $U_s'$ 再接到触发电路，$U_s'$滞后 $U_s$30°，电路结构如图 5-44a 所示，试求：

① 求同步信号电压 $u_{sU}$与对应的晶闸管阳极电压 $U_U$ 的相位关系；

② 确定同步变压器 TS 的钟点数与接法。

**解** (1) 根据题意，由图 5-41c 波形图可见，要求同步电压 $U'_{sU}$ 比对应的晶闸管阳极电压 $U_U$ 滞后 180°。由于存在滤波环节有 30°的相位滞后，所以同步信号电压 $U_{sU}$比 $U_U$ 滞后 150°。

(2) 根据整流变压器 D/Y-5 的接法，画出一次和二次电压矢量图，晶闸管 $VT_1$ 阳极电压 $\dot{U}_U$与 $\dot{U}_{U1V1}$反相。在 $\dot{U}_U$滞后 150°的位置画出同步变压器二次电压 $\dot{U}_{sU}$，则对应线电压 $\dot{U}_{sUV}$超前 $\dot{U}_U$30°，在 10 点钟位置；$\dot{U}_{s-U-V}$在 4 点钟位，如 b 图所示。所以同步变压器两组二次侧一组为 Y/Y-10，另一组为 Y/Y-4，电路的同步连接如图 5-44c 所示，10 点钟一组

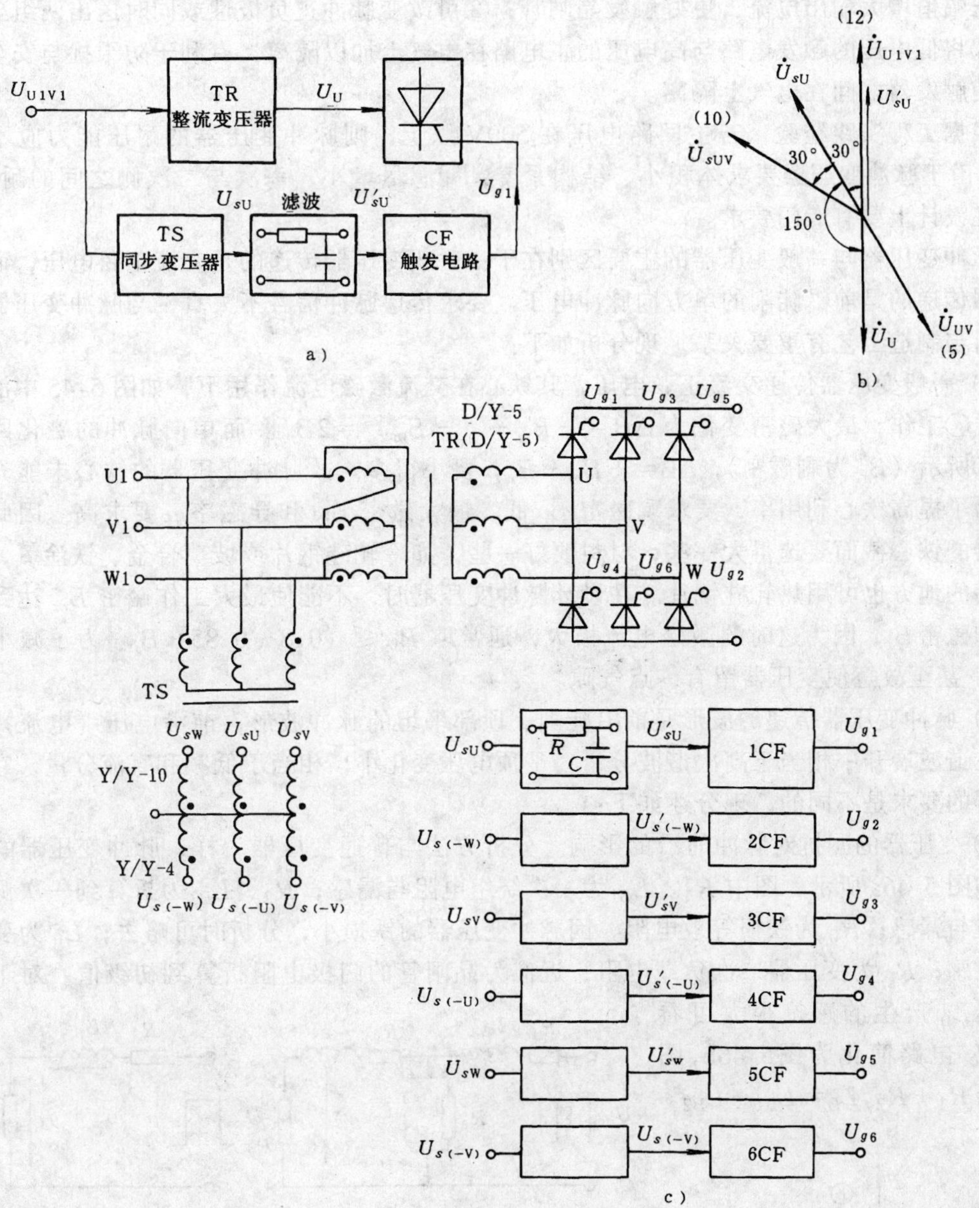


图 5-44 NPN管锯齿波移相、带滤波触发电路的同步

为 $U_{sU}$、$U_{sV}$、$U_{sW}$，接晶闸管 $VT_1$、$VT_3$、$VT_5$ 管触发电路的同步信号输入端；4 点钟一组为 $U_{s(-U)}$、$U_{s(-V)}$、$U_{s(-W)}$，接晶闸管 $VT_4$、$VT_6$、$VT_2$ 触发电路的同步信号输入端，晶闸管装置即能正常工作。

## 第八节 脉冲变压器与防止误触发的措施

### 一、脉冲变压器（Pulse Transformer）

触发电路的输出级中常采用脉冲变压器，它的主要用途为：①起阻抗匹配作用，降低脉冲电压幅值增大输出电流，更好触发晶闸管；②可改变脉冲正负极性或同时送出两组独立脉冲；③将低电压的触发电路与高电压的主电路在电气上加以隔离，有利于防干扰与安全，并且可使触发器之间在电气上隔离。

根据工程实践经验，若主回路电压在 500V 以上，则脉冲变压器的耐压能力应不低于 3kV。由于脉冲变压器要求体积小、结构紧凑，漏感尽量小，一次与二次侧之间的耐压高，因此在设计上要有专门要求。

脉冲变压器与一般变压器的主要区别在于：一般变压器传递的是交流正弦电压，而脉冲变压器传递的是前沿陡削的单方向脉冲电压。要求传递脉冲信号不失真，与脉冲变压器的铁心材料与制造工艺有重要关系，现分析如下：

1）一般变压器传递交流正弦电压，其铁心在交流激磁电流作用下，如图 5-45 中沿着磁滞回线ⓐ工作，最大磁密变化为 $\Delta B=+B_m-(-B_m)=2B_m$。而单向脉冲的磁化回线为曲线ⓑ所示（$B_r$ 为剩磁密），$\Delta B=+B_m-B_r$，要小得多。故脉冲变压器的铁心未能充分利用。为了提高铁心利用率，要求剩磁密 $B_r$ 低、最大磁密 $B_m$ 和导磁率 $\mu$ 要求高。因此脉冲变压器的铁心截面要选得大一些，材料要好一些，如冷轧硅钢片或坡莫合金、铁淦氧，在要求不高的地方也可用热轧硅钢片。在设计脉冲变压器时，不能使最大工作磁密 $B_m$ 达到铁心的饱和磁密 $B_s$，因为这时的激磁电流极大，通常取 $B_m \leqslant (0.8\sim0.85)B_s$。为了减小剩磁密 $B_r$，甚至故意使变压器留有一点气隙。

2）脉冲变压器传递的波形是前沿陡削、顶部平坦的脉冲波形，前沿电压（电流）变化大，在谐波展开中相当于高次谐波分量；平顶电压变化小，相当于低频和直流分量，它们对变压器的要求是不同的，现分述如下：

① 变压器的漏抗对脉冲前沿的影响。分析方法与普通变压器一样，脉冲变压器的等值电路如图 5-46a 所示，图中 $R_1$、$L_{B1}$为一次绕组电阻与漏感；$R_2$、$L_{B2}$为折算到一次侧的二次电阻与漏感；$R_0$ 为铁损等效电阻，因脉冲变压器的铁损小，分析时可略去；$L_0$ 为变压器励磁电感；$R_g$ 为变压器二次负载电阻，近似为晶闸管的门极电阻折算到初级值。对于脉冲前沿，$L_0$ 产生的感抗很大可看成开路，电路简化为图5-46b，图中 $R=R_1+R_2$，$L_B=L_{B1}+L_{B2}$。

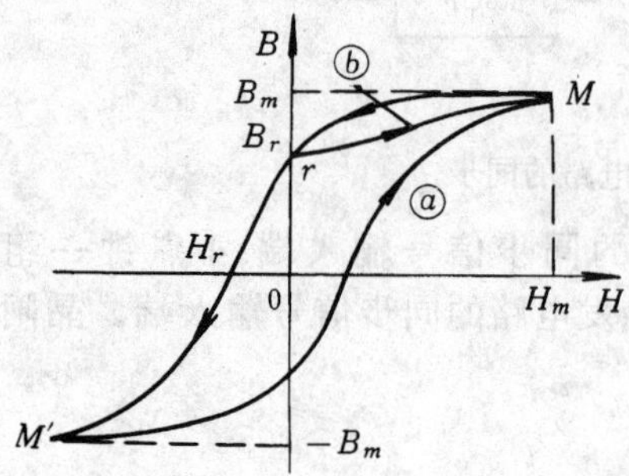


图 5-45　铁心的磁化曲线

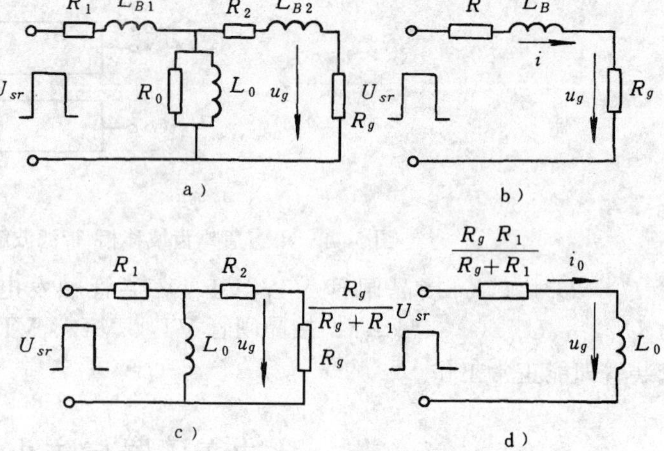


图 5-46　脉冲变压器的等效电路

列出图 5-46b 的电压方程，得

$$u_{sr} = i(R_g + R) + L_B \frac{\mathrm{d}i}{\mathrm{d}t}$$

$$i = \frac{U_{sr}}{R_g + R}(1 - e^{-\frac{t}{\tau}})$$

输出电压
$$u_g = \frac{R_g}{R_g + R} U_{sr}(1 - e^{-\frac{t}{\tau}}) \tag{5-4}$$

$$\tau = \frac{L_B}{R_g + R} \quad \text{脉冲前沿时间常数}$$

由式（5-4）可见，脉冲变压器要传递前沿很陡的信号，除了触发电路输出级晶体管采用开关管、设法提高输入脉冲 $U_{sr}$ 的前沿外，必须要减小电路时间常数 $\tau$ 值，即减小脉冲变压器的漏感 $L_B$。减小漏感可通过减少线圈圈数，一次、二次绕组并绕或一次绕组分段绕制二次绕组嵌在中间等办法。

② 变压器铁心对脉宽与平顶下倾的影响。由于平顶部分是低频分量，故 $L_B$ 可忽略，相对于门极电阻 $R_g$，$R_2$ 也可忽略，等效电路如图 5-46c 所示。通过等效发电机转换，电路变为图 5-46d，电压方程为

$$\frac{R_g}{R_g + R_1} u_{sr} = \frac{R_g R_1}{R_g + R_1} i_0 + L_0 \frac{\mathrm{d}i_0}{\mathrm{d}t}$$

流过 $L_0$ 的励磁电流 $i_0$ 为

$$i_0 = \frac{U_{sr}}{r_1}(1 - e^{-\frac{t}{\tau_0}})$$

脉冲变压器二次侧输出电压为

$$u_g = u_{L0} = L_0 \frac{\mathrm{d}i_0}{\mathrm{d}t} = \frac{R_g}{R_g + r_1} U_{sr}\ e^{-\frac{t}{\tau_0}} \tag{5-5}$$

其中
$$\tau_0 = \frac{L_0}{\dfrac{R_g R_1}{R_g + R_1}} \quad \text{为平顶下降时间常数}$$

由式（5-5）可见，要求输出脉冲顶部平坦即下降缓慢，必须使时间常数 $\tau_0 \gg t_k$（$u_{sr}$ 的脉宽），要求脉冲变压器的励磁电感 $L_0$ 大。因此，要求脉冲变压器的铁心选择高磁导率的材料，增加铁心截面，减小磁路长度，不要使铁心进入饱和，同时线圈圈数适当多一点。显然脉冲前沿陡要求圈数少，而平顶下倾少却要求圈数多，这两者中脉冲前沿陡度更重要，因此脉冲变压器的圈数不宜太多。

**二、防止误触发的措施**

晶闸管装置在调试和使用过程中，常会遇到各种电磁干扰，使晶闸管误触发，电路不能工作。管子的误触发大都由于主回路晶闸管的导通关断引起电压突变和外界干扰，经脉冲变压器绕组一次侧、二次侧之间存在的分布电容，串入晶闸管门极电路而引起的。为此通常采取以下抗干扰措施：

1）由于晶闸管装置强弱电混于一体，装置的电气工艺布置需要认真考虑。如门极电路采用屏蔽线并将金属屏蔽层可靠接地，大电流线与控制线分开走线，触发控制部分用金属外壳屏蔽，脉冲变压器尽量与晶闸管靠近以缩短门极走线，装置的接零与接壳分开等。

2）触发器的电源采用静电屏蔽的变压器供电，取自电网的同步信号也必须采用有静电屏蔽的同步变压器隔离。为了消除电网电压波形存在换流缺口的影响，在要求稍高的场合可采用阻容移相滤波环节。

3）在晶闸管门阴极之间或在脉冲变压器二次侧输出端，串并二极管、电阻、电容、有利于防干扰。通常在门、阴极之间并接 0.01～0.1μF 的小电容可有效吸收高频干扰，要求高的场合可在门极与阴极之间加反向偏置电压。

4）采用触发电流大的晶闸管。

# 第九节 晶闸管可控整流应用实例

## 一、ZLK-1 电磁调速异步电动机的调速控制（滑差电机控制）

本装置由 $JZT_1$、$JZT_2$ 系列电磁调速异步电动机（滑差电动机）作拖动电动机，它由 $JO_2$ 型异步电动机与电磁离合器组成，是一种交流无级变速电动机。当电动机带动离合器电枢旋转时，电枢切割由激磁电流产生的磁力线，在电枢中产生涡流，此涡流与转子磁极相互作用，使磁极转子跟随电枢同方向旋转。在负载转矩与异步电动机转速一定时，增大磁极激磁电流，电动机与磁极转子之间的作用力增大，则生产机械的转速升高；反之则转速降低。ZLK-1 型调速控制器与 JZT 系列电动机配套，控制离合器的激磁电流，在 0.6～30kW 功率范围内，实现单机无级调速控制。

ZLK-1 滑差电动机调速控制电路如图 5-47 所示，它由单相半波可控整流、给定反馈比较、前置放大以及移相触发等环节组成。具有转速负反馈的系统方框图如图5-48所示。分

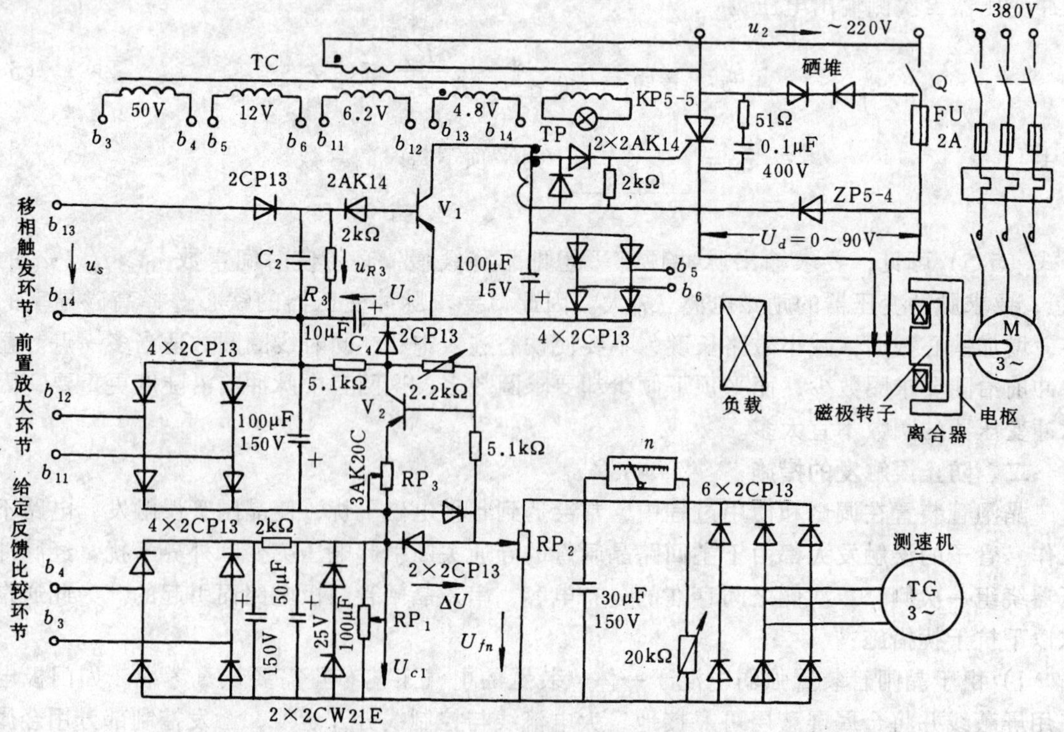


图 5-47 ZLK-1 型滑差电动机调速装置

别叙述如下：

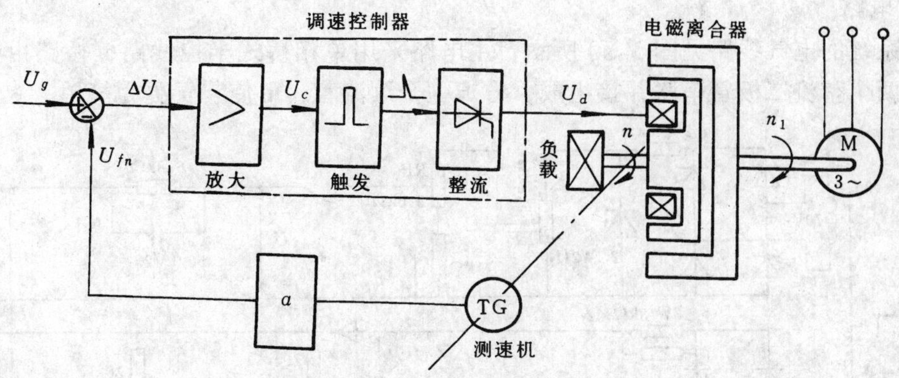


图 5-48　具有速度负反馈的电磁离合器调速系统方框图

(1) 给定反馈比较环节　速度给定 $U_{c1}$ 由单相整流、滤波、稳压得到，调节 $RP_1$ 即可调节给定量。速度反馈由三相测速发电机（永磁式）发出三相交流，经三相整流、滤波，由 $RP_2$ 调节反馈量，使 $U_{fn}$ 与 $U_{c1}$ 反极性叠加，送入前置放大。

(2) 前置放大环节　由 $V_2$（3AK20C）组成，硅二极管正反向输入限幅，在电阻 5.1kΩ 放大输出。

(3) 移相触发环节　采用同步电压为锯齿波的单只晶体管触发电路，变压器 TC 二次侧 $b_{13}$、$b_{14}$ 端供给 4.8V 同步信号电压 $u_s$。当 $u_s$ 电压在 $0\sim\omega t_1$ 期间，电容 $C_2$ 充电，$\omega t_1\sim\omega t_4$ 期间 $C_2$ 通过 $R_3$ 放电，波形如图 5-49 所示，在电阻 $R_3$ 上得到近似的锯齿波电压。

移相控制采用电压串联叠加，由前置放大在电容 $C_4$ 上的输出电压作移相控制电压 $U_c$，通过 $U_c$ 与锯齿波电压 $U_{R3}$ 串联叠加，控制晶体管 $V_1$ 导通。当 $U_{R3}$ 在数值上小于 $U_c$（图中 $\omega t_3\sim\omega t_4$ 期间），$V_1$ 由截止转为导通。由充好电的电容（100μF）对脉冲变压器一次侧供电，送出脉冲。为了保证电路正确同步，晶闸管阳极电压 $u_a$ 与同步电压 $u_s$ 反相，变压器同名端如图 5-47 所示。

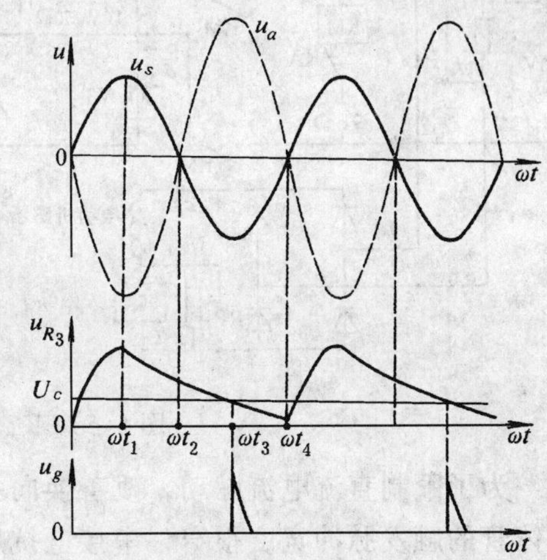


图 5-49　锯齿波同步电压波形

电路调节过程：起动时 $U_{fn}=0$，给定 $U_g$ 输入 $V_2$ 管放大，电容 $C_4$ 上电压 $U_c$ 增大，与锯齿波电压 $U_{R3}$ 交点左移，晶闸管控制角 $\alpha$ 减小，离合器激磁电流增大，滑差电动机转速升高，稳定在某一转速。给定电位器 $RP_1$ 改变，电动机转速可以无级调节。

此种调速结构简单、工作可靠、机械特性硬度较高、调速范围较宽、带动转动惯量大的生产机械起动平滑、无机械冲击与磨损，具有过载保护即负载过大时转速会自动下降。主要缺点是效率较低，效率近似为 $1-s$（$s$ 为离合器转差率）。目前在取代部分直流电动机无级调速方面得到广泛应用。

## 二、KDZ-Ⅱ晶闸管直流调速装置

1. 主电路

整个系统的电气线路见图 5-50 所示，主电路采用单相桥式半控线路，桥路由两个晶闸管串联与两个整流二极管串联并接组成，省掉一个续流管，可使装置更为简单。

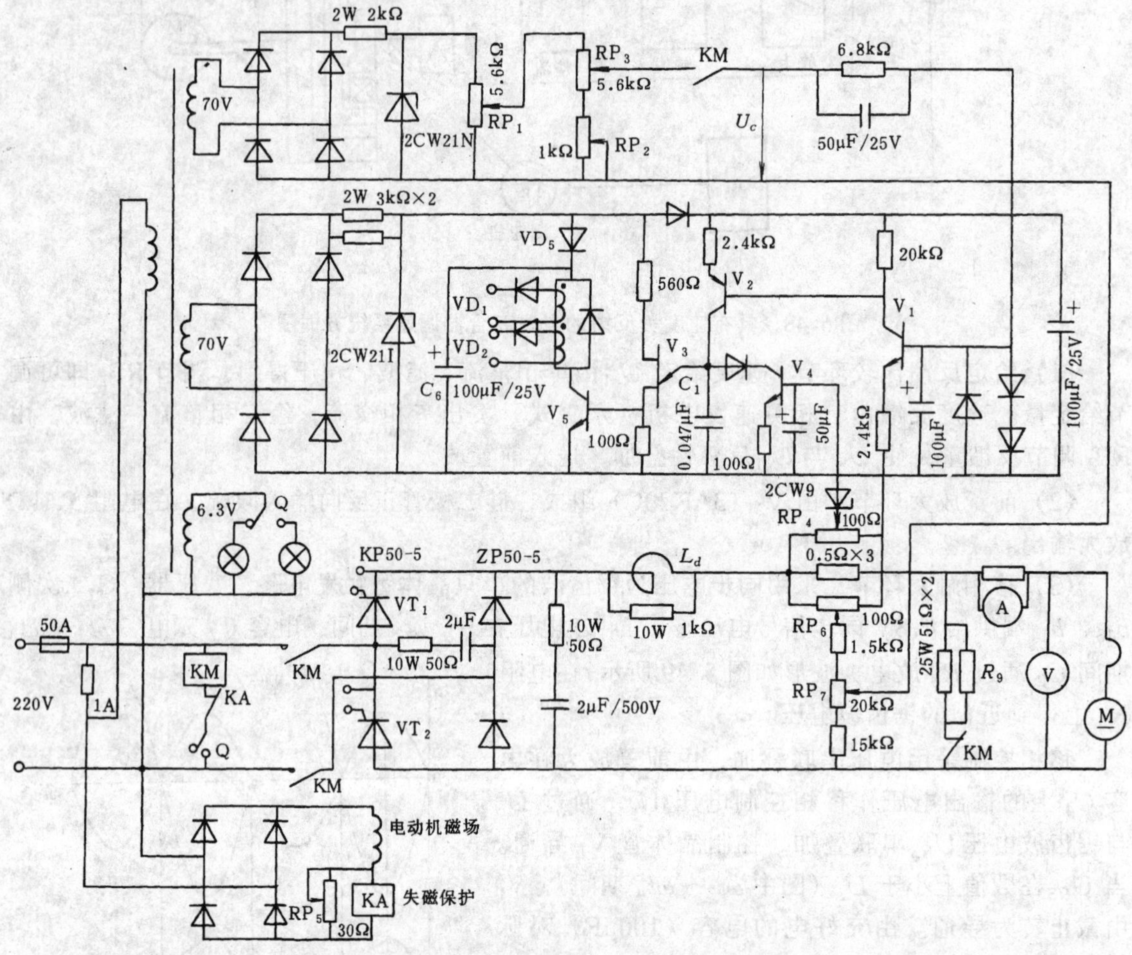

图 5-50　KZD-Ⅱ晶闸管直流调速原理图

为了限制直流电流脉动，改善换向并使电流连续，电路接入平波电抗器 $L_d$。由于单结晶体管的触发脉冲宽度很窄，串接电抗后会引起触发时，晶闸管电流上升不到掣住电流脉冲就已消失，使管子重新关断，故在电抗两端并接 1kΩ 电阻。此电阻还可在主电路突然阻断时，为电抗器提供放电回路。

为了加快制动与停车本装置采用能耗制动，由电阻 $R_9$ 与主电路接触器常闭触点组成制动环节。

电动机激磁由单独整流电路供电，为了防止电动机失磁而引起“飞车”事故，在激磁电路中，串接欠电流继电器 KA，动作电流可通过电位器 $RP_5$ 进行调整。

整流桥交直流侧都设置了阻容保护。

2. 触发控制电路

触发电路采用由单结晶体管组成的弛张振荡器，控制晶体管 $V_1$、$V_2$ 的导通程度，实现对电容 $C_1$ 的充电快慢的控制，达到使触发脉冲移相的目的。为了增大输出脉冲的幅值与宽度，单结晶体管 $V_2$ 的输出脉冲经 $V_5$ 管放大。$VD_5$ 为隔离二极管，使电容 $C_6$ 两端电压被充至整流电压峰值，在 $V_5$ 导通时 $C_6$ 对脉冲变压器一次侧放电，以增加脉冲的功率与前沿陡度。$VD_5$ 可隔离 $C_6$ 上电压对单结晶体管所需要的梯形电压的影响，二极管 $VD_1$ 同样起隔离作用。

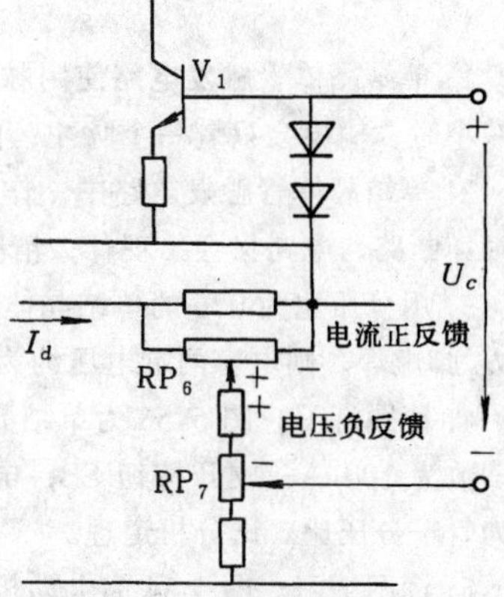

图 5-51　电流正反馈、电压负反馈连接图

电动机的转速调节是由电位器 $RP_3$ 控制的速度控制电压 $U_c$ 与电压、电流反馈信号综合后送到晶体管 $V_1$ 的基极来实现的，其极性连接如图 5-51 所示。

电路还设置电流截止保护环节，过电流信号由电位器 $RP_4$ 上取出，当电流达到截止值时，稳压管 2CW9 击穿，使晶体管 $V_4$ 饱和导通，将电容 $C_1$ 近似短路，触发电路停发脉冲，使直流电流值下降。

该装置适用于小功率调速，不同容量形成一个系列，其电路控制框图如图 5-52 所示。

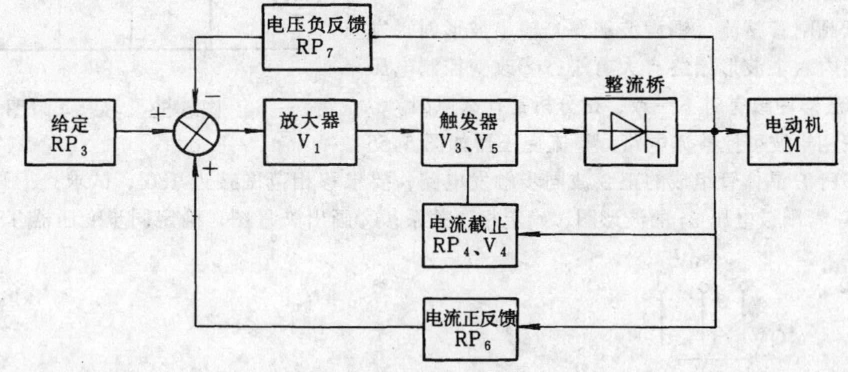

图 5-52　KZD-Ⅱ控制框图

## 小　结

触发电路是晶闸管装置中的控制环节，是装置能否正常工作的关键。对触发电路的要求是：与主电路同步，能平稳移相且有足够的移相范围，脉冲前沿陡且有足够的幅值与脉宽，稳定性与抗干扰性能好等。本章着重介绍了单结晶体管、正弦波移相与锯齿波移相三种触发电路。近几年来集成触发器已获得广泛应用，它比分立元件体积小、可靠性高，调整使用方便。生产实际中的触发电路千变万化，要求在掌握原理的基础上，通过应用实例的学习，学会分析方法，逐步提高识图能力。对于三相可控整流装置，触发脉冲与主电路电压的同步是十分重要的，通常是通过同步变压器的不同连接即不同钟点数再配以阻容移相获得所要求相位的同步信号电压。

由于晶闸管触发电平低，又与大电流、非正弦的主电路共处在一个装置中，因此对于触发电路的防干扰必须十分重视，采取切实的防干扰措施，保证装置的正常工作。

# 思考题与习题

1. 单结晶体管触发电路使用脉冲变压器输出时，当电阻 $R_c$ 减小，脉冲增多变密，$\alpha$ 减小。当 $R_c$ 进一步减小时，输出会只剩一个脉冲；再进一步减小 $R_c$ 时连一个脉冲都没有了，这是为什么？

2. 单结晶体管触发电路中，作为 $U_{bb}$ 的削波稳压管如两端并接滤波电容，电路能否正常工作？如稳压管损坏断路，电路又会出现什么情况？

3. 用分压比为 0.6 的单结晶体管组成的振荡电路，$U_{bb}=20\text{V}$，问峰值电压 $U_p$ 为多大？若管子 $b_1$ 脚或 $b_2$ 脚虚焊，则电容两端电压约为多少？

4. 读图练习，图 5-53 为单结晶体管分压比测量电路，测量步骤为 SB 合上，调节 50kΩ 电位器，使电表读数为 100μA，放开按钮 SB，电表读数与 100μA 之比，即为管子分压比。试分析道理。

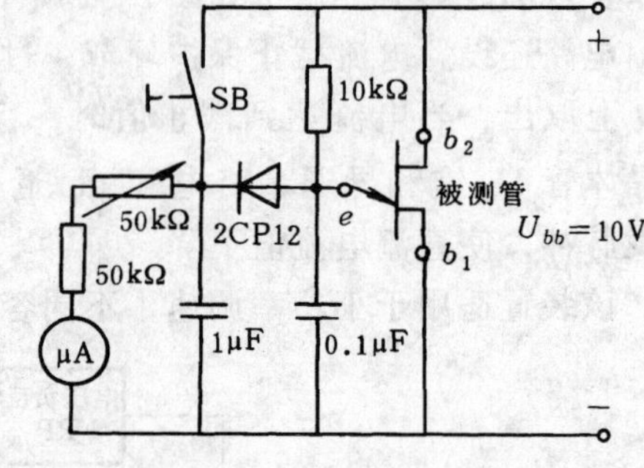


图 5-53　习题 4 附图

5. 读图练习。图 5-54 为电动机正反转定时控制，调节 $RP_1$、$RP_2$ 能改变正、反转工作时间，试说明电路工作原理。

6. 触发电路中设置控制电压 $U_c$ 与偏移电压 $U_b$ 各起什么作用？如何使用调整？

7. 在调试晶闸管整流（锯齿波触发）输出波形时，发现①一个周期内六个波形始终有大有小；②改变控制电压时，有时六个波形一致有时不一致，试分析是什么原因。

8. 已知三相半波可控整流电路，整流变压器如图 5-55 接法，采用由 PNP 晶体管组成的正弦波同步触发电路，要求移相范围接近 180°，试求：①画出同步电压 $u_{sU}$ 与对应 $VT_1$ 管阳极电压 $u_U$ 的波形图，确定相位关系；②画出矢量图，确定同步变压器 TS 的接法与钟

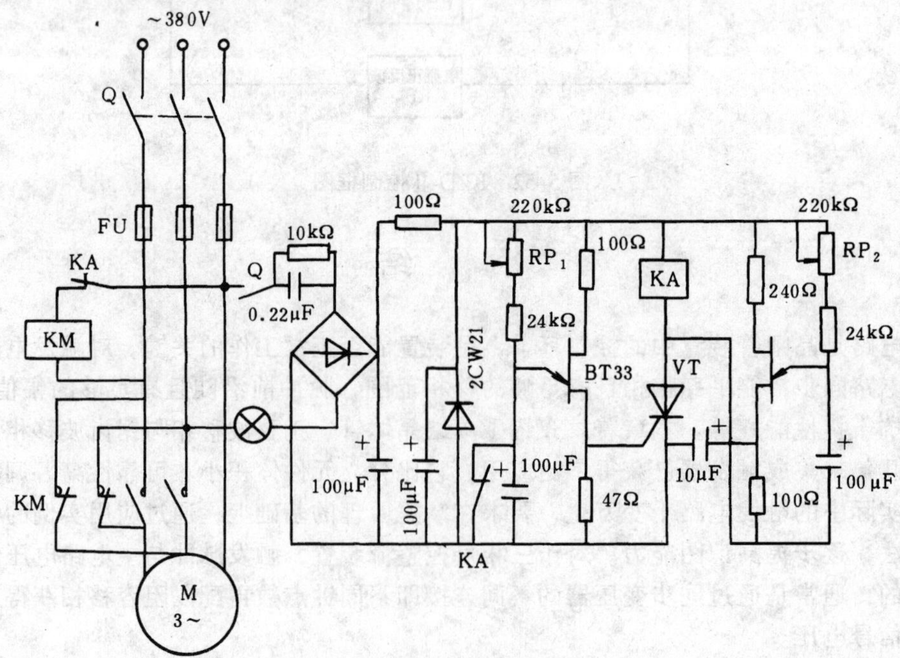


图 5-54　习题 5 附图

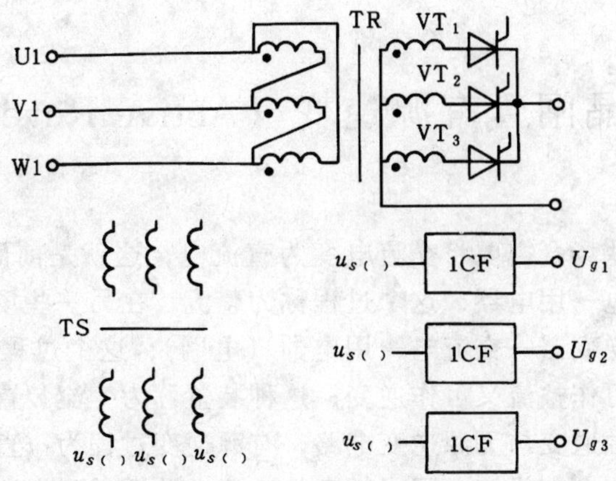


图 5-55 习题 8 附图

点数并画出变压器连接图，标出同名端，填写端下标符号。($u_{sU}$超前 $u_U$60°，TS 为 D/Y-3)。

9. 三相桥式全控整流电路，整流变压器 TR 为 D/Y-7，触发电路采用 PNP 管锯齿波同步移相，考虑锯齿波起始段的非线性，留出 60°裕量，求：①同步电压 $u_s$ 与对应主电压的相位关系；②画出矢量图确定同步变压器的接法与钟点数。($u_s$ 超前对应主电压 30°，同步变压器为 Y/Y-6，Y/Y-12)

10. 为什么三相可控整流装置不仅内部接线相序要正确，而且电源进线的相序也必须正确且与内部要求一致？

11. 图 5-56 是密勒积分锯齿波移相触发电路，它由哪些基本环节组成？画出①～⑦点及输出触发脉冲的波形。

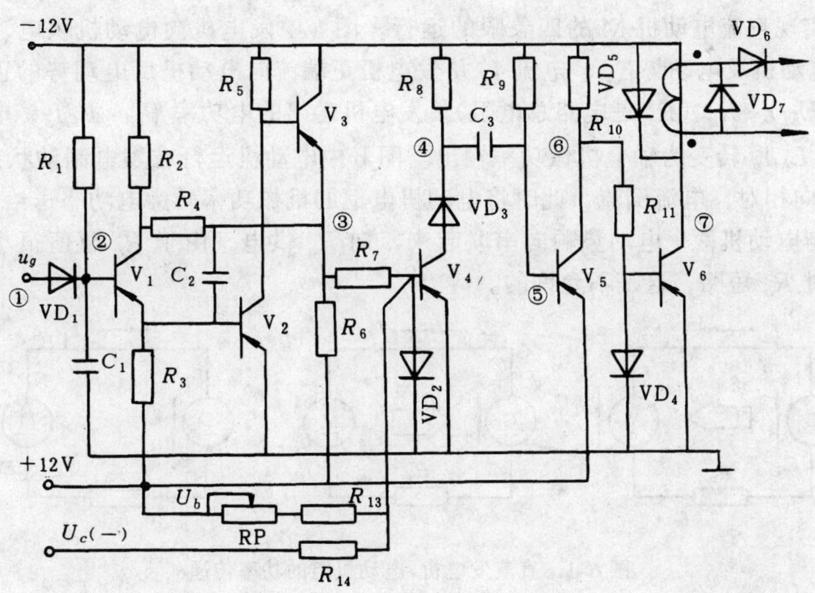


图 5-56 习题 11 附图

# 第六章　晶闸管有源逆变（Active Reverse）电路

在实际应用中，有些场合需要将交流电变为直流电，这就是前面研究的整流电路，即：交流电→整流器→直流电→用电器，这个过程称为整流。在另一些场合则需要将直流电变成交流电，即：直流电→逆变器→交流电→用电器（电网），这个过程称为逆变。在一定条件下，一套晶闸管电路既可作整流又可作逆变，这种装置称为变流装置或变流器。

逆变电路又分为有源逆变与无源逆变电路，有源逆变过程为：直流电→逆变器→交流电→交流电网，这种将直流电变成和电网同频率的交流电并返送到交流电网去的过程称为有源逆变。无源逆变过程为：直流电→逆变器→交流电（频率可调）→用电器，这种将直流电逆变为某一频率或可变频率的交流电直接供给负载应用的过程称为无源逆变。

本章先讨论有源逆变。有源逆变在生产上应用很多，如直流电动机的可逆调速、绕线转子型异步电动机的串级调速、高压直流输电等。

## 第一节　有源逆变的工作原理

### 一、直流发电机-电动机系统功率的传递

图 6-1 是直流发电机-电动机系统，电机励磁回路均未画出，控制发电机 G 电动势的大小与方向可实现直流电动机 M 的四象限的运行。图 a 中发电机向电动机供电，发电机电动势 $E_G$ 大于电动机反电动势 $E_M$，电流 $I_d$ 从发电机正端流向电动机反电动势的正端，电流值 $I_d=(E_G-E_M)/R_a$（$R_a$ 是电路总电阻）。发电机送出的电功率 $P_G=E_GI_a$，电动机吸收的电功率 $P_M=E_MI_d$ 转变为轴上机械功率输出。图 b 中电动机运行在发电制动状态，此时 $E_M$ 大于 $E_G$，方向相对，电流倒流，此时将电动机电枢的机械功率转为电功率送给发电机。图 c 中是发电机与电动机两个电动势顺向串联起来，向 $R_a$ 供电，由于 $R_a$ 阻值很小，实际上是两个电源通过 $R_a$ 短路，这是不允许的。

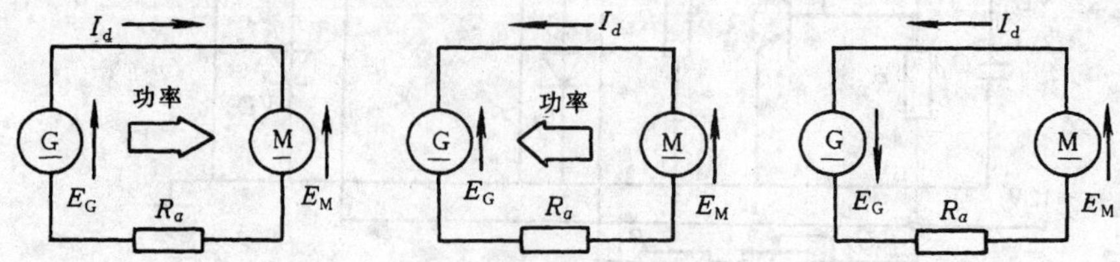


图 6-1　直流发电机-电动机组的功率传递

由上面的讨论，可归纳如下几点：

1）两个电源同极性相连时，电流从电动势高的电源正极流向电动势低的电源正极，电流大小由两个电势之差与回路的总电阻决定。如果回路电阻很小，那么很小的电动势差也可以产生足够大的电流，使两个电源之间交换很大的功率。

2）电流从电源的正端流出，则该电源输出功率，从电源的正端流入，则该电源吸收功

率。

3）两个电源反极性相连时，回路电流由两电势之和与回路的总电阻决定，这时两个电源都输出功率，功率消耗在电阻上，如电阻很小，电流很大，相当于短路。

## 二、有源逆变的工作原理

用晶闸管整流电路替代直流发电机，以由单相全波可控整流电路供电的直流电动机带动卷扬机，并串接大电感。为便于分析忽略变压器漏抗与晶闸管正向压降，$L_d$、$R_d$ 分别为电路总电感与总电阻，现以卷扬机提升与下降重物两种工作情况来进行分析。

（一）重物提升，变流器工作于整流状态

由第二章第二节单相全波整流的分析可知，大电感负载在整流状态时 $U_d = 0.9U_2\cos\alpha$，控制角 $\alpha$ 的移相范围为 0°～90°，电路状态与波形如图 6-2a 所示。图中 $U_d$ 与 $E$ 的箭头方向为规定的正方向，电压箭头为高电位到低电位，电动势则相反，是由低到高，而两端正负号表示 $U_d$ 与 $E$ 的实际正负端。电动机工作在电动状态 $U_d > E$，变流器才能输出直流功率，电流值 $I_d$ 为

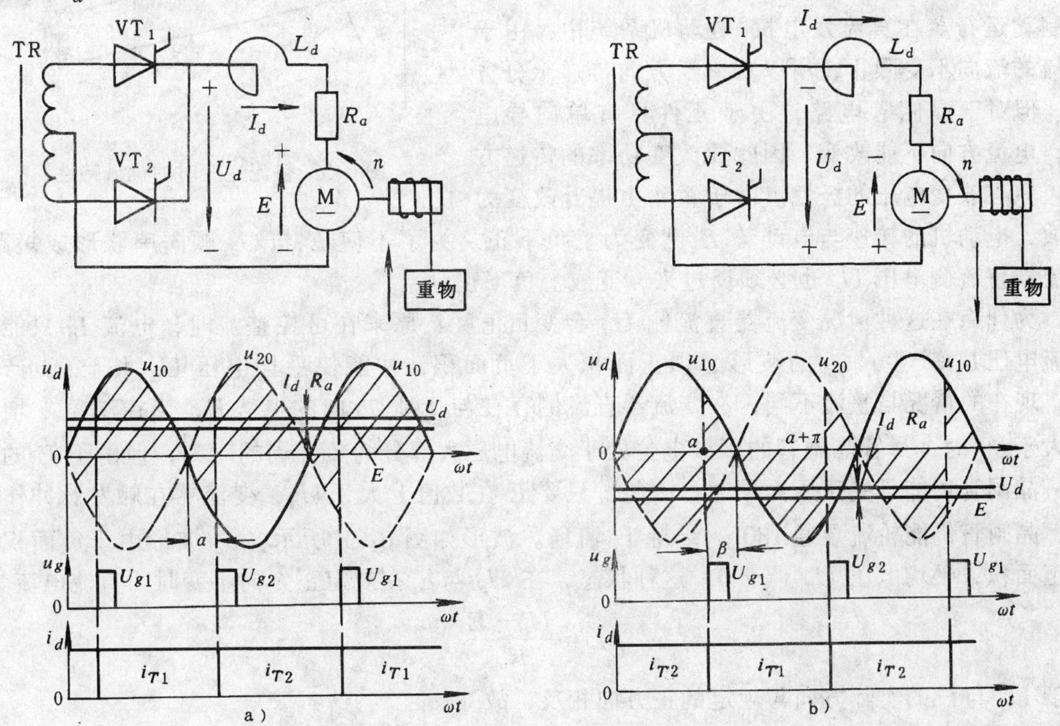


图 6-2　全波电路的整流和逆变

a）$\alpha = 45°$　b）$\beta = 45°$

$$I_d = \frac{U_d - E}{R_a}$$

因 $R_a$ 阻值很小，其电压也很小，因此 $U_d \approx E$。电流 $I_d$ 从 $U_d$ 的正端流出，从电动机反电势 $E$ 的正端流入，故由交流电源经变流器输出电功率，直流电动机吸收电功率并将其转换为轴上的机械功率以提升重物。如在提升运行中突然使晶闸管的控制角 $\alpha$ 减小，则 $U_d$ 增大，瞬时引起电流 $I_d$ 增大，电动机产生的电磁转矩亦增大，因电动机轴上重物产生的阻转矩不变，

所以电动机转速升高，提升加快。随着转速的升高，电动机的反电势 $E=C_e\phi n$ 亦增大，使 $I_d$ 恢复到原来数值，此时电动机稳定运行在较高转速。反之 $\alpha$ 值增大，电动机转速减小。所以改变晶闸管的控制角，可以很方便地对电动机进行无级调速，从而改变提升的速度。

当 $\alpha$ 增大到某值如 $\alpha_3$ 值，如图 6-3 所示，如此时电动机转矩 $M_1$ 恰好与负载转矩相等，则电动机稳定在 $n=0$ 处 $a$ 点。如图中曲线①，这相当于整流器供电给电阻和电感，仍运行在整流状态。如 $\alpha$ 再增大到 90° 如曲线②，则电动机转矩小于负载转矩，于是在重物作用下电动机反转，$E$ 改变方向，$E$ 使 $I_d$ 增加，最后稳定在 $b$ 点，此时电动机运行在能耗制动状态，向整流器输出的平均功率为零。

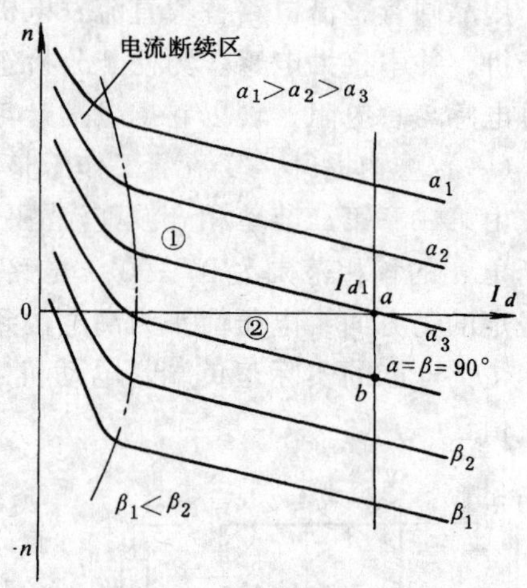


图 6-3　整流逆变时的机械特性

（二）重物下放，变流器工作于逆变状态

为了使重物能匀速下降，直流电动机必须作发电制动运行。在直流发电机-电动机系统中，由于电流的流向不受限止，所以功率反方向传递十分方便。但对于晶闸管电路，由于元件具有单向导电性，电流方向不能改变。因此要改变功率的传递方向，只有改变电压的极性。由于重物由提升改变为下放，电动机的转速与电动势 $E$ 已变为上负下正。为了不使 $E$ 与 $U_d$ 顺向串联形成短路，变流器直流侧电压 $U_d$ 也必须反过来，变成上负下正。

为什么在这种情况变流器直流侧 $U_d$ 会变负值呢？原来在可控整流时，电流 $I_d$ 只能由直流电压 $U_d$ 产生，$u_d$ 的波形必须正面积大于负面积，才能使平均电压 $U_d$ 大于 0，产生 $I_d$。现在的情况与整流不同，在变流器直流侧存在与 $I_d$ 同方向的电势 $E$，当控制角 $\alpha$ 增大到大于 90°时，尽管晶闸管的阳极电位处于交流电压大部分为负半周的时刻，但由于 $E$ 的作用，晶闸管仍能承受正压而导通。因此，只要 $E$ 在数值上大于 $U_d$，变流器在触发脉冲作用下，晶闸管仍能轮流导通 180°，维持 $I_d$ 流通。波形如图 6-2b 所示，$u_d$ 波形由于负面积大于正面积，平均电压 $U_d$ 小于 0。这种状态，在 $U_d$ 与 $E$ 在规定正方向不变时，直流电流为

$$I_d=\frac{U_d-E}{R_a}$$

由于 $U_d$ 与 $E$ 的实际方向与规定的正方向相反，故

$$I_d=\frac{-U_d-(-E)}{R_a}=\frac{E-U_d}{R_a}$$

$E$ 是产生 $I_d$ 的电动势，而 $U_d$ 却起着反电动势的作用，功率传递关系是：电动机由重物下降带动，发出直流电功率，变流器将直流电功率逆变为 50Hz 交流电功率返送到电网，这就是有源逆变的工作状态。

由于逆变时电流 $I_d$ 方向未变（也不可能变），电动机产生的电磁转矩的方向也不变，但电动机转向反了，所以电磁转矩变成制动转矩，防止重物下落加速。当卷扬机下放重物时，可调节 $\alpha$ 到大于 90°的某值，同时电磁抱闸通电松开，这时电动机在重物下降的带动下反转并逐渐加速，产生的电动势 $E$ 也逐渐增大。当电动机加速到一定转速使 $E>U_d$ 时，回路中

有电流 $I_d$ 流过，电动机产生制动转矩。当制动转矩增大到与重物产生的机械转矩相等时，重物保持匀速下降。因此当控制角 $\alpha$ 在 90°～180°范围内变化时，可以很方便地改变卷扬机重物下降的速度。

由图 6-2b 中波形可见，变流器在逆变时的直流电压可由积分求得，有

$$U_d = \frac{1}{\pi}\int_{\alpha}^{\alpha+\pi}\sqrt{2}U_2\sin\omega t\,\mathrm{d}(\omega t) = 0.9U_2\cos\alpha = U_{d0}\cos\alpha$$

公式与整流时一样。由于逆变运行时 $\alpha>90°$，$\cos\alpha$ 计算不太方便，于是引入逆变角 $\beta$，令 $\alpha=\pi-\beta$，用电角度表示时为 $\alpha=180°-\beta$，所以

$$U_d = U_{d0}\cos\alpha = U_{d0}\cos(\pi-\beta) = -U_{d0}\cos\beta \tag{6-1}$$

逆变角为 $\beta$ 时的触发脉冲位置可从 $\alpha=\pi$（180°）时刻前移（左移）$\beta$ 角来确定。

通过以上分析，有源逆变的工作原理可归纳为以下两点：

1）由于晶闸管具有单相导电特性，电流 $I_d$ 的方向不能改变，所以当晶闸管在交流电源电压瞬时值为正时导通，电源瞬时输出功率；当瞬时电压为负时，电源瞬时送出负功率即吸收功率。在有源逆变时，一周期内晶闸管导通的时间中，直流侧负电压的时间长，即 $u_d$ 电压波形负面积大于正面积（$U_d<0$），所以直流平均功率的传递方向是由电动机返送到交流电源；而整流时则相反，为正面积大于负面积（$U_d>0$），直流平均功率的传递方向是交流电源经变流器送到直流负载。所以同一套变流装置当 $\alpha<90°$（$\beta>90°$）时可工作在整流状态；当 $\beta<90°$（$\alpha>90°$）时工作于逆变状态，当 $\beta=90°=\alpha$ 时，交直流侧无直流能量交换(交流能量还有交换)。与整流时一样，为了保持逆变电流连续，逆变电路都串接大电抗。

2）实现有源逆变的条件有二个，即：

① 直流侧必须外接与直流电流 $I_d$ 同方向的直流电源 $E$，其数值要稍大于 $U_d$，才能提供逆变能量。

② 变流器必须工作在 $\beta<90°$（$\alpha>90°$）区域，使 $U_d<0$，才能把直流功率逆变为交流功率返送电网。

这两条件，缺一不可。由于半控桥式晶闸管电路或有续流二极管的电路，不可能输出负电压，也不允许直流侧接上反极性的直流电源，故不能实现有源逆变。

## 三、常用的晶闸管有源逆变电路

单相全控桥式电路工作在有源逆变的工作情况与单相全波时基本相同，下面分别介绍最常用的三相半波与三相全控桥有源逆变电路。

### （一）三相半波有源逆变电路

图 6-4a 为三相半波带电动机负载的电路，电动机电动势 $E$ 的极性具备有源逆变的条件，当 $\beta<90°$，$|E|>|U_d|$时，可以实现有源逆变。变流器直流侧电压计算公式为

$$U_d = U_{d0}\cos\alpha = -U_{d0}\cos\beta = -1.17U_{2\phi}\cos\beta \tag{6-2}$$

电路触发脉冲控制角 $\alpha$ 移相范围在整流时为 0°～90°；在逆变时为 90°～180°，即逆变角 $\beta$ 在 90°～0°之间变化。图 6-4b 为 $\alpha=120°$ 即 $\beta=60°$ 时的电压波形。$\omega t_1$ 时刻 $U_{g1}$ 触发 $VT_1$ 管导通（注意：因有 $E$ 的作用，即使 $u_U$ 相电压为负值，$VT_1$ 管仍可能承受正压而导通）。与整流一样，按照三相交流电源的相序依次换相，每个晶闸管导通 120°。$u_d$ 波形如图剖面线所示，直流平均电压 $U_d$ 在横轴下面为负值，数值比电动机电势 $E$ 略小，其差值为 $I_dR_a$（电枢电阻 $R_a$ 上的直流压降），$\beta$ 角的起算点为对应相邻相负半周的交点往左度量。

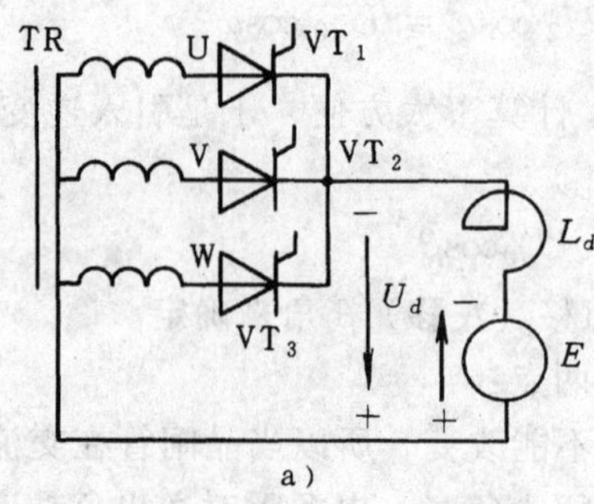


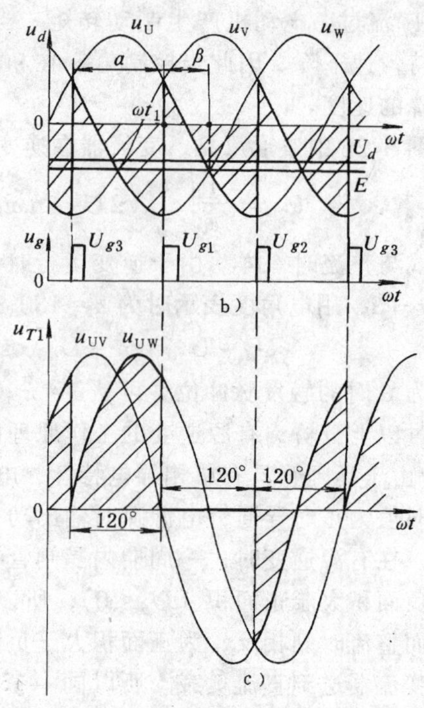


图 6-4　三相半波逆变电路

逆变时元件两端电压波形画法与整流时一样，图 c 为 $VT_1$ 管电压 $u_{T1}$ 的波形，一个周期内 120°导通，接着 120°内由于 $VT_2$ 管导通，$VT_1$ 管承受 $u_{UV}$ 电压，最后 120°内由于 $VT_3$ 管导通，$VT_1$ 管承受 $u_{UW}$ 电压。从管子电压波形可见，整流时总是负面积大于正面积，$\alpha=90°$ 时正负面积相等；逆变时总是正面积大于负面积，$\beta=0°$ 时正面积最大。当 $\alpha=\beta$ 时，整流与逆变管子电压波形形状一样。

通过推导，在逆变状态电流连续时，电动机机械特性为如下关系

$$n=-\frac{1}{C_e\phi}\left[U_{d0}\cos\beta+\left(\frac{3X_l}{2\pi}+R\right)I_d+\Delta U\right].$$

保持电动机励磁磁通 $\phi$ 不变，改变 $\beta$ 或 $\alpha$ 可得到一组机械特性曲线族，如图 6-3 横轴以下部分所示。逆变状态的机械特性的特点是：负载增加也就是电枢电流增加时转速增加，这是由于逆变时电动机工作在发电制动状态，产生的电磁转矩是制动转矩。当负载增大时，这时唯有电动机转速增高，电动势增大，才能使 $I_d$ 增大产生的电磁转矩相应增大，使之与增大了的负载转矩达到新的平衡，这样电动机就稳定运行在较高转速。

当电流降到临界电流以下时，与整流情况一样，出现空载转速升高（绝对值下降）机械特性显著变软的现象。逆变状态时电流连续的临界电流，当 $\alpha=\beta$ 时与整流时电流临界值相等。因此在可逆系统中，根据整流时求得的 $L_d$ 值，在逆变状态也能保证电流连续。

（二）三相全控桥有源逆变电路

三相全控桥逆变电路工作与整流时一样，要求每隔 60°依次触发管子导通 120°，触发脉冲必须是窄双脉冲或宽脉冲，直流侧电压计算公式为

$$U_d=-2.34U_{2\phi}\cos\beta \tag{6-3}$$

考虑变压器漏抗与电阻，则逆变电压为

$$U_d = -2.34U_{2\phi}\cos\beta - 2\left(R_T + \frac{3X_l}{2\pi}\right)I_d - 2\Delta U \tag{6-4}$$

式中 $R_T$、$X_l$——折算到变压器二次侧的每相电阻与漏抗；

$\Delta U$——一个元件的正向压降。

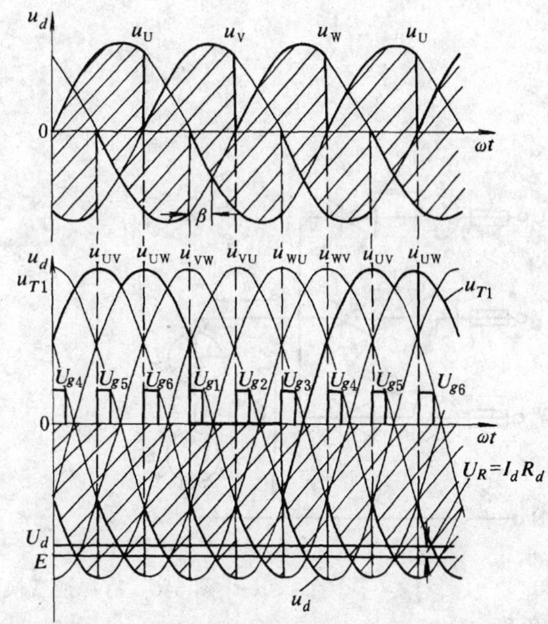


图 6-5　三相全控桥有源逆变电路的 $u_d$ 波形（$\beta = 30°$）

图 6-5 为三相全控桥 $\beta = 30°$（$\alpha = 150°$）时直流侧电压 $u_d$ 的波形。共阴极组 $U_{g1}$、$U_{g3}$、$U_{g5}$触发换流时，由低阳极电压的管子换到高阳极电压的管子，所以相电压波形中，触发时电压上跳；共阳极组 $U_{g2}$、$U_{g4}$、$U_{g6}$触发换流时，由阴极电位高的管子换到阴极电位低的管子，所以触发时电压下跳。管子电压波形与三相半波有源逆变电路相同。

## 第二节　逆变失败与逆变角的限制

晶闸管变流电路工作在整流状态时，如果晶闸管损坏、触发脉冲丢失或快熔烧断时，其后果是至多出现缺相，直流输出电压减小。但在逆变状态如发生上述情况，事情要严重得多。现以三相半波电路为例，见图 6-6。当 U 相晶闸管 $VT_1$ 导通到 $\omega t_1$ 时，在正常情况下 $U_{g2}$触发 $VT_2$ 管换到 V 相导通。现由于 $U_{g2}$丢失或 $VT_2$ 管损坏或 V 相快熔烧断或 V 相缺相供电等原因，$VT_2$ 管无法导通，$VT_1$ 管不受反压无法关断，使 $VT_1$ 管沿着 U 相电压波形继续导通到正半周，如图中剖面线所示，使电源瞬时电压与 $E$ 顺极性串联，出现很大的短路电流流过晶闸管与负载，这称为逆变失败或逆变颠覆。

因此，对于要求工作在逆变状态的晶闸管电路，对其触发电路的可靠性、元件的质量以及过电流保护性能，都比整流电路要求高。

另一种经常导致逆变失败的原因是逆变电路工作时逆变角 $\beta$ 太小。由于存在换相重叠角 $\gamma$，当 $\beta < \gamma$ 时，如图 6-6 中的放大部分，在 $\omega t_1$ 时刻触发 $VT_2$ 管换相，由于 $\beta$ 角太小，在过 $\omega t_2$ 时刻（对应 $\beta = 0°$）换流还未结束，此时 U 相电压 $u_U$ 已大于 V 相电压 $u_V$，使 $VT_1$ 管仍承受正压而继续导通，$VT_2$ 管导通短时间后又受反压关断，相当于 $U_{g2}$脉冲丢失，而造成逆变失败。

因此，为了保证逆变能正常工作，除了选用可靠的触发器不丢失脉冲外，同时对触发脉冲的最小逆变角 $\beta_{min}$，必须要有严格的限制。最小逆变角 $\beta_{min}$的大小要考虑以下因素：

1）换相重叠角 $\gamma$。此值随电路形式、工作电流大小的不同而不同，一般考虑它为 15°～

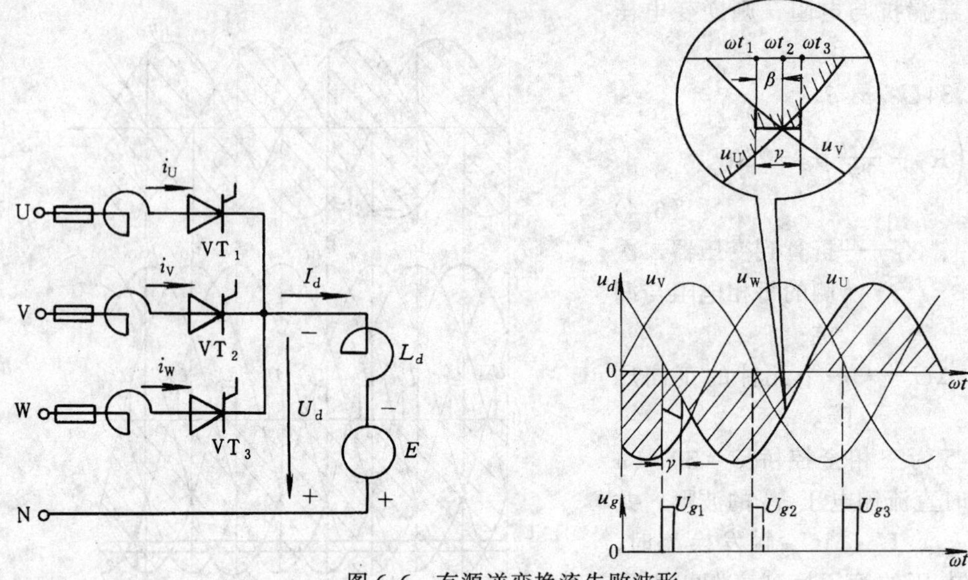


图 6-6　有源逆变换流失败波形

25°电角度。

2）晶闸管关断时间 $t_q$ 所对应的电角度 $\delta_0$。一般 $t_q$ 约需 200～300μs，对应的电角度为 3.6°～5.4°。

3）安全裕量角 $\theta_a$。考虑到脉冲调整时不对称、电网波动、畸变与温度等影响，还必须留一个安全裕量角，一般取 $\theta_a$ 为 10°左右。

综上所述，最小逆变角为

$$\beta_{\min} \geqslant \gamma + \delta_0 + \theta_a \approx 30^\circ \sim 35^\circ$$

为了可靠防止 $\beta$ 进入 $\beta_{\min}$ 区内，在要求较高的场合，可在触发电路中加一套保护线路，使 $\beta$ 在减小时，移不到 $\beta_{\min}$ 区内，或者在 $\beta_{\min}$ 处设置产生附加安全脉冲的装置，此脉冲不移动，万一当工作脉冲移入 $\beta_{\min}$ 区内时，则安全脉冲保证在 $\beta_{\min}$ 处触发晶闸管，防止逆变失败。

## 第三节　晶闸管直流可逆拖动（Reversible Drive）的工作原理

很多生产机械如起重提升设备、电梯、龙门刨床、轧钢机轧辊等均要求传动电动机能正反向运行即可逆拖动。改变直流它励电动机的转向有两种方法，即改变励磁电压极性和改变电枢电压极性。这两种方法各有特点，可根据不同场合与不同要求来选用。

### 一、由晶闸管桥路供电、用接触器控制直流电动机的正反转

图 6-7 为采用一组晶闸管组成的变流器给电动机电枢供电、用接触器控制的正反转电路，电动机激磁由另一组整流电源供电，图中未画出。当晶闸管桥路工作在整流状态，接触器 1K 触点闭合时电动机正转；1K 断开 2K 闭合时则电动机反转。当电动机从正转到反转时，为了实现快速制动与反转，缩短过渡过程时间以及限制过大的反接制动电流，可将桥路触发脉冲移到 $\alpha$＞90°，即工作在逆变状态，在初始阶段 1K 尚未断开，在电抗器中的感应电

动势作用下，电路进入有源逆变状态，将电抗器中的能量逆变为交流能量返送电网。此时电流 $I_d$ 快速下降，当 $I_d$ 下降到接近零时，断开 1K，合上 2K，此时由于电动机的反电动势的作用仍满足实现有源逆变的条件，将电枢旋转的机械能逆变为电能返送电网，同时产生制动转矩。随着转速 $n$ 的下降，电动势 $E$ 减小，可相应增大 $\beta$ 值，使桥路逆变电压 $U_d$ 随 $E$ 同步下降，则流过电动机的制动电流 $I_d=(E-U_d)/R_a$ 在整个制动过程中维持最大，因此电动机转速迅速下降到零，脉冲相应移到 $\alpha<90°$ 区。反转启动时桥路由逆变状态进入整流状态，$\alpha$ 从 90°逐渐减小，使电动机反转加速，电流维持在最大允许值，以最短的时间达到反向稳定转速。

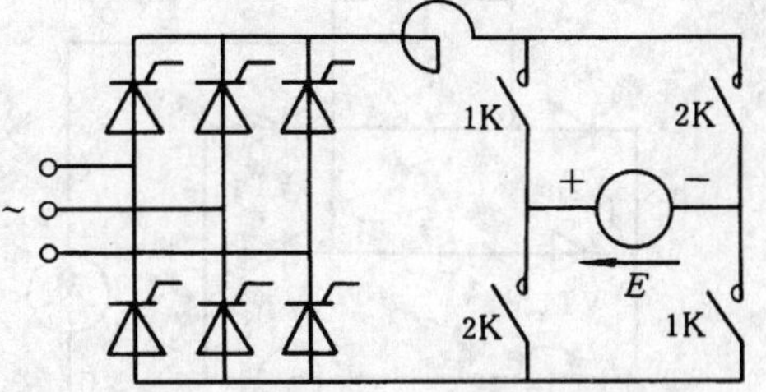

图 6-7 用接触器反向的可逆电路

当桥路控制角 $\alpha>90°$，直流端电动势方向符合逆变要求，但 $|E|\leqslant|U_d|$ 时，直流电流 $I_d=0$，无法将直流功率逆变为交流功率，这时桥路处于待逆变状态，只要改变 $\beta$ 使 $|U_d|<|E|$，桥路就立即进入逆变状态。

采用接触器的可逆电路投资少、设备简单，但在动作频繁、电流较大的场合，由于控制角变化不可能完全配合合拍，接触器触头断流电弧严重，维修麻烦，加上接触器本身的动作时间较长，故这种线路只用于对快速性要求不高、容量不大的场合。

根据同样原理，可用接触器或继电器控制电动机激磁电流方向来实现电动机的正反转。

**二、采用两组变流桥的可逆电路**

对于不同于卷扬机的位能负载，若电动机由电动状态转为发电制动，相应的变流器由整流转为逆变，则电流必须改变方向，这是不能在同一组变流桥内实现的。因此必须采用两组变流桥，将其按极性相反连接（Back-To-Back  Inverter），一组工作在电动机正转，另一组工作在电动机反转。

两组变流桥反极性连接有两种供电方式，一种是两组变流桥由一个交流电源或通过变压器供电，称为反并联连接，常用的反并联电路如图 6-8 所示。另一种称交叉连接，二组变流器分别由一个整流变压器的二组二次绕组供电，也可用二只整流变压器供电。两种连接的工作情况是相似的，下面以反并联电路为例进行分析。

反并联可逆电路常用的有逻辑无环流、有环流以及错位无环流三种工作方式，现分别叙述如下。

（一）逻辑控制（Logical Control）无环流可逆电路的基本原理

当电动机磁场方向不变时，正转时由Ⅰ组桥供电；反转时由Ⅱ组桥供电，采用反并联供电可使直流电动机在四个象限内运行。如图 6-9 所示。

反并联供电时，如二组桥 路同时工作在整流状态会产生很大的环流（Ringing），即不流经电动机的二组变流桥 之间的电流。一般来说，环流是一种有害电流，它不作有用功而占用变流装置的容量，产生损耗使元件发热，严重时会造成短路事故损坏元件。因此必须用逻辑控制的方法，在任何时间内只允许一组桥路工作，另一桥路阻断，这样才不会产生环流，这种电路称为逻辑无环流可逆电路。工作情况分析如下：

电动机正转：在图 6-9 中第一象限工作，Ⅰ组桥投入触发脉冲，$\alpha_1<90°$，Ⅱ组桥封锁阻断。Ⅰ组桥处于整流状态，电动机正向运转。

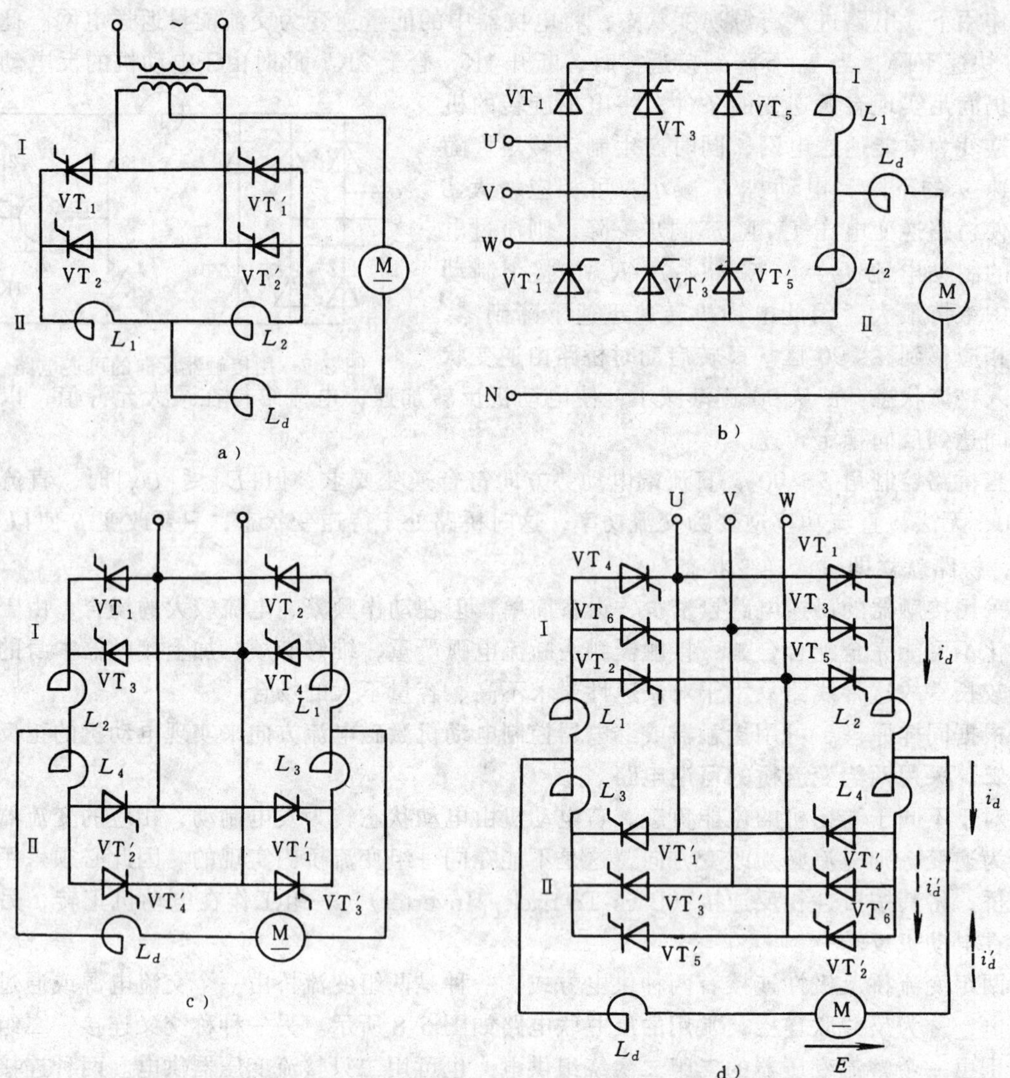


图 6-8　两组晶闸管反并联的可逆电路

a）单相全波　b）三相半波　c）单相桥式　d）三相桥式

电动机由正转到反转：改变控制电压，将Ⅰ组桥触发脉冲后移到 $\alpha_{\mathrm{I}}>90°$（$\beta_{\mathrm{I}}<90°$）。由于机械惯性，电动机的转速 $n$ 与反电动势 $E$ 暂时未变。Ⅰ组桥的晶闸管在 E 的作用下本应关断，但由于 $i_d$ 迅速减小，在电抗器 $L_d$ 中产生下正上负的感应电动势 $e_L$，且 $e_L$ 在数值上大于 $E$，故使回路满足有源逆变条件进入有源逆变状态，将 $L_d$ 中的能量逆变返送电网。由于此时逆变发生在原工作的桥路，故称为“本桥逆变”，电动机仍处于电动运行状态。当 $i_d$ 下降到零时，将Ⅰ组晶闸管封锁，电动机惯性运转约 3～10 ms后，Ⅱ组桥晶闸管进入有源逆变状态，进入图 6-9 中第二象限，且使 $U_{d\beta}$ 在数值上随着电动势 $E$ 减小，以使电动机保持运行在发电制动状态，将系统的惯性能量逆变返送电网，电动机进一步快速减速。由于此时逆变发生在原来封锁的桥路，因而称为“他桥逆变”。当转速下降到零时，将Ⅱ组桥的触发脉冲继续移至 $\alpha_{\mathrm{II}}<90°$ 即 $\beta_{\mathrm{II}}>90°$ 时，Ⅱ组桥进入整流状态，电动机反向运转，进入图 6-9 中第

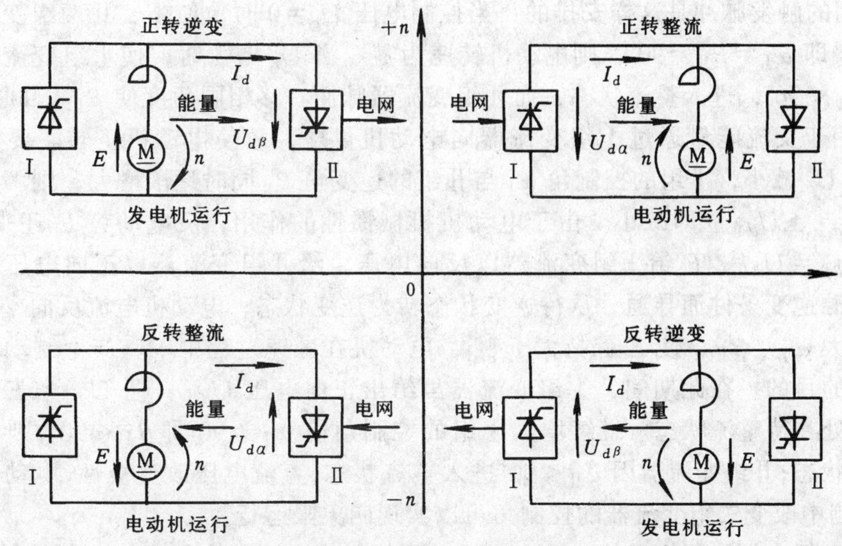


图 6-9 反并联可逆系统四象限运行图

二象限。同理，电动机从反转到正转是由第三象限经第四象限到第一象限。由于任何时刻两组变流器不同时工作，故不存在环流。

具体实现方法是根据给定信号，判断电动机的电磁转矩方向即电流方向，以决定开放哪一组桥封锁哪一组桥，判断转矩方向的环节称为极性检测。当实际的转矩方向与给定信号的要求不一致时，要进行两组桥触发脉冲间的切换。但是在切换时，在把原工作着的一组桥脉冲封锁（如第五章锯齿波触发电路中脉冲封锁端接零）后，不能立刻将原封锁的一组桥触发导通。因为已导通的晶闸管不能在脉冲封锁的那一瞬间立即关断。必须等到阳极电压降到零以后主回路电流小于维持电流才开始关断。因此，切换过程第一步，应使原工作桥的电感能量通过本桥逆变返送电网，待电流下降到零时标志“本桥逆变”结束。系统中应装设检测电流是否接近零的装置，称零电流检测。零电流信号发出后延时 2～3ms，封锁原工作桥的触发脉冲，再经过 6～8ms，确保原工作的晶闸管恢复了阻断能力后，再开放原封锁的那一组桥的触发脉冲。为了确保不产生环流，在发出零电流信号后，必须延时 10ms 左右才能开放原封锁的那一组桥，这 10ms 称为控制死区。

逻辑无环流电路虽有死区，但不需要笨重与昂贵的均衡电抗来限制环流，也没有环流损耗。因此在工业生产中得到了广泛应用。

（二）有环流反并联可逆电路的基本原理

逻辑无环流系统切换控制比较复杂并且动态性能较差，故在中小容量的可逆拖动中有时采用有环流反并联可逆系统。这种电路的特点是反并联的两组变流器同时都有触发脉冲的作用，两组桥在工作中都能保持连续导通状态。因此这种工作方式负载电流的反向完全是连续变化的过程，不需要检测负载电流的方向或者阻断与导通相应的变流器，动态性能比无环流好。由于两组变流器都参与工作，为了防止在两组变流器之间出现直流环流，当一组工作在整流状态时，另一组必须工作在逆变状态，并且 $\alpha=\beta$，也就是两变流器的控制角之和必须保持 180°，才能使二组直流侧电压大小相等方向相反。我们称这种运行方式为 $\alpha=\beta$ 工作制的配合控制。

$\alpha=\beta$ 制的触发脉冲是这样安排的：当控制电压 $U_c=0$ 时，使Ⅰ、Ⅱ两组变流器的控制角均为 90°，即 $\alpha_{\mathrm{I}}=\beta_{\mathrm{II}}=90°$，则电动机转速为零。当 $U_c$ 增大时，使Ⅰ组变流器触发脉冲左移，即 $\alpha_{\mathrm{I}}<90°$，进入整流状态，而Ⅱ组变流器脉冲右移相同角度使 $\beta_{\mathrm{II}}<90°$，进入待逆变状态①。由于交流能量通过Ⅰ组变流器向电动机供电，故使电动机正转。要使电动机反转，只要使 $U_c$ 减小，Ⅰ组的控制角 $\alpha_{\mathrm{I}}$ 与Ⅱ组的逆变角 $\beta_{\mathrm{II}}$ 同时逐渐增大，则两组变流器的直流电压 $U_{d\mathrm{I}}$、$U_{d\mathrm{II}}$ 立即减小。由于电动机机械惯性的作用，反电动势 $E$ 还来不及变化，出现 $E>U_{d\mathrm{I}}=U_{d\mathrm{II}}$，$E$ 给Ⅰ组变流器以反向电压，给Ⅱ组变流器以正向电压，使Ⅱ组变流器满足有源逆变条件而导通，从待逆变状态转为逆变状态，电动机电流反向，产生制动转矩。继续增大 $\alpha_{\mathrm{I}}$、$\beta_{\mathrm{II}}$，使 $E$ 保持大于 $U_d$，电动机在减速过程中一直产生制动转矩，以达到快速制动的目的。在此期间，Ⅰ组变流器虽给出正向电压 $U_{d\mathrm{I}}$，但 $U_{d\mathrm{I}}<E$，没有直流电流输出，处在待整流状态。继续增大Ⅰ组的控制角使 $\alpha_{\mathrm{I}}>90°$ 即 $\beta_{\mathrm{I}}<90°$，则Ⅰ组变流器转入待逆变状态；Ⅱ组变流器因 $\alpha_{\mathrm{II}}<90°$ 进入整流状态，直流电压改变极性，电动机反转。所以在 $\alpha=\beta$ 制中改变二组变流器的控制角可以实现四象限运行。

在实际运行中如能严格保持 $\alpha=\beta$，两组反并联的变流器之间是不会产生直流环流的。但是由于两组变流器的直流输出端瞬时电压值 $u_{d\mathrm{I}}$ 与 $u_{d\mathrm{II}}$ 不相等，因此出现瞬时电压差称为均衡电压 $u_c$ 亦称环流电压，在 $u_c$ 作用下产生不流经负载的环流电流 $i_c$，为了限制环流电流必须串接均衡电抗器 $L_c$，下面以三相半波可逆电路来分析电路工作情况。

图 6-10 即为三相半波反并联可逆电路，共阴极组由晶闸管 $VT_1$、$VT_3$、$VT_5$ 组成称Ⅰ组；共阳极组由 $VT'_1$、$VT'_3$、$VT'_5$ 管组成称Ⅱ组，$L_{c1}$、$L_{c2}$ 为限制环流的均衡电抗器。当 $\alpha_{\mathrm{I}}=\beta_{\mathrm{II}}<90°$ 时，Ⅰ组供电，直流电流由 $M$ 端经 $L_{c1}$、负载到 N 点构成回路，电流 $I_d$ 方向如实线所示，电动机定为正转。反转时Ⅱ组整流供电，电流如虚线所示，下面分两种情况讨论：

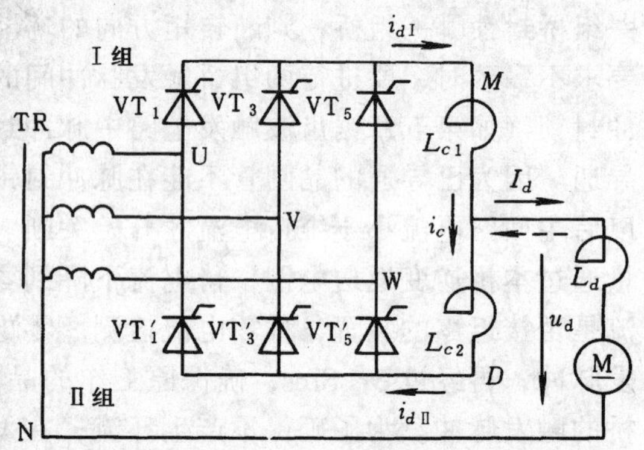

图 6-10　三相半波反并联可逆电路

(1) 负载电流为零时　这是一种极端的情况，只有环流在两变流器之间流通。当 $\alpha_{\mathrm{I}}=\beta_{\mathrm{II}}=90°$ 时两组变流器的波形 $u_{d\mathrm{I}}$ 与 $u_{d\mathrm{II}}$ 如图 6-11a 所示（注意：共阳极组 $\beta=0°$ 的时刻在相邻相正半周的交点）。在 $\omega t_1\sim\omega t_2$ 期间，$u_{d\mathrm{I}}$ 与 $u_{d\mathrm{II}}$ 均为正值，即图 6-10 的电路中 $M$ 与 $D$ 点相对于 N 点都是正值，由于 $M$ 点电位比 $D$ 点高，所以均衡电压 $u_{MD}=u_c=u_{d\mathrm{I}}-u_{d\mathrm{II}}$ 为正值。$\omega t_2$ 时刻 $u_c=0$，$\omega t_2\sim\omega t_3$ 期间 $u_c$ 为负值，$u_c$ 的波形如图 6-11a 所示。由于 $u_c$ 的作用，在 $\omega t_1\sim\omega t_3$ 期间，环流由 U 相→$VT_1$→$L_{c1}$→$L_{c2}$→$VT_3'$→V 相构成回路。忽略回路电阻，则 $u_c=-e_L=L_c\dfrac{\mathrm{d}i_c}{\mathrm{d}t}$，环流在 $\omega t_1$ 时刻上升，$\omega t_2$ 时刻 $\dfrac{\mathrm{d}i_c}{\mathrm{d}t}=0$，$i_c$ 上升到最大值，$\omega t_2\sim\omega t_3$ 期间，$i_c$ 下降。如环流处于临界连续状态，则 $\omega t_3$ 时

① 有环流系统的待逆变与无环流的待逆变不同，由于环流流过待逆变组的晶闸管，因此管子在触发脉冲作用下按照有源逆变的规律导通阻断，在直流端可以测量出在逆变角 $\beta$ 控制下的电压波形，所谓待逆变的概念仅仅是指没有直流能量返送交流侧。

刻 $i_c$ 恰好降为零，$i_c$ 波形如图 6-11a 所示。此时负载两端电压 $u_d=u_{d\mathrm{I}}-\frac{1}{2}u_c$，波形如图 6-11a 所示。这个波形虽然与单独一组整流器在 $\alpha=90°$ 时的输出电压波形不同，但仍然保持了平均电压为零的结果。用同样的方法分析得到 $\alpha_{\mathrm{I}}=\beta_{\mathrm{II}}=60°$、$30°$ 时的波形，如图 6-11b、c① 所示。

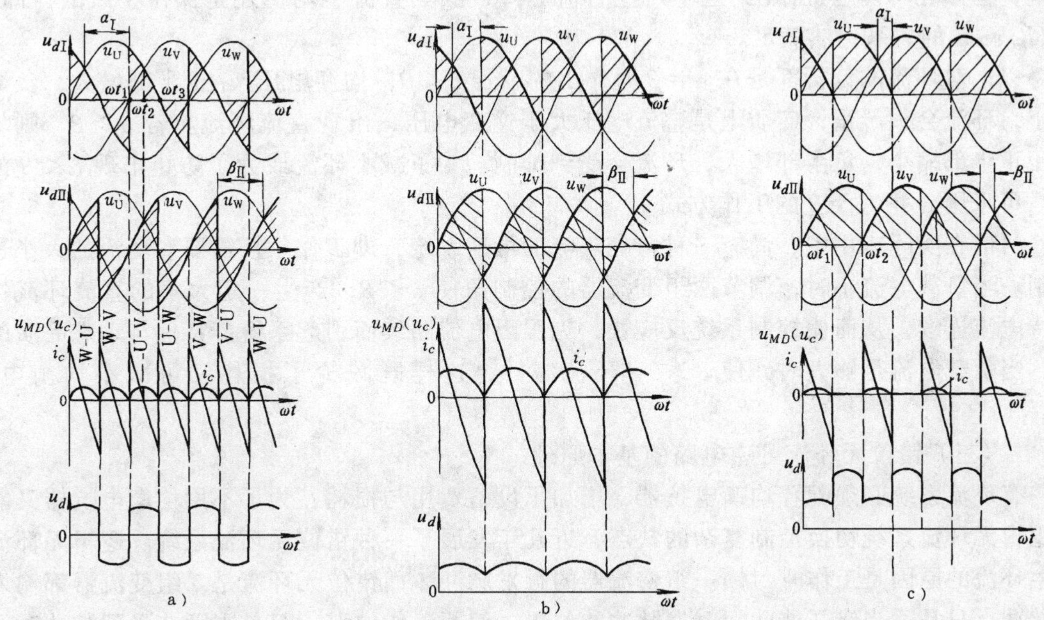


图 6-11　三相半波 $\alpha=\beta$ 有环流可逆电路波形

a) $\alpha_{\mathrm{I}}=\beta_{\mathrm{II}}=90°$　b) $\alpha_{\mathrm{I}}=\beta_{\mathrm{II}}=60°$　c) $\alpha_{\mathrm{I}}=\beta_{\mathrm{II}}=30°$

(2) 负载电流大于零时　由于负载串接大电感的平波电抗器 $L_d$，所以负载电流 $I_d$ 可看成一个没有脉动的直流。此时Ⅰ组变流器流过直流电流为负载电流与环流之和，波形是在环流上叠加负载电流，即

$$i_{d\mathrm{I}}=I_d+i_c$$

Ⅱ组变流器工作在待逆变状态，只流过环流，所以

$$i_{d\mathrm{II}}=-i_c$$

当电动机反转时，

$$i_{d\mathrm{I}}=i_c$$

$$i_{d\mathrm{II}}=-I_d-i_c$$

通过以上分析，可得如下结论：

1）环流的产生是由于两组变流器的输出电压瞬时值不相等所引起的。环流的幅值与频率是随控制角变化的，在三相半波与三相桥式反并联电路中，$\alpha=\beta=60°$ 时环流最大，单相桥式以 $\alpha=\beta=90°$ 时环流最大。

① 在图 6-11c 中 $\omega t_1\sim\omega t_2$ 期间，$u_c=u_{d\mathrm{I}}-u_{d\mathrm{II}}=0$，从理论上说是没有环流的。此期间晶闸管因没有电流流过，无所谓导通与截止，输出端电压波形将是不定的。但由于负载端是空载（假定电动机负载断开，只是接电压表或示波器探头），可看成负载端接上极大的电阻，其值远大于晶闸管的漏电阻。因此在环流断续期间，直流电压 $u_{d\mathrm{I}}$、$u_{d\mathrm{II}}$ 值都等于交流输入电压。所以尽管在理论上说不存在环流，然而输出电压的波形却好像变流器导通时一样。

2）尽管均衡电压是交变的，但由于晶闸管具有单向导电性，所以环流是单方向的。为了限制环流，必须接入均衡电抗器 $L_J$，在可逆系统中通常限制最大环流为额定电流的5%～10%。

3）在有环流系统中，虽输出到负载的电压波形 $u_d$ 与单独一组整流装置供电时的波形不同，但因在均衡电抗器 $L_c$ 上不产生直流压降，故其直流平均值还是保持一致的，即 $U_d=U_{d0}\cos\alpha$ 的关系仍然满足。

以上对环流的分析都是在 $\alpha=\beta$ 时作出的，若 $\alpha<\beta$，均衡电压 $u_J$ 正半部增大，负半部缩小，环流会很严重，实质上是整流电压大于逆变电压，出现直流环流。若 $\alpha>\beta$，则均衡电压正半部缩小，负半部增大，环流会受到抑制。为了减小环流或为了防止出现 $\alpha<\beta$ 的情况，可采用 $\alpha$ 稍大于 $\beta$ 的工作方式。

目前在实际应用中，尚有一种可控环流的可逆系统，即工作中按需要对环流的大小进行控制。当负载电流小时，调节两组变流器的控制角使 $\alpha<\beta$，产生一定大小的直流环流，以保持电流连续，从而使控制系统反应快，克服因电流断续而引起系统静特性与动态品质的恶化。当负载电流足够大时，使 $\alpha>\beta$，环流减小，这样既减少了损耗又可减小均衡电感量。

*（三）错位无环流可逆电路的基本原理

有环流系统必须配置均衡电抗器，增加了设备费用与损耗，为了不用均衡电抗器又能避免逻辑无环流系统切换控制复杂的缺点，近几年发展了一种错位无环流系统。逻辑无环流不产生环流的原因是工作时封锁一组变流器的触发脉冲，而错位无环流是二组变流器都输入触发脉冲，只是适当错开彼此间触发脉冲的位置，使不工作的那一组晶闸管在受到脉冲时，阳极电压恰好为负值，使之不能导通，从而消除环流。

现以三相全控桥反并联错位无环流电路为例，将Ⅰ、Ⅱ两组变流器的触发脉冲的初相位（控制电压 $U_c=0$ 时的脉冲位置）分别定在 $\alpha_{\text{I}0}=\alpha_{\text{II}0}=150^\circ$ 即 $\beta_{\text{II}0}=30^\circ$，把二组脉冲出现的位置错开。正转工作时，控制电压 $U_c$ 正向增大到某值，使 $\alpha_{\text{I}}$ 减小同时 $\alpha_{\text{II}}$ 增大（变化角度相同），就不会产生环流。图6-12a为三相桥式反并联电路，b、c为二组变流器直流侧的电压波形（实际上只有逆变条件满足时才能出现逆变波形）。现只取晶闸管 $VT_1$ 与 $VT'_6$ 来分析，只有当 $VT_1$ 与 $VT'_6$ 同时导通并且相应的线电压 $u_{UV}>0$ 时，才能出现环流，如图a中虚线所示。由图b可见，$U_c=0$，$\alpha_{\text{I}}=\alpha_{\text{II}}=150^\circ$ 时，$\omega t_2\sim\omega t_3$ 期间 $VT_1$ 与 $VT'_6$ 同时导通，但 $u_{UV}<0$。图c中当 $\alpha_{\text{I}}=150^\circ-30^\circ=120^\circ$，$\alpha_{\text{II}}=150^\circ+30^\circ=180^\circ$ 时，$\omega t_1\sim\omega t_4$ 期间 $VT_1$ 与 $VT'_6$ 同时导通，但 $u_{UV}$ 亦小于0。当 $U_c$ 进一步增大，由于触发电路设置移相范围的限制，当 $\alpha>180^\circ$（$\beta<0^\circ$）时，脉冲消失，从而使系统在整个工作时只有一组变流器导通，切断了环流通路。所以三相全控桥反并联可逆电路只要满足 $\alpha\geqslant\beta+120^\circ$ 就不会产生环流，通常初相角 $\alpha_{\text{I}0}=\alpha_{\text{II}0}$ 定在180°附近。

错位无环流与逻辑无环流一样，省去均衡电抗，不需要复杂的逻辑控制部件。但由于待导通的晶闸管当需要投入工作时，脉冲要从180°往前移，直到 $\alpha<90^\circ$ 时工作那一组变流器才有电压输出，电动机才能产生转矩，因此会出现控制死区。解决的办法是利用带高放大倍数的电压负反馈，在死区内由于无整流电压输出，只要很小的控制信号就可使脉冲获得很大的移相，使脉冲迅速从180°移到90°。待 $\alpha<90^\circ$ 进入工作区后，电压负反馈的作用使 $\Delta U_c$ 与 $\Delta\alpha$ 的关系又恢复正常。

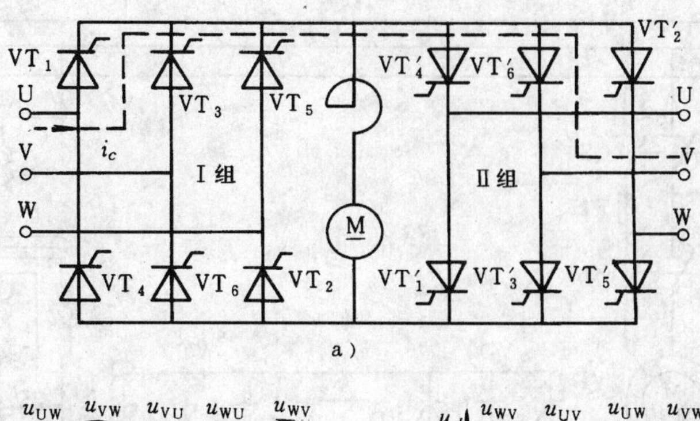


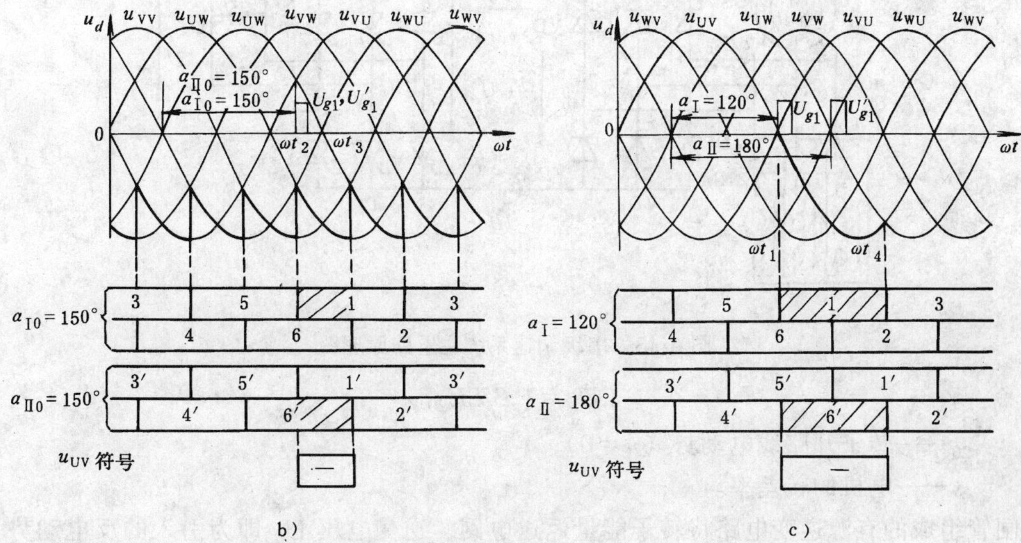


图 6-12 错位无环流波形

a) 电路图 b) $\alpha_{\text{I}0}=\alpha_{\text{II}0}=150°$ c) $\alpha_{\text{I}}=120°$, $\alpha_{\text{II}}=180°$

## 第四节 绕线转子异步电动机的串级调速

三相绕线转子型异步电动机在转子回路串接三相电阻，当改变电阻数值时可以实现电动机的调速。这种调速方法，虽然设备简单、投资少、维护容易，但转子电阻及其切换设备体积较大，电阻上消耗大量的电功率，调速性能与节电性能都很差。目前发展为在转子回路中引入附加电动势来实现调速，这就是串级调速。本节主要介绍由整流器-晶闸管逆变器组成的低同步串级调速，同时简要介绍超同步串级调速与斩波式逆变器串级调速。

### 一、低同步串级调速的基本原理

绕线转子异步电动机的转子电动势其大小与频率都随电动机转速而变，如果在转子回路中，串入与转子电动势频率一致、相位相反的交流附加电动势，则附加电动势增大，电动机转速下降；附加电动势减小，则电动机转速上升，即可实现电动机的无级调速。

但是要引入频率与相位有特定要求的交流电动势是十分复杂的，因此人们采用将转子电动势整流为直流，引入直流附加反电动势的办法。图 6-13 即为运用这种办法的串级调速原理图，$U_d$ 是转子经整流后的直流电压，其值为

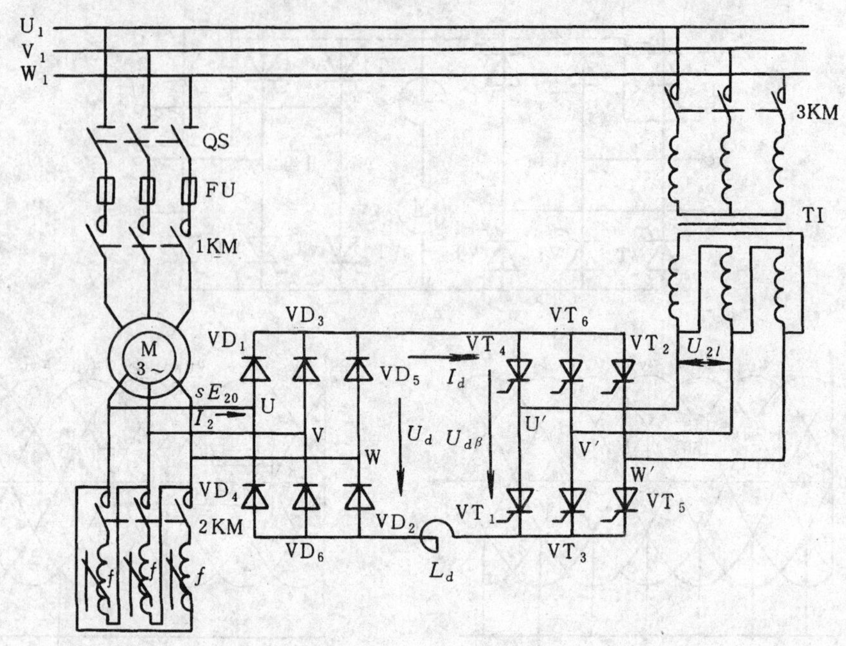


图 6-13　串级调速系统主电路原理图

$$U_d=1.35sE_{20}$$

式中　$E_{20}$——转子开路线电动势（$n=0$）；

$s$——电机的转差率。

由晶闸管组成的有源逆变电路将转子能量返送电网，逆变电压 $U_{d\beta}$即为引入的反电动势。当电动机转速稳定时，忽略直流回路电阻，则整流电压 $U_d$ 与逆变电压 $U_{d\beta}$大小相等、方向相反。当逆变变压器 TI 二次线电压为 $U_{2l}$时，则逆变电压数值为

$$U_{d\beta}=1.35U_{2l}\cos\beta=U_d=1.35sE_{20}$$

$$\therefore\qquad s=\frac{U_{2l}}{E_{20}}\cos\beta \tag{6-5}$$

上式说明，改变逆变角 $\beta$ 的大小即可改变电动机的转差率，实现调速。

这种调速的实质是逆变电压 $U_{d\beta}$可看成转子电路的反电动势，改变 $\beta$ 值即改变反电动势的大小，返送到电网的功率也跟着改变。串级调速的过程大致如下：电动机的启动通常采用接触器控制接在转子电路的频敏变阻器来实现。电动机当负载一定时稳定运行在某转速，这时 $U_d=U_{d\beta}$。如增加 $\beta$ 角，$U_{d\beta}$减小，使转子电流瞬时增加，于是电动机产生加速转矩，使转速 $n$ 升高，转差率 $s$ 减小。当 $U_d$ 减小到与 $U_{d\beta}$相等时，电机稳定运行在较高的转速上；反之减小 $\beta$ 角电动机转速下降。这种调速方式电动机产生的电磁转矩由负载转矩决定，属于恒转矩调速。所以改变逆变角 $\beta$，可以方便地连续调节绕线转子型异步电动机的转速。当 $\beta$ 增大至 90°时，$U_\beta=0$，相当于转子电路经二极管整流桥短接，电动机运行在接近自然特性，转速最高。

当调速范围为 2 时，转差率 $s$ 最大值为 0.5，整流器的直流输出电压 $U_d$ 不大，对逆变器要求的逆变电压 $U_{d\beta}$也相应地较小。所以串级调速适用于调速范围较小，如风机、水泵等

装置上，以作为一种有效的节能措施。

逆变变压器的二次侧电压 $U_{2l}$ 的大小要和异步电机转子电压值互相配合，当两组桥路连接型式相同时，最大转子整流电压应与最大逆变电压相等，即

$$U_{d\max}=1.35s_{\max}E_{20}=U_{d\beta\max}=1.35U_{2l}\cos\beta_{\min} \tag{6-6}$$

$$\therefore \quad U_{2l}=\frac{s_{\max}E_{20}}{\cos\beta_{\min}} \tag{6-7}$$

式中 $s_{\max}$——调速系统要求最低速度时的转差率即转差最大值；

$\beta_{\min}$——电路最小逆变角，为了防止颠覆，通常定为30°。

逆变变压器 TI 的容量为

$$S_{TI}\approx\frac{s_{\max}}{\cos\beta_{\min}}P_n$$

式中 $P_n$——电动机的额定功率。

### *二、超同步串级调速简介

前面介绍的低同步串级调速只能将电动机转子输出的转差功率通过逆变器返送电网，此时转子电动势与电流的相位差小于90°，电动机只能运行在同步转速以下且不能反转制动。如果将转子整流桥换成晶闸管变流桥，即二个桥都能运行在整流和有源逆变状态，如原逆变桥工作在整流状态，转子变流桥工作在有源逆变状态，这样就能向转子倒输入电功率，使转子电动势与电流的相位差大于90°，此时电动机运行于双馈状态即转子与定子同时供电，电动机的转速可高于同步转速。通过对二个桥的不同控制，还可以实现反转、制动等四象限运行。

由于转子电动势的频率随转速变化而变化，因此转子侧变流桥的触发控制及整个系统比低同步串级调速要复杂得多，因此目前国内使用推广较少。

### 三、斩波式逆变器串级调速原理

简单晶闸管串级调速的最突出的优点，就是通过晶闸管逆变器将转差能量返送电网。但是它也有比较突出的缺点，那就是功率因数低，产生的高次谐波影响电网供电质量。因而人们在努力想办法解决这个问题，并且取得了较大的进展。斩波式逆变器串级调速装置，不仅能够大大降低无功损耗，提高功率因数，减小高次谐波分量，而且线路比较简单。

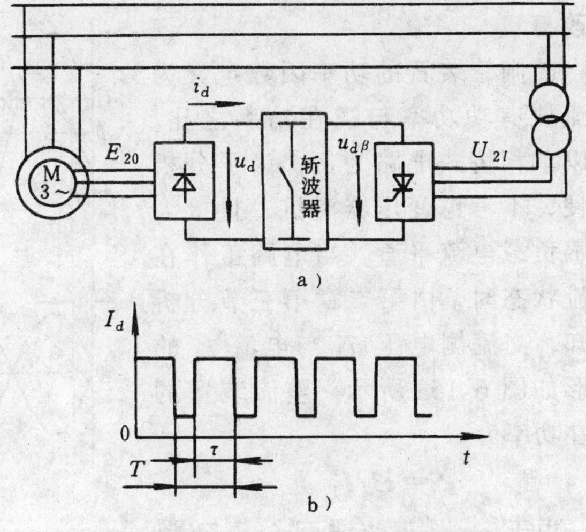

图 6-14 斩波式逆变串级调速原理图

斩波器逆变器串级调速系统原理框图如图 6-14a 所示。转子整流器通过斩波器和晶闸管逆变器相连。逆变器的控制角不需要调节，若从工作原理考虑，可以固定在任意某个小于90°的 $\beta$ 角来触发。但是实际上为了提高功率因数，降低功率损耗，总是把触发脉冲固定在最小逆变角处。

斩波器把整流器输出的电流 $i_d$ 斩成图

6-14b 所示的形状。斩波器开关的工作周期为 $T$，在 $\tau$ 时间内，斩波器开关闭合，整流桥被短路，在（$T-\tau$）时间里，斩波器开关断开，整流桥的输出电压为

$$U_d = 1.35 s E_{20}$$

式中　$E_{20}$——转子开路线电动势。

逆变器的输出电压为

$$U_{d\beta} = 1.35 U_{2l} \cos\beta_{\min}$$

式中　$U_{2l}$——逆变变压器线电压。

$U_{d\beta}$经斩波器输至整流桥端的电压为$U_{d\beta}\times$（$T-\tau$）/$T$，它应与整流桥输出电压 $U_d$ 平衡

$$U_d = \frac{T-\tau}{T} U_{d\beta}$$

所以

$$s = \left(1 - \frac{\tau}{T}\right)\frac{U_{2l}}{E_{20}}\cos\beta_{\min}$$

$$n = n_0\left[1 - \left(1 - \frac{\tau}{T}\right)\frac{U_{2l}}{E_{20}}\cos\beta_{\min}\right]$$

由上式可见，改变斩波器开关闭合时间 $\tau$ 的大小，就可以改变 $n$ 的大小。当 $\tau = T$，也就是斩波器开关一直处于闭合状态时，电动机在自然特性下运行。当 $\tau = 0$ 时，斩波器开关一直处于断开状态，电动机运行在串联调速状态下的最低速。

斩波式逆变器串级调速系统虽然比传统的串级调速系统多了一个斩波器环节，但通过进一步的分析可知，逆变变压器的容量和晶闸管的容量都小得多，所节约的成本足以抵偿斩波器的成本。更重要的是它能够大大改善功率因数，降低谐波电流。

## 第五节　晶闸管装置的功率因数与对电网的影响

目前晶闸管变流装置的应用日益广泛，其主要缺点是功率因数低和对电网造成波形畸变的不良影响。因此必须认真研究，采取措施，把不良影响减到最小限度。

### 一、晶闸管装置的功率因数及其改善

晶闸管装置的功率因数定义为交流侧有功功率与视在功率之比。现以单相桥式电路为例，为了分析方便，不考虑变压器漏抗，且接大电感负载电流平直。当电路工作在整流状态时，由第二章第三节分析可知，交流侧电压 $u_1$ 与电流 $i_1$ 的波形如图 6-15a 所示，整流装置的视在功率为

$$S = U_1 I_1$$

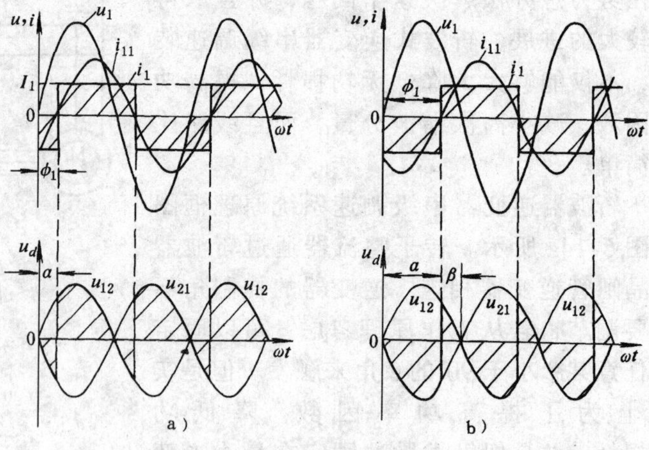


图 6-15　单相全控桥电压电流波形
a）整流　b）逆变

由于 $u_1$ 是正弦波而 $i_1$ 是正负对称的矩形波，因此电网输入的有

功功率只有基波功率，其值为

$$P=U_1 I_{11}\cos\phi_1$$

式中 $I_{11}$——变压器一次电流基波分量 $i_{11}$ 的有效值；

$\cos\phi_1$——为位移因数，是基波有功功率与基波视在功率之比，也可理解为基波电流 $i_{11}$ 与电压 $u_1$ 相位差角的余弦。

所以功率因数为

$$\cos\phi=\frac{P}{S}=\frac{U_1 I_{11}\cos\phi_1}{U_1 I_1}=\frac{I_{11}}{I_1}\cos\phi_1 \tag{6-8}$$

式中 $\frac{I_{11}}{I_1}$——电流畸变系数，表示电流波形含有高次谐波的程度，与整流变压器、电路型式和负载性质有关。

所以，晶闸管装置的功率因数等于畸变系数与位移因数的乘积。对于单相桥式电路，交流电流 $i_1$ 可用富氏级数展开，其基波分量为

$$i_{11}=\frac{4}{\pi}I_1\sin\omega t$$

其有效值为

$$I_{11}=\frac{2\sqrt{2}}{\pi}I_1=0.9I_1$$

畸变系数 $\frac{I_{11}}{I_1}=0.9$。由图可见，忽略换相重叠角后，位移因数角等于晶闸管的控制角，即 $\cos\phi_1=\cos\alpha$。

因此

$$\cos\phi=\frac{I_{11}}{I_1}\cos\alpha$$

单相桥式电路的功率因数为 $\cos\phi=0.9\cos\alpha$。三相电路也可照此分析，三相桥式可控整流电路的功率因数 $\cos\phi=0.955\cos\alpha$。

由此可见，晶闸管整流装置不像其它电气设备，其功率因数与负载性质无直接关系，主要决定于控制角的余弦，按照我国实际情况，功率因数一般取额定输出条件下的数据，如无其它规定，通常以位移因数 $\cos\phi_1$ 即 $\cos\alpha$ 作为功率因数标定在产品铭牌上。

可控整流电路的功率因数随控制角 $\alpha$ 的增大而恶化，这是因为 $\alpha$ 越大电流与电压波形的相位差也越大，在负载电流一定时，变压器输入的视在功率近似不变，而输出的有功功率随整流电压的降低而减小。

变流器工作在有源逆变状态时，交流侧电压 $u_1$ 与由于逆变返送电网的基波电流之间的相位角差大于 90°，波形如图 6-15b 所示。当 $\beta=0°$ 时，返送电网的有功功率最大，功率因数 $\cos\phi$ 亦最大。当 $\beta=90°$，功率因数最小。综上所述，变流器工作于整流状态时，有功功率 $P$ 为正值，且随 $\alpha$ 角增大而减小，而无功功率 $Q$ 增大，功率因数下降；当工作在逆变状态时，有功功率为负值，随着 $\beta$ 角的增大，有功功率绝对值减小，无功功率 $Q$ 增大，功率因数也是下降。

有的场合以直流输出功率 $P_d$ 和变压器二次侧视在功率 $S_2$ 之比来表示功率因数。

根据功率因数表达式，功率因数为畸变系数与位移因数的乘积，功率因数低有两个原因：一是波形畸变，二是位移因数低。波形畸变导致功率因数低，是因为高次谐波的平均功

率为零，也就是高次谐波电流都是无功电流。位移因数低是因为电压与基波电流的相位差变大。显然，为了使畸变系数增大使之接近于1，就要设法减小高次谐波；为了使位移因数增大，就要减小控制角 $\alpha$。目前采用的改善功率因数的方法有以下几种：

（1）小控制角（逆变角）运行　对于长时间运行在深调压、深调速的晶闸管装置，可采取整流变压器的二次侧抽头或星三角变换等方法降低变压器二次侧电压，使装置尽量运行在小控制角状态。

（2）采用两组变流器的串联供电　对于大容量且电压较高的负载，可采用图6-16所示的两组桥式电路串联供电。当负载要求高电压时，两组晶闸管均工作在小 $\alpha$ 值的整流状态。负载电压为两组直流电压之和，即

$$U_d = U_{d\text{I}} + U_{d\text{II}}$$

当负载需要低电压时，使Ⅰ组晶闸管仍工作在小 $\alpha$ 值的整流状态，而Ⅱ组晶闸管工作在小 $\beta$ 值的逆变状态。此时负载电压为

$$U_d = U_{d\text{I}} - U_{d\text{II}}$$

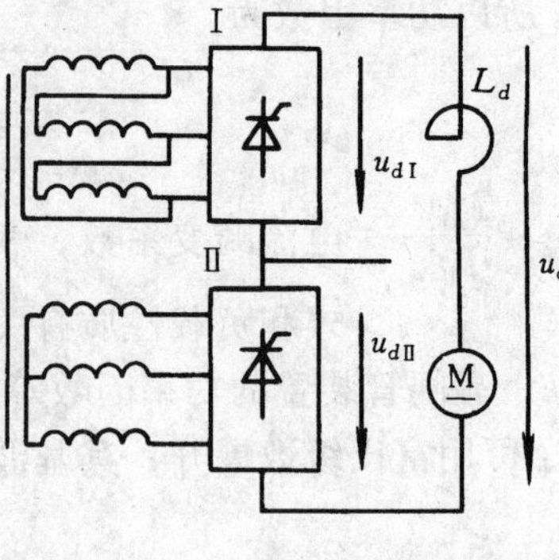

图6-16　两组晶闸管串联供电

当 $\alpha_{\text{I}} \approx \beta_{\text{II}}$ 时，$U_d \approx 0$。这时两组桥的功率因数都比较高。若输出电压不要求负值时，即Ⅰ组不要求工作在逆变状态，那么可以采用整流二极管代替晶闸管。

（3）增加整流相数　整流相数越多，电流中的高次谐波的最低次数越高，且幅值也减小，畸变因数更接近于1，从而提高了功率因数。

（4）设置补偿电容　由于电容吸收超前电流，故当电容与用电设备并联时，可以使电流与电压的角位移减小，能够改善功率因数。但必须指出电容与整流变压器并联固然可以改善功率因数，但由于电路里有高次谐波存在，如果电容与电路里的电感配合不当，就会在变流器的某个谐波附近产生谐振。这个谐振被充分放大后，可能使供电电压进一步畸变。为此常用电感和电容串联并选择适当的电感量来避免上述缺点。

## 二、晶闸管装置对电网的影响

晶闸管与其它电力半导体器件的迅速发展与广泛应用，对各工业部门提高生产技术水平、改善产品质量、提高经济效益都具有重大作用。但同时必须看到，随着变流装置容量的不断增大，其对供电电网可能造成的影响与危害，日益引起人们的关注与焦虑，诸如电压波形畸变、谐波噪声与干扰、功率因数的降低等，特别是当电网容量相对较小时，由于无功功率增大，导致无功冲击，使电网电压随之波动，影响波及其它用电网供电的设备。这种影响曾一度被喻之谓“电力公害”。

谐波电流的不良影响主要有：①对于补偿用电力电容器和串联电抗器，高次谐波电流可能引起串联或并联谐振，引起热损坏、振动、闪烁等事故。②对通信线路产生杂音。③对变压器的铁心产生噪声，铁耗和铜耗增加，容量减小，箱壁或箱盖产生涡流发热。④对输电线路，谐波电流常引起线路的串联谐振，造成绝缘击穿。⑤对于感应电动机，由于高次谐波电流产生脉动转矩，故使转速周期性变动，铁耗和铜耗增加。⑥对于仪用互感器，会影响电流或电压的相位差，导致测量精度下降。⑦会导致计算机误动作。

以三相全控桥晶闸管电路为例，在带大电感负载、变压器电压比为1时，交流侧电流波形如图6-17所示，为正负对称的矩形波，其展开为富氏级数为

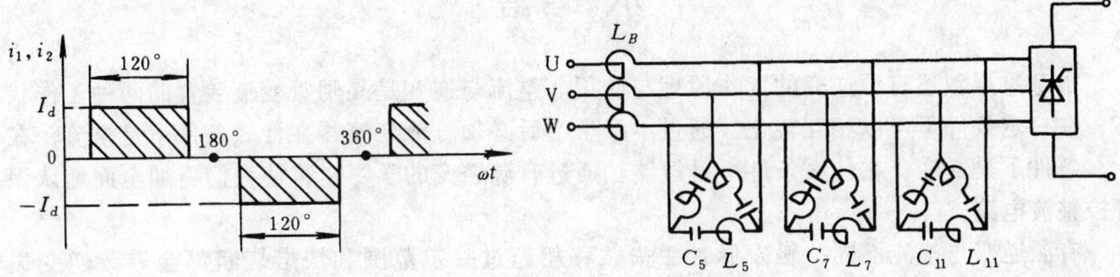


图 6-17 三相全控桥式电路变压器电流波形

图 6-18 抑制谐波的滤波器

$$i_1 = i_2 = \frac{2\sqrt{3}}{\pi} I_d \left[ \cos\omega t - \frac{1}{5}\sin5\omega t - \frac{1}{7}\sin7\omega t + \frac{1}{11}\sin11\omega t + \frac{1}{13}\sin13\omega t - \cdots \right]$$

电网吸取 5 次、7 次、…高次谐波后，这些谐波电流在电网回路引起阻抗压降，因而使电网电压也含有高次谐波成分，造成电网电压畸变。因此晶闸管装置实际上可看成是一个高次谐波源。晶闸管装置的容量愈大则高次谐波亦愈大，对电网的影响也愈大。

为了尽量减小对电网的影响，必须设法使流进晶闸管装置的电流尽量接近正弦波，减小高次谐波成分。从装置本身考虑，例如带电阻性负载时，应尽量运行在小控制角状态，三相时尽量采用桥式电路而不用三相半波电路，以消除偶次谐波。变流变压器采用 D/Y 或 Y/D 联结，可使一次电流成阶梯形更接近正弦波。对于大容量装置可采用增加整流相数，如图 6-16 所示的供电线路，变压器两组二次绕组分别接成星形与三角形，二者线电压相位差 30° 等效为十二相整流，使两组桥的 5 次、7 次谐波电流在变压器一次侧相差 180°互相抵消，一次电流为三个阶梯波，更接近正弦波。从装置外部考虑，为使装置的谐波电流不流过电网，可采用谐波滤波器，图 6-18 即为 5、7、11 次谐波滤波电路，使高次谐波电流大部分流入 $LC$ 串联谐振电路，从而使流入电网的谐波电流抑制在允许值内。

当晶闸管装置功率因数变差时，会引起供电区域电压波动。其原因是：当装置输出直流电流 $I_d$ 不变时，装置的交流侧电流 $I_1$ 亦不变，变流装置对电网吸收的视在功率 $S$ 基本不变。当输出直流电压降低、输出有功功率 $P$ 减小时，必然吸收的电网无功功率 $Q$ 变大；反之直流电压升高则装置的无功功率 $Q$ 减小。关系式为

$$Q = S\sin\varphi \approx S\sin\alpha$$

进一步分析推导可得出电网电压变化量为

$$\Delta U = \frac{QX}{U} \approx \frac{SX}{U}\sin\alpha$$

式中 $X$——供电系统电抗；

$U$——供电额定电压。

由此可见，当变流装置的控制角变化时，会引起电网电压波动。在装置容量大的场合，为了保证电网电压稳定，需要有无功功率补偿。最常用的方法是在负载侧并联电容，在负载的 $\alpha$ 变化快、变化范围大的场合，需用晶闸管控制的快速无功补偿回路进行无功补偿。

## 小　结

本章重点叙述有源逆变的工作原理与应用。整流与逆变是晶闸管变流装置的两种工作状态，在一定条件下可以相互转化。通过本章学习后必须分清变流器在什么条件下是整流，在什么条件下是逆变，在什么条件下是短路！通过有源逆变的学习，将使我们更加全面地认识可控整流电路。

有源逆变与整流不同，触发脉冲丢失、移相超过一定范围和快熔烧断都会导致逆变失败，也就是严重短路，这是必须绝对避免的，因此逆变电路对触发脉冲与主电路的可靠性要求更高，对最小逆变角 $\beta_{min}$必须加以限制。

晶闸管反并联可逆电路是有源逆变的具体应用，作为无触点控制适用在频繁正反转运行的场合。本章以三相半波 $\alpha=\beta$ 制反并联可逆电路为例，较详细地分析环流的产生与抑制方法，限于篇幅，其它型式电路以及交叉连接电路由读者自行分析。

晶闸管装置的使用会引起电网波形畸变和供电电压降低，必须采取措施，把这种影响抑制在允许范围内，否则将阻碍晶闸管技术的发展。

## 思考题与习题

1. 区别下列概念：

(1) 整流与待整流　　(2) 逆变与待逆变　　(3) 有源逆变与无源逆变

2. 为什么有源逆变工作时，变流器直流侧会出现负的直流电压，而电阻负载或电阻串接大电感负载则不能？

3. 在下两图中，一个工作在整流电动机状态，另一个工作在逆变发电机状态。

(1) 标出 $U_d$、$E_D$ 及 $i_d$ 的方向。

(2) 说明 $E$ 与 $U_d$ 的大小关系。

(3) 当 $\alpha$ 与 $\beta$ 的最小值均为 30°时，控制角 $\alpha$ 的移相范围为多少？

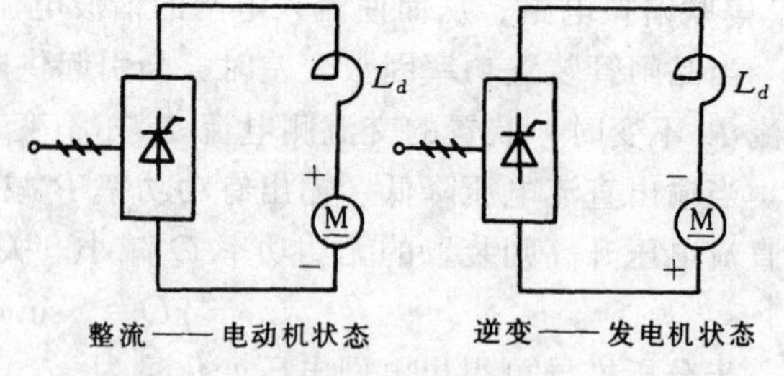


图 6-19　习题 3 附图

4. 试画出三相半波共阳极接法时，$\beta=60°$时的 $u_d$ 与 $u_{T3}$（$VT_3$ 管子二端）的波形。

5. 单相全控桥式整流电路带大电感负载时，若已知 $U_2=220V$，负载电阻 $R_d=10\Omega$，求 $\alpha=60°$时，电源供给的有功功率、视在功率以及功率因数为多少？

($P=980.1W$，$S=2.178kV\cdot A$，$\cos\phi=0.45$)

6. 在反并联有环流可逆电路中，如最小逆变角 $\beta_{min}$和最小整流控制角 $\alpha_{min}$不相等，试分析 $\beta_{min}>\alpha_{min}$和 $\beta_{min}<\alpha_{min}$两种情况时，电路会出现什么现象？

7. 三相半波晶闸管电路工作在有源逆变状态，试画出 $\beta=30°$时 $VT_2$ 管的触发脉冲丢失一只时，输出电压 $u_d$ 的波形。

8. 某晶闸管可逆供电装置，为三相半波接线，变压器二次侧相电压有效值为 230V，$R_a=0.3\Omega$，电动机从 220V、20A 稳定的电动状态下进行发电机再生制动，要求制动初始电流为 40A，试求初始逆变角 $\beta$ 应多大？(换相压降与 $\Delta U$ 不计)

($\beta=41.4°$)

9. 什么是环流？环流是怎样产生的，在不同 $\alpha$ 或 $\beta$（$\alpha=\beta$）时环流是否相同？当 $\alpha>\beta$ 或 $\alpha<\beta$ 时，环流会如何变化？

*10. 图 6-8a 单相全波反并联有环流可逆电路，$U_2=100\text{V}$。

(1) 画出 $\alpha_{\text{I}}=\beta_{\text{II}}=90°$ 时的均衡电压 $u_c$ 和环流 $i_c$ 的波形。

(2) 求 $\alpha_{\text{I}}=\beta_{\text{II}}=90°$ 时 $u_c$ 的最大值 $U_{Jm}$ 与有效值 $U_c$。

($U_{cm}=\sqrt{2}U_2=141\text{V}$，$U_c=100\text{V}$)

*11. 试画出三相桥式反并联 $\alpha=\beta$ 制有环流可逆电路 (1) $\alpha_{\text{I}}=\beta_{\text{II}}=90°$；(2) $\alpha_{\text{I}}=\beta_{\text{II}}=60°$；(3) $\alpha_{\text{I}}=\beta_{\text{II}}=30°$ 时的均衡电压与环流波形。如交流线电压 $U_i=\dfrac{100}{\sqrt{2}}\text{V}$，则上述三种情况均衡电压最大值各为多大？

〔$U_{cm(90°)}=50\text{V}$，$U_{cm(60°)}=86.6\text{V}$，$U_{cm(30°)}=50\text{V}$〕

12. 晶闸管装置的功率因数是怎样定义的，它与哪些因素有关？改善功率因数通常有哪些方法？

13. 晶闸管装置对电网的不良影响有哪些？用什么办法可以抑制或减小这些影响？

14. 试从电压波形图来分析不论哪种逆变电路，当电抗器的电感量不够大，则在 $\alpha=\dfrac{\pi}{2}$ 时，输出电压的平均值将大于零，负载为电动机时会发生爬行。

# 第七章　晶闸管交流开关与交流调压

利用晶闸管的导通关断特性，可以用晶闸管组成一个开关，控制门极电流的通断，这样就可以实现高电压、大电流电路的通断。由晶闸管组成的开关具有无触点、动作迅速、寿命长和几乎不用维修等优点，没有通常电磁式开关要产生的电弧、触点磨损和熔焊、噪声等缺点，因此近来获得广泛应用。

## 第一节　双向晶闸管（Bidirectional Thyristor）

双向晶闸管是晶闸管系列中主要的派生元件，在交流电路中代替一组反并联的普通晶闸管，是一种比较理想的交流电力控制元件。

### 一、结构

双向晶闸管与普通晶闸管一样，也有塑料封装、螺旋型与平板型三种，其核心部分是五层三端半导体结构，结构与符号如图 7-1 所示。$N_4$、$P_1$ 表面用金属膜连通构成第一阳极 $T_1$，$N_2$ 与 $P_2$ 也用金属膜连通为第二阳极 $T_2$，$N_3$ 与 $P_2$ 一部分引出称公共门极用 $G$ 表示，门极 $G$ 与第二阳极 $T_2$ 是同一侧引出。$P_1$-$N_1$-$P_2$-$N_2$ 和 $P_2$-$N_1$-$P_1$-$N_4$ 分别构成一对反并联晶闸管Ⅰ和Ⅱ，$P_1$-$N_1$-$P_2$-$N_3$ 和 $N_1$-$P_2$-$N_3$ 分别构成门极晶闸管与门极晶体管。双向晶闸管的符号如图 b 所示。

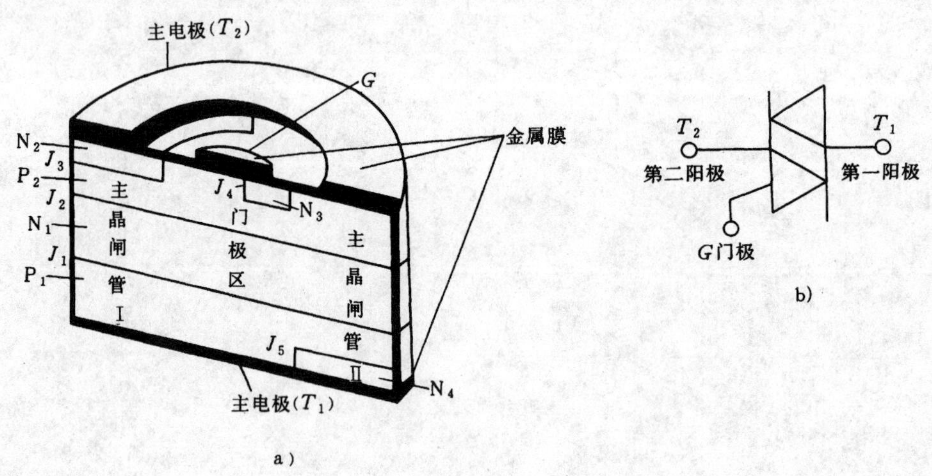


图 7-1　双向晶闸管结构与符号

### 二、特性与型号

双向晶闸管的伏安特性如图 7-2 所示，要使管子能通过交流电流，必须在每半个周期内对门极触发一次，只有在元件中通过的电流大于擎住电流后，去掉触发脉冲后才能维持元件继续导通；只有在元件中通过的电流下降到维持电流以下时，元件才能关断并恢复阻断能力。

双向晶闸管使用在交流电路中时，需承受正反向半波电流与电压，它在一个方向导通结束时，管芯硅片各层中的载流子还没有全部复合，这时在相反方向电压作用下，这些剩余载流子可能作为晶闸管反向工作时的触发电流而使之误导通，从而失去控制能力即换流失败，所以对换向电流的下降率$\left(\frac{di}{dt}\right)_c$要有所限制，不能太大。在带电感性负载时，电流滞后电压90°，当管子电流过零关断时，元件从导通瞬时（几微秒）跃升到线路电压的峰值，元件承受的$\frac{du}{dt}$值可达每微秒几百伏。双向晶闸管在换向时承受的$\left(\frac{du}{dt}\right)_c$能力远小于非换向时的$\frac{du}{dt}$值，所以换向电压上升率也必须限制。总之，大功率双向晶闸管的换向问题，在应用中必须十分重视。

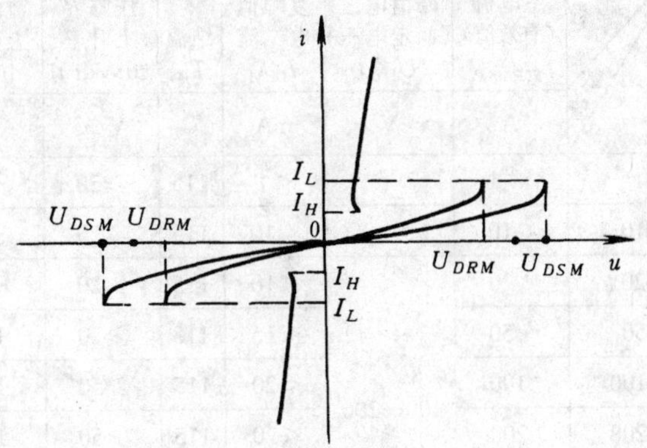


图 7-2　双向晶闸管的伏安特性

根据JB2173—77标准，双向晶闸管的型号规格为：

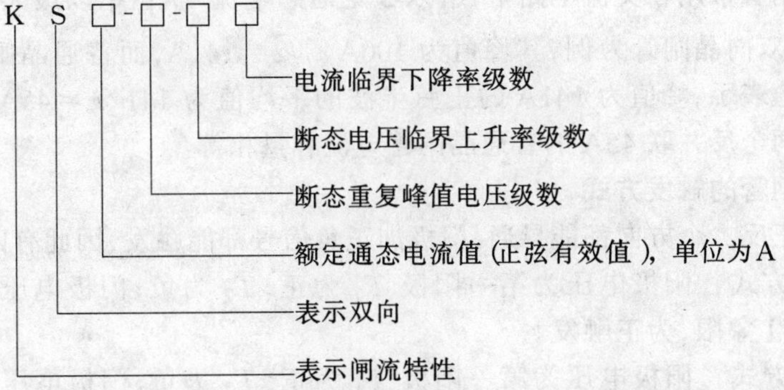


如型号为KS100-8-21，表示双向晶闸管，额定电流100A，断态重复峰值电压8级（800V），断态电压临界上升率$\left(\frac{du}{dt}\right)_c$为2级（不小于200V/μs），换向电流临界下降率$\left(\frac{di}{dt}\right)_c$为1级（不小于1% $I_{T(RMS)}=1A/\mu s$，$I_{T(RMS)}$为额定通态电流）。有关KS型双向晶闸管的系列和级的划分见表7-1、7-2、7-3，电流、电压等级的规定与普通晶闸管相同。

**表 7-1　断态电压临界上升率分级规定**

| 等　　级 | 0.2 | 0.5 | 2 | 5 |
|---|---|---|---|---|
| $\left(\frac{du}{dt}\right)_c$ (V/μs) | ≥20 | ≥50 | ≥200 | ≥500 |

**表 7-2　换向电流临界下降率$\left(\frac{di}{dt}\right)_c$的分级规定**

| 等　　级 | 0.2 | 0.5 | 1 |
|---|---|---|---|
| $\left(\frac{di}{dt}\right)_c$ (A/μs) | ≥0.2% $I_{T(RMS)}$ | ≥0.5% $I_{T(RMS)}$ | ≥1% $I_{T(RMS)}$ |

**表 7-3　KS 双向晶闸管元件主要参数**（摘自 JB2173—77）

| 系列 \ 参数 数值 | 额定通态电流（有效值）$I_{T(RMS)}$* | 断态重复峰值电压（额定电压）$U_{DRM}$ | 断态重复峰值电流 $I_{DRM}$ | 额定结温 $T_{jM}$ | 断态电压临界上升率 $(du/dt)_c$ | 通态电流临界上升率 $di/dt$ | 换向电流临界下降率 $(di/dt)_c$ | 门极触发电流 $I_{GT}$ | 门极触发电压 $U_{GT}$ | 门极峰值电流 $I_{GM}$ | 门极峰值电压 $U_{GM}$ | 维持电流 $I_H$ | 通态平均电压 $U_{T(AV)}$* |
|---|---|---|---|---|---|---|---|---|---|---|---|---|---|
| 列 | A | V | mA | ℃ | V/μs | A/μs | A/μs | mA | V | A | V | mA | V |
| KS1 | 1 | 100～200 | <1 | 115 | ≥20 | — | ≥0.2% $I_{T(RMS)}$ | 3～100 | ≤2 | 0.3 | 10 | 实测值 | 上限值各厂由浪涌电流和结温的合格形式试验决定并满足 $\lvert U_{T1}-U_{T2}\rvert \leqslant 0.5V$ |
| KS10 | 10 | | <10 | 115 | ≥20 | — | | 5～100 | ≤3 | 2 | 10 | | |
| KS20 | 20 | | <10 | 115 | ≥20 | — | | 5～200 | ≤3 | 2 | 10 | | |
| KS50 | 50 | | <15 | 115 | ≥20 | 10 | | 8～200 | ≤4 | 3 | 10 | | |
| KS100 | 100 | | <20 | 115 | ≥50 | 10 | | 10～300 | ≤4 | 4 | 12 | | |
| KS200 | 200 | | <20 | 115 | ≥50 | 15 | | 10～400 | ≤4 | 4 | 12 | | |
| KS400 | 400 | | <25 | 115 | ≥50 | 30 | | 20～400 | ≤4 | 4 | 12 | | |
| KS500 | 500 | | <25 | 115 | ≥50 | 30 | | 20～400 | ≤4 | 4 | 12 | | |

注：带＊项的下标，在不混淆时可省略。

由于双向晶闸管常用在交流电路中，所以额定通态电流 $I_{T(RMS)}$ 以最大交流有效值表示。以 100A（有效值）双向晶闸管为例，其峰值为 $100A\times\sqrt{2}=141A$，而普通晶闸管的额定电流是以正弦半波平均值表示，峰值为 141A 的正弦半波的平均值为 $141/\pi=45A$。所以一个 100A 的双向晶闸管与两个反并联 45A 的普通晶闸管电流容量相等。

## 三、双向晶闸管的触发方式

双向晶闸管正反二个方向都能导通，门极加正负信号都能触发，因此有四种触发方式：

（1）$\text{I}_+$ 触发方式　阳极电压为第一阳极 $T_1$ 为正，$T_2$ 为负；门极电压是 $G$ 为正，$T_2$ 为负，特性曲线在第Ⅰ象限，为正触发。

（2）$\text{I}_-$ 触发方式　阳极电压为第一阳极 $T_1$ 为正，$T_2$ 为负；门极电压是 $G$ 为负，$T_2$ 为正，特性曲线在第Ⅰ象限，为负触发。

（3）$\text{III}_+$ 触发方式　阳极电压为第一阳极 $T_1$ 为负，$T_2$ 为正；门极电压是 $G$ 为正，$T_2$ 为负，特性曲线在第Ⅲ象限，为正触发。

（4）$\text{III}_-$ 触发方式　阳极电压为第一阳极 $T_1$ 为负，$T_2$ 为正；门极电压是 $G$ 为负，$T_2$ 为正，特性曲线在第Ⅲ象限，为负触发。

四种触发方式的特性见表 7-4。

**表 7-4　四种触发方式的特性**

| 触发方式 | | 被触发的主晶闸管 | $T_1$ 端极性 | 门极极性 | 触发灵敏性（相对于 $\text{I}_+$ 触发方式） |
|---|---|---|---|---|---|
| 第Ⅰ象限 | $\text{I}_+$ | $P_1$-$N_1$-$P_2$-$N_2$ | + | + | 1 |
| | $\text{I}_-$ | $P_1$-$N_1$-$P_2$-$N_2$ | + | − | 近似 1/3 |
| 第Ⅲ象限 | $\text{III}_+$ | $P_2$-$N_1$-$P_1$-$N_4$ | − | + | 近似 1/4 |
| | $\text{III}_-$ | $P_2$-$N_1$-$P_1$-$N_4$ | − | − | 近似 1/2 |

Ⅲ$_+$触发方式的触发灵敏度最低，尽量不用。双向晶闸管工作时，正反两个方向的触发灵敏度不同会引起正负控制角 $\alpha$ 不同，形成正负电流波形不对称，出现直流分量。触决的办法是采用强触发，通常实际触发电流的幅值应满足 $I_g>$（2～4）$I_{CT}$（门极触发电流）。双向晶闸管接电感性负载时，由于负载电流的滞后作用，当一个方向的电流过零关断时，元件立即瞬时加上阶跃的反向电压。如果元件的 $\left(\frac{du}{dt}\right)_c$ 的能力较低，就会引起失控。因此双向晶闸管虽然不需要过电压保护，但为了限制加在元件上的 $\frac{du}{dt}$ 值，仍需在元件两端并接 $RC$ 阻容，通常取 $R=50\sim100\Omega$，$C=0.1\sim0.47\mu F$。

**四、双向晶闸管主要参数选择**

为了保证交流开关的可靠运行，必须根据开关的工作条件，合理选择双向晶闸管的额定通态电流、断态重复峰值电压（铭牌额定电压）以及换向电压上升率。

（1）额定通态电流 $I_{T(RMS)}$ 的选择　双向晶闸管交流开关较多用于频繁起动和制动，对可逆运转的交流电动机，要考虑起动或反接电流峰值来选取元件的额定通态电流 $I_{T(RMS)}$。对于绕线转子电动机最大电流为电动机额定电流的 3～6 倍，对笼型电动机则取 7～10 倍，如对于 30kW 的绕线转子电动机和 11kW 的笼型电动机要选用 200A 的双向晶闸管。

（2）额定电压 $U_{Tn}$ 的选择　电压裕量通常取 2 倍，380V 线路用的交流开关，一般应选 1000～1200V 的双向晶闸管。

（3）换向能力 $\left(\frac{du}{dt}\right)_c$ 的选择　电压上升率 $\left(\frac{du}{dt}\right)_c$ 是重要参数，一些双向晶闸管的交流开关经常发生短路事故，主要原因之一是元件允许的 $\left(\frac{du}{dt}\right)_c$ 太小。通常解决的方法是：①在交流开关的主电路中串入空心电抗器，抑制电路中的换向电压上升率，降低对双向晶闸管换向能力的要求；②选用 $\left(\frac{du}{dt}\right)_c$ 值高的元件，一般选 $\left(\frac{du}{dt}\right)_c$ 为 200V/μs。

## 第二节　晶闸管交流开关

晶闸管交流开关是一种快速、较理想的交流开关，同时，由于晶闸管总是在电流过零时关断，在关断时不会因负载或线路电感储存能量而造成暂态过电压和电磁干扰，因此特别适用于操作频繁、可逆运行及有易燃气体、多粉尘的场合。

**一、简单交流开关及应用**

晶闸管交流开关的基本型式如图 7-3 所示。门极毫安级电流的通断，可控制晶闸管阳极几十到几百安培大电流的通断。交流开关的工作特点是晶闸管在承受正半周电压时触发导通，而它的关断是利用电源负半周在管子上加反压来实现，在电流过零时自然关断。

图 7-3a 为普通晶闸管反并联的交流开关，当 Q 合上时，靠管子本身的阳极电压作为触发电压，具有强触发性质，即使对触发电流很大的管子也能可靠触发，负载上得到的基本上是正弦电压。图 b 采用双向晶闸管，为Ⅰ$_+$、Ⅲ$_-$触发方式，线路简单但工作频率比反并联电路低。图 c 只用一只普通晶闸管，管子不受反压。由于串联元件多、压降损耗较大。

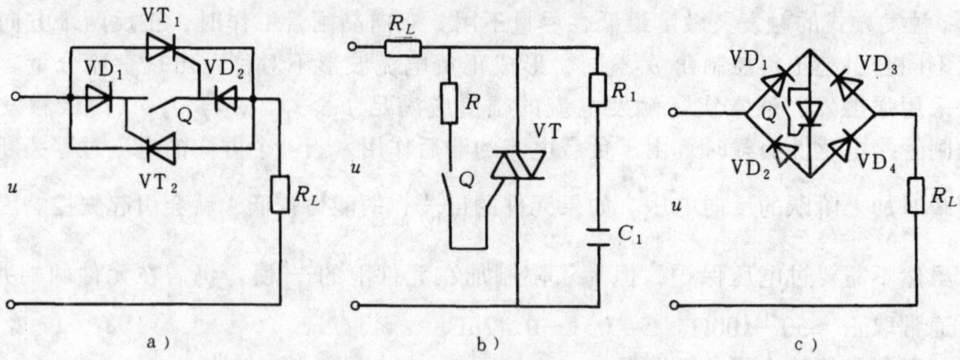


图 7-3　晶闸管交流开关的基本型式

图 7-4 为双向晶闸管控制三相自动控温电热炉的电路。当开关 Q 拨到“自动”位置时，炉温就能自动保持在给定温度。若炉温低于给定温度，温控仪（调节式毫伏温度计）使常开触点 KT 闭合，小容量双向晶闸管 $VT_4$ 触发导通，继电器 KA 得电，使主电路中 $VT_1 \sim VT_3$ 管导通，触发方式为 $\mathrm{I}_+$、$\mathrm{III}_-$，负载电阻 $R_L$（电热丝）接通电源使炉子升温。当炉温到达给定温度，温控仪触点 KT 断开，$VT_4$ 关断，继电器 KA 失电，双向晶闸管 $VT_1 \sim VT_3$ 关断，炉子降温。因此电热炉温度在给定温度附近小范围内波动。

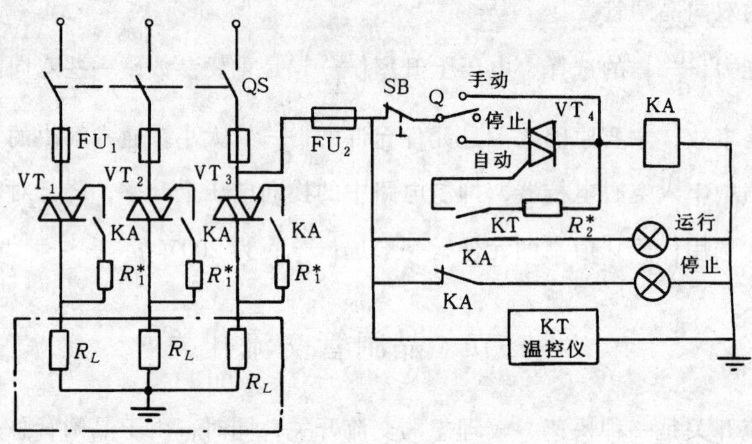


图 7-4　自动控温电热炉电路图

双向晶闸管仅用一只电阻(主电路为 $R_1^*$、控制电路为 $R_2^*$)构成本相强触发电路，其阻值可由试验决定。用电位器代替 $R_1^*$ 和 $R_2^*$，调节电位器，使双向晶闸管两端电压(用交流电压表测量)减小到 2～5V，此时电位器阻值即为触发电阻值，通常为 30Ω～3kΩ，功率小于 2W。

图 7-5 为采用 5 只双向晶闸管组成的三相交流无触点正反转控制电路，适用于正反转频繁的电力拖动设备。

主电路采用 5 只双向晶闸管 $VT_1 \sim VT_5$，分两组控制电动机的正、反转，当 $VT_2$、$VT_3$、$VT_4$ 触发导通时电动机正转；$VT_1$、$VT_3$、$VT_5$ 触发导通时电动机反转。U、W 两相换向的四只管子绝不能同时导通，每只管子两端和主电路输出端都接有 $RC$ 回路，以改善换相条件与防止过电压。

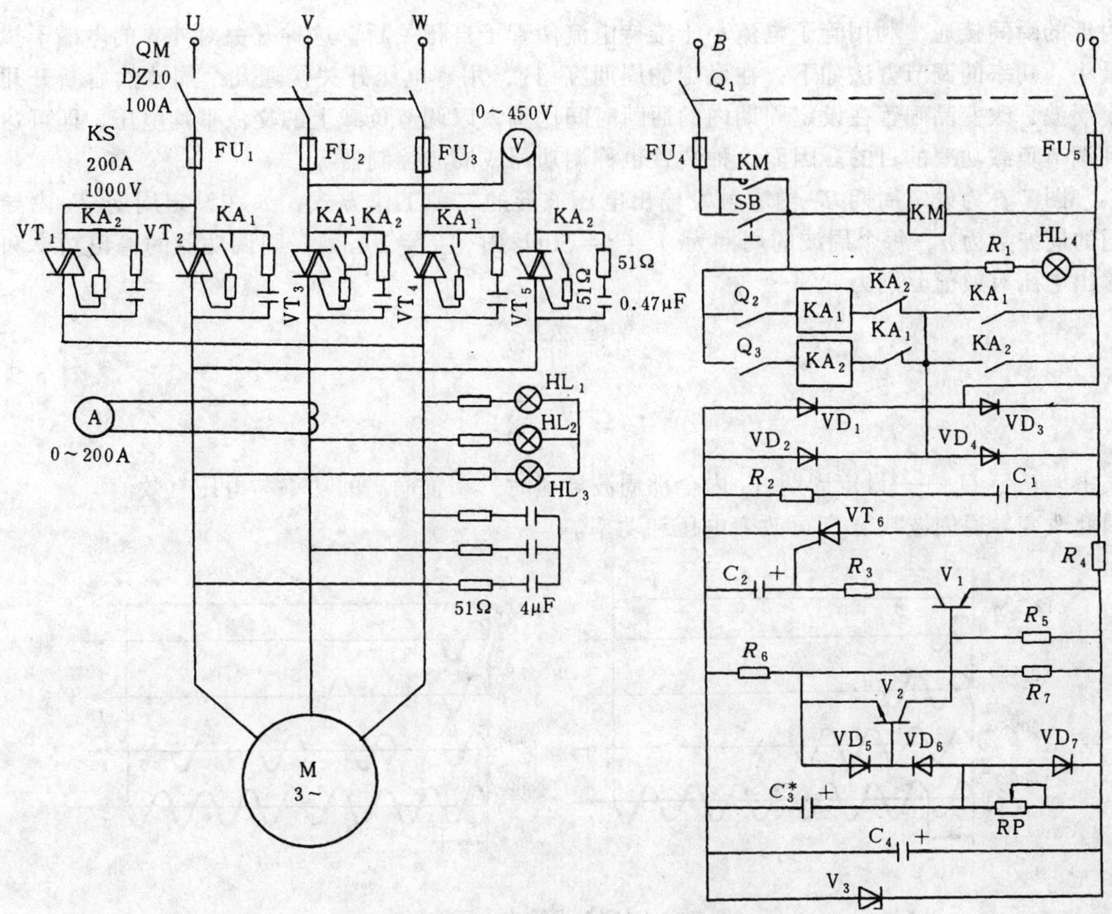


图 7-5　三相交流无触点正反转控制电路

双向晶闸管采用本相强触发，触发方式为（Ⅰ₊、Ⅲ₋），在门极串接 51Ω 电阻。电动机正转由继电器 $KA_1$ 得电，控制 $VT_2$、$VT_3$、$VT_4$ 门极使之导通：反转由 $KA_2$ 得电，控制 $VT_1$、$VT_3$、$VT_5$ 导通，$KA_1$、$KA_2$ 线圈电路相互互锁，防止瞬间同时吸合。

为了有效防止晶闸管切换换向时的误导通，在继电器线圈电路中接入延时电路，使晶闸管的触发时间延迟约 0.5s，保证一个方向可靠关断后，另一方向的管子才能触发导通。

电路工作时先合上空气开关 QM，再合上控制电源开关 $Q_1$。操作手动开关 SB 使继电器 KM 通电并自锁。若要电动机正转则合上正转开关 $Q_2$。$KA_1$ 不能立即通电，交流电压先经 $VD_1$～$VD_4$ 整流，$R_4$、$C_4$、$V_3$ 滤波稳压，通过 RP 给 $C_3$ 充电。经 0.5s 左右，$C_3$ 电压上升到使 $V_2$、$V_1$ 导通，触发小容量晶闸管 $VT_6$ 使其导通，继电器 $KA_1$ 才能通电吸合，触发 $VT_2$、$VT_3$、$VT_4$ 使电动机正转，同时 $KA_1$ 的常开触点使线圈自锁，使延时电路短路。电动机反转时按 $Q_3$ 反转开关，工作过程与正转相同。

**二、过零触发开关电路与交流调功器**

前面介绍的各种可控整流都采用移相触发控制，这种触发方式使电路中的正弦波形出现缺角，包含较大的高次谐波。因此移相触发使晶闸管的应用受到一定限制。为了克服这种缺点，可采用另一类触发方式即过零触发或称零触发。交流零触发开关使电路在电压为零或零附近的瞬间接通，利用管子电流小于维持电流使管子自行关断，这种开关对外界的电磁干扰最小。功率的调节方法如下：在设定的周期 $T_c$ 内，用零电压开关接通几个周波然后断开几个周波，改变晶闸管在设定周期内的通断时间比例，以调节负载上的交流平均电压，即可达到调节负载功率的目的。因而这种装置也称调功器或周波控制器。

图 7-6 为设定周期 $T_c$ 内零触发输出电压波形的二种工作方式，如在设定周期 $T_c$ 内导通的周波数为 $n$，每个周波的周期为 $T$（$f=50\text{Hz}$ 时，$T=20\text{ms}$），则调功器的输出功率和输出电压有效值分别为

$$P = \frac{nT}{T_c}P_n$$

$$U = \sqrt{\frac{nT}{T_c}}U_n$$

式中　$P_n$、$U_n$——设定周期 $T_c$ 内全部周波导通时，装置输出的功率与电压有效值。

因此改变导通周波数 $n$ 即可改变电压和功率。

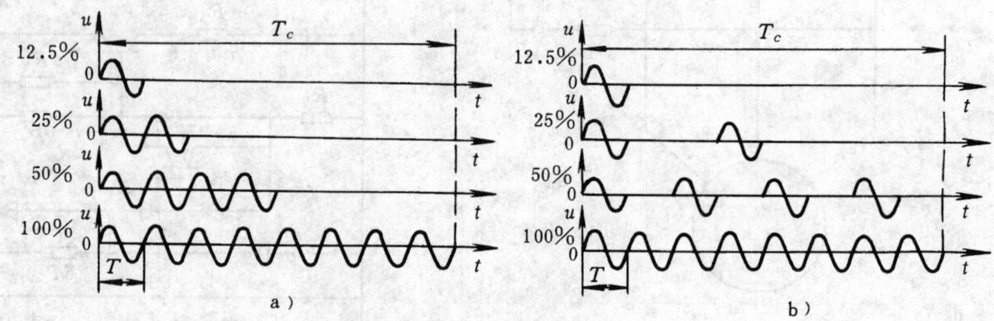


图 7-6　过零触发输出电压波形

a）全周波连续式　b）全周波断续式

调功器通常可用双向晶闸管也可用二只普通晶闸管反并联组成，图 7-7 为全周波连续式

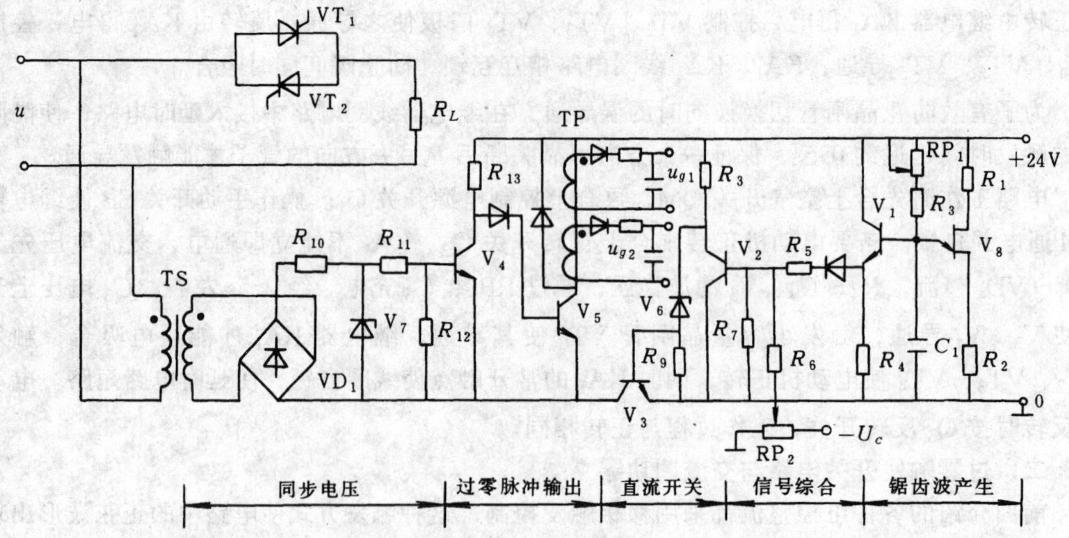


图 7-7　过零触发电路

分立元件零触发电路，它由锯齿波产生、信号综合、直流开关、过零脉冲输出以及同步电压五部分组成，工作原理简述如下：

1）锯齿波由单结晶体管 $V_8$ 与 $C_1$ 等组成的驰张振荡器，经射极跟随器（$V_1$、$R_4$）输出，波形如图 7-8a 所示。锯齿波底宽对应一定的时间周期 $T_c$。调节电位器 $RP_1$ 即可改变锯齿波斜率和 $T_c$，由于单结管的分压比一定，电容开始放电的电压也一定，斜率减小使锯齿波底宽增大，设定周期 $T_c$ 亦增大。

2）电位器 $RP_2$ 上的控制电压 $U_c$ 与锯齿波电压进行并联叠加后送至 $V_2$ 的基极，合成电压为 $u_s$，当 $u_s>0$（0.7V）时，则 $V_2$ 导通；$u_s<0$ 则 $V_2$ 截止，见图 7-8b。

3）由 $V_3$ 管组成触发电源的直流开关，$V_2$ 管导通则 $V_3$ 管截止；$V_2$ 管截止则 $V_3$ 管导通，如 7-8c）所示。

4）过零脉冲输出。由同步变压器 TS、整流桥 $VD_1$ 及 $R_{10}$、$R_{11}$、$V_7$ 形成削波同步电压，见图 7-8d，它与直流开关输出电压共同控制 $V_4$、$V_5$ 管，只有当直流开关 $V_3$ 导通期间，在同步电压过零点使 $V_4$ 截止、$V_5$ 才能导通输出触发脉冲，此脉冲使晶闸管导通，见图 7-8e、f。增大控制电压 $U_c$（数值上），便可增加直流开关 $V_3$ 的导通时间，也就增加了设定周期 $T_c$ 内的导通周波数，从而增加了输出功率。

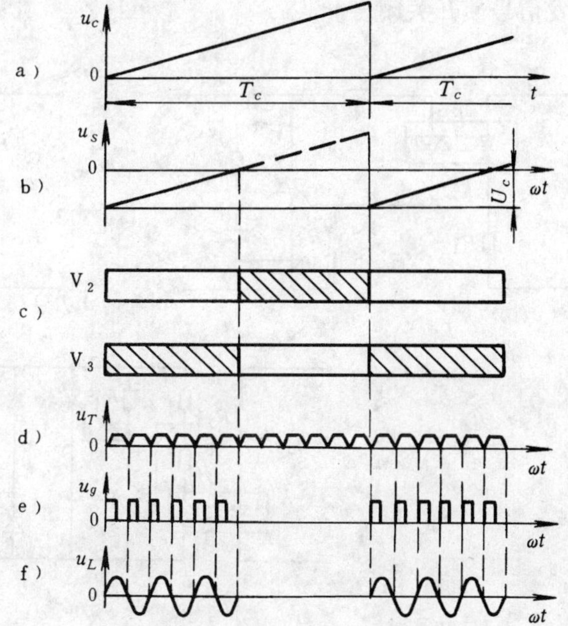


图 7-8 过零触发电路的电压波形

过零触发虽然没有移相触发时的高次谐波干扰，但其通断频率比电源频率低，特别当通断比太小时，会出现低频干扰，使照明出现人眼能觉察到的闪烁、电表指针出现摇摆等。所以调功器通常用于热惯性较大的电热负载。

**三、固态开关**

近几年来发展一种固态开关（Solid State Switch），简称 SSS，它包括固态继电器（Solid State Relay），简称 SSR、固态接触器（Solid State Contactor）简称 SSC，是一种以双向晶闸管为基础构成的无触点通断组件。

图 7-9a 为光电双向晶闸管耦合器非零电压开关。输入端 1、2 输入信号时，光电双向晶闸管耦合器 B 导通，门极由 $R_2$、B 形成通路以 $Ⅰ_+$、$Ⅲ_-$ 方式触发双向晶闸管。这种电路相对于输入信号的交流电源的任意相位均可同步接通，称为非零电压开关。

图 7-9b 为光电晶闸管耦合的零电压开关，1、2 端输入信号时，光控晶闸管门极不短接时，耦合器 B 中的光控晶闸管导通，电流经整流桥与导通的光控晶闸管提供门极电流，使 VT 导通。由 $R_3$、$R_2$、$V_1$ 组成零电压开关功能电路，当电源电压过零并升至一定幅值时 $V_1$ 导通，光控晶闸管被关断。

图 7-9c 为零电压接通与零电流断开的理想无触点开关，1、2 端加上输入信号时（交直

流电压均可)，适当选取 $R_2$ 与 $R_3$ 的比值，使交流电源的电压在接近零值区域（±25V）且有输入信号时，$V_2$ 管截止，无输入信号时 $V_2$ 管饱和导通。因此不管什么时刻加上输入信号，开关只能在电压过零附近使晶闸管 $VT_1$ 导通，也就是双向晶闸管只能在零电压附近加触发信号使开关闭合。

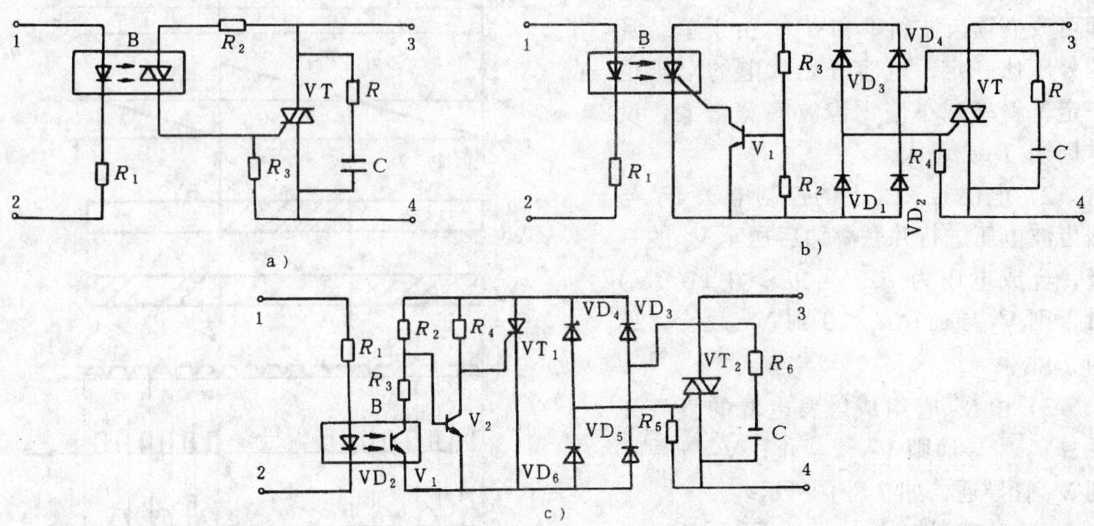


图 7-9　三种固态开关电路

固态开关一般采用环氧树脂封装，具有体积小、工作频率高的特点，适用于频繁工作或潮湿、有腐蚀性以及易燃的环境中。

## 第三节　单相交流调压电路

交流调压广泛用于工业加热、灯光控制、感应电动机调压调速以及电焊、电解、电镀交流侧调压等场合。单相交流调压用于小功率调节，广泛用于民用 电气控制。

### 一、几种交流调压的触发电路

1. 简单双向调压电路

图 7-10 为简单有级交流调压电路，当开关 Q 放在“3”位置，双向晶闸管 VT 正半周工作在 Ⅰ₊ 触发，负半周工作在 Ⅲ₋ 触发，负载 $R_L$ 上得到交流全压。当开关放到“2”位置，VT 只工作在 Ⅰ₊ 触发，$R_L$ 上得到正半周电压，达到降低电压的目的。

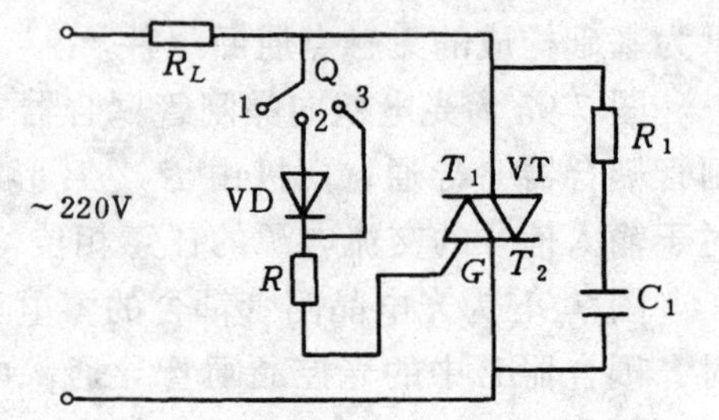


图 7-10　简单有级交流调压电路

2. 触发二极管交流调压电路

图 7-11a 为采用触发二极管的交流调压电路。触发二极管 VD 是三层 PNP 结构，二个 PN 结有对称的击穿特性，击穿电压通常为 30V 左右，当双向晶闸管 VT 阻断时，电容 $C_1$ 经电位器 RP 充电，当 $u_{c1}$ 达到一定数值时，触发二极管击穿导

通，双向晶闸管也触发导通，改变 RP 的阻值可改变控制角 α。电源反向时，触发管 VD 反向击穿，属Ⅰ₊、Ⅲ₋触发方式，负载上得到的是正负缺角正弦波。目前生产的双向晶闸管，不少已经把 VD 与 VT 集成在一起，门极经过双向触发管引出，使用时更方便。

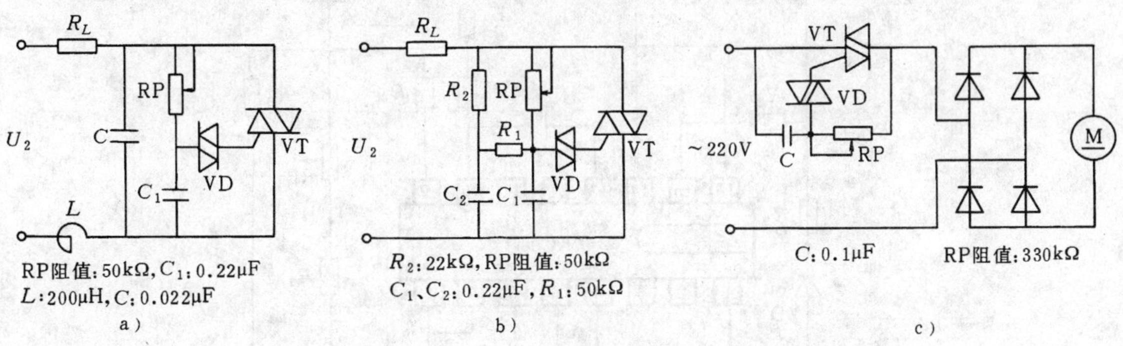


图 7-11　触发二极管交流调压电路

图 a 电路在大 $\alpha$ 工作时，过大的 RP 阻值使电容 $C_1$ 充电缓慢，由于大 $\alpha$ 时触发电路的电源电压已经过峰值并降得很低，造成 $C_1$ 上的充电电压过小不足以击穿双向二极管，因而在电路中增设 $R_2$、$R_1$、$C_2$ 如图 b 所示。当在大 $\alpha$ 工作时，获得滞后电压 $u_{C2}$，给电容 $C_1$ 增加一个充电电路，以保证 VT 能可靠触发，增大调压范围。图 c 为电机调速电路，请自行分析。

3．单结晶体管触发电路

图 7-12 为单结晶体管触发电路（注意脉冲变压器 TP 同名端的标法），电路工作在Ⅰ₋、Ⅲ₋触发状态。热敏电阻用于温度补偿。

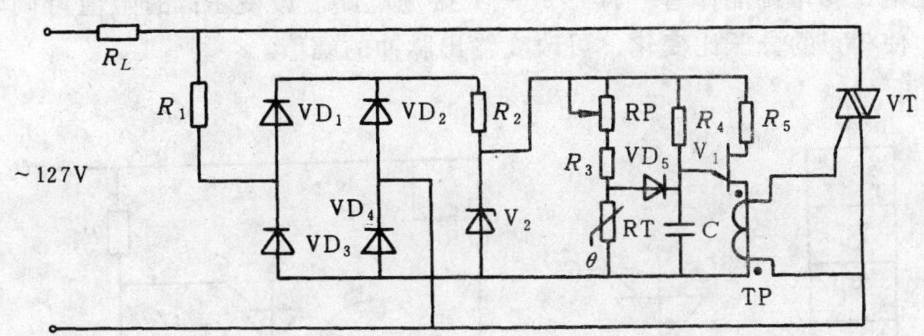


图 7-12　单结晶体管触发交流调压电路

$R_1$—2.2kΩ/2W　$R_2$—2.2kΩ/2W　$R_3$—2.2kΩ/0.5W　RT—热敏电阻，约 5kΩ　$R_4$—2.7kΩ　$R_5$—100kΩ/2W
$R_L$—300Ω　RP—10kΩ　$V_1$—BT35　$VD_1$～$VD_4$—2CZ13　$V_2$—2CW21J　$C$—0.22μF

4．KC06 触发器组成的晶闸管移相交流调压电路

如图 7-13 所示，该触发电路主要适用于交流直接供电的双向晶闸管或反并联普通晶闸管的交流移相控制。由交流电网直接供电，而不需要外加同步信号、输出脉冲变压器和外接直流工作电源。$RP_1$ 可调节触发电路锯齿波斜率，$R_5$、$C_2$ 调节脉冲的宽度，$RP_2$ 是移相控制电位器。

5．程控单结晶体管（Programmable Unijunction Transistor，简称 PUT）组成的触发电路

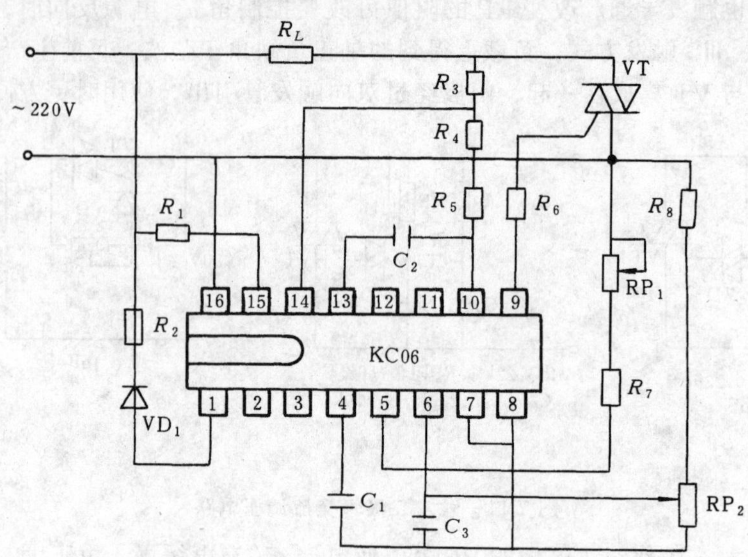


图 7-13　KC06 触发器组成的交流调压电路

PUT 实质上是一个 N 门极晶闸管，它具备晶闸管功能又可作为单结晶体管使用。PUT 如图 7-14a 所示，为四层 $P_1$-$N_1$-$P_2$-$N_2$ 三端结构，它的门极从 $N_1$ 区引出，而普通晶闸管从 $P_2$ 区引出。将 PUT 接成图 b 所示的原理电路，G 极电位由电阻 $R_1$、$R_2$分压决定，当阳极电位 $U_A$ 上升到 $U_G+0.7V$ 时则 PUT 象普通晶闸管一样被触发导通，门极 $G$ 失去控制作用，电容 $C$ 通过 PUT 放电在阴极电阻 $R_b$ 上输出脉冲。当放电电流小于维持电流时 PUT 关断，电容再充电，与单结晶体管一样形成一个振荡电路。改变 RP 的阻值可调节振荡频率；改变 $R_1$、$R_2$ 使 $U_G$ 的分压比变化，可改变输出脉冲的幅值。

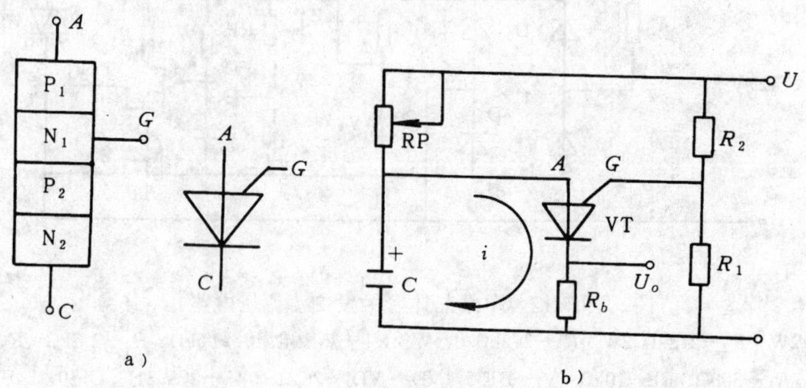


图 7-14　程控单结晶体管及原理电路

图 7-15 为 PUT 触发的晶闸管交流调压电路。$R_1$、$R_3$、RP 和 $C_2$ 组成一个移相电路，用来改变 PUT 的导通时刻和降低阳极正向电压上升率，稳压管 V 使 RUT 门极电压稳定。当 RP 变化时移相电路变化，使 PUT 每半周的导通时刻改变，导致双向晶闸管正负半周控制角 $\alpha$ 的改变，以达到改变负载 $R_L$ 上交流电压的目的。电感 $L_1$、$L_2$ 与电容 $C_1$ 用来扼制高次谐波的影响。

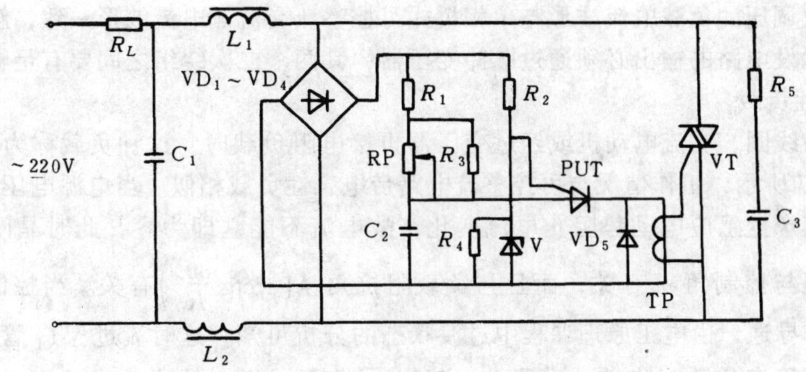


图 7-15 PUT 触发的晶闸管交流调压电路

$R_1$—22kΩ　$R_2$—1.2kΩ　$R_3$—1kΩ　$R_4$—330kΩ　$R_5$—33Ω　$C_1$—1.5μF　$C_2$—0.15μF

$L_1$、$L_2$—250mH　V—2CW116　RP—22MΩ

## 二、交流调压电路分析

### 1. 电阻性负载

电路如图 7-16a 所示，用两只反并联的普通晶闸管或一只双向晶闸管与电阻负载 $R_L$ 组成主电路。以反并联电路进行分析，正半周 $\alpha$ 时刻触发 $VT_1$ 管，负半周 $\alpha$ 时刻触发 $VT_2$ 管，输出电压波形为正负半周缺角相同的正弦波如图 b 所示。负载上交流电压有效值 $U$ 与控制角 $\alpha$ 的关系为

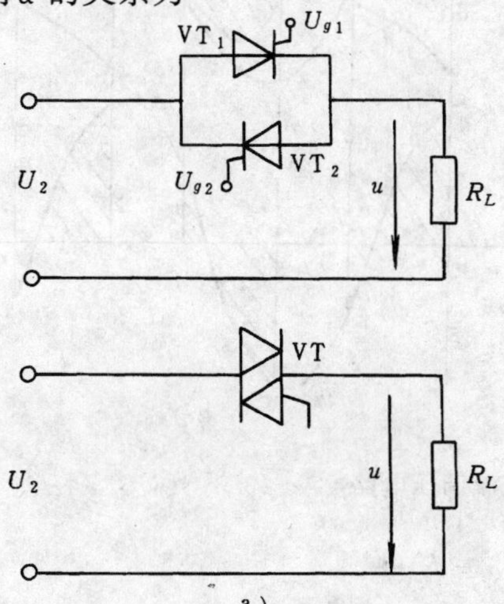


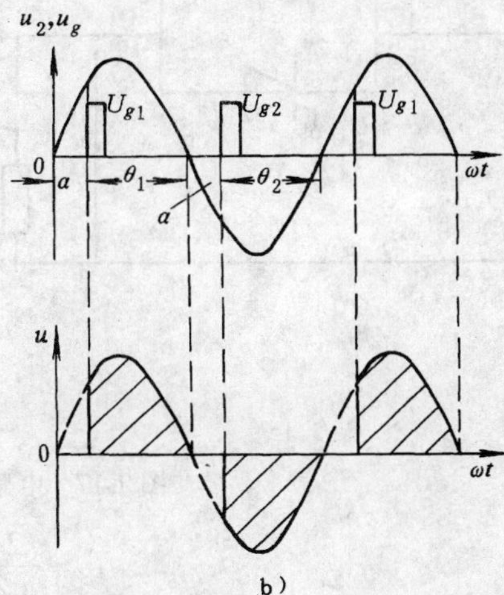


图 7-16 单相交流调压电路及波形

$$U=\sqrt{\frac{1}{\pi}\int_{\alpha}^{\pi}(\sqrt{2}U_2\sin\omega t)^2\mathrm{d}\omega t}=U_2\sqrt{\frac{1}{2\pi}\sin 2\alpha+\frac{\pi-\alpha}{\pi}} \tag{7-1}$$

有效电流

$$I=\frac{U}{R_L}$$

电路功率因数

$$\cos\phi=\frac{P}{S}=\frac{UI}{U_2I}=\sqrt{\frac{1}{2\pi}\sin 2\alpha+\frac{\pi-\alpha}{\pi}} \tag{7-2}$$

电路的移相范围为　0～π

单相交流调压的负载电流波形与单相桥式可控整流交流侧电流波形一致，触发电路也可套用，不过触发电路的输出必须通过脉冲变压器，其两个二次绕组之间要有足够的绝缘。

2. 电感性负载

当负载为线圈、交流电动机或经过变压器再接电阻负载时，这种负载称为电感性负载，电路如图 7-17 所示，工作情况与可控整流电路带电感性负载相似。当电源电压反向过零时，由于负载电感产生感应电动势阻止电流变化，故电流不能立即为零，此时晶闸管导通角 $\theta$ 的大小，不但与控制角 $\alpha$ 有关，而且与负载阻抗角 $\phi\left(\text{arctg}\,\dfrac{\omega L}{R}\right)$有关。当控制角为 $\alpha$ 时，$U_{g1}$触发 $VT_1$ 导通，由电工原理课程中过渡状态的分析可知，这时流过 $VT_1$ 管的电流 $i_1$ 有两个分量，即稳定分量 $i_B$ 与自由分量 $i_S$，其值分别为

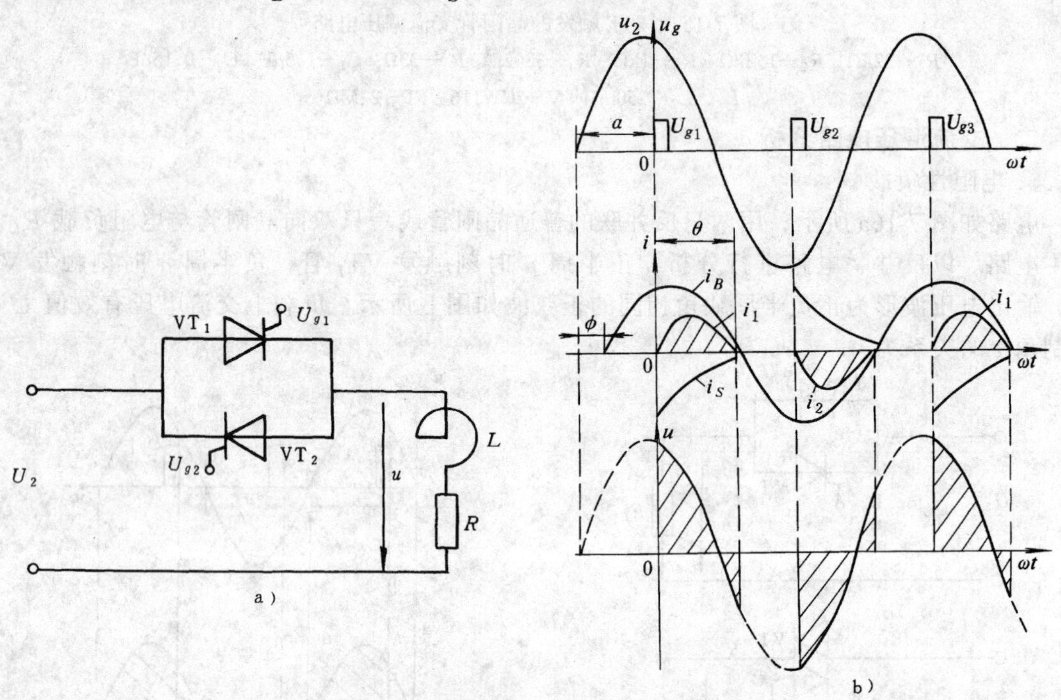


图 7-17 电感性负载单相交流调压电路

$$i_B=\frac{\sqrt{2}U_2}{Z}\sin\ (\omega t+\alpha-\phi) \tag{7-3}$$

其中 $Z=\sqrt{R^2+\ (\omega L)^2}$，$\phi=\text{arctg}\,\dfrac{\omega L}{R}$

$$i_S=-\frac{\sqrt{2}U_2}{Z}\sin(\alpha-\phi)e^{-\frac{t}{\tau}}=-\frac{\sqrt{2}U_2}{Z}\sin(\alpha-\phi)e^{-\frac{\omega t}{\text{tg}\phi}} \tag{7-4}$$

$\tau=\dfrac{L}{R}$为自由分量衰减时间常数。

流过晶闸管的电流即负载电流为

$$i_1=i_s+i_B=\frac{\sqrt{2}U_2}{Z}\left[\sin(\omega t+\alpha-\phi)-\sin(\alpha-\phi)e^{-\frac{\omega t}{\text{tg}\phi}}\right] \tag{7-5}$$

当 $\alpha>\phi$ 时，电压电流波形如图 7-17b 所示。随着电源电压下降过零进入负半周，电路中的电感储藏的能量释放完毕，电流到零，$VT_1$ 管才关断。取 $\omega t=0$ 时管子触发，$\omega t=\theta$ 管子关断，代入式（7-5）可得

$$\sin(\theta+\alpha-\phi)=\sin(\alpha-\phi)e^{-\frac{\theta}{\text{tg}\phi}} \tag{7-6}$$

当取不同的 $\phi$ 角时，$\theta=f(\alpha)$ 的曲线如图 7-18 所示。由图可见，当 $\alpha>\phi$ 时，$\theta<180°$，其负载电路处于电流断续状态。当 $\alpha=\phi$，$\theta=180°$，电流处于临界连续状态。当 $\alpha<\phi$，$\theta$ 仍维持 180°，电路已不起调压作用。

1．$\alpha>\phi$

稳定分量 $i_B$ 与自出分量 $i_S$ 如图 7-17b 所示，叠加后电流波形 $i_1$ 的导通角 $\theta<180°$，正负半波电流断续，$\alpha$ 愈大，$\theta$ 愈小，波形断续愈严重。

2．$\alpha=\phi$

由式（7-5）可知，电流自由分量 $i_S=0$ 时，$i=i_B$，$\theta=180°$。正负半周电流处于临界连续状态，相当于晶闸管失去控制，负载上获得最大功率，此时电流波形滞后电压 $\phi$（$=\alpha$）角。

3．$\alpha<\phi$

稳定分量 $i_B$ 与自由分量 $i_s$ 波形如图 7-19 所示，$VT_1$ 管的导通角 $\theta>180°$，如触发脉冲如图所示为窄脉冲，则当 $U_{g2}$ 出现时，$VT_1$ 的电流还未到零，$VT_2$ 管受反压不能触发导通；待 $VT_1$ 中电流变到零关断，$VT_2$ 开始受正压时，$U_{g2}$ 脉冲已消失，所以 $VT_2$ 无法导通。第三个半周 $U_{g1}$ 又触发 $VT_1$ 管，这样使负载只有正半波，电流出现很大的直流分量，电路不能正常工作。

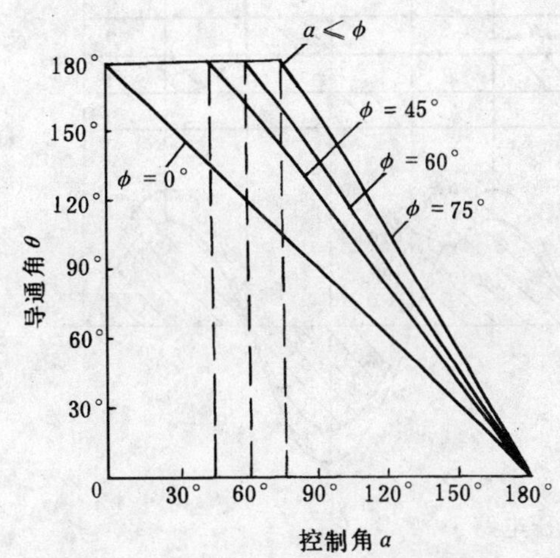


图 7-18 导通角 $\theta$、控制角 $\alpha$ 及阻抗角 $\phi$ 的关系

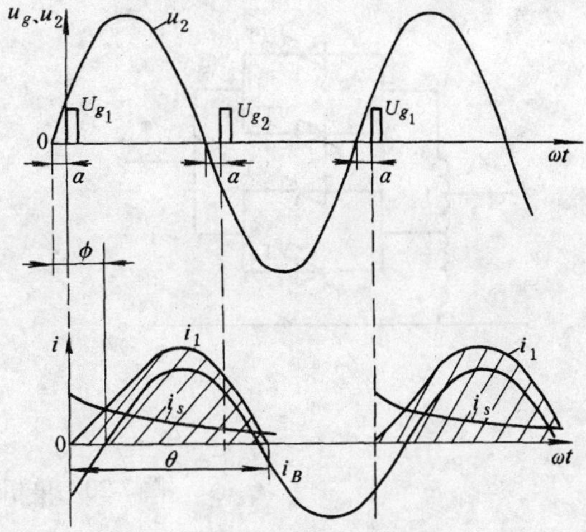


图 7-19 $\alpha<\phi$，窄脉冲时电流波形

所以带电感性负载时，晶闸管不能用窄脉冲触发，可采用宽脉冲或脉冲列，这样在 $\alpha<\phi$ 时，虽然在刚开始触发晶闸管的几个周期内，两管的电流波形是不对称的，但当负载电流中的自由分量衰减后，负载电流即能得到完全对称连续的波形，电流滞后电源电压 $\phi$ 角。

综上所述，单相交流调压可归纳为以下三点：

1）带电阻性负载时，负载电流波形与单相桥式可控整流交流侧电流波形一致，改变控制角 $\alpha$ 可以改变负载电压有效值，达到交流调压的目的。单相交流调压的触发电路完全可以套用整流触发电路。

2）带电感性负载时，不能用窄脉冲触发，否则当 $\alpha<\phi$ 时会发生一个晶闸管无法导通的现象，电流出现很大的直流分量，会烧毁熔断器或晶闸管。

3）带电感性负载时，最小控制角 $\alpha_{\min}=\phi$（负载功率因数角），所以 $\alpha$ 的移相范围为 $\phi$～180°，而带电阻性负载时移相范围为0°～180°。

**三、晶闸管交流稳压电路**

当负载要求稳定的交流电源时，可采用晶闸管交流稳压电路，图 7-20a 即为最简单的稳压原理图，自耦变压器通常设计为 1-3 与 1-2 之间的圈数为 1-0 之间圈数的 5%～10%。晶闸管 $VT_3$、$VT_4$ 分别在正负半周 $\alpha=0°$时触发，波形如图 b 所示。当电网电压波动到正向最大值为 220V×（1+0.1）=242V 时，$VT_1$、$VT_2$ 的 $\alpha$ 调到 180°即不导通，此时电源电压减压输出，输出电压 $U_o=U_{20}=242V\times0.9=217.8V\approx220V$，且波形是正弦波。当电网电压 $U_i$ 波动到最低为 220V×（1－0.1）=198V 时，使 $VT_1$、$VT_2$ 管在 $\alpha=0°$时触发，$VT_3$、$VT_4$ 受反压，此时电压升压输出，$U_o=198V\times1.1=217.8V\approx220V$，波形也是正弦波。当输入电压在 198～242V 之间时，可在 0°～180°之间改变 $VT_1$、$VT_2$ 管的控制角，图 b 即为 $\alpha=90°$的输出电压波形。可由输出电压取样反馈，来自动调整 $VT_1$、$VT_2$ 管控制角的大小，达到自动稳定输出电压的目的。由于这种稳压电路输出的电压波形不是完全的正弦波，因此在对波形要求较高的场合，应在输出端加设电容、电感滤波环节。

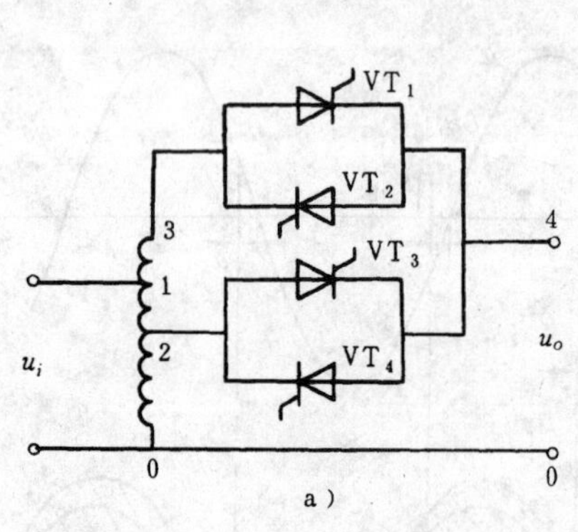


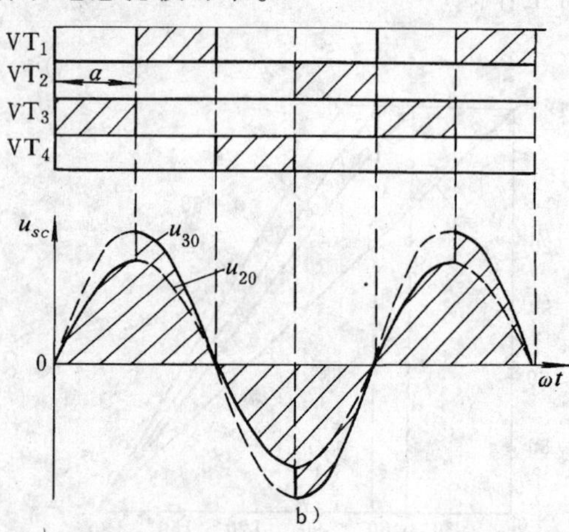


图 7-20　单相交流稳压电路

## 第四节　三相交流调压①

当交流功率调节容量较大时通常采用三相交流调压。三相交流调压常用的有四种接线方式，现分述如下。

① 本节内容可根据需要选择一、二个电路讲解。

## 一、星形带中性线的三相交流调压电路

图 7-21 为星形带中性线的三相交流调压电路，这实际上就是三个单相交流调压电路的组合，其工作原理和波形与单相交流调压相同，图 a 中晶闸管触发导通的顺序为 $VT_1 \rightarrow VT_6$，图 b 中双向晶闸管的导通顺序也是 1→6。由于存在中性线，故不需要窄双脉冲或宽脉冲触发。

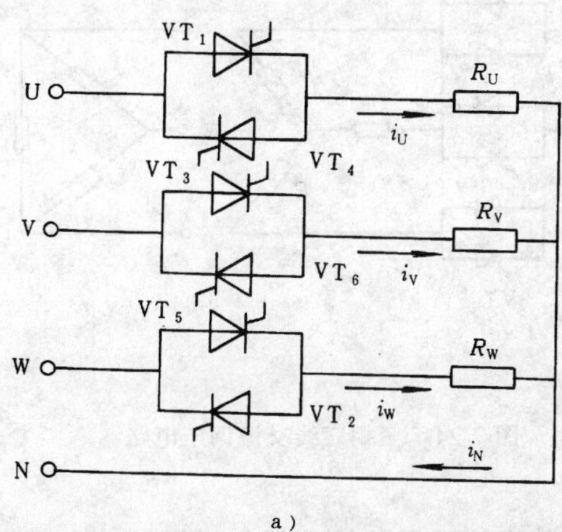


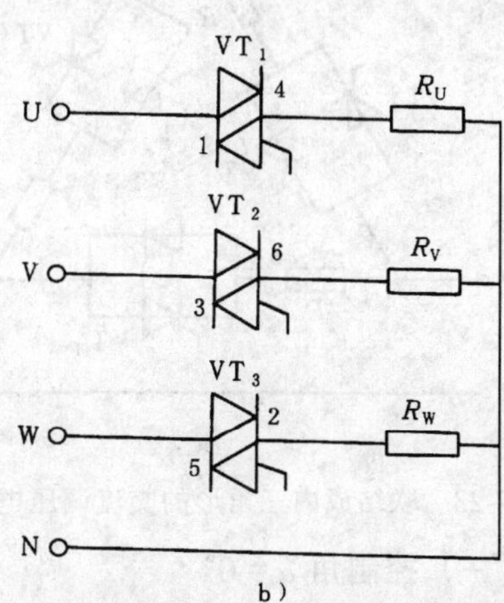


图 7-21 星形带中性线的三相交流调压电路

在三相正弦交流电路中，由于各相电流 $i_U$、$i_V$、$i_W$ 相位互差 120°，中性线电流 $i_N=0$。而在交流调压电路中，每相负载电流为正负对称的缺角正弦波，它包含有较大的奇次谐波电流，主要是 3 次谐波电流。交流缺角正弦波的各次谐波分量与控制角的关系如图 7-22 所示，当 $\alpha=90°$ 时 3 次谐波电流最大。在三相电路中各相 3 次谐波是同相的，因此中性线的电流 $i_N$ 为一相 3 次谐波电流的三倍，数值较大。如经三柱式变压器供电，则 3 次谐波磁通量不能在铁心中形成通路，出现较大的漏磁通，引起发热与噪声，带来干扰，因此这种电路的应用有一定局限性。

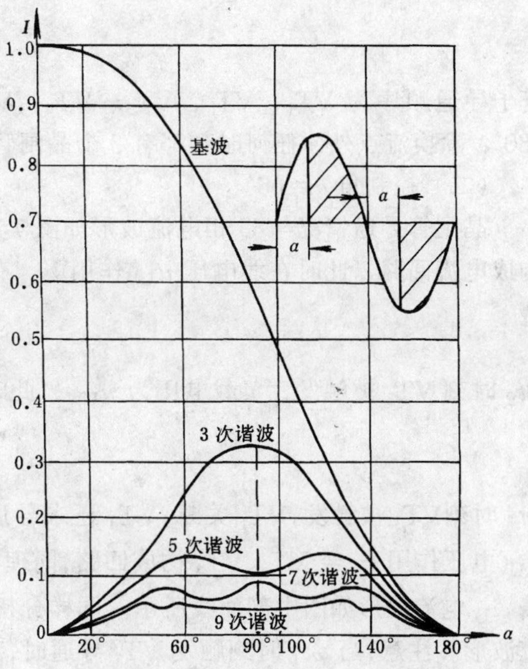


图 7-22 缺角正弦电流的谐波分量与控制角的关系

## 二、晶闸管与负载联结成内三角形的三相交流调压电路

接线如图 7-23 所示，它实际上也是三个单相交流调压电路的组合，其优点是由于晶闸管串接在三角形内部，流过的是相电流，在同样线电流情况下，管子容量可降低。另外线电流中无 3 的倍数次谐波分量，对电源影响与对通信、广播干扰都较小，缺点是要求负载必须能拆成三部分。

## 三、用三对反并联晶闸管（也可用三只双向晶闸管）联结成三相三线交流调压电路

电路如图 7-24 所示，负载可联结成星形也可联结成三角形，触发电路和三相全控桥整流电路一样，需采用宽脉冲或双脉冲触发。下面以电阻星形负载电路来进行分析。

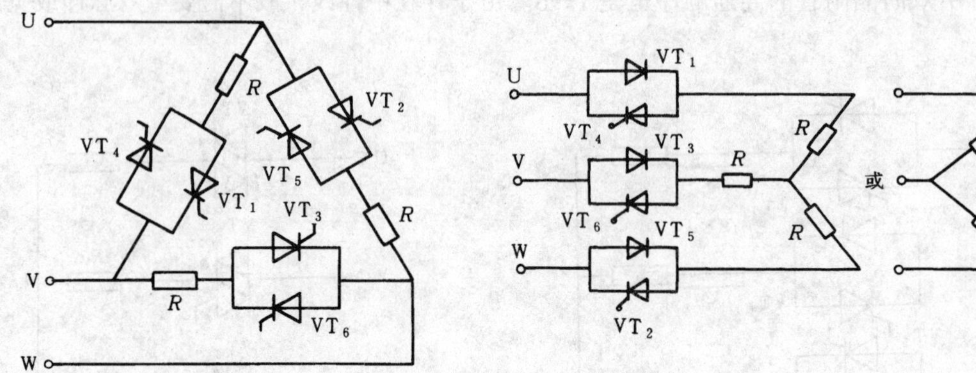


图 7-23　联结成内三角形的交流调压电路　　图 7-24　三相三线交流调压电路

（一）控制角 $\alpha=0°$

与三相整流电路不同，$\alpha=0°$ 即是在相应每相电压的过零处给管子加触发脉冲，这相当于将晶闸管看成二极管，这时三相正反方向电流都畅通，相当于一般的三相交流电路，各相电流为

$$i_\phi = \frac{u_{2\phi}}{R}$$

管子导通顺序为 $VT_1$、$VT_2$、$VT_3$、$VT_4$、$VT_5$、$VT_6$，脉冲间隔为 60°，每管导通角 $\theta=180°$，除换流点外，任何时刻都有 3 个晶闸管导通。

（二）控制角 $\alpha=60°$

晶闸管导通情况与 U 相电流波形如图 7-25 所示。$\omega t_1$ 时刻触发 $VT_1$ 导通，$VT_1$ 与 $VT_6$ 构成电流回路，此时在线电压 $u_{UV}$ 作用下，有

$$i_U = \frac{u_{UV}}{2R}$$

$\omega t_2$ 时刻 $VT_2$ 被触发，负载电压为 $u_{UW}$，此时 U 相电流为

$$i_U = \frac{u_{UW}}{2R}$$

$\omega t_3$ 时刻 $VT_3$ 被触发，$VT_1$ 关断，$VT_4$ 还未导通，所以 $i_U=0$。$\omega t_4$ 时刻，$VT_4$ 触发导通，$i_U$ 在 $u_{UV}$ 电压作用下，经 $VT_3$、$VT_4$ 构成回路，同理在 $\omega t_5 \sim \omega t_6$ 期间，$u_{UW}$ 电压经 $VT_4$、$VT_5$ 构成回路，$i_U$ 电流波形如图中剖面线所示。同样分析可得到 $i_V$、$i_W$ 波形。图 7-26 为 $\alpha=120°$ 时的电流波形。注意，当 $\omega t_1$ 时刻触发 $VT_1$ 导通时，$VT_1$ 与 $VT_6$ 构成电流回路，导通到 $\omega t_2$ 时，由于 $u_{UV}$ 电压过零反向，迫使 $VT_1$ 关断，$VT_1$ 先导通 30°。当 $\omega t_3$ 时刻触发 $VT_2$ 导通时，由于采用脉宽大于 60° 的宽脉冲或双脉冲触发，故 $VT_1$ 仍有脉冲触发，此时在线电压 $u_{UW}$ 作用下，经 $VT_1$、$VT_2$ 构成电流回路，使 $VT_1$ 又重新导通 30°。从图 7-26 可见，当 $\alpha$ 增大至 150° 时 $i_U=0$。故带电阻性负载时，电路移相范围为 0°～150°，导通角 $\theta=180°-\alpha$。

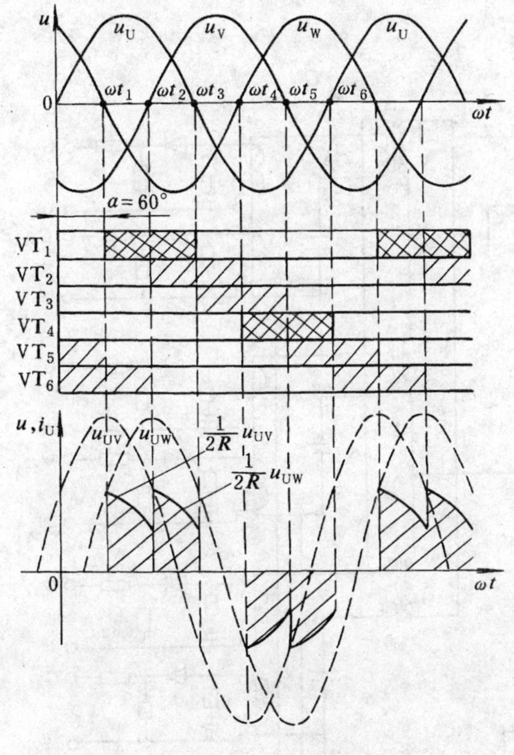


图 7-25 $\alpha=60^\circ$时晶闸管导通情况及线电流波形

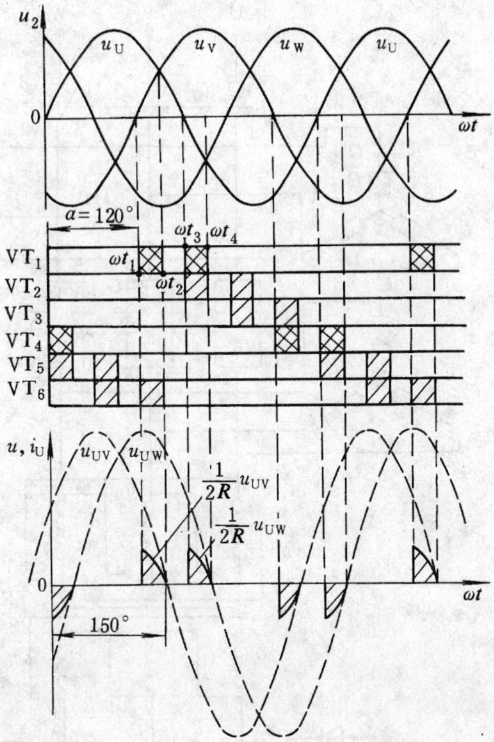

图 7-26 $\alpha=120^\circ$时晶闸管导通情况及线电流波形

此种电路，负载可星形或三角形联结，由于线电流正负半周形状一样，因而只有奇次谐波，故特别适用于电镀、电解电源的整流变压器的一次侧调压。

图 7-27 为电流 1000A、电压 3～12V 可调的电镀电源，整流变压器可星形、三角形换接，与一次侧电路的三相晶闸管交流调压配合，达到改变二次电压的目的。触发电路采用阻容移相触发，移相变压器（即同步变压器）TS 一次侧接到对应的线电压上。由于 $U_{UV}$线电压超前相电压 $U_U 30^\circ$，因此使触发 $VT_1$ 时最小控制角有一定裕量。移相变压器二次绕组中心抽头不对称（12V、24V），使之在较小 $\alpha$ 值运行时脉冲幅值增大。移相桥的电阻采用三相整流式，三相共用，改变直流侧电阻可使三个移相桥同步移相。

**四、三相晶闸管接于星形负载中性点的三相交流调压电路**

电路如图 7-28 所示，它要求负载是三个分得开的单元，用三角形联结的三个晶闸管来代替星形联结负载的中性点。由于构成中性点的三个晶闸管只能单向导电，因此导电情况比较特殊，工作情况分析如下：

（一）$\alpha=0^\circ$

当 $\alpha=0^\circ$时晶闸管可看成二极管，下面以 $VT_{bc}$管为例来分析。

由图 7-28 可见，$VT_{bc}$管导通的条件是 $u_{bc}>0$，在 $\omega t_2$ 之前 $u_{UV}>0$，$VT_{ab}$管在 $u_{UV}$作用下已导通，则 $b$ 点电压为 $u_b=\dfrac{1}{2}$（$u_U+u_V$）。由于 $u_U+u_V+u_W=0$，所以只有当 $u_W<0$ 时才能使 $u_{bc}>0$，这时若有触发脉冲，则 $VT_{bc}$导通，所以 $VT_{bc}$导通的起始点为 $u_W<0$ 即图

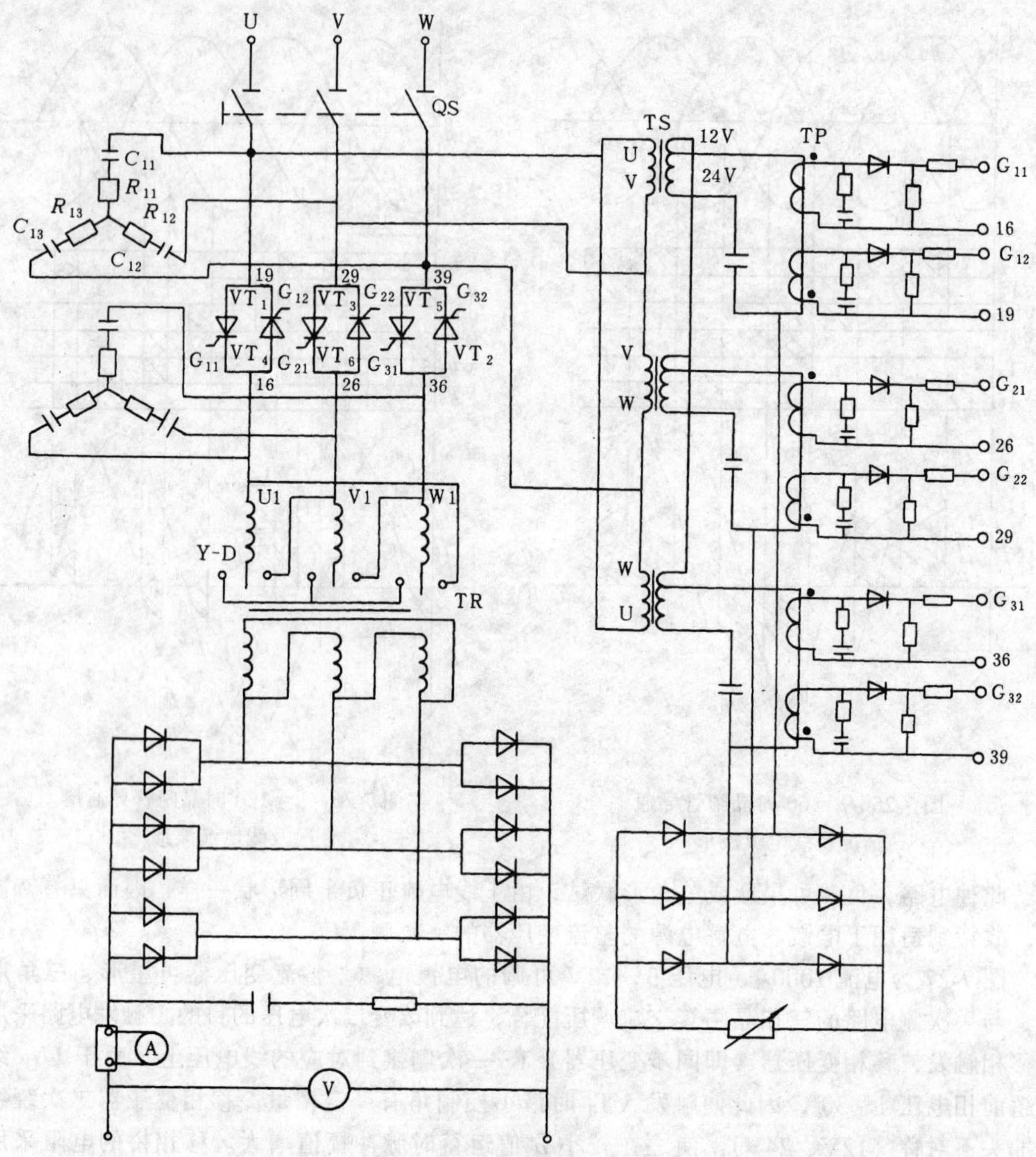


图 7-27 KGDS-1000/3～12 型电镀整流装置原理图

中的 $\omega t_2$ 时刻。

$VT_{bc}$ 管关断的条件是 $u_{bc}\leqslant 0$，当 $VT_{bc}$、$VT_{ca}$ 导通时，忽略正向压降，可看成 $a$、$b$、$c$ 为一点，三相电源向三相电阻 $R$ 供电，$u_c=0$。所以只有当 $u_V\leqslant 0$ 才能使 $u_{bc}\leqslant 0$，使 $VT_{bc}$ 管反偏而关断。所以 $VT_{bc}$ 的关断点在 $u_V$ 由正到负的过零点即图中的 $\omega t_4$。同样可分析 $VT_{ab}$、$VT_{ca}$ 管的通断。为了便于记忆可归纳为：$VT_{ab}$、$VT_{bc}$、$VT_{ca}$ 管导通起始点较相应 $u_U$、$u_V$、$u_W$ 的波形原点超前 60°；关断点为相应 $u_U$、$u_V$、$u_W$ 正半周结束的过零点。导通顺序为 $VT_{ab}\rightarrow VT_{bc}\rightarrow VT_{ca}$ 脉冲间隔 120°，$\alpha=0°$时 $\theta=240°$。任何时间均有两个管子同时导通，相当于普通的三相平衡负载，各相线电流分别为 $i_U=\dfrac{u_U}{R}$，$i_V=\dfrac{u_V}{R}$，$i_W=\dfrac{u_W}{R}$。

（二）$\alpha=60°$

三个管子导通起始点相应后移60°如图c所示，当有两个晶闸管导通时 $i=\frac{u_{2\phi}}{R}$；当只有一个管子导通时 $i=\frac{u_{2l}}{2R}$（$u_{2l}$为线电压）。因此U相电流在图c中 $\omega t_1' \sim \omega t_2$ 期间，使 $VT_{ab}$、$VT_{ca}$管导通 $i_U=\frac{u_U}{R}$，$\omega t_2 \sim \omega t_2'$ 期间，只有 $VT_{ab}$ 导通，$i_U=\frac{u_{UV}}{2R}$，$\omega t_2' \sim \omega t_3$ 期间，$VT_{ab}$、$VT_{bc}$ 管导通，$i_U=\frac{u_U}{R}$，$\omega t_3 \sim \omega t_3'$期间，由于$VT_{ab}$、$VT_{ca}$均阻断故 $i_U=0$。$\omega t_3' \sim \omega t_4$ 期间，$VT_{bc}$、$VT_{ca}$导通，$i_U=\frac{u_A}{R}$，$\omega t_4 \sim \omega t_4'$期间，$VT_{ca}$ 导通，$i_U=\frac{u_{UW}}{2R}$，故电流 $i_U$ 波形如图7-28c剖面线所示。

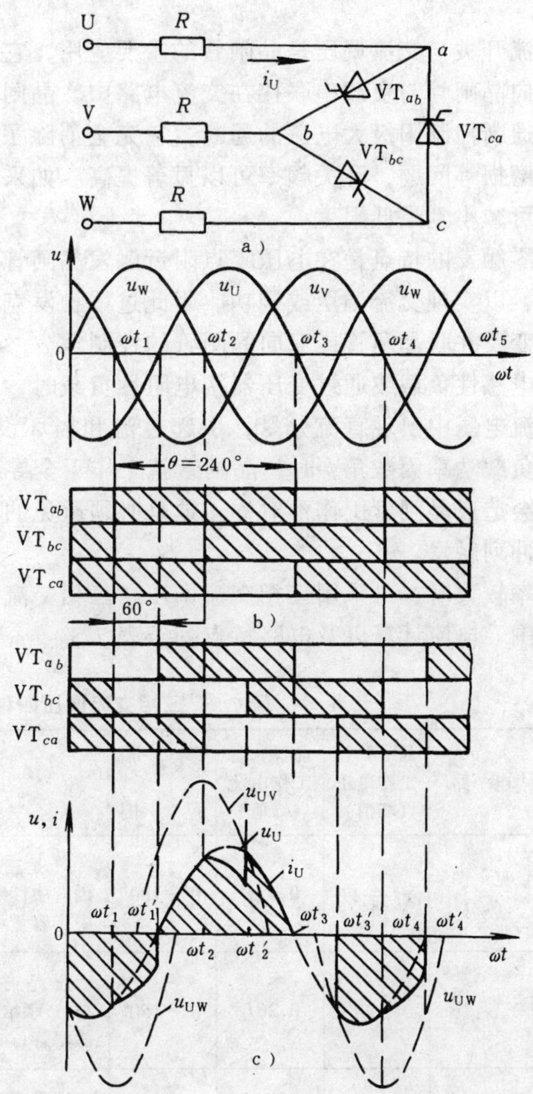


图7-28 控制负载中性点的三相交流调压电路

同样可分析，当控制角 $\alpha \geqslant 210°$时，触发脉冲作用于$VT_{ab}$时$u_{UV}$已过零变负，晶闸管无法导通，所以本电路的移相范围为210°。

由图7-28c中 $i_U$ 电流波形可见，虽然出现正负半周波形不对称，但其正负面积是相等的①，所以没有直流分量。

此种电路使用元件少，触发线路简单，但由于电流波形正负半周不对称，故存在偶次谐波，对电源影响与干扰较大。

---

① 设电流正负半周的面积分别为 $S_{(+)}$与 $S_{(-)}$

$$S_{(+)}=\int_{0°}^{60°}\frac{u_U}{R}d\omega t+\int_{60°}^{120°}\frac{u_{UV}}{2R}d\omega t+\int_{120°}^{180°}\frac{u_U}{R}d\omega t=\frac{1}{R}\int_{0°}^{60°}U_m\sin\omega t\,d\omega t+\frac{1}{2R}\int_{60°}^{120°}\sqrt{3}U_m\sin(\omega t+30°)$$

$$\times d\omega t+\frac{1}{R}\int_{120°}^{180°}U_m\sin\omega t\,d\omega t=\frac{7U_m}{4R}$$

$$S_{(-)}=\int_{240°}^{300°}\frac{u_U}{R}d\omega t+\int_{300°}^{260°}\frac{u_{UW}}{2R}d\omega t=\frac{1}{R}\int_{240°}^{300°}U_m\sin\omega t\,d\omega t+\frac{1}{2R}\int_{300°}^{360°}\sqrt{2}U_m\sin(\omega t-30°)d\omega t=-\frac{7U_m}{4R}$$

所以 $S_{(+)}=|S_{(-)}|$。

# 小 结

交流开关与交流调压是晶闸管的重要应用，它的基本接线是一对反并联的普通晶闸管或一只双向晶闸管与负载串联接在交流电路中。晶闸管交流开关象普通接触器一样，用门极小电流的通断控制阳极大电流的通断，它完全消除了电磁继电器、接触器所存在的触点粘着、弹跳、磨损等问题，开关频率可以显著提高。如采用晶闸管零电压开关，在电路开关时，电磁干扰可减小到最低限度。

过零触发的特点是在电压零点附近触发晶闸管导通，在设定的周期内改变晶闸管导通的周波数，以实现交流调压或调功。因此过零触发克服了通常移相触发产生谐波干扰的缺点。

改变反并联晶闸管或双向晶闸管的控制角 $\alpha$，就可方便地实现交流调压。当晶闸管交流调压接电感性负载或通过变压器接电阻性负载时，必须防止由于正负半周工作不对称而造成输出交流电压中出现直流分量，引起过流和损坏设备。带电感性负载时，当控制角 $\alpha$ 调小到等于负载功率因数角 $\phi$ 时，晶闸管就工作于全导通，进一步减小 $\alpha$ 时，若触发脉冲为窄脉冲，就会造成晶闸管工作不对称，这是必须避免的，所以交流调压电路通常都采用宽脉冲触发或脉冲列触发。

功率较大时，可采用三相交流调压。三相交流调压常用的有四种接线方式，四种电路的移相范围、电流计算以及电路特点列于表 7-5。

**表 7-5　三相交流调压四种接线方式比较**

| 序号 | 电路 | 晶闸管工作电压（峰值） | 晶闸管工作电流（峰值） | 移相范围 | 线路性能特点 |
|---|---|---|---|---|---|
| 1 | 见图 7-21 | $\sqrt{\frac{2}{3}}U_l$ | $0.45I_l$ | 0°～180° | 1. 是三个单相电路的组合；2. 输出电压电流波形对称；3. 因有中性线可流过谐波电流，特别是 3 次谐波电流；4. 适用于中小容量可接中性线的各种负载 |
| 2 | 见图 7-23 | $\sqrt{2}U_l$ | $0.26I_l$ | 0°～150° | 1. 是三个单相电路的组合；2. 输出电压电流波形对称；3. 与 Y 联结比较，在同容量时，此电路可选电流小、耐压高的晶闸管；4. 此种接法实际应用较少 |
| 3 | 见图 7-24 | $\sqrt{2}U_l$ | $0.45I_l$ | 0°～150° | 1. 负载对称，且三相皆有电流时如同三个单相组合；2. 应采用双窄脉冲或大于 60°的宽脉冲触发；3. 不存在 3 次谐波电流；4. 适用于各种负载 |
| 4 | 见图 7-28a | $\sqrt{2}U_l$ | $0.68I_l$ | 0°～210° | 1. 线路简单，成本低；2. 适用于三相负载 Y 联结，且中性点能拆开的场合；3. 因线间只有一个晶闸管，属于不对称控制 |

# 思考题与习题

1. 双向晶闸管额定电流的定义和普通晶闸管额定电流的定义有什么不同？额定电流为 100A 的两只普通晶闸管反并联可用额定电流多大的双向晶闸管代替？

2. 双向晶闸管有哪几种触发方式？使用时要注意什么问题？

3. 图 7-29　为双向晶闸管零电压开关，试说明 $VT_1$ 管触发信号随机断开时，负载能在电源电压波形过零点附近接通电源；$VT_1$ 管触发信号随机接通时，负载能在电流过零点断开电源。

4. 图 7-30 为单相晶闸管交流调压电路，$U_2=220V$，$L=5.516mH$，$R=1\Omega$，试求：

(1) 控制角移相范围。(60°～180°)

(2) 负载电流最大有效值。(110A)

(3) 最大输出功率和功率因数。(12.1kW，0.5)

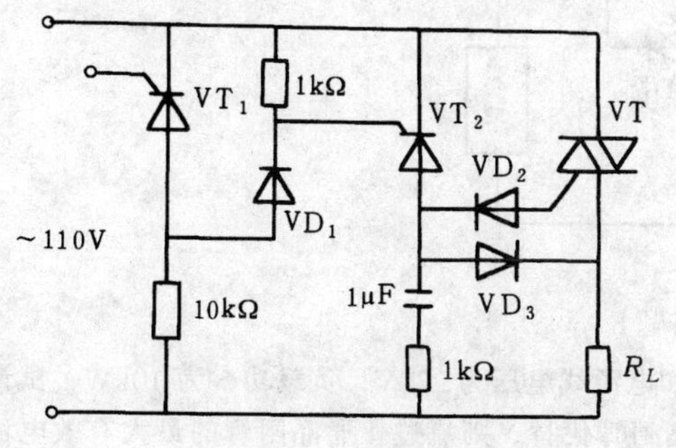


图 7-29　习题 3 附图

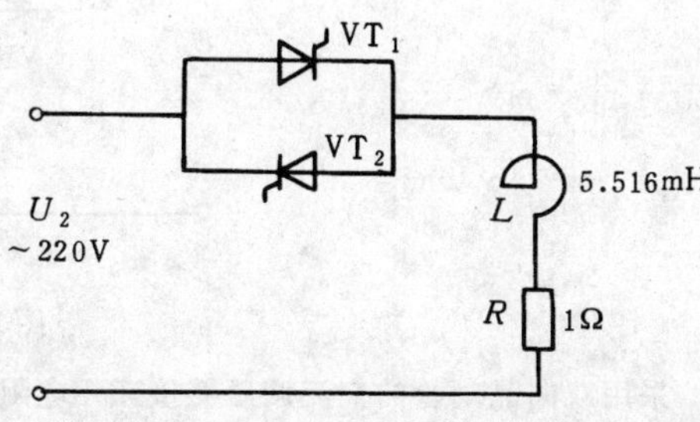


图 7-30　习题 4 附图

5. 一台 220V、10kW 的电炉，采用晶闸管单相交流调压，现使其工作在 5kW，试求电路的控制角 $\alpha$、工作电流及电源侧功率因数。(90°，3.2A，0.707)

6. 某单相反并联调功电路，采用过零触发。$U_2=220V$，负载电阻 $R=1\Omega$，在设定周期 $T_c$ 内，控制晶闸管导通 0.3s、断开 0.2s，试计算送到电阻负载上的功率与晶闸管一直导通时所送出的功率。(29kW、48.4kW)

7. 图 7-31 为运用双向晶闸管作为无触点开关的电动机控制电路，试分析其工作原理。

提示：选择开关 SA 打在“2”时，电动机处于普通工作状态，操作 $SB_1$、$SB_2$ 使电动机启动停止。SA

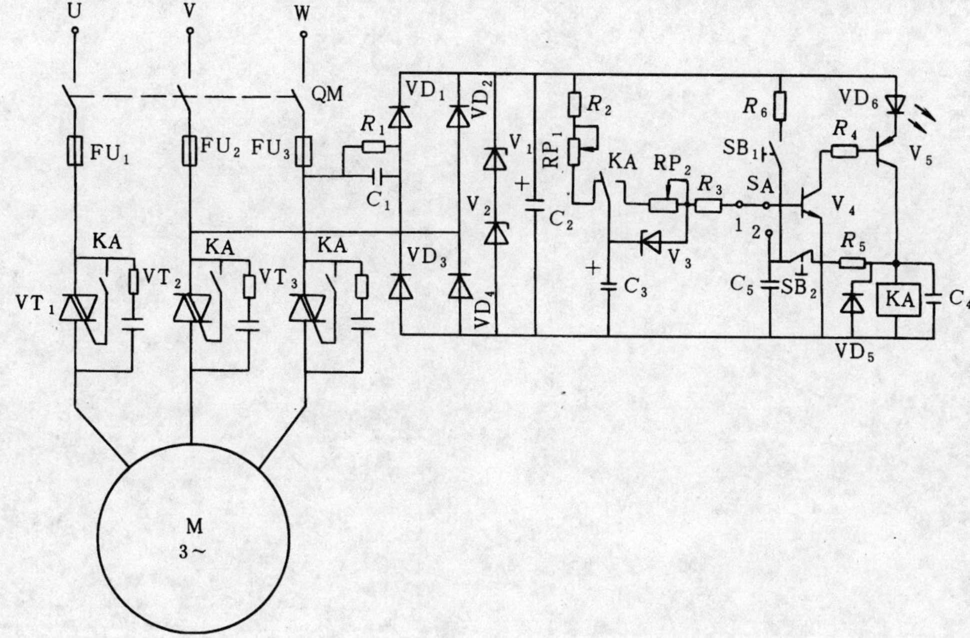


图 7-31　习题 7 附图

打在“1”时，电动机能自动重复地完成通、断。

8. 在交流电力控制中，可以采用两个晶闸管相对连接并增加两个二极管的方法，电路如图 7-32 所示。此电路可取代晶闸管反并联电路，试分析工作原理与电路优缺点。

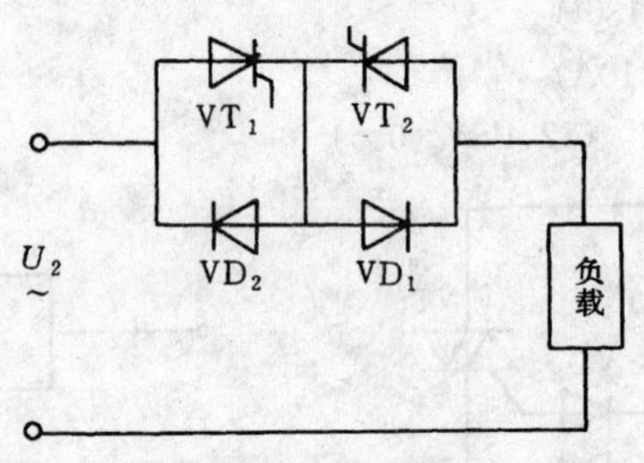


图 7-32　习题 8

9. 采用双向晶闸管的交流调压器接三相电阻负载，如电源线电压为 220V，负载功率为 10kW，试计算流过双向晶闸管的最大电流，如使用反并联联接的普通晶闸管代替，则流过普通晶闸管的最大有效电流为多大？(26.24A，18.56A)

10. 试以双向晶闸管设计家用电风扇调压调速实用电路。如手边只有一个普通晶闸管与若干二极管，则电路将如何设计？

# 第八章　变频电路与直流斩波电路

在前面各章讨论的可控整流、有源逆变以及交流调压电路中，晶闸管都工作在50Hz的交流电压，并在要求的时刻触发导通，实现能量的不同形式的转换。而管子的关断是依靠交流电压过零反向来实现的，不需要采取其它措施。本章讨论的变频与直流斩波，管子都由直流电源供电承受正向直流电压。因此在任何需要的时刻输入触发脉冲即可使管子触发导通，但是如何使已导通的管子可靠关断是电路能否正常工作的关键，也是本章主要研究的问题。

## 第一节　变频电路的基本概念

在现代化生产中需要各种频率的交流电源，主要用途是：①标准50Hz电源，用于人造卫星、大型计算机等特殊要求的电源设备，对其频率、电压波形与幅值及电网干扰等参数，均有很高的精度要求。②不停电电源，平时电网对蓄电池充电，当电网发生故障停电时，将蓄电池的直流电逆变成50Hz交流电，对设备作临时供电。③中频装置，广泛用于金属熔炼、感应加热及机械零件淬火。④变频调速，用三相变频器产生频率、电压可调的三相变频电源，对三相感应电动机和同步电动机进行变频调速。

随着电力电子技术的飞速发展，晶闸管静止变频技术已获得广泛应用。特别是近几年新型器件的研制，功率晶体管（GTR）、可关断晶闸管（GTO）、功率场效应管（MOSFET）以及绝缘门极晶体管（IGBT）等自关断器件的应用，使变频装置的成本降低、体积减小，性能、可靠性提高，加快了变频装置的开发与应用。

### 一、变频器及其分类

变频电路从变频过程分可分二大类：①交流-交流变频，它将50Hz的交流直接变成其它频率（低于50Hz）的交流，称直接变频。②交流-直流-交流变频，将50Hz交流先整流为直流，再由直流逆变为所需频率的交流。由直流逆变为交流的装置通常称为逆变器，这种逆变器与前面叙述的有源逆变不同，不是把逆变得到的交流电压返送电网，而是直接供给负载使用，因此也称无源逆变。

上述两大类变频器又可细分如表8-1所示。

### 二、无源逆变器（Inverter）的简单工作原理

图8-1为三种典型的单相逆变电路，图a为单相零式电路，晶闸管$VT_1$、$VT_2$按不同频率交替导通关断，通过变压器即可得到不同频率的交流电压。图b为单相桥式电路，两对晶闸管交替导通关断，从输出端$A$、$B$得到交流电压，图c为单相半桥式逆变器，管子$VT_1$、$VT_2$轮流导通时，从$A$点与直流电源中点（$O$点）之间得到$\pm\frac{1}{2}U_d$的交流电压。

要保证逆变器正常工作，必须有效地解决电路中各晶闸管通断时的换流，要把已导通的管子关断并恢复其正向阻断状态，常用的办法是加反压使阳极电流下降到零，加反压时间$t_0$必须大于晶闸管的关断时间$t_q$。

**表 8-1　变频器分类表**

- 变频器（单相、三相）
  - 交流-直流-交流变频
    - 直流电源型式
      - 电压型
      - 电流型
    - 脉宽调制型（PWM）逆变器
    - 换流方式
      - 负载谐振换流
      - 强迫换流（脉冲换流）
        - 串联电感式
        - 串联二极管式
        - 带辅助晶闸管式
    - 晶闸管导通时间
      - 180°导电
      - 120°导电
    - 电力电子器件
      - 普通晶闸管
      - 自关断功率器件
  - 交流-交流变频

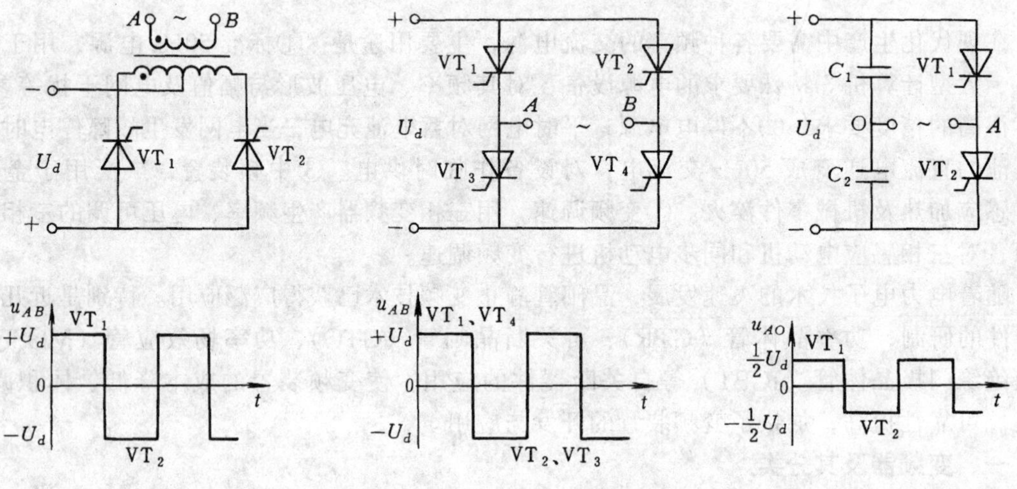

a）　b）　c）

图 8-1　单相逆变器

逆变器换流有以下两种：

（1）负载换流　逆变器输出电流超前电压（即带电容性负载）时，如超前时间大于管子关断时间，就能保证管子完全恢复阻断能力实现可靠换流。目前使用较多的并联与串联谐振式中频电源就是属于此类换流。这种换流，主电路不需要附加换流环节，也称自然换流。

（2）强迫换流　亦称脉冲换流。生产中大量是电感性负载，必须采用强迫换流。其特点是设置专门的换流回路，通常由电感、电容、小容量晶闸管等组成。换流回路的任务是在需要的时刻产生短暂的反向脉冲电压，迫使导通的管子关断。图 8-2 为强迫换流原理及波形。当主晶闸管 $VT_1$ 触发导通时，负载 $R$ 得电，同时电源经 $R_1$ 对换流电容 $C$ 充电，充到 $u_C=-U$，极性为右正左负。为使电路换流，可触发辅助晶闸管 $VT_2$，此时电容电压通过 $VT_2$ 加到 $VT_1$ 上，迫使 $VT_1$ 管承受反压关断，同时电容 $C$ 通过 $R$、$VT_2$ 反充电，电容电压 $u_C$ 波形如图 b 所示，其表达式为

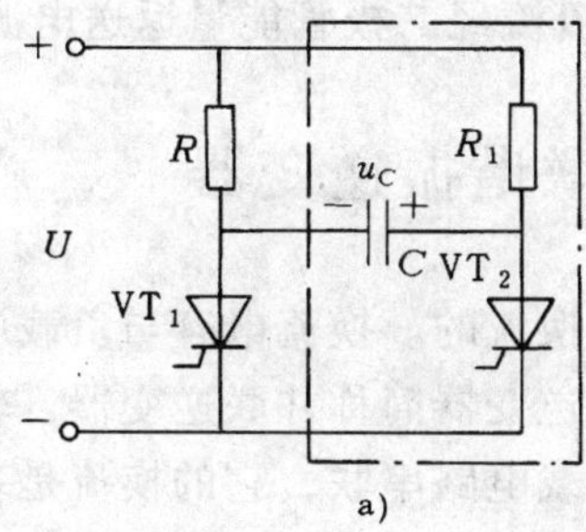


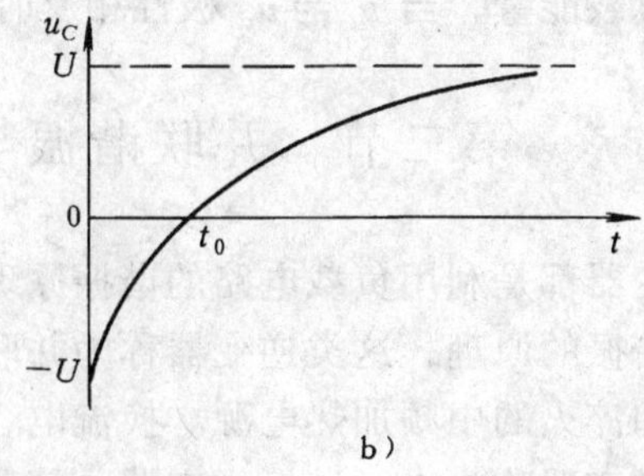


图 8-2 强迫换流原理及波形

$$u_C = -U + 2U\ (1 - e^{-t/RC})\ = U\ (1 - 2e^{-t/RC})$$

由波形图可见，$t = t_0$ 时，$u_C = 0$，代入上式得 $e^{-t0/RC} = \dfrac{1}{2}$

所以 $$t_0 = RC\ln 2 = 0.693RC$$

$t_0$ 为晶闸管 $VT_1$ 承受反压的时间，选择适当的电容值即可保证晶闸管可靠关断，电路顺利换流。图中点划线框内即为换流电路或称关断电路。

## 三、电感性负载与反馈（续流）二极管

上述分析中，逆变器负载为纯电阻性时，则负载电流与负载电压都是方波。但在实际应用中碰到大量电感性负载，此时采用恒定电压 $U_d$ 供电的电压型电路将无法工作，因为在半周末关断一对晶闸管和导通另一对晶闸管时，由于负载是电感性的，电流滞后于电压，故此时电流还未到零，如使负载电流瞬时反向，将在负载电感两端感应出大电压，使管子损坏。为此必须在晶闸管两端反并联一个二极管（称为反馈二极管），电路才能正常工作，电路如图 8-3a 所示。

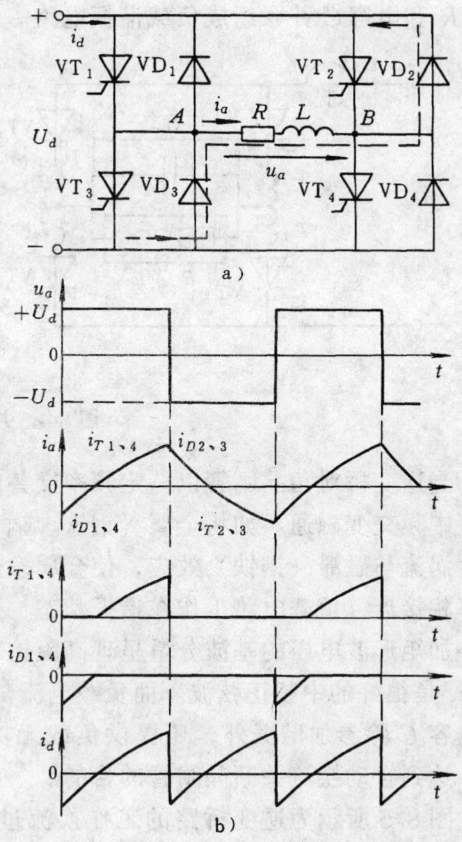


图 8-3 电感负载电路分析

并联反馈二极管后，当电路中 $VT_1$、$VT_4$ 换流关断、$VT_2$、$VT_3$ 触发导通时，负载电流由于电感的续流作用仍保持从 $A$ 流向 $B$，此时二极管 $VD_2$、$VD_3$ 提供通路如图中虚线所示，能量返送电网，负载两端立即承受反压。由于 $VD_2$、$VD_3$ 的导通，晶闸管 $VT_2$、$VT_3$ 承受反压无法导通，直到负载电流衰减到零时，反馈续流才结束，$VT_2$、$VT_3$ 才能触发导通，从电源供给负载反向电流。电路各处电流波形如图 b 所示。

由此可见，并联了反馈二极管后，逆变器输出的方波电压只与晶闸管触发脉冲控制状态有关而不受负载性质的影响。当负载电流 $i_a$ 与负载电压 $u_a$ 极性一致时，电流从直流电源流

出，供给逆变负载能量，当 $i_a$ 与 $u_a$ 极性相反时，电流流经二极管能量返送电源。

## 第二节　并联谐振与串联谐振逆变器

这两种逆变器都是利用负载电路的谐振原理实现换流的。换流电容与负载电路并联，换流是基于并联谐振的原理，这类逆变器称为并联谐振逆变器简称并联逆变器，较多用于金属的熔炼、透热和淬火的中频加热电源。换流电容与负载电路串联，它的换流是基于串联谐振的原理，这类逆变器称为串联谐振逆变器，简称串联逆变器。

### 一、并联谐振逆变器

（一）工作原理

图 8-4 即为并联逆变器主电路，由三相可控整流获得电压连续可调的直流电源 $U_d$，经过大电感滤波，通过并联逆变电路将直流电逆变为中频交流电供给负载，属于电流型逆变器。

逆变桥由四个晶闸管桥臂组成，因工作频率较高（通常为 1000～2500Hz），故采用 KK 型快速晶闸管。$L_1$～$L_4$ 为 4 只电感量很小的桥臂电感，用于限制电流上升率$\frac{di}{dt}$。感应线圈 $L$、$R$ 和电容 $C$ 并联组成负载谐振电路。

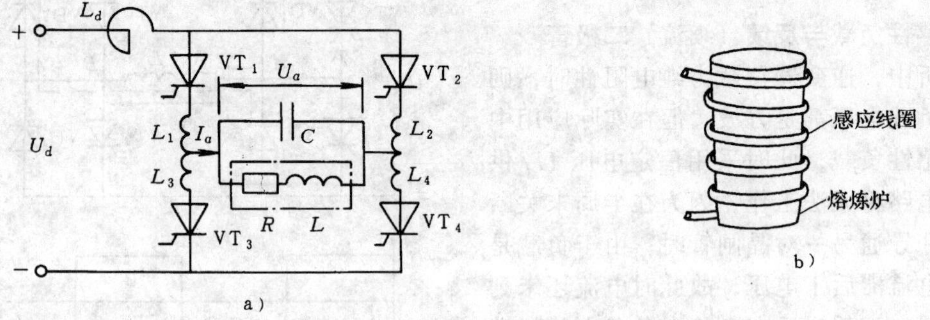


图 8-4　并联逆变电路与负载

当逆变桥对角晶闸管以一定频率交替触发导通时，负载感应线圈通入中频电流，线圈中产生中频交变磁通。如将金属（钢铁、铜、铝）放入线圈中，在交变磁场的作用下，金属中产生涡流与磁滞（钢铁）效应，使金属发热熔化。晶闸管交替触发的频率与负载回路的谐振频率相接近，负载电路工作在谐振状态，这样不仅可得到较高的功率因数与效率，而且电路对外加矩形波电压的基波分量呈现高阻抗，对其它高次谐波电压可以看成短路，所以负载两端 $u_a$ 是很好的中频正弦波。而负载电流 $i_a$ 在大电感 $L_d$ 的作用下为近似交变的矩形波。并联电容 $C$ 除参加谐振外，还提供负载无功功率，使负载电路呈现容性，$i_a$ 超前 $u_a$ 一定角度，达到自动换流关断晶闸管的目的。

图 8-5 所示为逆变桥路的工作换流过程，当晶闸管 $VT_1$、$VT_4$ 触发导通时，负载电流 $i_a$ 的路径如图 8-5a 中虚线所示，负载得到正电压，极性为左正右负。接下来触发 $VT_2$、$VT_3$，为了关断已导通的晶闸管实现换流，必须使整个负载电路呈现容性，使流入负载电路的电流基波分量 $i_{a1}$ 超前 $u_a$ 中频电压 $\phi$ 角（称逆变角）。如在图 8-6 中 $t_2$ 时刻触发 $VT_2$、$VT_3$ 管导通，开始换流，由于此时负载两端电压尚未到零，仍有 $U_{a1}$值，极性仍为左正右

负。当 $VT_2$、$VT_3$ 导通时，$U_{a1}$电压经 $VT_2$、$VT_3$ 分别反向加到原导通的 $VT_1$、$VT_4$ 管迫使 $VT_1$、$VT_4$ 关断，如图 8-5b 所示。在 $t_2 \sim t_3$ 换流期间 $t_\gamma$ 内，$i_{T1}$、$i_{T4}$迅速减小到零，$i_{T2}$、$i_{T3}$从零增大到 $I_d$。在换流期间，4 个晶闸管都导通，由于时间短与大电感 $L_d$ 的恒流作用，电源不会短路。$VT_1$、$VT_4$ 管在电流到零（$t_4$ 时刻）后，还需一段时间才能恢复正向阻断能力，图中 $t_4 \sim t_5$ 时间必须大于晶闸管的关断时间 $t_q$。

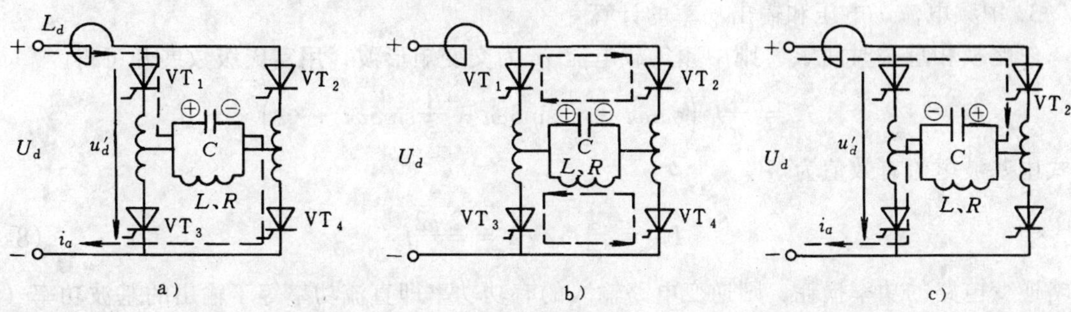


图 8-5　并联逆变器的工作过程

为了保证电路可靠换流，必须在中频电压 $u_a$ 过零前 $t_f$ 时刻触发 $VT_2$、$VT_3$ 管，$t_f$ 称触发引前时间。为了保证可靠换流，必须使

$$t_f = t_\gamma + Kt_q \tag{8-1}$$

式中　$K$——大于 1 的安全系数，一般取 2～3

$t_4 \sim t_6$ 期间为 $VT_2$、$VT_3$ 管稳定导通时间，负载电流路径如图 8-5c 中虚线所示。由图 8-6 可见管子电压正向缺角部分即为$\left(\dfrac{\gamma}{2}+\phi\right)$，由于 $\gamma$ 很小，缺角部分近似为 $\phi$ 角。逆变桥直流输入端的波形为串联的晶闸管电压波形的叠加，此电压的交流分量降落在大电感 $L_d$ 上。

（二）并联逆变器的电路计算

以 KGPS-1000-1.0 型中频电源为例，要求最大直流电流 $I_{dM}=250$A，最大直流电压 $U_{dM}=510$V。

1. 换向重叠时间 $t_\gamma$ 的计算

近似认为换向期间电流线性变化，则

$$\frac{di_T}{dt} = \frac{I_d}{t_\gamma}, t_\gamma = \frac{I_d}{di_T/dt} \tag{8-2}$$

若管子允许电流上升率$\dfrac{dv}{dt}=20\text{A}/\mu\text{s}$，最大直流电流以 250A 计算，则

$$t_\gamma = \frac{250}{20}\mu\text{s} = 12.5\mu\text{s}$$

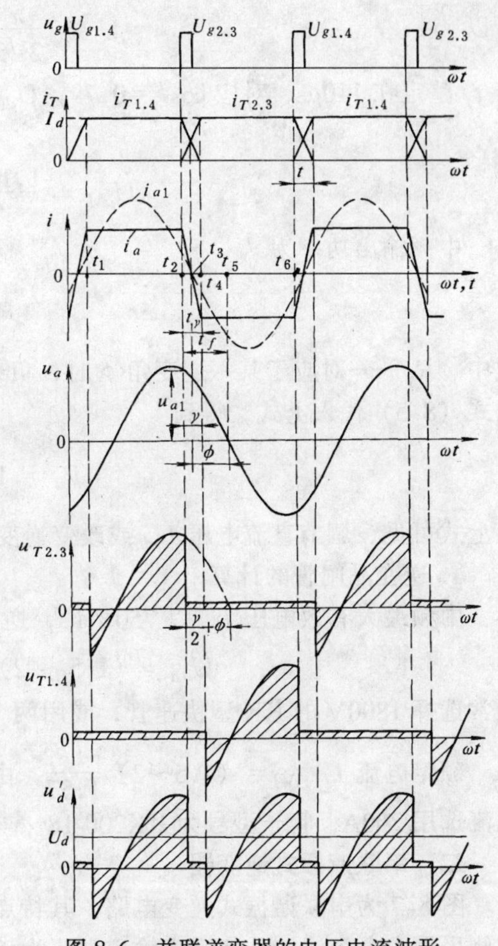


图 8-6　并联逆变器的电压电流波形

与 1000Hz 中频周期 $T=1000\mu s$ 相比，可忽略换流时间，近似认为电流是矩形波。

2．触发引前时间 $t_f$ 的计算

取快速晶闸管的关断时间 $t_q$ 为 65μs，$K$ 取 1.5，根据式（8-1）得

$$t_f = t_\gamma + Kt_q = 12.5\mu s + 1.5\times 65\mu s = 110\ \ \mu s \tag{8-3}$$

其对应的功率因数角 $\phi=37.3°$，实际上工作在 40°左右。

3．中频电流、电压和输出功率的计算

忽略换相重叠时间 $t_\gamma$，则中频负载电流 $i_a$ 为交变矩形波，用富氏级数展开可得

$$i_a = \frac{4}{\pi}I_d\left(\sin\omega t + \frac{1}{3}\sin3\omega t + \frac{1}{5}\sin5\omega t + \cdots\right)$$

上式中基波电流有效值为

$$I_{a1} = \frac{4}{\pi}I_d/\sqrt{2} = \frac{2\sqrt{2}}{\pi}I_d \tag{8-4}$$

忽略逆变电路的功率损耗，则逆变电路输入的有功功率即直流功率等于输出的基波功率（高次谐波电流不产生有功功率）即 $P_a=U_dI_d=U_aI_{a1}\cos\phi$，将式（8-4）代入可得

$$U_dI_d = U_a\frac{2\sqrt{2}}{\pi}I_d\cos\phi$$

所以

$$U_a = \frac{\pi}{2\sqrt{2}}\frac{U_d}{\cos\phi} = \frac{1.11}{\cos\phi}U_d \tag{8-5}$$

若 $t_f$ 整定在 110μs，对应 $\cos\phi=0.79$，$U_{dM}$ 以 500V 计算，代入式（8-5），得到最大中频电压

$$U_{aM} = \frac{1.11\times 500}{0.79}\text{V} = 703\text{V}$$

中频输出功率为

$$P_a = \frac{U_a^2}{R_f}$$

式中　$R_f$——对应于某一逆变角 $\phi$ 时，负载阻抗的电阻分量。

用式（8-5）代入上式，得到

$$P_a = 1.23\frac{U_d^2}{\cos^2\phi}\frac{1}{R_f} \tag{8-6}$$

由上式可见，调节直流电压 $U_d$ 或改变逆变角 $\phi$，都能改变中频输出功率的大小。

4．逆变晶闸管的计算

中频最大有效电压 $U_a$ 以 750V 计，逆变晶闸管额定电压为

$$U_{Ta} = (1.5\sim 2)\sqrt{2}U_a \approx 1600\sim 2120\text{V}$$

通常选择 1800V 的 KK 型快速管，或用两个 1000V 管子串联并加均压措施。

额定电流 $I_{T(AV)}=(1.5\sim2)\dfrac{I_T}{1.57}$，由于逆变桥中流过矩形电流，所以 $I_T=0.707I_{dM}$，电流选用 200A，管子型号为 KK200-18。

**二、串联谐振式逆变器**

图 8-7 为串联谐振式逆变电路，其特点是采用不可控整流，电路简单、功率因数高。直流侧采用大电容滤波，使逆变输出电压为正负矩形波，属电压型逆变器。电路为了续流，设

置反馈二极管 $VD_1$～$VD_4$。逆变器输出功率可采取改变逆变角的方法进行调节。

当负载满足 $R\leqslant 2\sqrt{\frac{L}{C}}$ 时，触发晶闸管 $VT_1$、$VT_4$，电路产生振荡。电容电压 $u_C$ 充到最大值（接近 $2U_d$）时，负载电流 $i$ 正半波结束降为零，$VT_1$、$VT_4$ 自行关断。此时电路继续振荡，电容通过负载经反馈二极管 $VD_1$、$VD_4$ 向电源放电，当电容放电到 $u_C\leqslant U_d$ 时，电流负半周结束降为零。此期间负载两端得到正向矩形电压。同理触发 $VT_2$、$VT_3$ 管，负载上得到负向矩形电压。

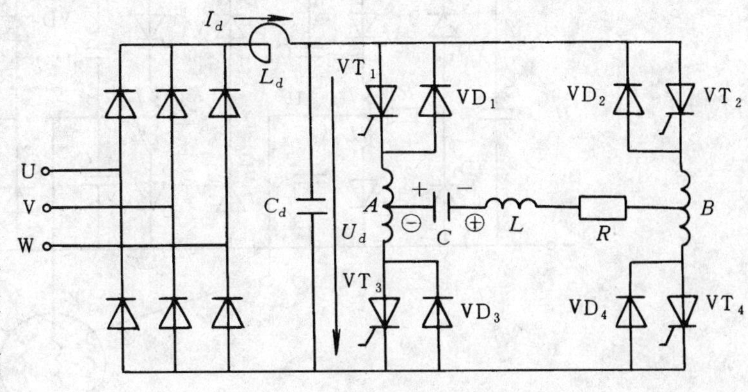

图 8-7 串联谐振式逆变电路

通常串联逆变器工作在负载谐振频率附近，负载电路处于串联谐振状态。电路对负载电流的基波分量呈现低阻抗，对其它高次谐波呈现高阻抗。因此负载电流可看成由基波分量组成，波形为正弦波。

串联逆变器起动和关断较容易，但对负载的适应性较差，当负载参数变动较大配合不当时，会影响功率输出或引起电容电压过高。因此，串联逆变器适用于负载性质变化不大，需要频繁起动和工作频率较高的场合，如热锻、弯管、淬火等。

## 第三节 强迫换流式逆变电路（三相逆变器）

生产中大多是电感性负载，不具备负载换流条件，必须采用强迫换流（脉冲换流）方式，即在电路中另设附加换流环节。强迫换流多数采用换流电容作储能元件，换流时，电容电压对晶闸管产生反向脉冲，迫使管子可靠关断。强迫换流式逆变器形式很多，本节选择在三相变频调速电路中应用最多的二种电路进行分析。

### 一、串联电感式逆变电路

在交流-直流-交流变频系统中，根据最靠近逆变桥的直流滤波方式逆变器可分为电压型与电流型两种。电压型主要采用大电容滤波，逆变器的直流电源阻抗小，类似于电压源，逆变输出的电压比较平直，波形为交变矩形波，而输出电流波形接近正弦波。电流型则主要采用大电感滤波，电源呈现高阻抗，类似于电流源。此类逆变器输出电流比较平直，波形为交变矩形波，而电压近似为正弦波。

目前应用较多的电压型逆变器为串联电感式，晶闸管导通 180°。图 8-8 即为三相串联电感式逆变电路，由三个单相 Mcmurray 的改进型电路按 120°相位差联结组成。这种逆变电路用较少的换流元件便可正常工作，具有良好的性能，可用作中、小功率异步电动机的电源，控制触发脉冲的频率或使触发次序反向，可使电动机在宽范围内调速或反转。

#### （一）换流过程

此类电路换流是在同一相桥臂的两个晶闸管之间进行的，如 U 相桥臂内，$VT_1$ 导通时

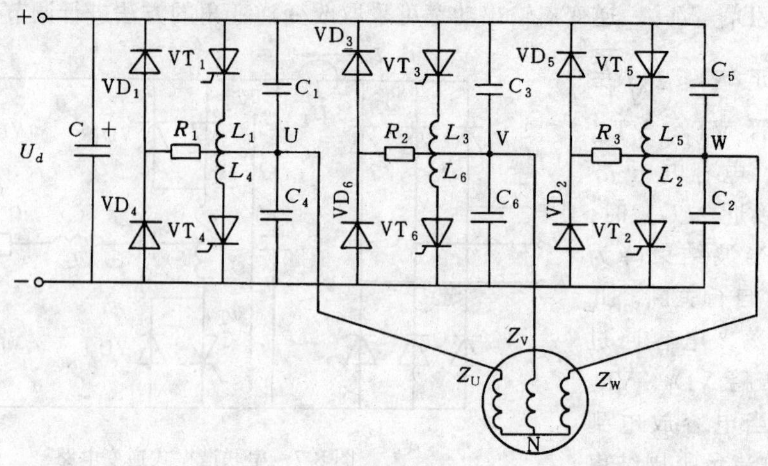


图 8-8 三相串联电感式逆变电路

触发 $VT_4$ 导通，强迫 $VT_1$ 关断，负载电流 $i_U$ 由经 $VT_1$ 流出换流为流入 $VT_4$。换流电路由 $C_1 \sim C_6$、$L_1 \sim L_6$ 组成，$L_1$ 与 $L_4$、$L_3$ 与 $L_6$、$L_5$ 与 $L_2$ 为全耦合，$VD_1 \sim VD_6$ 为反馈二极管，为感性负载电流提供反馈电源的通路。下面以 U 相桥臂 $VT_1$、$VT_4$ 之间的换流过程进行分析。

1）$VT_1$ 稳定导通如图 8-9a 所示，$i_{T1} = i_A$，$C_1$ 短路，$C_4$ 充电至电压为 $U_d$。

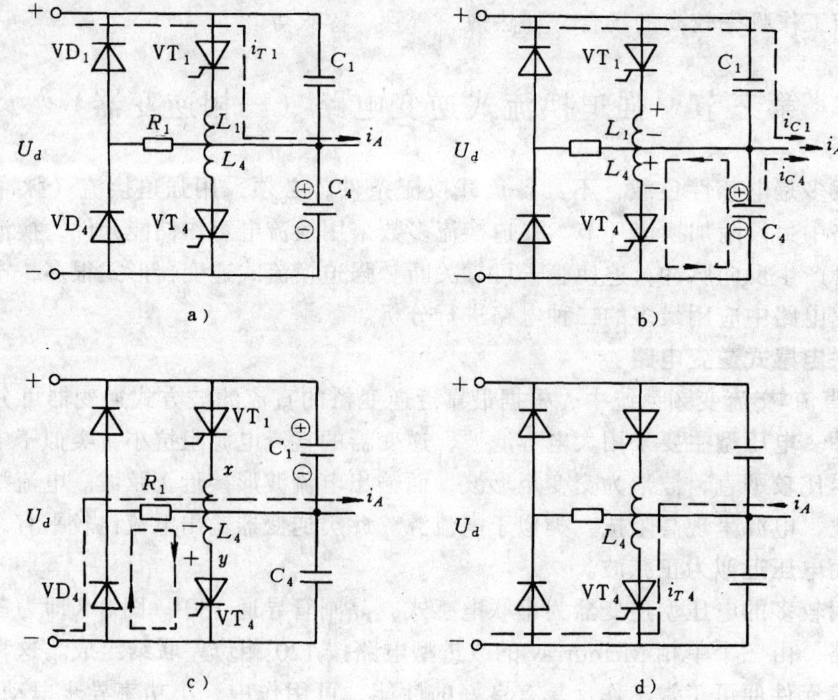


图 8-9 串联电感式逆变电路的换流过程

2）触发 $VT_4$ 换流开始，$C_4$ 通过 $L_4$、$VT_4$ 放电，忽略管子导通压降，电容电压 $U_{C4} =$

$U_d$ 瞬时加到 $L_4$ 两端。由于 $L_4$ 与 $L_1$ 全耦合，$U_{L1}=U_{L4}=U_d$，极性为上正下负如图 b 所示，电容 $C_1$ 电压来不及变化仍为零此时 $VT_1$ 管承受 $-U_d$ 反压，迫使 $VT_1$ 关断。在 $VT_1$ 关断、$VT_4$ 导通时，由于 $L_1$、$L_4$ 的磁场能量不能突变，故使原来通过 $VT_1$、$L_1$ 的电流 $i_A$ 立刻转移到 $VT_4$、$L_4$。负载电流 $i_A$ 由 $C_1$ 充电 $C_4$ 放电提供。

3）随着 $C_4$ 放电 $U_{C4}$ 由 $U_d$ 逐渐降到零，$U_{C1}$ 由零逐渐升到 $U_d$，当 $U_{C4}=U_{C1}=\frac{1}{2}U_d$ 时，$U_{xy}=U_d$，$VT_1$ 管承受的反压降为零。只要管子承受反压时间 $t_0$ 大于管子关断时间 $t_q$ 便能可靠关断。

4）$C_4$ 对 $L_4$、$VT_4$ 的放电过程：$i_{T4}$ 从 $i_A$ 值开始不断上升，当 $C_4$ 放电结束 $U_{C4}=0$ 时 $i_{T4}$ 达最大值并开始减小，此后 $L_4$ 开始释放能量，$U_{L4}$ 极性为下正上负，由 $VD_4$、$L_4$、$VT_4$、$R_1$ 形成环流，串入电流 $R_1$ 是为了限制环流并加快环流衰减，$VD_4$ 提供负载滞后电流的通路，如图 c 所示。

5）当负载滞后电流 $i_A$ 降到零并反向时，电流通过 $L_4$、$VT_4$ 提供反向负载电流如图 d 所示，换流过程结束。在 $i_A$ 过零反向之前，$L_4$ 可能放电结束，$VT_4$ 电流降到零已经关断。为了使电路正常工作，应采用宽脉冲或脉冲列触发，保证 $VT_4$ 在关断后能及时再导通。

换流电容，电感计算式为

$$C(C_1 \sim C_6)=\frac{I_{Lm}t_q}{0.425U_{\min}} \quad (8\text{-}7)$$

$$L(L_1 \sim L_6)=\frac{U_{\max}t_q}{0.85I_{Lm}} \quad (8\text{-}8)$$

式中 $I_{Lm}$——最大负载电流；

$U_{\max}$、$U_{\min}$——调速时 $U_d$ 的最大值与最小值；

$t_q$——晶闸管关断时间。

（二）三相串联电感式逆变器工作原理

图 8-8 电路中每个晶闸管导通 180°、关断 180°，换流在各自桥路内进行，6 个管子触发导通的次序为 $VT_1\sim VT_6$，触发脉冲间隔为 60°，如图 8-10 所示。在第①区间内 $VT_1$、$VT_2$、$VT_3$ 同时导通，②区间开始触发 $VT_4$ 关断 $VT_1$，使 $VT_2$、$VT_3$、$VT_4$ 同时导通，③区间为 $VT_3$、$VT_4$、$VT_5$ 同时导通，依此类推。以电动机中点为电位参考，在①区间由于 $VT_1$、$VT_2$、$VT_3$ 同时导通，电动机端线电压 $U_{UV}=0$，$U_{VW}=U_d$，$U_{WU}=-U_d$，电流从 U、V 两端流入电机，从 W 端流出，相当于电机绕组 $Z_U$ 与 $Z_V$ 并联后再与 $Z_W$ 串联接到 $U_d$ 电源。在②区间内得到：

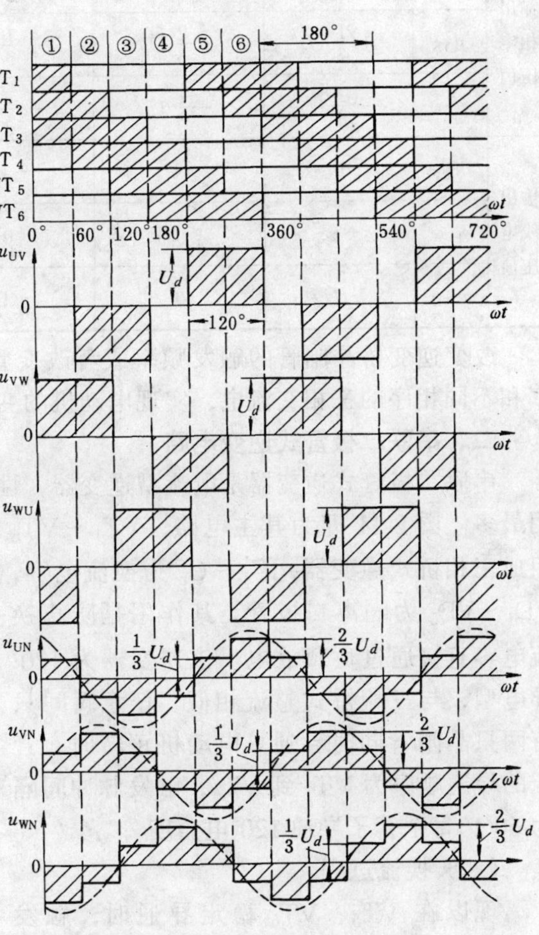


图 8-10 三相串联电感式逆变器电压波形

$U_{UV}=-U_d$，$U_{VW}=U_d$，$U_{WU}=0$。各阶段的等效阻抗及各相电压数值见表 8-2 所示。画出各相线电压与相电压波形如图 8-10 所示。从波形图可见，电动机线电压为 120°正负对称的矩形波，电动机相电压为 180°正负对称的阶梯波，其基波分量如图中虚线所示。

**表 8-2　180°导电时的有关数据**

| $\omega t$ | | 0°～60° | 60°～120° | 120°～180° | 180°～240° | 240°～300° | 300°～360° |
|---|---|---|---|---|---|---|---|
| 导通的晶闸管 | | $VT_1$、$VT_2$、$VT_3$ | $VT_2$、$VT_3$、$VT_4$ | $VT_3$、$VT_4$、$VT_5$ | $VT_4$、$VT_5$、$VT_6$ | $VT_5$、$VT_6$、$VT_1$ | $VT_6$、$VT_1$、$VT_2$ |
| 负载等值电路 | | | | | | | |
| 输出相电压值 | $u_{UN}$ | $+\frac{1}{3}U_d$ | $-\frac{1}{3}U_d$ | $-\frac{2}{3}U_d$ | $-\frac{1}{3}U_d$ | $+\frac{1}{3}U_d$ | $+\frac{2}{3}U_d$ |
| | $u_{VN}$ | $+\frac{1}{3}U_d$ | $+\frac{2}{3}U_d$ | $+\frac{1}{3}U_d$ | $-\frac{1}{3}U_d$ | $-\frac{2}{3}U_d$ | $-\frac{1}{3}U_d$ |
| | $u_{WN}$ | $-\frac{2}{3}U_d$ | $-\frac{1}{3}U_d$ | $+\frac{1}{3}U_d$ | $+\frac{2}{3}U_d$ | $+\frac{1}{3}U_d$ | $-\frac{1}{3}U_d$ |
| 输出线电压值 | $u_{UV}$ | 0 | $-U_d$ | $-U_d$ | 0 | $+U_d$ | $+U_d$ |
| | $u_{VW}$ | $+U_d$ | $+U_d$ | 0 | $-U_d$ | $-U_d$ | 0 |
| | $u_{WU}$ | $-U_d$ | 0 | $+U_d$ | $+U_d$ | 0 | $-U_d$ |

改变逆变桥晶闸管的触发频率或者改变管子触发顺序（$VT_0$～$VT_1$），即能得到不同频率和不同相序的三相交流电，实现电动机的变频调速与正反转。

## 二、串联二极管式逆变电路

串联二极管式逆变器是电流型逆变器，性能优于电压型逆变器，在晶闸管变频调速中应用最多。图 8-11 即为其主电路，$VT_1$～$VT_6$ 组成三相桥式逆变器，$C_1$～$C_6$ 为换流电容，$VD_1$～$VD_6$ 为隔离二极管，其作用是防止换流电容直接通过负载放电。该逆变器为 120°导电型，与三相桥式整流相似，任意瞬间只有两只晶闸管同时导通。电动机正转时，管子的导通顺序为 $VT_1$ 到 $VT_6$，触发脉冲间隔为 60°，每个管子导通 120°电角度。

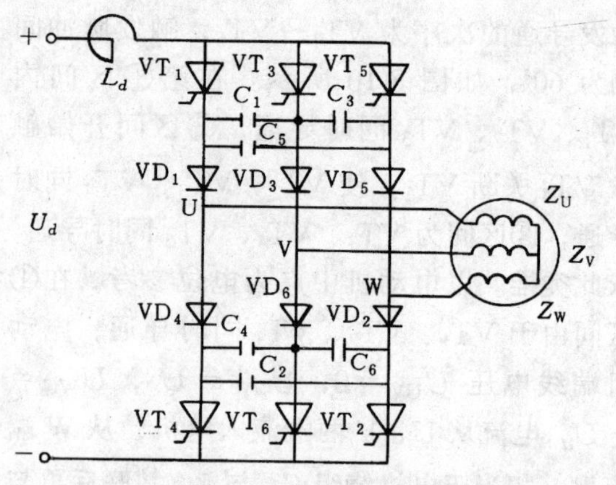

图 8-11　串联二极管式逆变电路

### （一）换流过程

现以在 $VT_5$、$VT_6$ 稳定导通时，触发 $VT_1$ 使 $VT_5$ 关断的换流过程为例来说明，分 4 个阶段：

(1) 换流前　$VT_5$、$VT_6$ 导通，直流电压加到电动机 W、V 相，电容 $C_3$、$C_5$ 被充电，$C_1$、$C_3$、$C_5$ 三个电容用等效电容 $C_{UW}$（$C_1$ 与 $C_3$ 串联再与 $C_5$ 并联）表示，充电极性为右正左负，等值电路如图 8-12a 所示。

(2) 晶闸管换流　当给 $VT_1$ 触发脉冲使其立即导通时，在 $C_5$ 的充电电压 $U_{C5}$作用下 $VT_5$ 承受反压立即关断，实现了 $VT_5$ 到 $VT_1$ 之间的换流。由于电容 $C_5$ 两端电压不能突变，使二极管 $VD_1$ 承受反压处于截止状态，此时负载电流由电源正端经 $VT_1$、等效电容 $C_{UW}$（$C_1$ 和 $C_3$ 串联后与 $C_5$ 并联）、$VD_5$、负载 W、V 相、$VD_6$、$VT_6$ 到电源负端构成通路，如图 8-12b 所示，由于电感 $L_d$ 的作用，对电容恒流放电再反充。在 $C_{UW}$放电到零之前，$VT_5$ 一直承受反压，足够保证可靠关断。必须使 $C_5$ 上电压由负变正（左正右负）且反向充电到与电动机线电动势 $e_{UW}$相等之后，$VD_1$ 才承受正压导通，电容恒流充电结束。

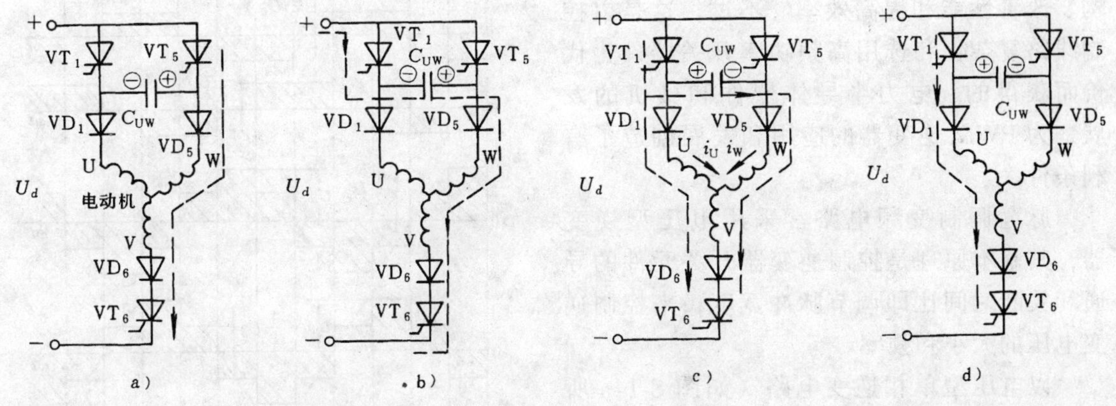


图 8-12　串联二极式逆变器换流过程

(3) 二极管换流　当 $VD_1$ 导通后，由于电动机漏感的作用，绕组中电流 $i_U$ 和 $i_W$ 不能突变，形成 $VD_1$ 和 $VD_5$ 同时导通的状态，等效电容 $C_{UW}\left(=\frac{3}{2}C\right)$与电动机 U、W 相的漏感组成谐振电路，促使 U 相电流从零上升到 $I_d$，而 W 相电流从 $I_d$ 下降到零，见图 8-12c，此期间，电动机三相绕组内都有电流流过，且满足 $i_U+i_W=I_V=I_d$。

(4) 正常运行　二极管换流结束后，电容 $C_{UW}$充电电压为左正右负，为下一次换流做准备，$VD_5$ 受反压而关断，此时换流为 $VT_6$、$VT_1$ 两管导通，如图 8-12d 所示。

(二) 串联二极管式逆变器的工作原理

图 8-13 为串联二极管式三相逆变器的电压波形，与串联电感式不同，逆变输出相电压为交变矩形波，线电压为交变阶梯波，每一阶梯电压值为$\frac{1}{2}U_d$，各阶段负载等值电路与各相电压值见表 8-3。

由于在换流期间引起电动机绕组中电流的迅速变化，在绕组漏感中产生感应电动势，叠加在原有电压上。所以在电流型逆变器输出的近似正弦波的电压波形上，出现换流尖峰电压（毛刺），其数值较大，在选择晶闸管耐压时必须考虑。

180°与 120°两种导电类型的比较：在同样直流电压时，180°导电的逆变电压比 120°的高，可见180°导电时晶闸管的利用率较高，故应用较多。但从换流安全角度来看，120°导电较有利。由于180°导电是同一桥臂相互换流，若逻辑切换控制不准确可靠，容易造成直流电源瞬间短路，导致换流失败。

电流型、电压型逆变器主要特点比较见表8-4所示。

**三、脉宽调制**（Pulse Width Modulation 简称PWM）**变频电路简介**

近年来，PWM技术颇引人注目。PWM逆变器既具有调压功能又具有谐波控制能力，其优点无论对于交流变频调速还是不停电电源都是极为难得的。它有利于简化结构、改善性能和提高效率。不过，这是以控制线路复杂化和选用高频功率开关器件为代价而获得的。电力半导体器件和微机的发展，为PWM逆变器的应用和发展创造了有利条件。

脉宽调制变频电路常采用电压型逆变器，其基本原理是控制逆变器开关元件的导通和关断时间比即调节脉冲宽度，来控制逆变电压的大小和频率。

以电压型单相逆变电路（如图8-14a所示）为例来进行分析。$VT_1$、$VT_4$正半周导通、$VT_2$、$VT_3$负半周导通，逆变输出得到正负矩形波如图b所示。设法在正负半周内，使对应的功率开关元件多次导通关断，得到正负电压脉冲系列如图c所示，改变脉冲的占空比$\tau/T$即可改变逆变电压的大小。

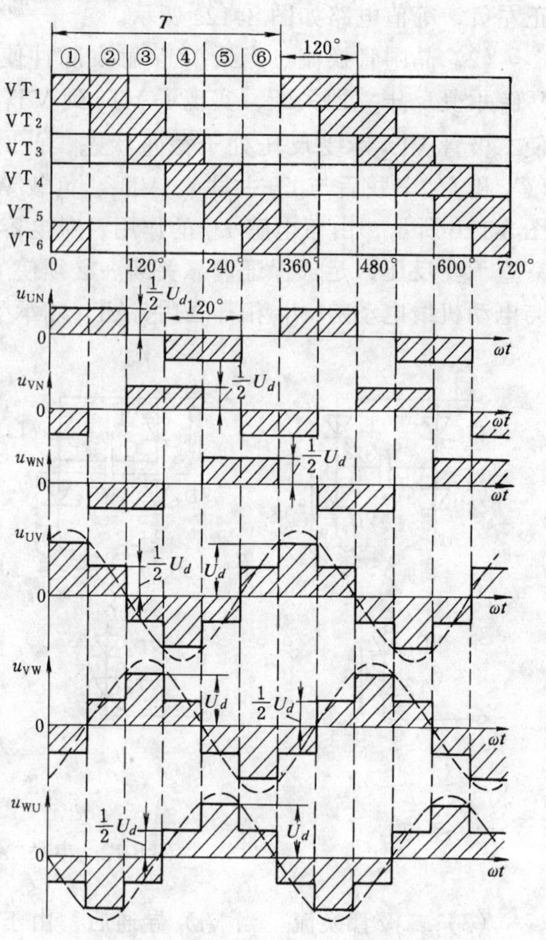


图8-13 串联二极管式三相逆变器的电压波形

上述方法所得的脉冲波形经富氏级数分解后可知，高次谐波成分较大，为了减少谐波分量，可采用脉宽调制，使每一个输出矩形脉冲的面积与对应的正弦波电压的面积成正比如图d所示，获得等幅不等宽的正负脉冲列。这样逆变器输出电压与正弦基波电压接近，当提高载波频率时高次谐波大大减少。采用高频脉宽调制，可获得高质量的输出波形。所以此种逆变器输出交流电的频率由逆变桥对角$VT_1$、$VT_4$和$VT_2$、$VT_3$交替导通的频率来控制，而逆变器输出交流电的幅值则由改变每半周内电压脉冲的通断比来实现。PWM型逆变器特别适合作为异步电动机变频调速的供电电源，实现平滑起动、停车和高效率宽范围调速。

上述工作方式称为恒幅PWM电路，可采用恒定直流电源供电，还有一类是变幅PWM电路，其逆变器直流电源需要调节，并通常采用晶闸管可控整流或不可控整流与直流斩波器供电。恒幅PWM电路的主要优点是：主电路简单且功率因数与效率都较高，由于调压在逆变器中完成，故避免了大惯性滤波电容对电压调节响应的影响，电压调节速度快。

控制电路目前较多采用微处理器和数模（D/A）变换器来实现脉宽精确控制。随着微

**表 8-3　120°导电时的有关数据**

| $\omega t$ | | 0°～60° | 60°～120° | 120°～180° | 180°～240° | 240°～300° | 300°～360° |
|---|---|---|---|---|---|---|---|
| 导通的晶闸管 | | $VT_6$、$VT_1$ | $VT_1$、$VT_2$ | $VT_2$、$VT_3$ | $VT_3$、$VT_4$ | $VT_4$、$VT_5$ | $VT_5$、$VT_6$ |
| 负载等值电路 | | 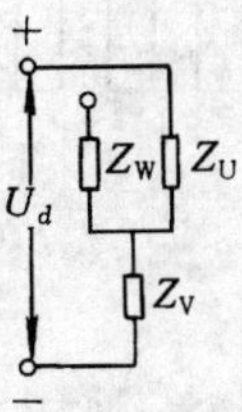 + $U_d$ $Z_W$ $Z_U$ $Z_V$ − | 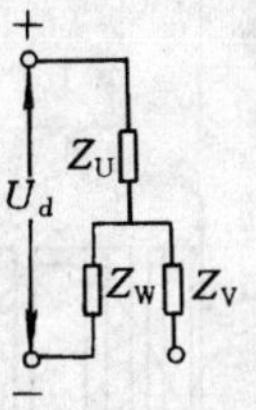 + $U_d$ $Z_U$ $Z_W$ $Z_V$ − | 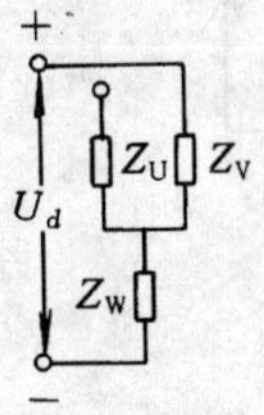 + $U_d$ $Z_U$ $Z_V$ $Z_W$ − | 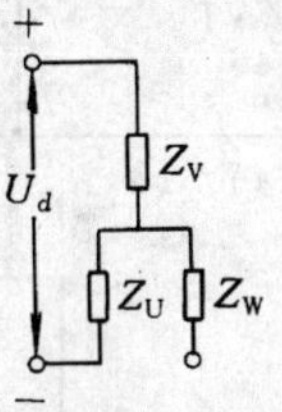 + $U_d$ $Z_V$ $Z_U$ $Z_W$ − | 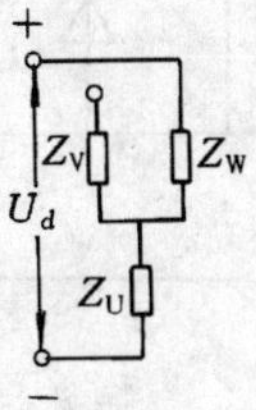 + $U_d$ $Z_V$ $Z_W$ $Z_U$ − | 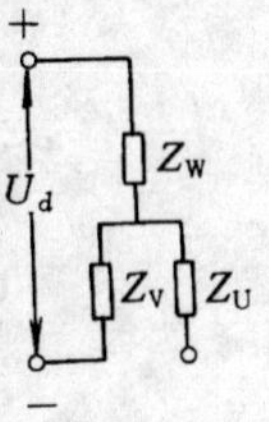 + $U_d$ $Z_W$ $Z_V$ $Z_U$ − |
| 输出相电压值 | $u_{UN}$ | $+\frac{1}{2}U_d$ | $+\frac{1}{2}U_d$ | 0 | $-\frac{1}{2}U_d$ | $-\frac{1}{2}U_d$ | 0 |
| | $u_{VN}$ | $-\frac{1}{2}U_d$ | 0 | $+\frac{1}{2}U_d$ | $+\frac{1}{2}U_d$ | 0 | $-\frac{1}{2}U_d$ |
| | $u_{WN}$ | 0 | $-\frac{1}{2}U_d$ | $-\frac{1}{2}U_d$ | 0 | $+\frac{1}{2}U_d$ | $-\frac{1}{2}U_d$ |
| 输出线电压值 | $u_{UV}$ | $+U_d$ | $+\frac{1}{2}U_d$ | $+\frac{1}{2}U_d$ | $-U_d$ | $-\frac{1}{2}U_d$ | $+\frac{1}{2}U_d$ |
| | $u_{VW}$ | $-\frac{1}{2}U_d$ | $+\frac{1}{2}U_d$ | $+U_d$ | $+\frac{1}{2}U_d$ | $-\frac{1}{2}U_d$ | $-U_d$ |
| | $u_{WU}$ | $-\frac{1}{2}U_d$ | $-U_d$ | $-\frac{1}{2}U_d$ | $+\frac{1}{2}U_d$ | $+U_d$ | $+\frac{1}{2}U_d$ |

**表 8-4　电流型、电压型逆变器比较**

| 电路型式 / 项目 | 电流型逆变器 | 电压型逆变器 |
|---|---|---|
| 电路结构 | 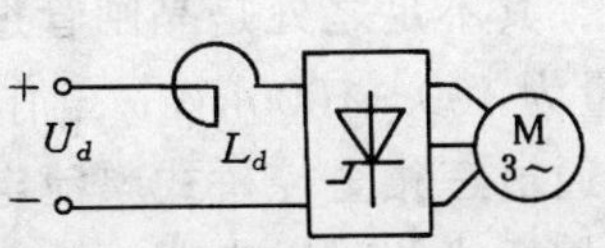 + − $U_d$ $L_d$ M 3～ | 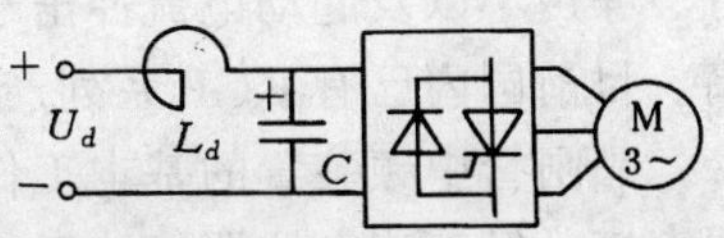 + − $U_d$ $L_d$ $C$ M 3～ |
| 负载无功功率 | 用换流电容处理 | 通过反馈二极管返还 |
| 逆变输出波形 | 电流为矩形波，电压近似为正弦波 | 电压为矩形波，电流近似为正弦波 |
| 电源阻抗 | 大 | 小 |
| 再生制动 | 方便、不附加设备 | 需在主电路设置反并联逆变器 |
| 电流保护 | 过流及短路保护容易 | 困难 |
| 对晶闸管的要求 | 耐压高，关断时间要求不高 | 耐压一般，要求采用 KK 型快速管 |
| 适用范围 | 单机拖动，加减速频繁、需经常反转的场合 | 多机同步运行不可逆系统，快速性要求不高的场合 |

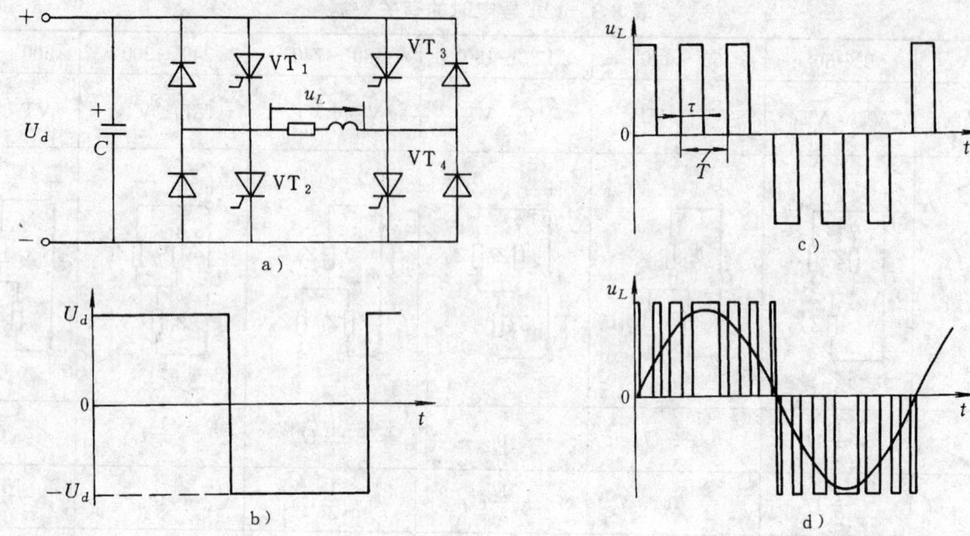


图 8-14 PWM 原理波形

电子技术的发展与全控型功率开关器件的普遍使用，PWM 变频器在生产中得到日益广泛的应用。

## 第四节 晶闸管中频装置（KGP 系列）

晶闸管中频装置是一种利用晶闸管把 50Hz 工频交流电变换成中频交流电的设备，主要用于感应加热及熔炼，以取代中频发电机组，是一种较先进的静止变频设备。它与中频发电机组相比，具有效率高、起动停止方便、频率能自动跟踪以保持最佳运行状态、无旋转部分、噪声小以及起动电流冲击小等优点，其不足之处是晶闸管过载能力差，使用维修要求较高。目前国内已有 KGP 系列产品，容量为 100～1000kW，工作频率为 1.0～50kHz。

晶闸管中频装置的基本工作原理是通过三相全控桥式整流电路，将三相交流电整流为可调直流，经直流电抗器滤波后，供给单相桥式并联逆变器，由逆变器将直流电逆变为中频交流电供给负载，是一种交流-直流-交流变频系统。KGPS-100-1.0 型晶闸管中频装置的电气原理总图见附图 B，下面分别从整流、逆变和保护等方面分析电路的工作原理。

### 一、三相桥式全控整流电路

#### （一）主电路

本装置不用整流变压器，直接将 380V 三相交流可控整流为直流。采用全控桥而不采用半控桥的主要理由是：①全控桥直流脉动小，要求平波电抗器的电感量 $L_d$ 小；②触发移相调节直流输出电压比较灵敏；③可采用触发脉冲快速后移进入逆变区，使电路瞬时进入有源逆变状态进行过电流保护。

本装置额定中频输出功率为 100kW，考虑逆变桥损耗与一定的功率余量，最大整流输出功率为 $P_{dM}=U_{dM}I_{dM}=125\text{kW}$。整流输出最大直流电压为

$$U_{dM}=2.34\times 220\text{V}=512\text{V}$$

$I_{dM}\approx 250\text{A}$，所以整流桥晶闸管选用 KP200-9。

（二）触发电路

图 8-15 为附图 B 中 $1CF \sim 6CF$ 6 个整流桥臂晶闸管的触发电路。本装置采用锯齿波同步宽脉冲触发电路，由 PNP 管组成，同步移相由晶体管 $V_1$ 对电容 $C_1$ 进行恒流充电，形成负锯齿波电压，与负的控制电压 $U_c$（由 $RP_2$ 调节）和正的偏移电压 $U_b$（由 $RP_4$ 调节），通过 $R_3$、$R_4$、$R_5$ 进行并联电流叠加，控制晶体管 $V_2$ 由截止转为导通的时刻。

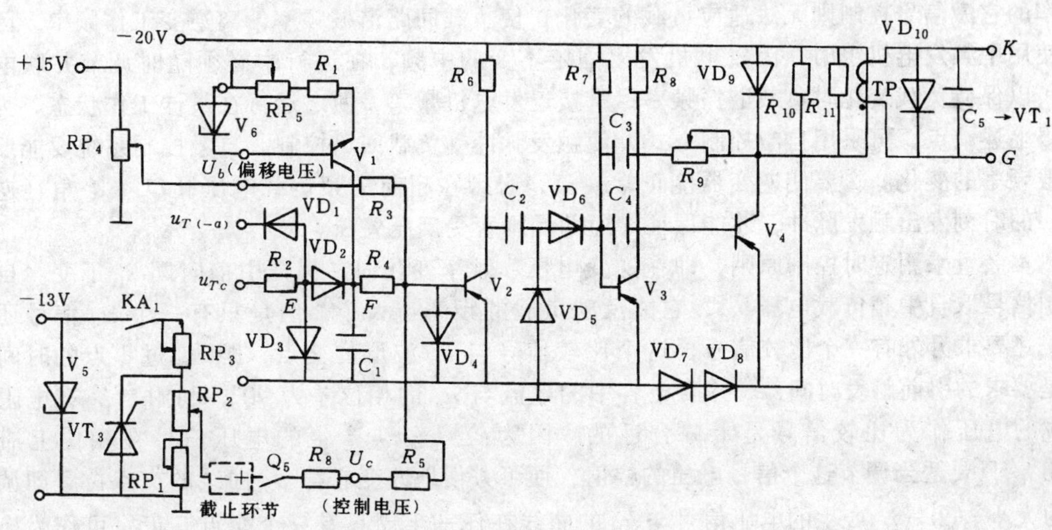


图 8-15　锯齿波移相触发电路

$VD_1 \sim VD_{10}$—2CP14　$V_1$—3DG6　$V_2 \sim V_3$—3A×31C　$V_4$—3AD6C

电容 $C_1$ 两端的锯齿波电压 $u_{C1}$ 的起始与结束时刻由同步信号电压 $u_{T(-a)}$、$u_{Tc}$ 决定。根据前面第五章第七节同步的分析可知，由 PNP 管组成的锯齿波触发电路如触发 U 相的 $VT_1$ 管，则同步信号电压应为 $u_{T(-a)}$ 与 $u_U$ 反相。为了加宽脉冲移相范围，增加滞后 $u_{T(-a)}$ 电压 60°的 $u_{Tc}$ 电压，该增加电压均由同步变压器 TS 供给，波形如图 8-16 所示。

当同步信号电压 $u_{T(-a)}$、$u_{Tc}$ 为正半周时，二极管 $VD_3$ 导通，$E$ 点被箝位在 0.7V，如 $VD_2$ 导通，则 F 点基本上被箝在 0V，所以电容 $C_1$ 不能充电。在 $u_{T(-a)}$ 负半周开始，$VD_1$ 导通使 $E$ 点电位跟随 $u_{T(-a)}$ 负半周波形下降，$VD_2$ 反偏，$C_1$ 开始恒流充电形成负锯齿波电压，充到图 8-16 中 $S$ 点之后 $F$ 点电位比 $E$ 点更低时，$VD_2$ 又恢复正偏，锯齿波电压经 $R_2$、$VD_2$ 放电。因此加接同步信号电压 $u_{Tc}$ 后，可使锯齿波底宽增加到 210°左右，扩大了脉冲移相范围。当偏移电压 $U_b$ 一定时，调节控制电压 $U_c$ 值，使合成的直流电压与锯齿波的交点在图 8-16 中 $G$ 与 $H$ 之间，能使触发脉冲在 $\alpha = 0° \sim 150°$ 之间移相。

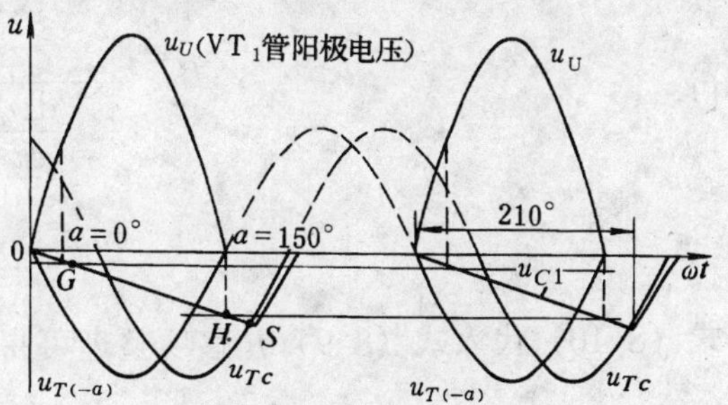


图 8-16　锯齿波相位图

脉冲形成放大环节是一个单稳态电路，当 $V_2$ 从截止转为导通时，经 $C_2$ 输出正脉冲，使单稳电路翻转，调节电阻 $R_9$ 可改变脉宽，通常脉宽调整为 90°。电路中 $VD_7$、$VD_8$ 与 $R_{10}$

是为了在没有脉冲、$V_3$ 饱和导通时使 $V_4$ 可靠截止。电路各点波形请自行分析。本装置完全可以用集成触发器代替。

**二、单相桥式并联逆变器**

其主电路换流工作原理与晶闸管的计算已于本章第二节中叙述。这种负载谐振式并联逆变器的触发必须考虑以下两个因素：①逆变桥触发必须有自动调频控制。逆变电路如以固定频率的它激信号控制则无法适应负载的变化，使负载回路谐振频率偏离逆变工作频率。因此在使用中频发电机组时，因发电机发出固定不变的中频，在运行中必须随时调节并联电容值，以保持负载变化时负载谐振频率尽量接近发电机频率，使之运行在最佳工作状态。为了克服上述缺点，可采用自激控制方式，使触发脉冲受负载回路控制。自激控制系统要能反映负载频率的变化。②要使逆变器能正常换流，必须在超前中频负载电压（$U_a$）$\phi$ 角（逆变角）的时刻发出触发脉冲，才能保证导通的晶闸管受反压关断。

本装置采用定时控制原则，即在逆变电压、频率变化时，保证引前时间 $t_f$ 不变。自激控制信号取自中频负载电压 $u_a$，它能反映负载的频率与大小，但是只有一个 $u_a$ 信号还不行，还要求另外有一个比较信号，这个比较信号与 $u_a$ 波形的交点，距 $u_a$ 过零点的时间正好是要求的引前触发时间 $t_f$。并联电容中的电流与 $u_a$ 的相位差为 90°，利用 $-i_C$ 在电阻上形成的电压作为比较信号是十分合适的，因为：① $-i_C$ 产生的电压信号在相位上滞后 $u_a$90°，只要适当调节这个信号电压的幅值，便可方便地改变它与 $u_a$ 曲线的交点位置即调节 $t_f$ 的大小。② $-i_C$ 产生的电压信号与 $u_a$ 的曲线在任一半周只有一个交点，正好可作为换流点信号。③当 $u_a$ 幅值或频率发生变化时，$-i_C$ 产生的电压信号亦随之变化，有可能维持引前触发时间 $t_f$ 不变。

图 8-17 为定时控制的信号波形，$u_a$ 为中频输出电压波形，$-\left(\dfrac{t_f}{C}\right)i_C$ 为电容电流在某电阻上产生的电流信号波形（实际的信号电压经电压互感器、电流互感器与电阻分压而得）二者在某周期内相交于 $A$ 点。为了简化计算，近似认为过 $A$ 点的切线通过 $u_a$ 的过零点 $B$，这样 $A$、$B$、$C$ 三点构成一个直角三角形，$A$ 点的斜率为

$$-\frac{\mathrm{d}u_a}{\mathrm{d}t}=-\frac{BC}{AC}=-\frac{t_f}{(u_a)_{t1}}$$

所以

$$\left[\frac{u_a}{-\dfrac{\mathrm{d}u_a}{\mathrm{d}t}}\right]_{t1}=t_f \tag{8-9}$$

而

$$i_C=C\frac{\mathrm{d}u_a}{\mathrm{d}t}\quad 即\quad \frac{\mathrm{d}u_a}{\mathrm{d}t}=\frac{i_C}{C} \tag{8-10}$$

将式（8-10）代入式（8-9）并移项整理可得

$$\left[Ku_a-\left(-\frac{t_f}{C}\right)i_C\right]_{t1}=0 \tag{8-11}$$

设 $u_a$ 为逆变触发信号电压，数值为 $Ku_a$ 与 $\left(-\dfrac{t_f}{C}\right)i_C$ 之差，当 $u_a$ 过零时，就能满足式（8-11），即 $t=t_1\left(或\ t=t_1+n\dfrac{T}{2},\ n\ 为任意正整数\right)$时刻，设法发出触发脉冲，使逆变桥路对角晶闸管导通，就能保证在 $u_a$ 过零前的 $t_f$ 时刻开始换流。

逆变触发电路由以下两部分组成：

(1) 信号检测电路，其作用是设法从负载电路中检出 $u_a$ 与 $-i_C$ 两个信号并按式(8-11)左边合成，电路如图8-18所示。信号 $u_a$ 和 $-i_C$ 分别由中频电压互感器 $TV_2$ 与电流互感器TA检得，经电阻合成，在 $a_1$、$a_2$ 端得到逆变器的触发信号 $u_s$。当 $R_2$ 阻值增大时，则 $i_C$ 产生的电压信号亦增大即 $\left(\frac{t_f}{C}\right)$ 值增大，电流产生的电压信号与 $u_a$ 的交点左移，$t_f$ 值变大；反之 $t_f$ 减小。所以改变 $R_2$ 的阻值可以方便地调节 $t_f$ 值。

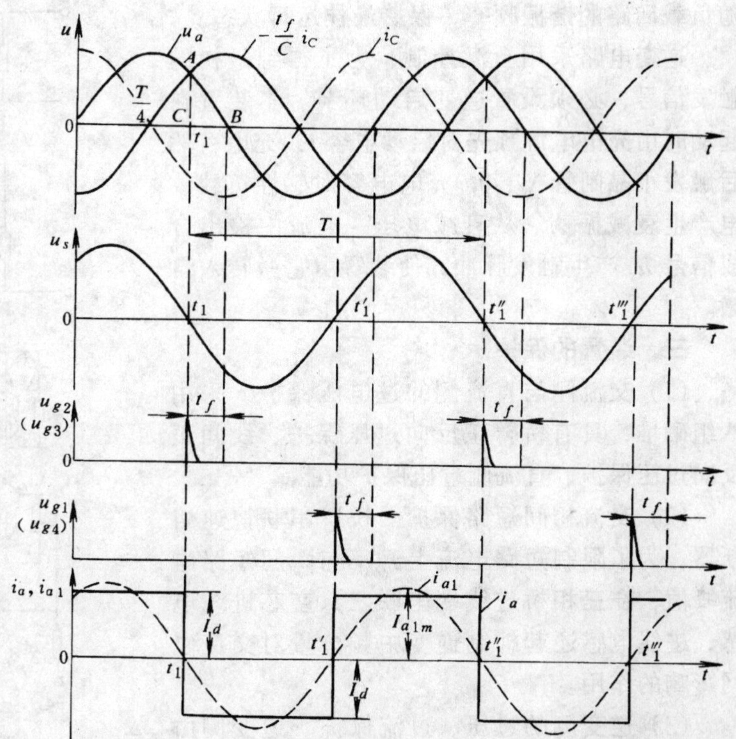

图8-17 定时控制的信号波形

(2) 脉冲形成电路。这一电路的作用是在合成信号 $u_s$ 过零时，分别形成两组互差180°的正向脉冲，电路如图8-19所示。信号电压 $u_s$ 加在脉冲形成电路输入端，$V_5$、$V_6$ 起正负限幅作用，防止在满功率中频输出时，过大的合成信号使 $V_3$、$V_4$ 管损坏。$V_3$、$V_4$ 工作在开关状态，变压器 $TP_1$、$TP_2$ 组成微分电路，当 $u_s$ 正半周结束、$V_3$ 从导通变为截止的瞬间，$TP_1$ 二次侧送出正尖脉冲到双稳态 $V_1$ 管的基极，使 $V_1$ 导通、$V_2$ 截止，所以双稳态的翻转基本上是在 $u_s$ 信号过零时刻进行的。双稳输出去控制脉冲放大电路，发出触发脉冲，使逆变器对角的晶闸管触发实现换流。

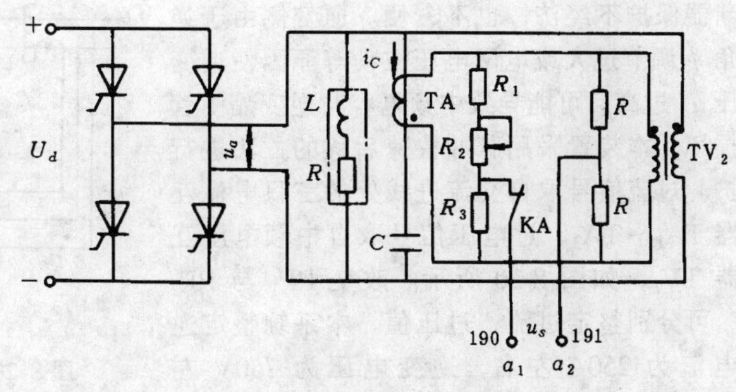

图8-18 信号检测电路

这种触发电路当负载与逆变电路直流电压 $U_d$ 变化时，可自动改变触发信号电压 $u_s$ 的频率，以保证引前触发时间 $t_f$ 基本不变。如负载电压 $u_a$ 升高时，电容电流 $i_C$ 亦增大，使电压信号与电流信号产生的两个电压波形的交点垂直上移，维持 $t_f$ 不变；当负载变化引起电路谐振频率 $f$ 增大时，则电容电流 $i_C=\frac{u_a}{X_C}=2\pi fCu_a$ 亦随之增大，在电压信号不变时，它与电流产生的电压波形的交点左移，以补偿由于频率升高引起的周期的减小，保持 $t_f$ 基本不变。由于逆变触发信号受负载回路电压电流的控制即自激控制，故使逆变工作频率始终跟随负载回路的谐振频率，保持最佳运行状态。

逆变电路采用自激控制，为了得到最初的触发信号，必须设置逆变启动环节。本装置在起动时由充电电源预先对启动电容 $C_{sf}$ 充电，然后触发小晶闸管 $VT_{11}$，充电电容对感性负载放电产生衰减振荡。从衰减电压、电流中检出合成信号 $u_s$ 产生触发脉冲，使装置由它激转入自激。

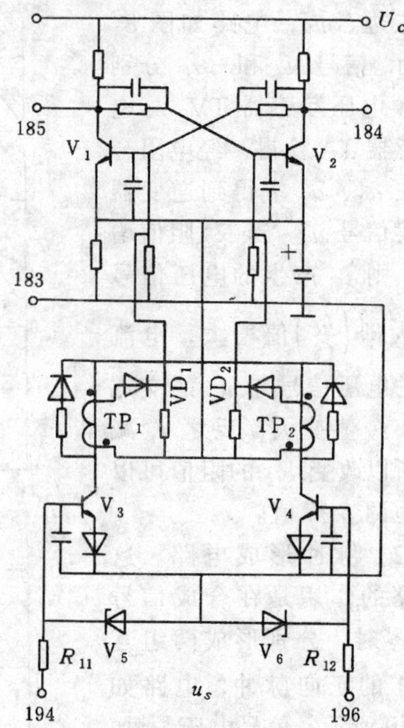


图 8-19　脉冲形成电路

**三、装置的保护**

(1) 交流侧与直流侧的过电压保护　采用八组硒堆，具有桥臂正反向过压保护、线间正反向过压保护、直流侧过压保护功能。

(2) 交流相间短路保护　桥臂串联快速熔断器，为了限制短路电流上升率与瞬间短路电流峰值，在三相桥进线端串联三只空芯进线电感，进线电感还起抑制逆变中频分量对交流电网影响的作用。

(3) 逆变侧的过压、过流保护　逆变侧由于负载剧烈变动、过载、启动失败或换流失败等原因均会引起逆变侧过流或短路，采用快速熔断器保护不经济，也不方便。逆变侧由于逆变角 $\phi$ 调节过大或电网电压波动等原因使逆变电压 $u_a$ 过高。可能导致中频电容与逆变晶闸管的损坏。本装置采用脉冲快速后移的方法进行保护。过流信号取自交流进线处的三只电流互感器 $TA_1 \sim TA_3$，过电压信号取自中频电压互感器 $TV_1$，如图 8-20 所示。改变 $RP_1$ 与 $RP_2$ 值，可分别整定过流、过压值，本系统整定逆变电流为 250A 左右，逆变电压为 750V 左右。

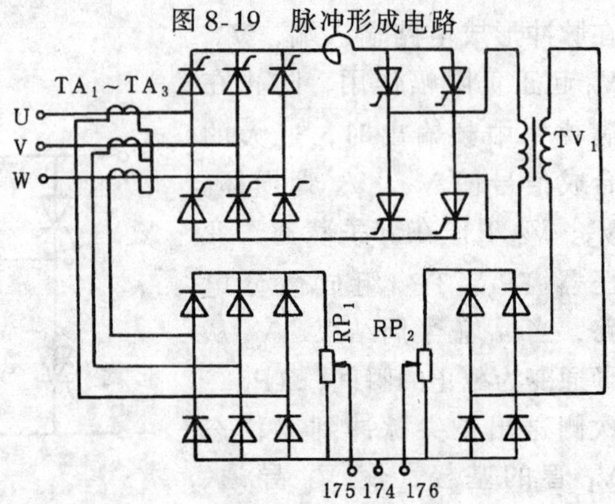


图 8-20　过压、过流信号取出电路

## 第五节　直流斩波电路（Choppter）

将直流电源的恒定直流电压，通过电子器件的开关作用，变换为可调直流电压的装置称为直流斩波器。如采用晶闸管作开关元件，则称为晶闸管直流斩波器。

斩波器中晶闸管工作在直流阳极电压，触发导通是容易的，但如何使已导通的管子可靠关断，是斩波电路能否正常工作的关键。因此在普通晶闸管直流斩波电路中，都必须设置换流关断电路，强迫导通的晶闸管在反压脉冲作用下可靠关断。

直流斩波器也称直流断续器或直流调压器，较多用于直流牵引调速，例如电力机车、地铁、城市电车、电瓶搬运车和铲车等，与传统的电阻调压调速方法相比较，它不仅能获得较好的起制动、调速特性，而且可省去操作频繁、体积庞大的直流接触器装置及耗电大的电阻器，因此得到广泛应用。

## 一、晶闸管直流开关

斩波器的核心部分是晶闸管直流开关，图 8-21 是简单晶闸管直流开关，图 a 中 $R_d$ 为直流负载电阻，它与 $VT_1$ 串联构成直流主电路，当 $VT_1$ 导通时，负载 $R_d$ 加上电源电压 $U$，同时电源经 $R_1$、$VT_1$ 对电容 $C$ 充电，极性为右正左负。要关断 $VT_1$ 时，只要触发 $VT_2$，电容电压通过 $VT_2$ 瞬时给导通的 $VT_1$ 加反压，迫使其关断，同时电容 $C$ 经 $R_d$、$VT_2$ 反充电，极性为左正右负，为关断 $VT_2$ 作准备。所以 $R_1$、$C$ 和 $VT_2$ 构成 $VT_1$ 的关断电路。电路各点波形如图 b 所示。从晶闸管 $VT_1$ 两端电压 $u_{T1}$波形可见，管子承受反压时间为 $t_0$，通常取 $t_0 \geqslant 2t_q$（管子关断时间）以保证管子可靠关断。

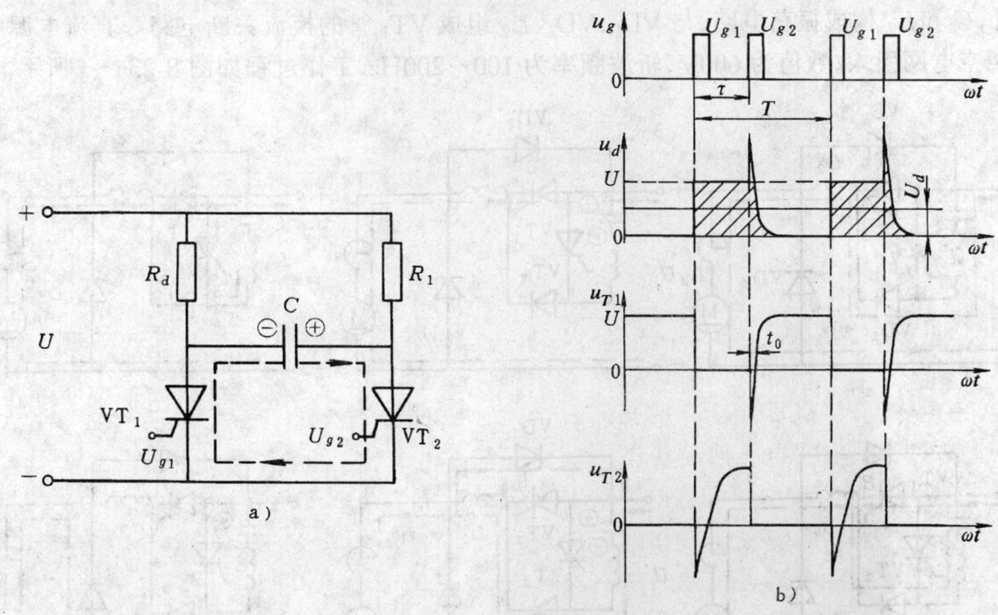


图 8-21　简单晶闸管直流开关

## 二、普通晶闸管直流斩波电路

图 8-22 是晶闸管直流斩波器的原理图，晶闸管 VT 串联在直流电源与负载中间，VT 触发导通时，负载电压 $u_d = U$；当 VT 断开时 $u_d = 0$。控制 VT 使其周期性导通断开，负载上便得到一系列电压脉冲。为改变负载直流电压，通常有以下三种工作方式：

① 脉冲宽度控制（PWM）也称定频调宽式。此方式斩波晶闸管的触发频率（周期 $T$）一定，调节脉冲宽度 $\tau$，$\tau$ 值在 $0\sim T$ 之间变化，负载电压在 $0\sim U$ 之间变化，波形为图 8-22b所示。

② 脉冲频率控制（PFM）也称定宽调频式。此方式脉宽 $\tau$ 一定，改变管子通断频率 $f = \frac{1}{T}$。$f$ 增加使 $T = \tau$ 时电路全导通，$u_d = U$；$f$ 下降周期 $T$ 增大时，$u_d$ 减小。

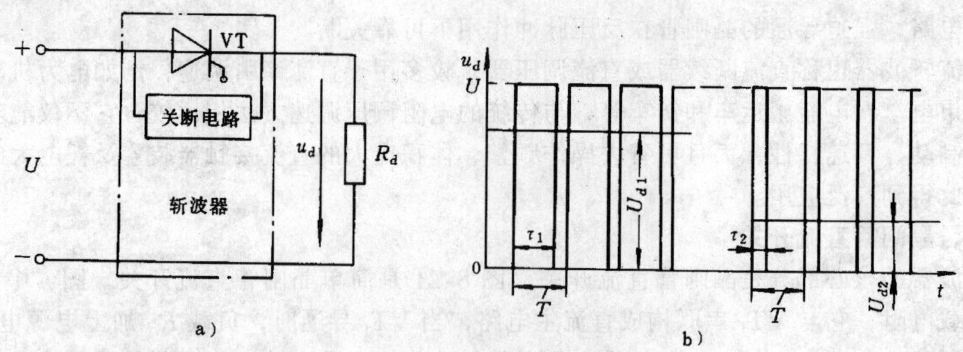


图 8-22　直流斩波电路原理

③　脉冲混合控制。即同时改变 $T$ 和 $\tau$。

（一）脉冲宽度控制（定频调宽式）直流斩波器

图 8-23 为 TGC-Ⅰ型城市电车斩波调速简化主电路，$VT_1$ 为斩波器主晶闸管，$VT_2$ 为辅助晶闸管，$C$ 和 $L_1$ 构成振荡电路，与 $VD_1$、$VD_2$、$L_2$ 组成 $VT_1$ 管的换流关断电路。直流电源电压 $U$ 由架空电网引入，数值为 600V，斩波频率为 100～200Hz，工作过程如图 8-23a～f 所示。

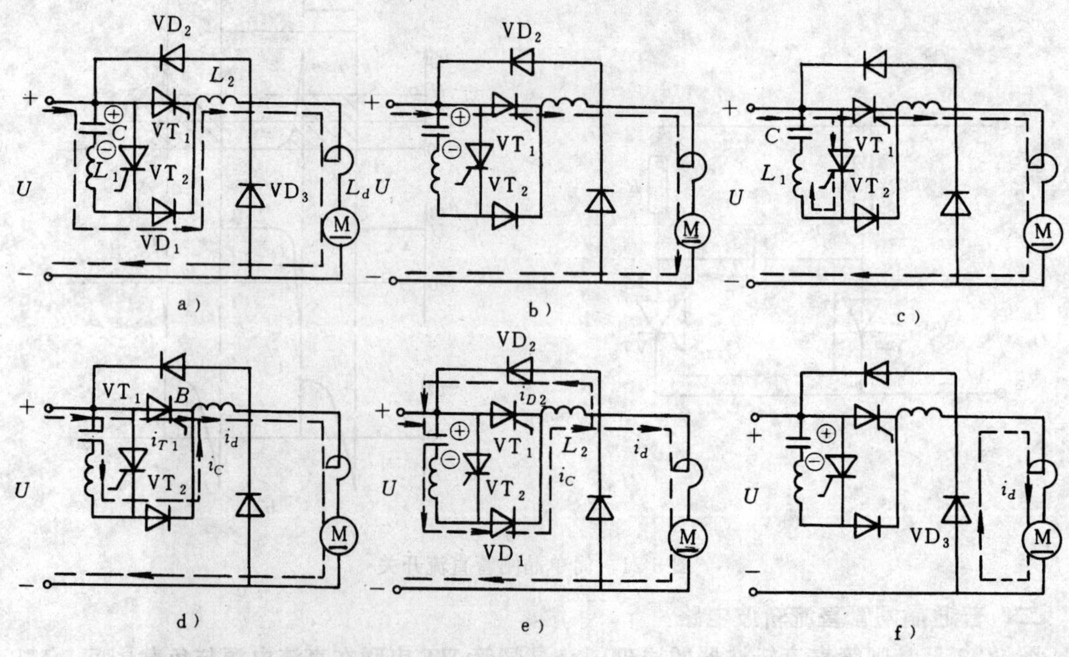


图 8-23　脉冲宽度控制直流斩波电路工作过程

图 a：接通电源，$VT_1$、$VT_2$ 均未触发，电源通过 $L_1$、$VD_2$ 及负载对 $C$ 充电到 $U$ 值，如图中虚线所示，对应图 8-24$t_1$ 之前时间。

图 b：$t_1$ 时刻触发 $VT_1$ 导通，电源加到负载端，$VT_1$ 流过负载电流 $I_d$，由于 $VD_1$ 的存在，电容无法放电，$VT_2$ 继续受正压，对应图 8-24$t_1$～$t_2$ 时间。

图 c：脉冲 $u_{g2}$ 触发 $VT_2$ 导通，振荡电路 $L_1$、$C$ 与 $VT_2$ 形成通路，电容经 $VT_2$、$L_1$ 放电，然后反充电，使电容电压极性从 $+U$ 变为 $-U$，对应图 8-24 中 $t_3$ 时刻，电容电压已反充到

$-U$,电容电流下降到零,$VT_2$ 自行关断。在 $t_3$ 时刻前 $VT_1$ 管继续导通,向负载输出电流。

图 d：$VT_2$ 关断后电容通过 $VT_1$ 反向放电，流过 $VT_1$ 的电流开始减小，当流过 $VT_1$ 的反向放电电流 $i_C$ 等于负载电流 $I_d$ 时 $VT_1$ 关断，对应图 8-24 中 $t_4$ 时刻。

图 e：$VT_1$ 关断后,电容经 $VD_1$、$L_2$、$VD_2$ 回路继续放电,反向放电电流继续增大,在反向放电电流增大到最大值之前,$L_2$ 的自感电动势给 $VT_1$ 以反压,反压持续时间为 $t_0$,电流路径如图 e 所示。当电容电流 $i_C$ 达到最大值($t_5$ 时刻)后,$VT_1$、$VT_2$ 又恢复承受正压,$t_5 \sim t_6$ 期间,负载电流对电容正向充电到 $U$ 值。

图 f：电容充电到 $+U$ 值时，电源停止输入电流，负载电流通过 $VD_3$ 续流。

从斩波器工作过程可见，输出电压的脉宽是通过 $VT_2$ 触发导通的时刻来控制的。若斩波器工作周期为 $T$，$U_{g2}$距 $U_{g1}$的间隔 $\tau$ 增大则输出电压的脉宽亦增大，输出直流电压的平均值越高；反之 $\tau$ 缩小则脉冲变窄，电压平均值也就减小。

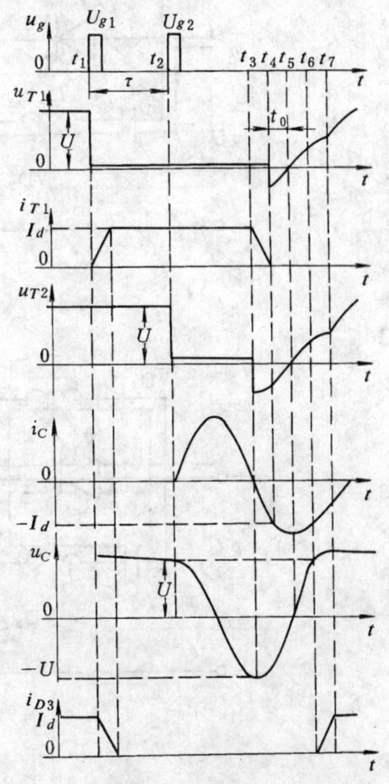


图 8-24　斩波器换流波形

斩波器正常工作的关键是靠充电的换流电容给晶闸管 $VT_1$ 以反压，保证管子能关断并恢复正向阻断特性。设 $VT_1$ 的关断时间为 $t_q$，要关断的最大电流为 $I_d$，则要求电容 $C$ 提供的电荷为 $I_d t_q$。而电容储存的电荷 $Q = CU$，因此，为了关断 $VT_1$，应使

$$CU > I_d t_q$$

$$C > \frac{I_d t_q}{U} = \frac{t_q}{R_L} \qquad (R_L\text{ 为负载电阻值})$$

通常取

$$C = (2 \sim 3)\frac{t_q}{R_L} \tag{8-12}$$

在电车斩波电路中，$U = 600V$，$I_d = 300A$，管子关断时间 $t_q = 80\mu s$，系数取 2.5，则换流电容

$$C = 2.5 \times \frac{300 \times 80}{600}\mu F = 100\mu F$$

（二）脉冲频率控制（定宽调频式）直流斩波器

脉宽恒定、斩波频率可调的直流斩波调速原理电路的工作过程如图 8-25 所示。

图 a：接通电源，电容按虚线路径充电到 $+U$。

图 b：VT 触发导通，负载得电同时电容电压经 $L_1$、VT 放电产生振荡，振荡条件为 $R_0 \leqslant 2\sqrt{\frac{L_1}{C}}$，$R_0$ 为振荡回路电阻，振荡周期为 $T = 2\pi\sqrt{L_1 C}$。若忽略 $R_0$，振荡时电压、电流波形如图 8-26 所示。

图 c：通过半个周期的振荡，电容电压从 $+U$ 反充到 $-U$，然后通过 VT 反向放电，

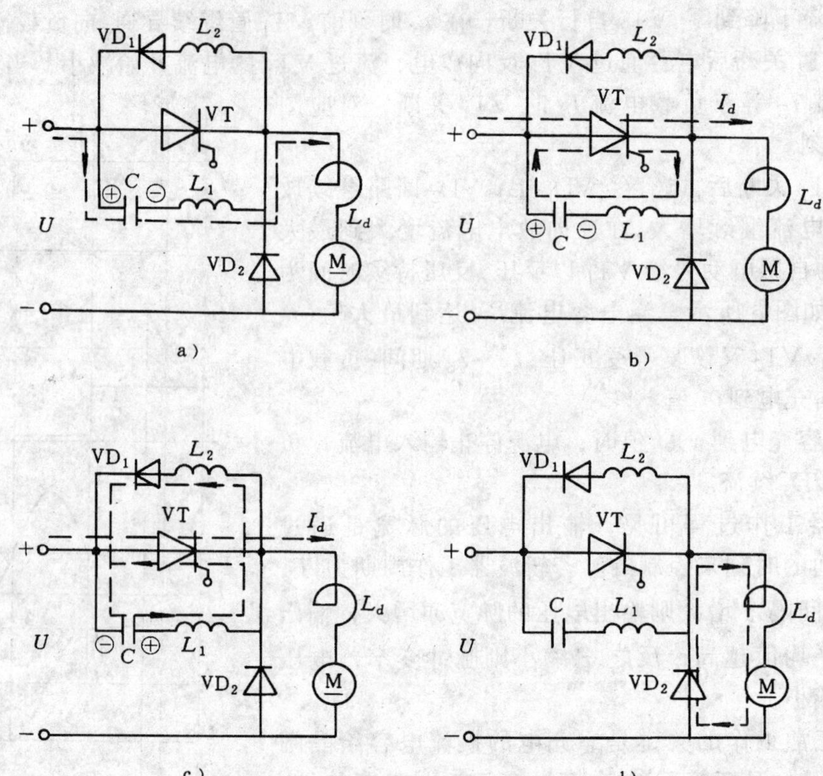


图 8-25　脉冲频率控制斩波器工作过程

VT 中正向电流减小。当电容反向放电电流增大到与负载电流 $I_d$ 相等时，VT 断流而关断，如图 8-26 中的 $\omega t_1$ 时刻。VT 关断后，电容电流经 $L_2$、$VD_1$ 流通，管子承受反压。

图 d：当电容电流到负的最大值 $I_{CM}$后，VT 恢复承受正压，所以晶闸管承受反压的时间为 $\omega t_1 \sim \omega t_2$。电容 $C$ 充电到 $+U$ 充电电流为零（即图中 $\omega t_3$ 时刻），负载经 $VD_2$ 续流。

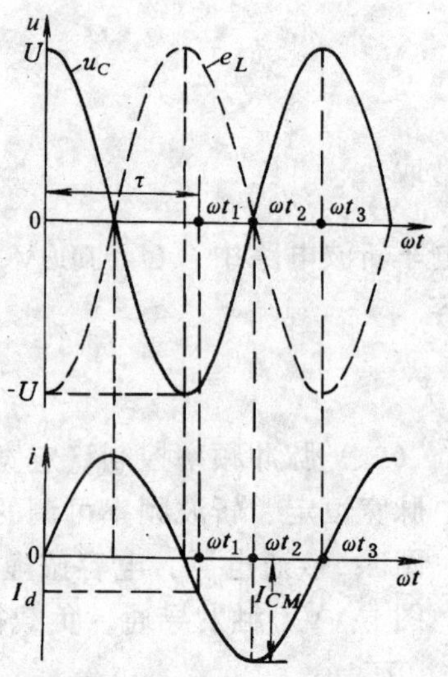


图 8-26　振荡电压、电流波形

斩波器输出电压的脉宽 $\tau$ 是恒定的，近似为振荡电路的半个周期，数值为

$$\tau \approx \pi \sqrt{L_1 C}$$

如 VT 的触发频率增大即周期减小，则负载平均电压 $U_d = \frac{\tau}{T}E$ 增大，电动机转速增高，反之电动机转速减小。

## 三、逆导晶闸管（Reverse Conducting Thyristor）与逆导型斩波器

在前面讨论的逆变器、斩波器中，经常将晶闸管与整流二极管反并联使用，逆导晶闸管就是根据这一使用要求研制的新型器件，它将晶闸管和整流二极管制作在同一管芯上，其符号与等效电路如图 8-27a 所示。与普通晶闸管相比，逆导晶闸管具有正向

压降小、关断时间短以及高温特性好等优点。在使用中，由于把两管集为一体，从而消除了整流管的接线分布电感的影响，可使主晶闸管承受的反压时间增长，换向振荡电路中 $L$、$C$ 的选取值减小。逆导管的型号为 KN，额定电流分别以晶闸管电流和整流二极管电流表示，例如 KN200/100，表示晶闸管额定电流为 200A，整流二极管额定电流为 100A。图 8-27b 为逆导型斩波器，工作原理请参照前面所述自行分析。

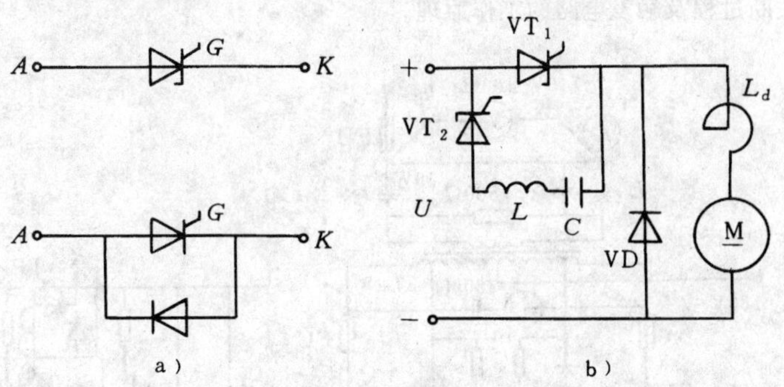


图 8-27　逆导晶闸管及逆导型斩波电路

从上面介绍的斩波电路可见,对于半控型器件(晶闸管)关断电路是必不可少的。如果采用全控型电力器件如可关断晶闸管(GTO)、功率晶体管(GTR)、功率场效应管(MOSFET)、绝缘门极晶体管(IGBT)等(在第九章中介绍),既可控制开通又可控制其关断,那么斩波电路就可省去体积庞大、价格昂贵的换流关断器件,这不仅使电路简化而且可提高斩波频率改善斩波性能。因此全控型器件的斩波器将会得到飞速发展。

## 小　　结

本章主要介绍逆变器与直流斩波器，逆变器主要以单相并联负载谐振型为主，用中频电源作为综合性的实际应用。三相变频调速也作了较详细的介绍。斩波器介绍了二种典型的电路。限于篇幅，本章只作原理性叙述。

逆变、斩波是晶闸管的一个重要应用领域，工作情况与可控整流、有源逆变不同。在无源逆变与斩波电路中，晶闸管在正向直流电压下工作，触发导通是容易的，而关断晶闸管却不象整流那样简单，必须设置换流关断电路。因此逆变器和斩波器能否正常工作的关键是如何保证导通晶闸管的可靠关断。关断电路通常利用电容充放电或电容、电感的振荡作用，使得晶闸管二端出现短时间的反向电压，强迫管子关断。$L$、$C$ 参数的计算原则是使晶闸管承受反压的时间大于管子的关断时间。

逆变与斩波电路中的晶闸管，其触发脉冲由外加信号源决定，触发电路不需要同步信号，因此通常由可变频率脉冲源进行分频或延时，分别去触发晶闸管。

全控型可关断功率开关元件的应用，不仅大大简化了逆变与斩波电路，而且可以改善电路性能，是今后的发展方向。

## 思 考 题 与 习 题

1. 试区分和简要说明下列概念：

① 无源逆变与变频。

② 串联逆变与并联逆变。

③ 负载谐振换流与脉冲换流。

④ 电压型逆变器与电流型逆变器。

2．400Hz 并联逆变电路如图 8-28 所示，晶闸管 $VT_3$、$VT_4$ 按 400Hz 交替触发，试分析电路中晶闸管导通关断过程及触发电路的工作原理。

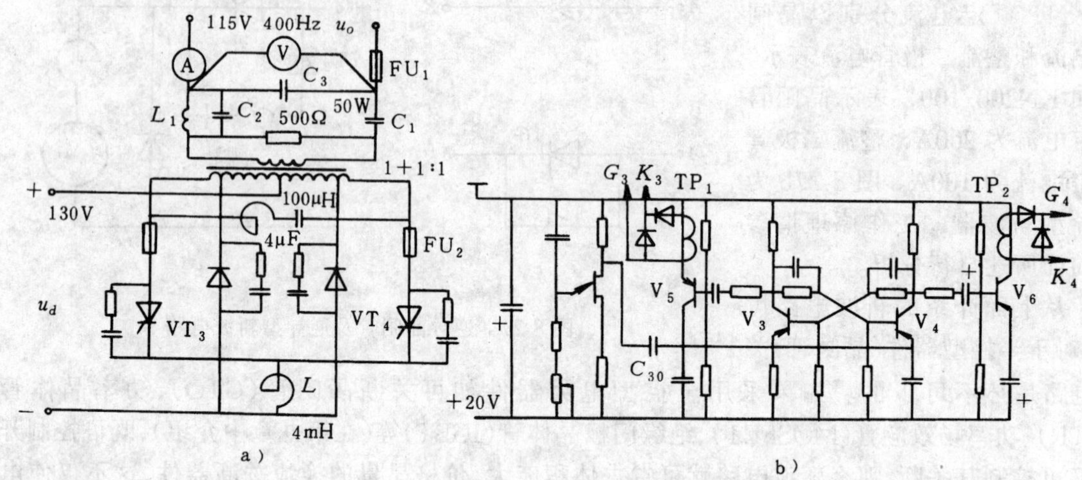


图 8-28 习题 2 附图

a）主电路 b）触发电路

3．图 8-29 为 TGC-Ⅰ型城市电车直流斩波调速主电路，斩波器工作频率为 125Hz，$VT_1$ 是主晶闸管，$VT_2$ 为辅助管，试分析电路斩波工作原理。

4．图 8-30 为 KDS4 蓄电池搬运车、铲车晶闸管直流斩波调速主电路，$VT_1$ 为主晶闸管。工作时先触发 $VT_2$ 作准备，以一定频率同时触发 $VT_1$、$VT_3$，然后以可调延时触发 $VT_2$，试分析电路斩波原理，属哪一种斩波工作方式？

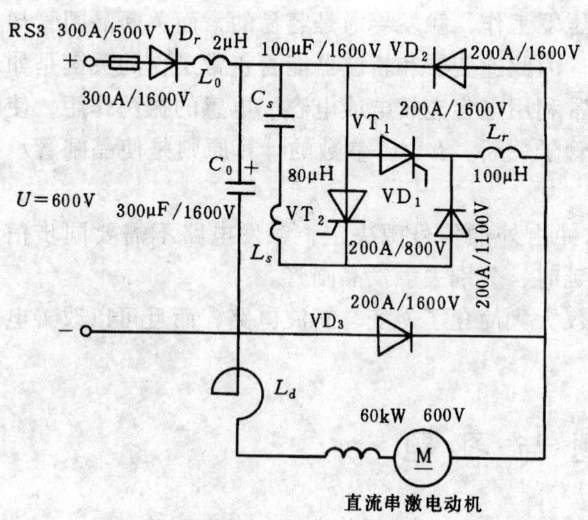


图 8-29 习题 3 附图

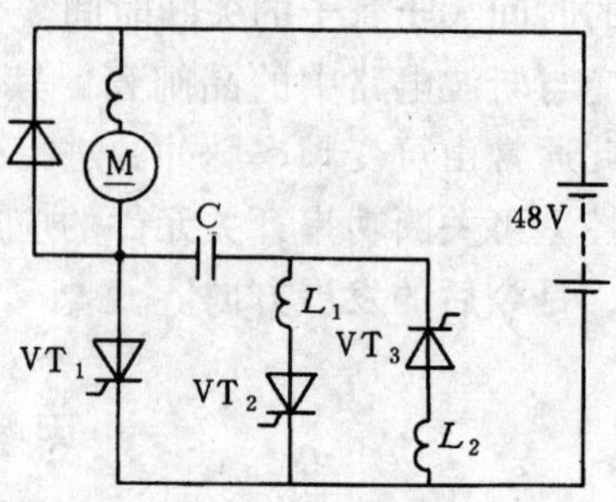


图 8-30 习题 4 附图

5．中频装置中的并联逆变器，为什么必须有足够长的引前触发时间 $t_f$？

# 第九章　可关断晶闸管、大功率晶体管、功率场效应晶体管与绝缘门极晶体管简介

## 第一节　可关断晶闸管变流技术

**一、概述**

门极可关断晶闸管（Gate Turn off）简称 GTO，具有门极正信号触发导通、门极负信号触发关断的特性，近几年来获得很大发展。GTO 为 PNPN 四层结构，具有普通晶闸管的全部特性，如耐压高、电流大、造价便宜等，同时它又具有功率晶体管 GTR 的一些优点，如有自关断能力、工作频率较高、线路简单等。由此可见，GTO 是介于晶闸管与 GTR 之间一种器件，是比较理想的功率开关。GTO 的缺点是导通管压降比普通晶闸管大，工作频率比 GTR 低，触发功率与缓冲电路损耗较大。

近几年来，GTR 与 GTO 都有很快发展，电压和电流容量都有新的突破。为此人们很关注 GTO 与 GTR 的相互竞争。就工作频率与使用方便而言，GTR 占优势；就高电压大电流而言，GTR 难与 GTO 匹敌。目前发展一种功率场效应晶闸管（P-MOSFET）和 GTO 组合的器件，MOSFET 作为驱动级而 GTO 作为主导元件，既有高的输入阻抗又有很强的开关功率，是较理想的功率器件。目前我国已生产 200A、2500V 的 GTO 元件。

**二、GTO 基本工作原理**

GTO 结构原理与普通晶闸管相似，也可以等效看成 PNP 与 NPN 二个晶体管组成的反馈电路，其共基电流放大倍数分别为 $\alpha_1$ 和 $\alpha_2$。GTO 触发导通的条件也是 $\alpha_1+\alpha_2>1$ 形成电流正反馈。

GTO 的门极控制关断是靠门极加负信号出现门极反向电流，此反向电流将等效晶体管电流抽出，使其电流减小，$\alpha_1$、$\alpha_2$ 也同时下降，以致无法维持正反馈从而使 GTO 关断。因此，GTO 必须采取特殊工艺，使管子导通后，等效晶体管的 $\alpha_1+\alpha_2$ 处于大于 1 并接近于 1，即使 GTO 工作时不处于深饱和而接近临界饱和状态。由于普通晶闸管导通时处于深度饱和，用门极抽出电流无法使其关断，而 GTO 处于临界饱和状态，可用门极负信号破坏临界状态使其关断。

由于 GTO 门极可关断，在关断时，阳极电流下降的同时，阳极再加电压逐步上升，不像普通晶闸管关断时是在阳极电流等于零之后才能施加电压。所以 GTO 关断期间功耗较大。另外，GTO 由于导通压降较大、门极触发电流较大，所以 GTO 的导通功耗与门极功耗均较普通晶闸管大。

GTO 器件的容量增大是采用阴极并联分立结构，较大容量的 GTO 相当于若干个小 GTO 的并联，我国生产的 50A GTO 共有 24 个阴极。这一结构特点，要求管子导通或关断时，各小 GTO 动作整齐一致，否则先导通或迟关断的部分会过流烧坏。因此在触发时必须采取措施。

**三、GTO 的特定参数**

GTO 的基本参数与普通晶闸管大多相同，不同的主要参数叙述如下：

1. 最大可关断阳极电流 $I_{ATO}$

GTO 的最大阳极电流除了受发热温升限制外，还由于管子阳极电流 $I_a$ 过大时，使 $\alpha_1+\alpha_2$ 稍大于 1 的临界导通条件被破坏，管子饱和加深，导致门极关断失败。所以 GTO 必须规定一个最大可关断阳极电流 $I_{ATO}$，也就是管子铭牌电流。$I_{ATO}$与管子电压上升率、工作频率、反向门极电流峰值 $I_{g2}$、缓冲电路参数有关，在使用中应予注意。

2. 关断增益 $\beta_q$

关断增益 $\beta_q$ 为最大可关断阳极电流 $I_{ATO}$与门极负电流最大值 $I_{gM}$之比，即

$$\beta_q=\frac{I_{ATO}}{\left|-I_{gM}\right|}$$

目前大功率的 GTO 的关断增益为 3～5。采用适当的门极电路，很容易获得上升率较快、幅值足够的门极负电流。因此在实际应用中不必追求过高的关断增益。

3. 擎住电流 $I_L$

与普通晶闸管定义一样，$I_L$ 是指门极加触发信号后，阳极大面积饱和导通时的临界电流。GTO 由于工艺结构特殊，其 $I_L$ 要比普通晶闸管大得多，在电感负载时必须有足够的触发脉冲宽度。

国产 50A GTO 参数列于表 9-1 中。

**表 9-1 国产 50A GTO 参数**

| 参数名称 | 符 号 | 单 位 | 参数值 | 参数名称 | 符 号 | 单 位 | 参数值 |
|---|---|---|---|---|---|---|---|
| 正向阻断电压 | $U_{DRM}$ | V | 1000～1500 | 关断时间 | $t_{off}$ | μs | <10 |
| 反向阻断电压 | $U_{RRM}$ | V | 受反压与不受反压二种 | 工作频率 | $f$ | kHz | 3 |
| 阳极可关断电流 | $I_{ATO}$ | A | 30、50 | 允许$\frac{du}{dt}$ | $\frac{du}{dt}$ | V/μs | >500 |
| 擎住电流 | $I_L$ | A | 0.5～2.5 | 允许$\frac{di}{dt}$ | $\frac{di}{dt}$ | A/μs | >100 |
| 正向触发电流 | $I_g$ | mA | 200～800 | 正向管压降（直流值） | $V_T$ | V | 2～4 |
| 反向关断电流 | $-I_{gM}$ | A | 6～10 | 关断增益 | $\beta_q$ | | 5 |
| 开通时间 | $t_{on}$ | μs | <6 | | | | |

## 四、GTO 的缓冲电路

GTO 设置缓冲电路的目的：①减轻 GTO 在开关过程中的功耗。为了减低开通时的功耗，必须抑制开通时 GTO 的电流上升率。GTO 关断时会出现挤流现象，即局部地区因电流密度过高导致瞬时温度过高，甚至使 GTO 无法关断。为此必须在管子关断时抑制电压上升率。②抑制静态电压上升率，过高的电压上升率会使 GTO 因位移电流产生误导通。

图 9-1 为 GTO 的阻容缓冲电路，其形式与原理与 GTR 电路基本相似。图 9-1a 只能用于小电流；图 9-1b 加在 GTO 上初始$\frac{du}{dt}$大，因而在 GTO 电路中不推荐；图 9-1c 与图 9-1d是

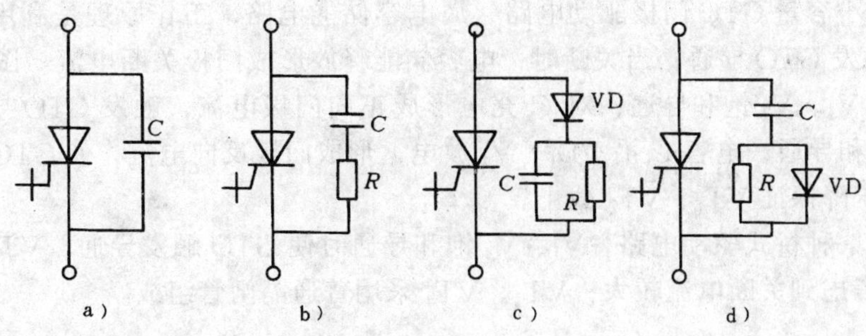


图 9-1　GTO 阻容缓冲电路

较大容量 GTO 电路中常见的缓冲器，其二极管尽量用快速、接线短，使缓冲器电容效果更显著。

### 五、GTO 门极驱动电路

设计与选择性能优良的门极驱动电路对保证 GTO 的正常工作和性能优化是至关重要的，特别是门极关断技术应特别予以重视，它是正确使用 GTO 的关键。

1. 理想门极信号波形

图 9-2 为理想门极信号波形，门极电压、电流包含正向开通脉冲和反向关断脉冲，波形分析如下：

(1) 导通触发　GTO 在按一定频率的脉冲触发时，要求前沿陡、幅值高的强脉冲触发。通常建议 $I_{g1}$值为铭牌正向触发电流 $I_g$ 的 5～10 倍，前沿 $\frac{\mathrm{d}i_g}{\mathrm{d}t}\geqslant 5\mathrm{A}/\mu\mathrm{s}$，使管子开通时间 $t_{on}$下降，开通功耗下降，内部并联小 GTO 开通一致性好，导通管压降下降。强触发脉宽为（10～60）$\mu$s。正脉冲宽度要足够，以保证阳极电流在触发期间超过掣住电流 $I_L$。正脉冲的后沿坡度应平缓，因为后沿过陡容易产生负的尖峰电流，使 GTO 误关断。

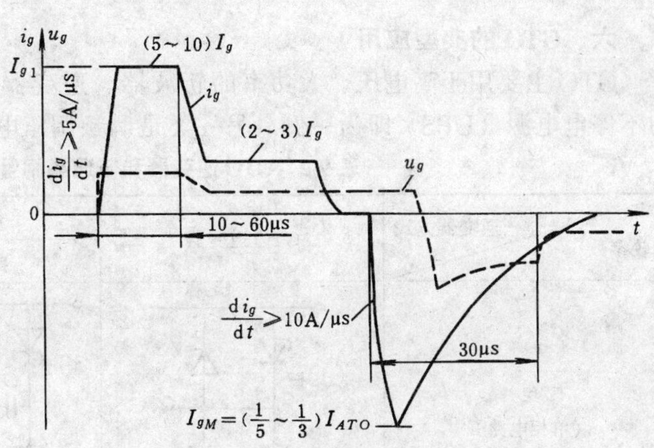


图 9-2　GTO 理想门极信号波形

(2) 关断触发　门极关断脉冲波形参数如前沿陡度、脉冲幅值、宽度和后沿坡度对 GTO 的关断参数均有直接影响。关断电流前沿要求陡，建议$\frac{\mathrm{d}i_g}{\mathrm{d}t}\geqslant 10\mathrm{A}/\mu\mathrm{s}$，以缩短关断时间 $t_{off}$与减小关断损耗。负门极电压脉冲宽度$\geqslant 30\mu$s，保证可靠关断。门极关断脉冲电流大小应$>\left(\frac{1}{5}\sim\frac{1}{3}\right)I_{ATO}$。门极关断电压脉冲的后沿坡度应尽量缓，如坡度太陡，由于结电容的效应会产生一个正向门极电流使 GTO 误导通。

2. GTO 驱动电路介绍

图 9-3 为小容量 GTO 门极驱动电路，属电容储能电路，工作原理是利用正向门极电流向电容充电触发 GTO 导通；当关断时，电容储能释放形成门极关断电流。图 9-3 中当 $u_1=0$ 时，复合管 $V_1$、$V_2$ 饱和导通，对 $C$ 充电形成正向门极电流，触发 GTO 导通；当 $u_1>0$ 时 $V_3$、$V_4$ 饱和导通，电容 $C$ 沿 $VD_1$、$V_4$ 放电，形成门极反向电流，使 GTO 关断，放电电流在 $VD_1$ 上压降保证 $VT_1$、$VT_2$ 截止。

图 9-4 是一种桥式驱动电路，$V_1$、$V_3$ 饱和导通时使 GTO 触发导通；$VT_2$、$VT_4$ 导通时 GTO 关断。考虑到关断电流较大，$VT_2$、$VT_4$ 采用普通晶闸管组成。

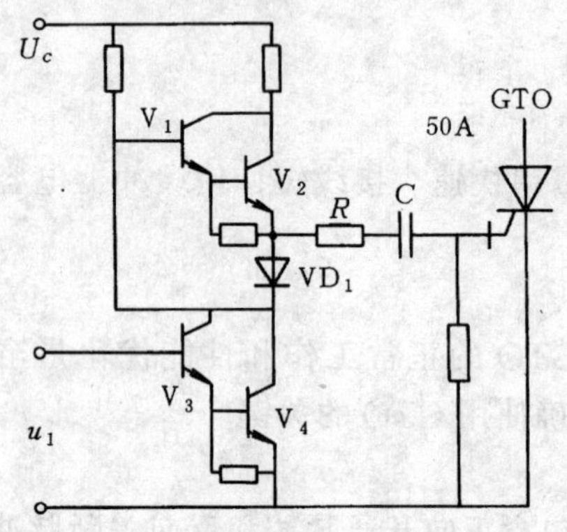


图 9-3　小容量 GTO 门极驱动电路

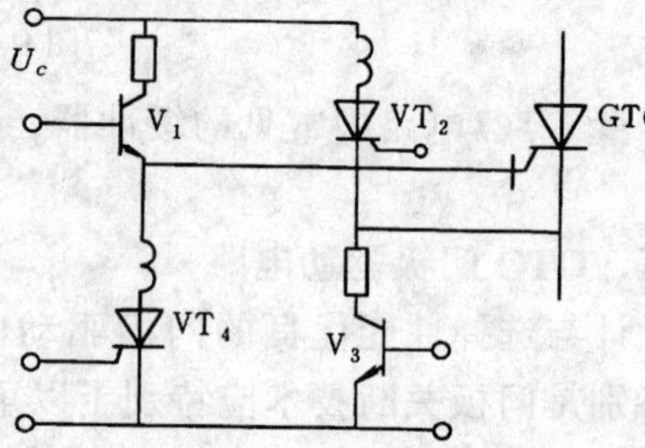

图 9-4　GTO 桥式门极驱动电路

## 六、GTO 的典型应用

GTO 主要用于高电压、大功率的斩波器、逆变器，例如恒压恒频电源即 CVCF，常用的不停电电源（UPS）即为一例。另一类是调频调压电源即 VVVF，较多用于风机、水泵、

**表 9-2　GTO 逆变器和普通晶闸管逆变器的比较**

| 比较参数 ＼ 逆变器方式 | GTO 逆变器 | 普通晶闸管逆变器（辅助脉冲换流方式） | |
|---|---|---|---|
| | | 直流稳压型 | 直流变压型 |
| 主电路（单相电路） | 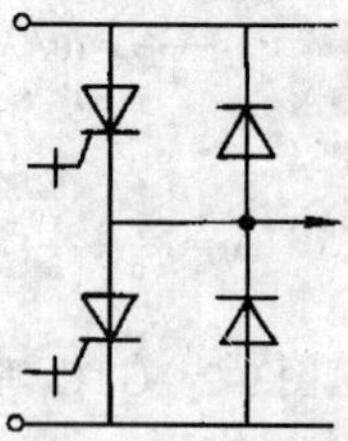 | 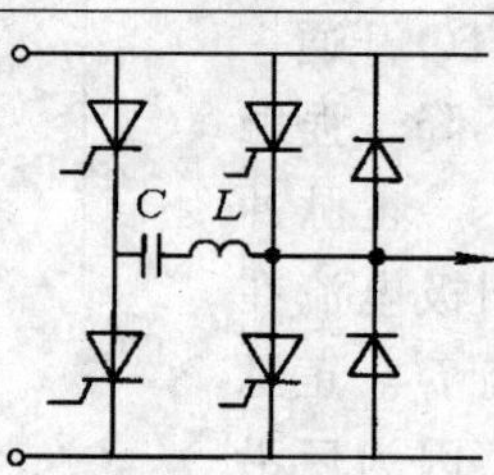 C L | 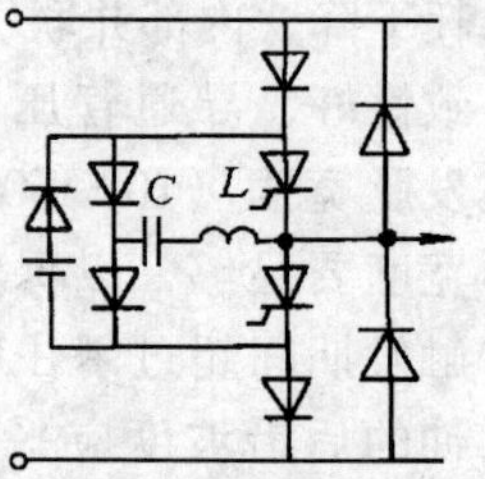 C L |
| 换流元件 | 不　要 | L、C 晶闸管 | L、C、晶闸管辅助电源、电源隔离二极管 |
| 门极功耗 | 大 | 小 | 小 |
| 体　积 | 60% | 100% | 120% |
| 重　量 | 70% | 100% | 100% |
| 噪　声 | 小 | 大 | 大 |
| 效　率 | 92%～94% | 80%～85% | |
| 控制响应 | 换流时间短，快速性好 | 换流时间长，快速性差 | |

轧机、牵引等交流变频调速系统中。目前以微型计算机控制的、以脉宽调制（PWM）方式发展极快。表9-2为GTO与普通晶闸管逆变器几项性能指标比较。

## 第二节 大功率晶体管（Giant Transistor）变流技术

### 一、大功率晶体管的发展概况

大功率晶体管简称GTR，通常指耗散功率（或输出功率）1W以上的晶体管。近几年来，GTR的功率容量、耐压、大电流特性、频率性能和应用可靠性都有了显著的提高。目前，GTR已达到$I_{CM}$（集电极最大电流）几百安培、$BU_{ce}$。（集电极发射极之间最大电压）1kV的水平，可用来控制100kW以下的电气设备，已进入了高电压、大电流领域，用于直流稳压电源、直流电机控制（开关与调压调制）、低频与高频变流，以及炉温控制、大功率脉冲发生器等场合。从GTR的性能分析，在750V、50A范围内和150V、500A范围内和在高频应用方面，GTR较其它功率电子器件（普通晶闸管、可关断晶闸管、功率场效应管等）更有发展前途。

以下就晶闸管与大功率晶体管作一比较。

1. 容量

大功率是晶闸管的应用范围，而GTR只能在中、小功率显示出优越性。器件的电流与电压乘积，普通晶闸管可达20MW，快速晶闸管可达1.8MW，GTO可达0.78MW，而GTR只有0.1MW。

2. 特性

作为开关器件，二者比较如下：

1）快速性　GTR的导通时间为0.05～1μs，关断时间为0.1～10μs，场效应晶体管的开关时间可达0.01～0.02μs，而晶闸管的开关时间为10～100μs。

2）频率特性　晶体管可达100kHz，甚至几兆赫，快速晶闸管在1kHz左右，GTO达5kHz。

3）正向导通压降　GTR为1V左右，达林顿晶体管稍大为1.5V，而且晶体管的饱和压降随电流减小几乎直线下降，场效应晶体管则压降最大为3～8V。

4）电流浪涌特性　晶体管的浪涌电流为其额定电流的2倍，时间短约1μs，而晶闸管为额定电流的10倍，时间长约10μs。因此晶体管对过电流不能像晶闸管采用快速熔断器保护，必须用特殊的方法。

5）耐压特性　目前晶闸管电压可达4000V，快速晶闸管达1500V，GTO与逆导晶闸管达2500V，GTR最高只有1000V，并且存在二次击穿。

采用晶体管的变流器效率高，容易实现高频化，不需强迫换流电路，装置体积小，但是成本比晶闸管高一倍以上。

### 二、GTR的大电流效应

GTR通常工作在正偏（$I_b>0$）时大电流导通；反偏（$I_b<0$）时处于截止高电压状态。GTR的过载能力很低，为保证GTR能安全工作且有较高稳定性和较长的寿命，必须对GTR的最大电流、电压和功率有一定限制。

GTR在大电流条件下会产生以下三个效应：

1. 基区电导调制效应

GTR 的基区电导率与载流子浓度有关，大电流时从发射区向基区注入大量载流子，为了维持基区的电中性，基区空穴浓度必须随电流增大而增加。因此基区电导率受电流调制，电流越大电导率越高，导致管子的 $\beta$ 降低。

2. 基区扩展效应

由于大电流注入，使集电结向集电区移动，导致基区宽度增加，使管子 $\beta$ 下降。

3. 发射极电流集边效应

较大的基流在基区电阻上产生压降，该压降使发射极中部区域的结偏压低于边缘区域的结偏压，使中间注入的载流子电流密度较周界附近小。这种效应，相当于减小发射结有效面积，导致基区电导调制加剧。

大电流状态下，随着集电极电流 $I_c$ 的增大，管子放大倍数 $\beta$ 会下降。由于电流增大，管子温度增加，导致管子 $I_{ceo}$ 增大，不采取措施会达到不可忽略的地步，可能引起恶性循环。集电极与发射极之间的饱和压降 $U_{ces}$ 与 $I_b$ 大小有关，为了减小导通损耗，应使 $I_b$ 增大 $U_{ces}$ 减小，但是 $I_b$ 太大管子饱和过深，会影响管子状态转换速度。

### 三、GTR 的极限参数

1. 集电极最大电流 $I_{cM}$

为了提高 GTR 的输出功率，要求管子 $I_c$ 尽可能大。但 $I_c$ 增大后会产生大电流效应，使管子放大倍数 $\beta$ 下降，尤其是发射极电流的集边效应，可能使管子部分结面上电流密度过大而烧毁。根据使 GTR 能稳定工作的要求，$I_{cM}$ 标定应当不引起大电流效应，通常规定当管子放大倍数下降到出厂参数的一半时的 $I_c$ 值定为 $I_{cM}$ 值。所以 GTR 工作时，通常 $I_c$ 只能用到 $I_{cM}$ 值的一半左右，绝不能用到 $I_{cM}$ 值。

2. 集电极最大耗散功率 $P_{cM}$

GTR 耗散功率的大小主要由集电结工作电压与集电极工作电流的乘积所决定（注意：$P_{cM} \neq I_{cM}BU_{ceo}$）。这部分能量全部转化为热能使 GTR 发热，如不能及时散掉，管子会结温升高而损坏。设法降低 GTR 的工作温度是保证其安全、可靠工作的重要措施，因为高温状态不仅导致电和热性能恶化，同时也促使 GTR 的平均工作寿命下降，实践表明，工作温度每增加 20℃，平均寿命差不多下降一个数量级。

3.GTR 的反向击穿电压（主要是 $BU_{ceo}$）

从管子结构来看，高电压的管子其放大倍数往往低于 20。GTR 可采用复合管（达林顿形式），用功率较小的管子做 GTR 管的推动级，用集成的办法做在一起封装来解决。

当 GTR 电压超过某一定值（小于 $BU_{ceo}$）时，管子性能会发生缓慢、不可恢复的变化，这些微小变化逐渐积累，最后导致管子性能显著变坏。所以实际管子最大工作电压应比 $BU_{ceo}$ 要低得多。

### 四、二次击穿和安全工作区

实践表明，GTR 即使工作在最大耗散功率范围内，仍有可能突然损坏，其原因一般是由二次击穿引起的，二次击穿是影响 GTR 安全可靠工作的一个重要因素。

二次击穿是由于集电极电压升高到一定值（未达到极限值）时，发生雪崩效应造成的。照理，只要功耗不超过极限，管子是可以承受的，但是在实际使用中，出现负阻效应，$I_c$ 进一步剧增。由于管子结面的缺陷、结构参数的不均匀，使局部电流密度剧增，形成恶性循环，使管子损坏。

二次击穿的持续时间在毫微秒到微秒之间，在这样短的时间内，它就能使管子内出现明显的电流集中和过热点，严重的可使发射结与集电结熔穿。二次击穿现象在发射结正偏（$I_b>0$）、零偏（$I_b=0$）、反偏（$I_b<0$）三种状态下都可能发生，其中以 $I_b>0$ 状态威胁最大，因为正偏时二次击穿功率 $P_{SB}$往往小于$P_{cM}$。由于管子的材料、工艺等因素的分散性、二次击穿难以计算预测。

安全工作区：

以直流极限参数 $I_{cM}$、$P_{cM}$、$U_{ceM}$构成的工作区为一次击穿工作区，如图 9-5 所示。以 $U_{SB}$（二次击穿电压）与 $I_{SB}$（二次击穿电流）组成的 $P_{SB}$（二次击穿功率）如图中虚线所示，它是一个不等功率曲线。以 3DD8E 晶体管测试数据为例，其 $P_{cM}=100$W，$BU_{ceo}\geqslant200$V，但由于受到击穿的限制，当 $U_{ce}=100$V 时，$P_{SB}$为 60W，$U_{ce}=200$V 时 $P_{SB}$仅为 28W！所以，为了防止二次击穿，要选用足够大功率的管子，实际使用的最高电压通常要比管子的极限电压低得多。

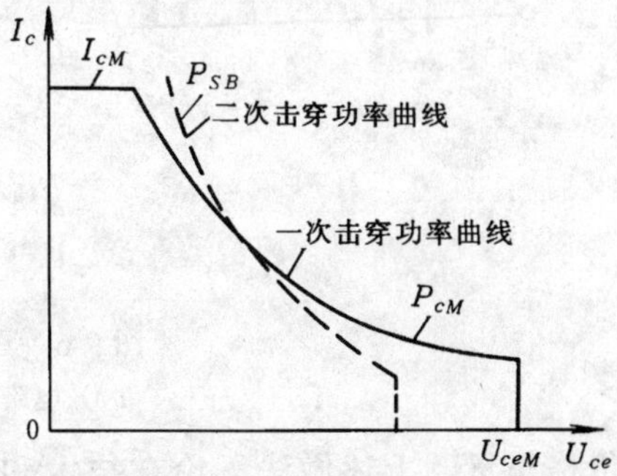

图 9-5　GTR 安全工作区

## 五、GTR 的开关工作状态

在实际变流电路中，GTR 大多作为功率主控开关，以一定频率的重复脉冲控制，使其工作在饱和与截止两个状态。开关工作状态通常以信号占空比 $D=\frac{\tau}{T}$来表示（$\tau$ 为管子饱和导通时间，$T$ 为重复周期）。直流工作状态时 $D=1$，单脉冲（非重复脉冲）时 $D\to0$，重复脉冲时 $0<D<1$。

GTR 工作在开关状态，管子开通时，集电极电流上升，存在上升时间；管子关断时，集电极电流下降，存在延迟时间与下降时间。也就是说，GTR 在开关过程中是有惯性与内耗的，开与关是一个过程，不是瞬时完成的。在直流与开关频率很低时，开关时间与开关损耗可忽略不计。对于工作在大电流、高电压、开关频率又高时，开关时间与开关损耗要考虑。特别当集电极负载是电感性时（变流电路中 GTR 的实际负载多数呈感性），电流电压的变化还受电路时间常数制约，使 GTR 在开与关的过程中，同时出现高电压与大电流，其动态输出特性将超出 GTR 的安全工作区（SOA），使管子损坏。

为了保障 GTR 的安全，必须采取：①限制关断时集电极最高电压 $U_{ceM}$和关断损耗，根据负载电感量来限制 GTR 的电流。②集电极负载反并二极管箝位，消除关断过程时集电极出现的过电压。

图 9-6 为有箝位二极管电感负载时 GTR 的开关过程，假定：①反并二极管具有理想的恢复特性；②负载电流连续平滑，在换流期间可看成恒值；③集电极电流在开关过程中均线性变化。由图可见，GTR 将在高电压大电流下开关。这不仅产生很大的开关损耗，而且还可能超过 GTR 的安全工作区（SOA），导致 GTR 失效。GTR 的开通时间 $t_{on}$ 由 $t_d$（延迟时间）、$t_{rI}$（集电极电流上升时间）、$t_{fv}$（集电极电压下降时间）三部分组成；关断时间 $t_{off}$ 由 $t_s$（存储时间）、$t_{rv}$（集电极电压上升时间）、$t_{fI}$（集电极电流下降时间）三部分组成。

## 六、GTR 的缓冲电路

为了保证 GTR 在开关状态下安全工作，电路必须选择具有更大 SOA 的管子鉴于 GTR

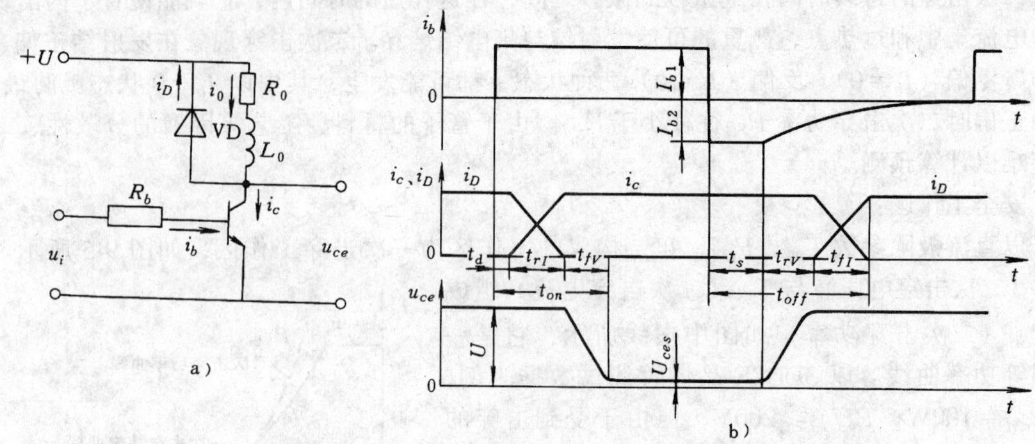


图 9-6　具有箝位负载的 GTR 开关过程

a）电路图　b）开关过程电流电压波形

的价格昂贵，上述做法无论在技术和经济上都是欠妥的。为了减少开关损耗，既充分利用 GTR 的能力，又能保证安全工作，积极的办法是设置缓冲电路，减轻开关过程中的功率负担。

缓冲电路的基本思路是：在管子开通时设法使集电极电流 $I_c$ 缓升，关断时使 $U_{ce}$电压缓升。这样就能避免管子同时承受高电压与大电流，从而改变动态负载的轨迹，减小开关过程中 GTR 的功率损耗。

缓冲电路分有能耗与无能耗二种，有能耗缓冲电路具有结构简单工作可靠等优点，就目前技术水平而言，在 GTR 电路中得到广泛应用。

一个完整的缓冲电路应含有开通缓冲，其作用是开通时促使 $I_c$ 缓升；关断缓冲的作用是关断时 $U_{ce}$缓升。图 9-7 是一种常用的基本缓冲电路，其中 $L_k$、$R_k$ 和 $VD_k$ 组成的电路与 GTR 串联，起改善开通负载动态轨迹的作用。由 $C_s$、$R_s$、$VD_s$ 组成的电路和 GTR 并联，起改善关断时负载轨迹的作用。串联电路中 $L_k$ 使 GTR 开通时电流缓升；并联电路中 $C_s$ 使 GTR 关断时电压缓升。$R_s$ 的作用是限制 GTR 导通时 $C_s$ 的放电电流，$R_k$ 的作用是在 GTR 关断时为 $L_k$ 中磁场能量提供释放回路，并对电路的振荡强度起阻尼作用。

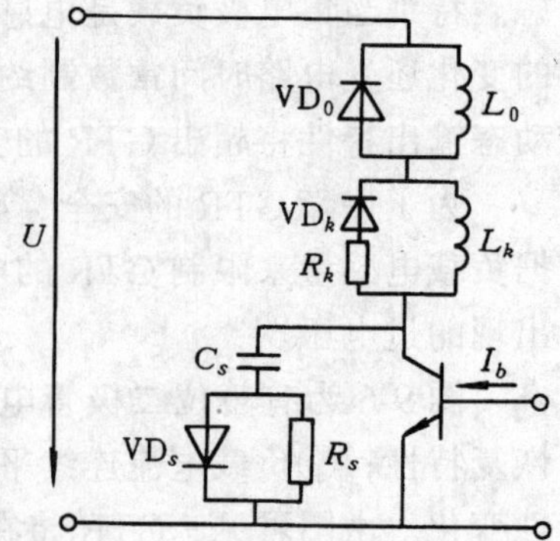


图 9-7　GTR 有能耗缓冲电路

GTR 和晶闸管一样，一般都需采用过电压和过电流等保护措施。对于尖峰过压，缓冲电路中电容可起吸收作用；对于能量大、持续时间长的过电压可采用压敏电阻或其它过压保护装置。当负载侧或电源侧出现故障产生过电流时，要求迅速切断 GTR 的基极电流，以保护管子。

## 七、GTR 基极驱动电路

GTR 基极驱动电路的作用是将输出的控制信号电流放大到足以保证 GTR 可靠开通和关断。由于基极电流的各项参数影响 GTR 的开关性能，从而影响变流电路的工作，因此正确选择或设计 GTR 基极驱动电路是十分重要的。

基极驱动电路的基本功能是：①提供 GTR 所需的正向和反向基流，保证 GTR 可靠开通与关断；②实现主电路与控制电路间的电隔离；③具有一定的抗干扰能力，在满足上述功能的前提下电路尽可能简单。

为了缩短 GTR 的关断时间以减小开关损耗，提高工作频率，要求在关断 GTR 时注入反向基流。理想的基极电流波形如图 9-8 所示。

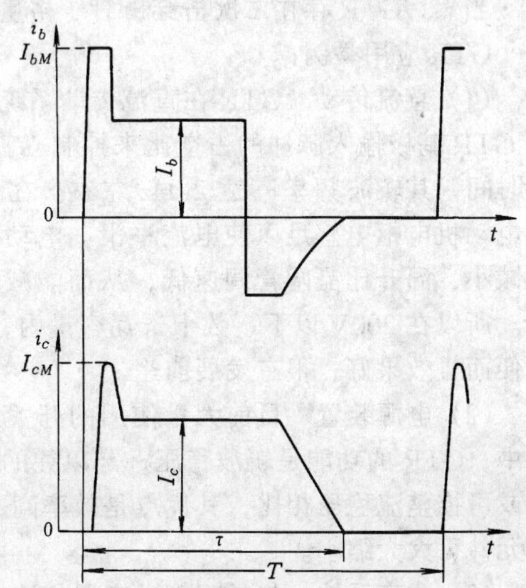

图 9-8　理想基极电流波形

驱动电路介绍：

图 9-9 为简单直耦式恒流驱动电路，为了获得初始基流，基极电路中接入加速电容 $C_1$，反向基流由 $C_1$ 经 $V_4$ 放电得到。$u_i>0$，$V_3$，$V_4$ 截止，GTR 通过 $C_1$ 注入强基流导通；$u_i\leqslant 0$，$V_3$，$V_4$ 导通，电流 $C_1$ 经 $V_4$ 放电，形成反向基流，使管子关断。

上述电路为基极恒流式电路，缺点是当负载变化时，GTR 的正偏饱和度将随之改变，导致轻载时饱和过深，管子存储时间 $t_s$ 增大，影响开关频率的提高。图 9-10 为比例式驱动电路，此电路有以下特点：

1）功放元件 $V_1$、$V_2$ 采用 MOSEFT 管，此种元件栅极内阻高，控制功率极小，属于电压控制型元件，因而栅极电压信号可直接取自逻辑电路输出，省去前置电路。输入电压 $u_{i1}$、$u_{i2}$为互补信号，电感 $L$ 是为了抑制反向基流的变化率，电阻 $R_2$ 是在 $V_2$ 关断时为 $L$ 中能量提供释放回路。

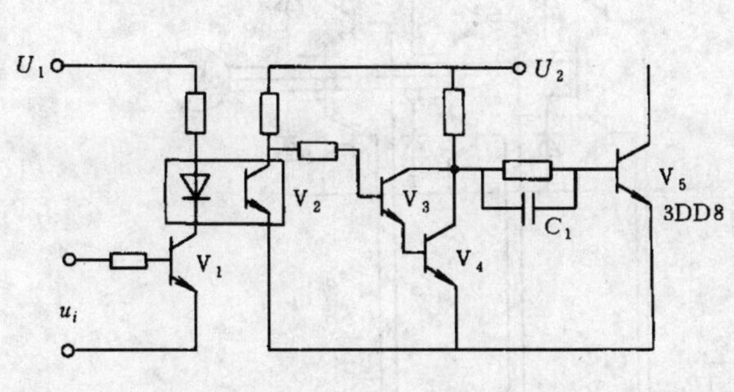

图 9-9　简单直耦式恒流驱动电路

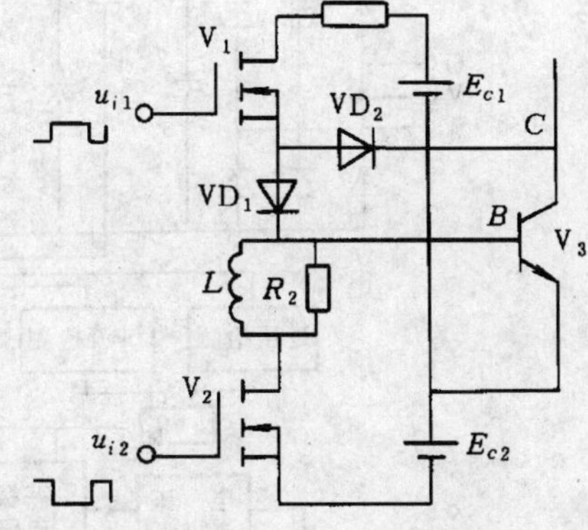

图 9-10　比例式（临界饱和式）驱动电路

2）采用抗饱和电路。由 $VD_1$、$VD_2$ 组成贝克箝位电路。当 $VD_1$、$VD_2$ 导通时，$B$、$C$ 点同电位，$V_3$ 管的 $U_{cb}=0$，$U_{ce}=U_{be}$，电路处于临界饱和状态，避免了恒流式驱动电路在 GTR 轻载时过饱和现象。

**八、GTR 的应用**

GTR 的应用已发展到晶闸管领域，与一般晶闸管比较，GTR 有以下应用特点：

(1) 具有自关断能力　GTR 因为有自关断能力，所以在逆变回路中，不需要复杂的换流设备，与使用晶闸管相比，不但使主回路简化、重量减轻、尺寸缩小，更重要的是不存在换流失败，提高了工作的可靠性。

(2) 能在较高频率下工作　GTR 的工作频率比晶闸管高一至二个数量级，不但可获得晶闸管系统无法获得的优越性能，而且因频率提高还可降低各磁性元件和电容器的规格参数及体积重量。

当然，GTR 存在二次击穿，管子裕量要考虑足够。

GTR 应用举例：

(1) 直流传动　GTR 在直流传动系统中的功能是斩波调压，如图 9-11 所示，即通过改变 GTR 基极输入脉冲的占空比来控制 GTR 的导通与关断时间，其斩波频率高达 2kHz 左右。在该频率下，直流电动机电枢电感足以使电流平滑。电动机旋转时的振动减小，温升比晶闸管调速低，从而能减小电动机的尺寸。所以在 200V 以下、数十千瓦容量内，用 GTR 不但简便而且效果好，很有发展前途。

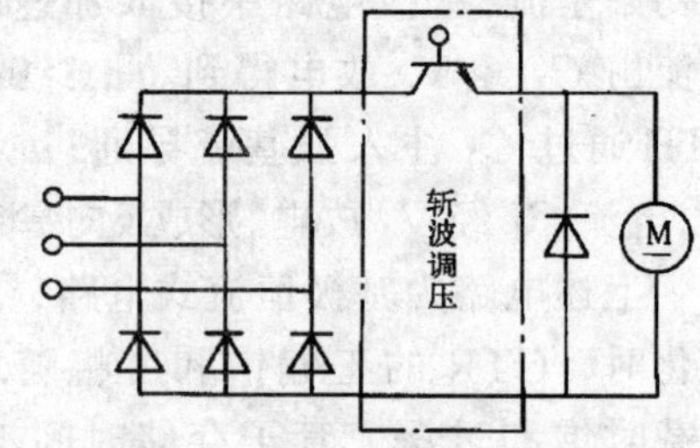


图 9-11　GTR 直流斩波调速

(2) 电源装置　目前大量使用的开关式稳压电源装置中，GTR 的功能是斩波稳压，与以往的晶体管串联稳压或可控整流稳压相比，其优点是效率高，频率范围一般在音频之外，无噪声，反应快，滤波元件可大大缩小。

(3) 逆变系统　与晶闸管逆变器相比，关断控制方便可靠，效率高 10%，有利于节能。

图 9-12 给出了电压型晶体管逆变器变频调速系统框图。主电路直流侧为不可控整流，用斩波器来调节逆变桥输出电压。

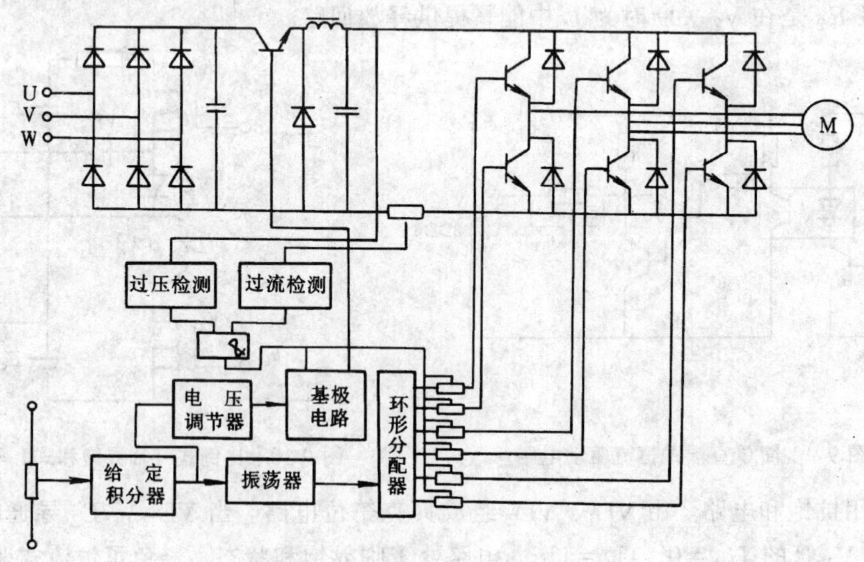


图 9-12　晶体管逆变器调速系统框图

阶跃速度指令信号经给定积分器变为斜坡信号，以限制电动机启动与制动电流。此速度指令一方面通过电压调节器、基极电路，控制斩波器，使之输出与逆变器频率成正比的电压，以保证在调速过程中实现恒磁通；另一方面，速度指令经电压频率变换器（振荡器）变成相应脉冲，再经环形分配器分频，使驱动信号每隔 60°轮流加在各逆变 GTR 上。当过压或过流时，一方面封锁输出脉冲，另外立即封锁斩波器 GTR 的基极电流，起到保护作用。

## 第三节　功率场效应晶体管变流技术

### 一、概述

功率场效应晶体管（Power Mos Field Effect Transistor）简称 P-MOSEFT，本书简称 PM，用字母 VM 表示，是一种较年轻的全控型电力电子器件。由于其独特的优点，近几年来获得很快发展，在器件性能与电压电流容量方面有很大提高，目前已出现电压 1000V、电流 60A 的大功率器件。

场效应晶体管已发展了多种结构型式，本节主要介绍目前使用最多的单极 VDMOS、N 沟道增强型，管子符号如图 9-13a 所示，三个引脚，*S* 称源极、*G* 称栅极、*D* 为漏极。由于 PM 元件内部无反向电压阻断能力，存在并联反向二极管称寄生二极管，在许多文献中，为明确起见，常用图 9-13b 表示。但是在变流电路中，单靠 PM 元件自身的寄生二极管流通反向大电流，可能会导致元件损坏，为避免电路中反向电流流过 PM 元件，在 PM 外并接快速二极管 $VD_2$ 和串联 $VD_1$（实际上用双二极管组件）。因此，PM 元件在变流电路中的实际形式如图 9-13c 所示。

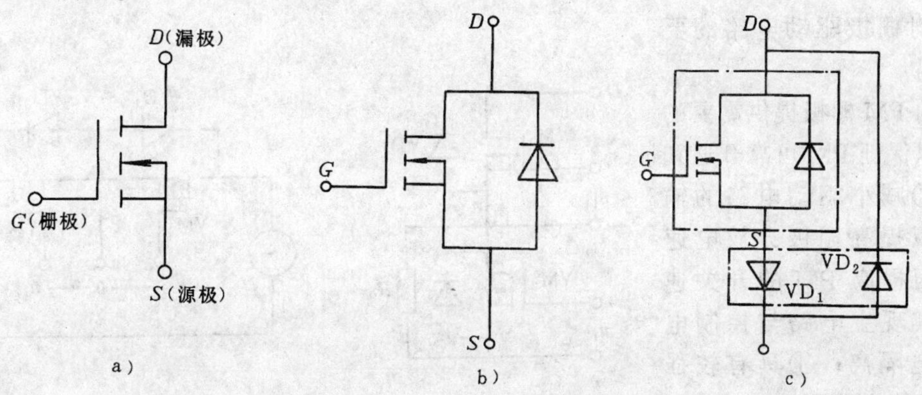


图 9-13　PM 图形符号

PM 器件与大功率晶体管 GTR 比较，主要有以下主要优点：

1）输入阻抗高，属于纯容性，只需对输入电容的充放电，不需要直流电流驱动，属电压控制器件，可直接与数字逻辑集成电路连接。驱动电路简单。

2）开关速度快，工作频率可达 1MHz，比 GTR 器件快 10 倍，可实现高频斩波，使开关损耗小。

3）为负电流温度系数，热稳定性好，不存在二次击穿，安全工作区 SOA 大。

PM 器件不仅有良好的开关特性，也是一种优良的线性放大器件，广泛用于音频放大、高频放大场合。在大功率变流电路中，PM 主要作为可控开关元件使用。

PM 器件在电力变流技术中主要有以下应用：

1）在开关稳压调压电源方面，使用 PM 器件作主开关功率器件，可大幅度提高工作频率。工作频率一般使用在 200～400kHz。频率提高可使开关电源的体积减小、重量减轻、成本降低、效率提高。目前，PM 器件已在数十千瓦的开关电源中使用，逐步取代 GTR。

2）作功率变换器件。由于 PM 器件可直接用集成电路的逻辑信号驱动，而且开关速度快、工作频率高，大大改善了变换器的性能，在计算机接口电路中获得广泛使用。

3）作为高频的主功率振荡、放大器件，在高频加热，超声波加工等设备中使用，具有高效、高频、简单可靠等优点。

**二、PM 器件的栅极驱动电路**

1. 基本电路型式

在开关电路中，PM 有如图 9-14 所示的四种型式：①共源电路（相当于普通晶体管的共发射极电路），如图 9-14a 所示；②共漏电路（相当于射极跟随器），见图 9-14b；③转换开关电路，$VM_1$ 与 $VM_2$ 轮流驱动导通可构成半桥式逆变器，如图 9-14c 所示；④交流开关电路，当 $VM_1$、$VD_2$ 导通时，负载为交流正向；当 $VM_2$、$VD_1$ 导通时为交流负向，如图 9-14d 所示，是交流调压电路的常用形式。

2. 对栅极驱动电路的要求

①向 PM 栅极提供需要的栅压，以保证 PM 可靠开通和关断；②减小驱动电路的输出电阻以提高栅极充放电速度，从而提高 PM 的开关速度；③实现主电路与控制电路间的电隔离；④具有较强的抗干扰能力。因为 PM 的工作频率与输入阻抗高，容易被干扰。

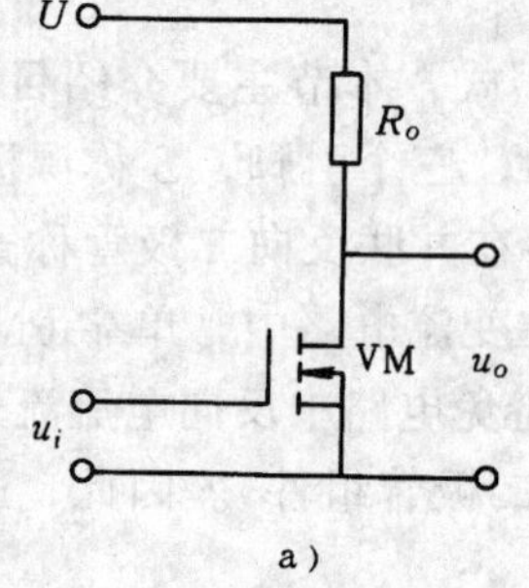

a)

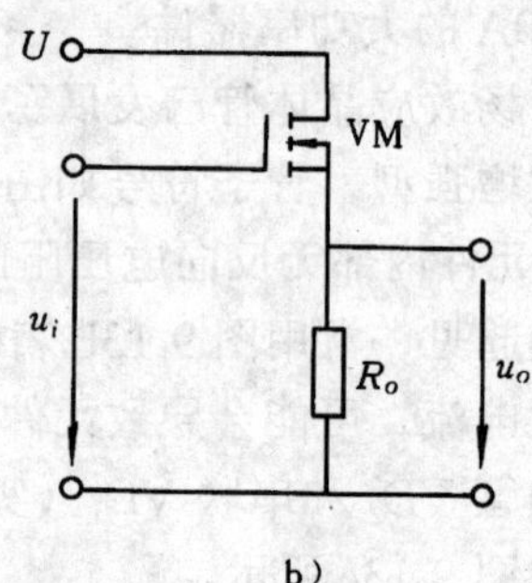

b)

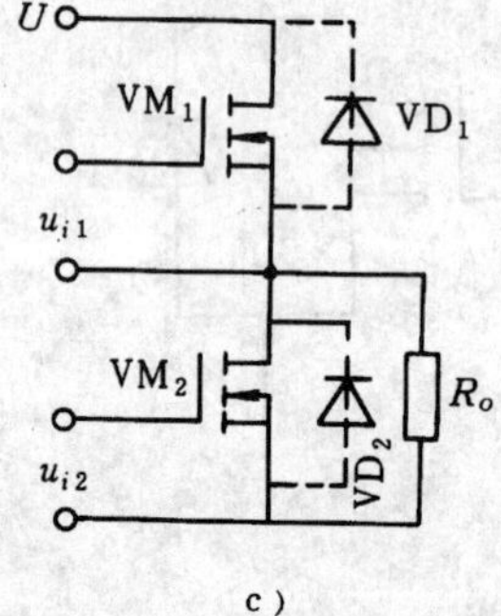

c)

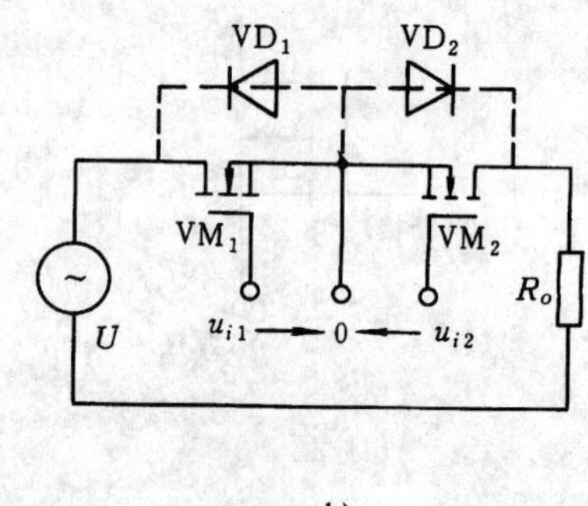

d)

图 9-14 PM 电路的四种型式

理想的栅极控制电压波形如图 9-15 所示，提高正栅压电压上升率$\frac{du_g}{dt}$可缩短开通时间，但过高会使管子在开通时承受过高的电流冲击。正负栅压幅值 $U_{g1}$、$U_{g2}$要小于器件规定的允许值。

3. 驱动电路举例

图 9-16 是一种数控逆变器，不用任何接口电路，直接与数字逻辑电路连接，振荡频率由电容与电阻值决定，控制端高电平导通。

图 9-17 为直流斩波的驱动电路。斩波电源为 $U_d$，由不可控整流器获得，当管子 $VM_2$ 导通时，负载得电，输出电流 $i_o>0$。当 $VM_2$ 关断时，$VD_4$ 续流，直到 $i_o=0$，$VD_4$ 断开，

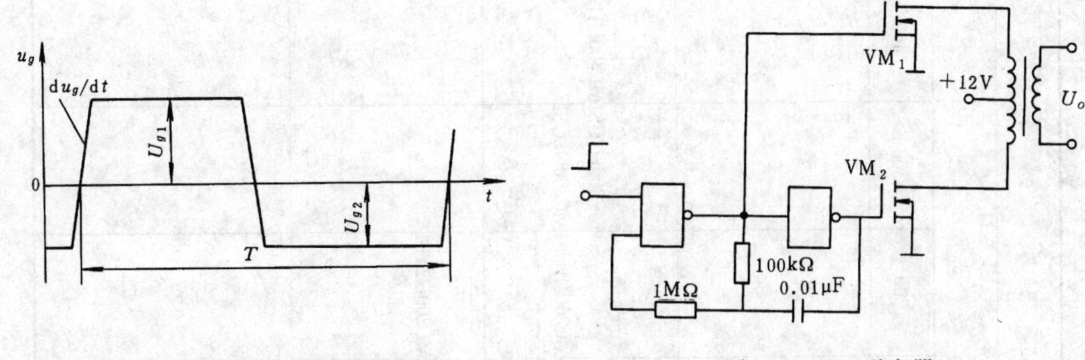


图 9-15 理想栅极控制电压波形　　图 9-16 PM 逆变器

接着 $VM_3$ 导通。

由图 9-17 可见，由 $VM_2$、$VM_3$ 组成的驱动电路实际上是推拉式和自举电路的结合。当输入电压 $u_i=0$ 时，$VM_1$、$VM_3$ 截止，电容 $C_1$ 沿 $V_2$ 和 $C_{i3}$（PM 器件栅极输入电容）放电，驱动 $VM_2$ 导通；当 $u_i>0$ 时，$VM_1$ 导通，$U_F\approx 0$，$V_2$ 截止，电容 $C_{i3}$上的电荷沿 $VD_2$、$VM_1$ 放电，$VD_2$ 的导通保证 $V_2$ 可靠截止。$VM_2$ 关断后负载电流通过 $VD_4$ 续流，直到 $i_o=0$，$VM_3$ 受正压导通。

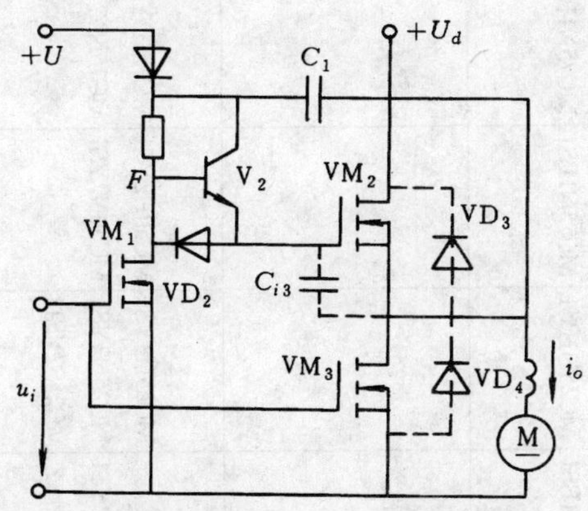


图 9-17 直流斩波的驱动电路

## 第四节 绝缘门极晶体管（IGBT）及其应用

绝缘门极晶体管也称绝缘门极双极晶体管（Isolated Gate Bipolar Transistor），简称 IGBT，是 80 年代出现的新型复合器件。由于它将 MOSFET 和 GTR 的优点集于一身，既具有输入阻抗高、速度快、热稳定性好和驱动电路简单的特点，又具有通态电压低、耐压高和承受电流大等优点，因此发展很快，备受青睐。在电机控制、中频和开关电源以及要求快速、低损耗的领域，IGBT 有取代功率 MOSFET 和 GTR 的趋势。

IGBT1982 年试制成功，1986 年开始生产，到 1988 年时，IGBT 产品价格已低于同容量的 MOSFET，而接近 GTR。目前，IGBT 的研制水平已达到 1000V、1000A。IGBT 投产后，迅速占领市场，主要应用于以下几个方面：

1）通用逆变器（电动机变速驱动）。

表 9-3　东芝 IGBT 模块系列

| 电路 | | | 最大额定 | | | | | | | | |
|---|---|---|---|---|---|---|---|---|---|---|---|
| 等效电路 | 符号 | $U_{ces}$ (V) | $I_C$ (A) | | | | | | | | |
| | | | 15 | 25 | 50 | 75 | 100 | 150 | 200 | 300 | 400 |
| | BS | 500 | MC15H1BS1 | MC25H1BS1 | MC50H1BS1 | MC75H1BS1 | MC100H1BS1 | | | | |
| | | 1000 | MC15N1BS1 | MC25N1BS1 | MC75N1BS1 | MC75N1BS1 | | | | | |
| | US | 500 | | | | | | | | MC300H1US1 | MC400H1US1 |
| | | 1000 | | | | | | | MC200N1US1 | MC300N1US1 | |
| | YS | 500 | | MC25H2YS1 | MC50H2YS1 | MC75H2YS1 | MC100H2YS1 | MC150H2YS1 | MC200H2YS1 | | |
| | | 1000 | MC15N2YS1 | MC25N2YS1 | MC50N2YS1 | MC75N2YS1 | MC100N2YS1 | MC150N2YS1 | | | |
| | | 1400 | | MC25S2YS11 | | | | | | | |
| | ES | 500 | MC15H6ES1 | | | | | | | | |
| | | 1000 | MC15N6ES1 | | | | | | | | |

注：500V、1000V、1400V 是对应装置输入电压 C220V，AC440V，AC575V 设定的。

2）交流伺服（自动化、数控装置）。

3）DC-DC 变流器。

4）不停电电源 UPS。

5）焊机、加工机、感应加热装置。

6）家用电器（空调、电子炉、烹调器）

IGBT 有多家公司生产，型号各异，表 9-3 列出了日本东芝公司 IGBT 模块系列。

## 一、IGBT 工作原理

IGBT 的结构剖面图如图 9-18 所示。

IGBT 是在功率 MOSFET 的基础上增加了一个 $P^+$ 层发射极，形成 PN 结 $J_1$，并由此引出漏极 $D$。门极 $G$ 和源极 $S$ 则完全与 MOSFET 相似。

有 $N^+$ 缓冲区的 IGBT 称为非对称 IGBT，其反向阻断能力弱，但正向压降低，关断时间短，关断时尾部电流小。无 $N^+$ 缓冲区的 IGBT 称为对称 IGBT，它具有正反向阻断能力，但其它特性却不及非对称 IGBT。

由结构图可以看出，IGBT 相当于一个由 MOSFET 驱动的厚基区 GTR，其简化等效电路如图 9-19 所示。

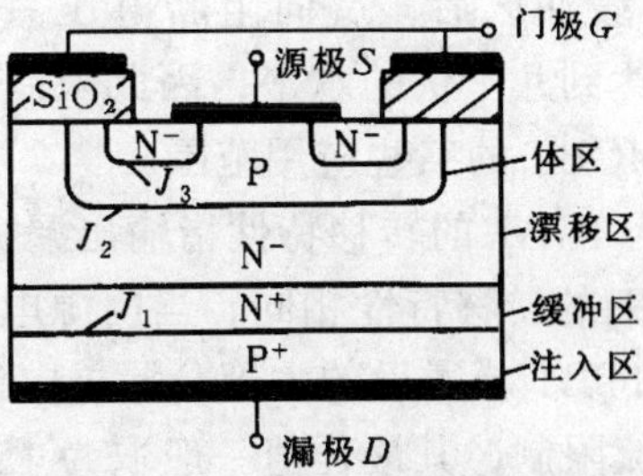

图 9-18　IGBT 的结构剖面图

图中，电阻 $R_{dr}$ 是厚基区 GTR 基区内的扩展电阻。IGBT 是以 GTR 为主导元件，MOSFET 为驱动元件的达林顿结构器件。图 9-19 所示为 N 沟道 IGBT，MOSFET 为 N 沟道型，GTR 为 PNP 型。

N 沟道 IGBT 的图形符号有两种，如图 9-20 所示。

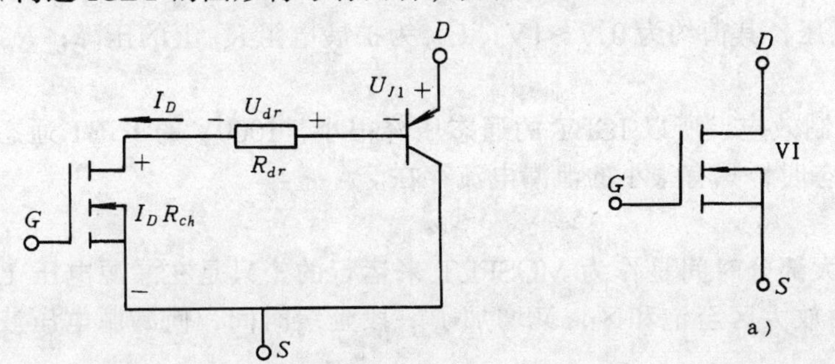


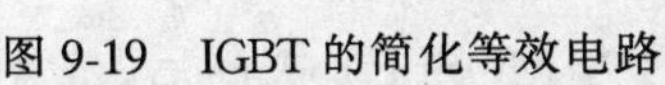
图 9-19　IGBT 的简化等效电路

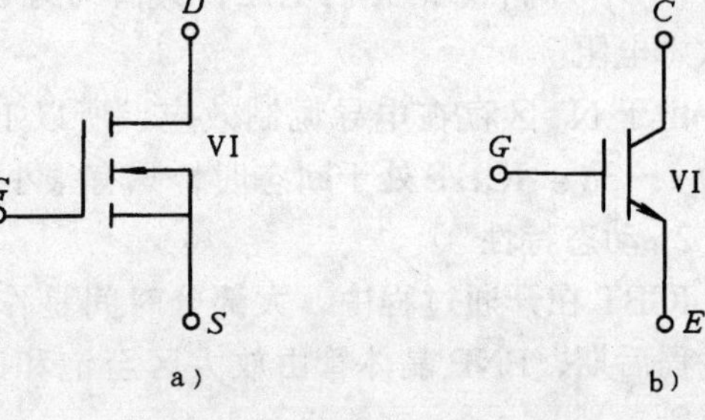


图 9-20　N-IGBT 的图形符号

对于 P 沟道 IGBT，图形符号中的箭头方向恰好相反。

IGBT 的开通和关断是由门极电压来控制的。门极施以正电压时，MOSFET 内形成沟道，并为 PNP 晶体管提供基极电流，从而使 IGBT 导通。此时，从 $P^+$ 区注入到 $N^-$ 区的空穴（少子）对 $N^-$ 区进行电导调制，减小 $N^-$ 区的电阻 $R_{dr}$，使高耐压的 IGBT 也具有低的通态压降。在门极上施以负电压时，MOSFET 内的沟道消失，PNP 晶体管的基极电流被切断，IGBT 即为关断。

## 二、IGBT 的特性

IGBT 的特性分析分静态和动态两类。

### 1. 静态特性

IGBT 的静态特性包括伏安特性、转移特性、通态特性和断态特性。相应的特性曲线如

图 9-21 所示，图 9-21a 为伏安特性，图 9-21b 为转移特性，图 9-21c 为开关特性。

IGBT 的伏安特性是指以门-源电压 $U_{GS}$为参变量时，漏极电流和漏极电压间的关系曲线。输出漏极电流 $I_D$ 受门源电压 $U_{GS}$的控制，$U_{GS}$越高，$I_D$ 越大。与 GTR 的伏安特性相似，也可分为饱和区Ⅰ，放大区Ⅱ和击穿区Ⅲ三部分。阻断状态下的 IGBT，正向电压由 $J_2$ 结承担，反向电压由 $J_1$ 结承担。如果无 $N^+$ 缓冲区，则正反向阻断电压可以做到同样的水平；加入 $N^+$缓冲区后，反向阻断电压只能达到几十伏的水平，因此限制了 IGBT 的某些应用范围。

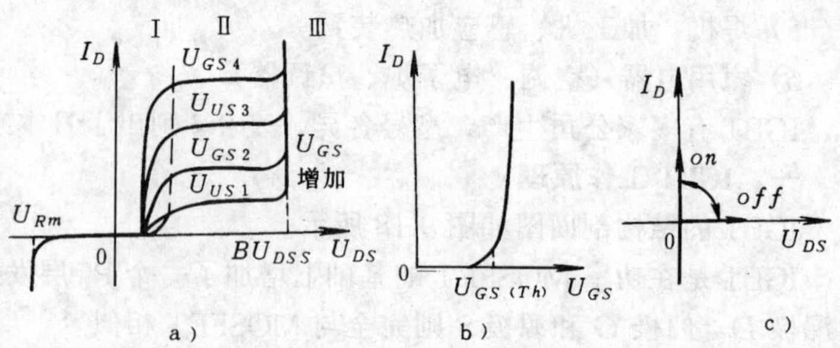


图 9-21 IGBT 的静态特性曲线

IGBT 的转移特性指输出漏极电流 $I_D$ 与门源控制电压 $U_{GS}$之间的关系曲线。它与 MOSFET 的转移特性相同，当门源电压 $U_{GS}$小于开启电压 $U_{GS}$（$Th$）时，IGBT 处于关断状态。在 IGBT 导通后的大部分漏极电流范围内，$I_D$ 与 $U_{GS}$呈线性关系。最高门源电压受最大漏极电流限制，其最佳值一般取为 15V 左右。

IGBT 处于通态时，由于它的 PNP 晶体管为宽基区晶体管，所以其 $\beta$ 值极低。尽管等效电路为达林顿结构，但流过 MOSFET 的电流成为 IGBT 总电流的主要部分。此时，通态电压 $U_{DS}$（$on$）可用下式表示

$$U_{DS}(on) = U_{J1} + U_{dr} + I_D R_{ch}$$

式中，$U_{J1}$为 $J_1$ 结的正向电压，其值约为 0.7～1V；$U_{dr}$ 为扩展电阻 $R_{dr}$上的压降；$R_{ch}$为沟道欧姆电阻。

由于 $N^-$ 区存在电导调制效应，所以 IGBT 的通态压降很小，1000V 的 IGBT 通态压降约为 2～3V。IGBT 处于断态时，只有很小的泄漏电流存在。

2. 动态特性

IGBT 在开通过程中，大部分时间是作为 MOSFET 来运行的。只是在漏源电压 $U_{DS}$下降过程后期，PNP 晶体管由放大区至饱和区，又增加了一段延缓时间，使漏源电压波形变成两段。

IGBT 在关断过程中，漏极电流的波形变为两段。因为 MOSFET 关断后，PNP 晶体管中的存储电荷难以迅速消除，造成漏极电流较长的尾部时间。实际应用中，常给出开通时间 $t_{on}$、上升时间 $t_r$、关断时间 $t_{off}$和下降时间 $t_f$。这些开关时间的长短与漏极电流、结温等参数有关。

**三、IGBT 的门极驱动和保护**

由于 IGBT 的输入特性几乎和 MOSFET 相同，所以 MOSFET 的驱动电路同样适用于 IGBT。为了使 IGBT 稳定工作，一般要求双电源供电方式，即驱动电路要求采用正、反偏压的两电源方式。图 9-22 给出了两种典型的门极驱动电路实例。图 a）电路中，输入信号经整形器整形后进入放大级，放大级采用有源负载方式以提供足够的门极电流。为消除可能出现的振荡现象，IGBT 的门源极间接 $RC$ 网络组成的阻尼滤波器；并且连接线采用双绞线方式。图 b）所示的驱动电路中，输入控制信号通过光电耦合器进行隔离后引入驱动电路，然

后经 MOS 管 $VM_2$ 放大后由推挽式电路 $V_3$ 和 $V_4$ 向 IGBT 提供门极驱动电流。这种电路的优点是高速响应，没有 $du/dt$ 引起的误动作，驱动功率小等。

在使用中，IGBT 的自身保护措施通常有以下三种：

(1) 过电流保护　通过检测电流来切断门极。

(2) 过压保护　利用吸收电路抑制过电压。

(3) 温度过高保护　检测 IGBT 的温度来决定跳闸。

与 GTR 相比较而言，IGBT 容易发生 $di/dt$ 引起的浪涌电压，这是因为 IGBT 通常在更高的速度下工作，因此，抑制浪涌电压是非常重要的，必须选择最佳的吸收电路。

## 四、IGBT 与 MOSFET 和 GTR 的比较

见表 9-4。

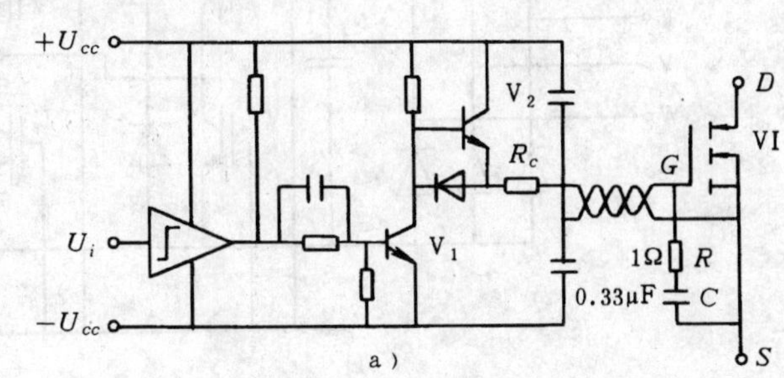


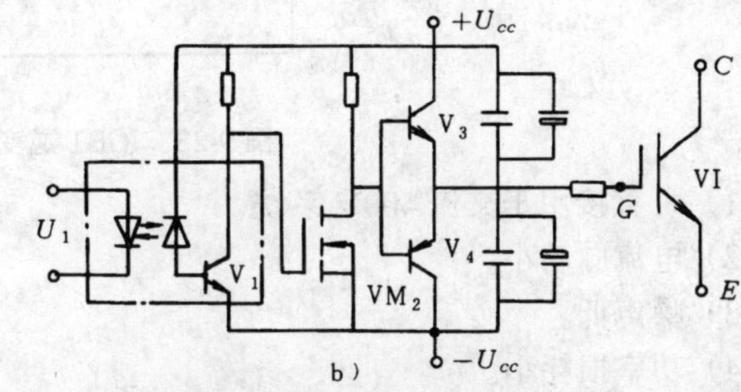


图 9-22　IGBT 门极驱动电路实例

**表 9-4　GTR、MOSFET、IGBT 的特性比较**

| 开关器件 | GTR | MOSFET | IGBT |
|---|---|---|---|
| 驱动方式 | 电　流 | 电　压 | 电　压 |
| 开关速度 | 1～5μs | 0.1～0.5μs | 0.1～0.5μs |
| 储存时间 | 5～20μs | 无 | 几乎无 |
| 高压化 | 容　易 | 难 | 容　易 |
| 大电流化 | 容　易 | 难 | 容　易 |
| 高速化 | 难 | 极容易 | 极容易 |
| 短路 SOA | 宽 | 宽 | 窄 |
| 饱和电压 | 极　低 | 高 | 低 |
| 并联难易 | 容　易 | 容　易 | 容　易 |
| 其　它 | 由二次击穿现象限制 SOA | 无二次击穿现象 | 由擎住现象限制 SOA |

## 五、IGBT 的应用实例

IGBT 式 PWM 逆变器

日本东芝公司开发的 IGBT 逆变器基本电路结构如图 9-23 所示。

逆变器部分由三只两输入端、一输出端的 1000V25AIGBT 模块组成；控制部分采用高频 PWM 脉冲列，PWM 载频取 15kHz，为非同步方式；门极驱动电路采用电压型控制。

该 IGBT 逆变器具有如下的优点：

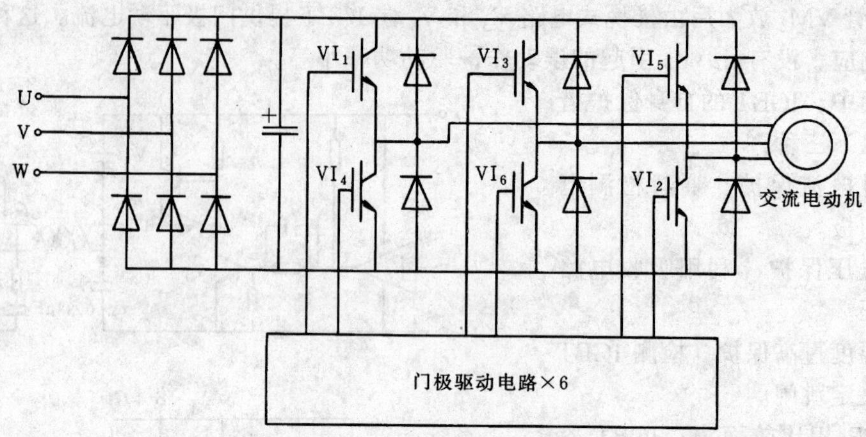


图 9-23　IGBT 逆变器结构图

1）可直接用于交流 400V 系统。

2）电流脉动小。

3）噪声低。

4）功率损耗小。

它特别适用于对噪声有严格要求的空调设备及纺织、机床等行业的高速旋转设备。

# 实　　验

实验是本课程教学的重要环节，是理论联系实际、培养实际操作能力和科学研究方法的重要手段。通过实验不仅可以验证所学的理论知识、掌握基本实验技能，同时可以培养观察问题、分析问题和解决问题的能力。实验时间应宽裕一些，让学生对实验中出现的现象和故障，有时间思考分析和排除。

实验前，要求学生必须预习实验指导，了解实验的内容和目的要求。实验中要亲自动手、细心观察和认真思考。要及时做好实验报告。基本实验内容及时间安排见表实-1。

**表实-1　基本实验内容和时间安排**

| 序　　号 | 实　验　内　容 | 课　时 |
|---|---|---|
| 实验一 | 晶闸管的简易测试及其导通、关断条件 | 2 |
| 实验二 | 单结管触发电路及单相半控桥式整流电路三种负载的研究 | 4 |
| 实验三 | 正弦波同步触发电路与三相半波可控整流电路的研究 | 4 |
| 实验四 | 锯齿波同步触发电路与三相全控桥式整流电路的研究 | 4 |
| 实验五 | 三相半控桥式整流电路的研究 | 2 |
| 实验六 | 三相半波（零式）有源逆变电路的研究 | 4 |

## 实验一　晶闸管的简易测试及其导通、关断条件

### 一、实验目的

1）观察晶闸管的结构，掌握测试晶闸管的正确方法。

2）研究晶闸管导通条件。

3）研究晶闸管关断条件。

### 二、实验线路

实验线路如图实 1-1、图实 1-2、图实 1-3 所示。

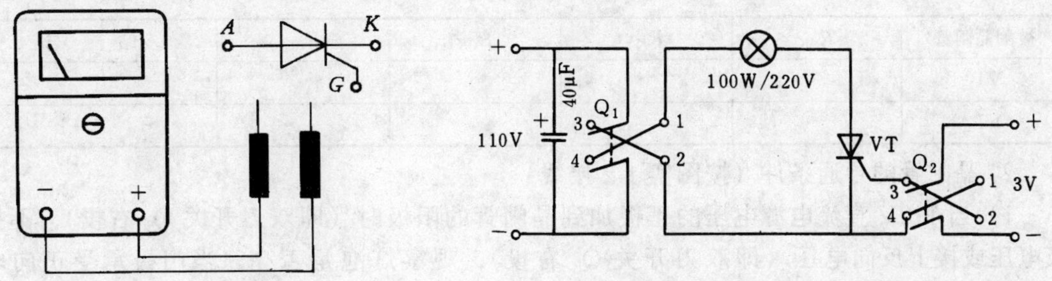


图实 1-1　测试晶闸管　　　图实 1-2　晶闸管导通条件实验电路

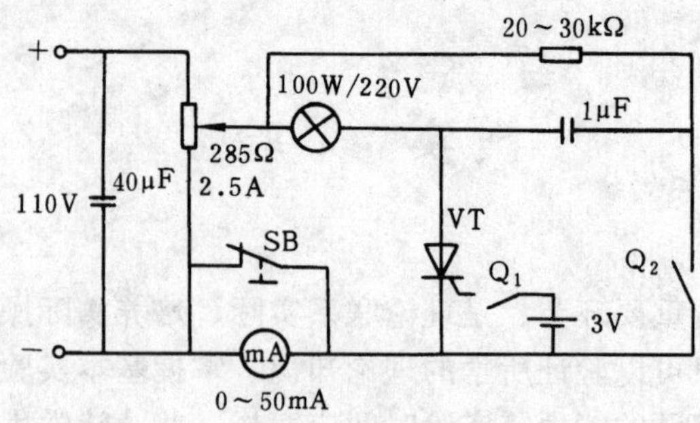


图实 1-3　晶闸管关断条件实验电路

## 三、实验设备

1）直流电源 110V
2）电容器 40μF/300V　1只
3）电容器 1μF/300V　1只
4）灯泡 220V100W　1只
5）干电池 2×1.5V　1组
6）晶闸管 KP5-5（好，坏）　各1只
7）单刀开关　2只
8）双刀双掷刀开关　2只
9）常闭手动开关　1只
10）电阻 20～30kΩ5W　1只
11）滑线电阻 285Ω2.5A　1只
12）三用表　1块
13）直流电流表 0～50mA　1块

## 四、实验内容及步骤

1. 鉴别晶闸管的好坏

见图实 1-1，用万用表 $R\times1$k 的电阻档测量两只晶闸管的阳极（$A$）-阴极（$K$）之间以及用 $R\times10$ 或 $R\times100$ 档测量两只晶闸管的门极（$G$）-阴极（$K$）之间正反向电阻并将所测数据填入表实-2 以判断被测晶闸管的好坏。

表　实-2

| 被测晶闸管 | $R_{AK}$ | $R_{KA}$ | $R_{GK}$ | $R_{KG}$ | 结　论 |
|---|---|---|---|---|---|
| $VT_1$ | | | | | |
| $VT_2$ | | | | | |

2. 晶闸管的导通条件（按图实 1-2 接线）

1）当 110V 直流电源电压的正极加到晶闸管的阳极时（即双刀开关 $Q_1$ 右投），不接门极电压或接上反向电压（即双刀开关 $Q_2$ 右投），观察灯泡是否亮，当门极承受正向电压（即 $Q_2$ 左投）时，观察灯泡是否亮？

2）当 110V 直流电源电压的负极加到晶闸管的阳极时，给门极加上负压或正压，观察灯是否亮。

3）当灯泡亮时，切断门极电源（即断开 $Q_2$），观察灯是否继续亮。

4）当灯泡亮时，给门极加上反向电压（即 $Q_2$ 右投），观察灯泡是否继续亮。

3．晶闸管关断条件的实验（按图实 1-3 接线）

按图实 1-3 接线，接通 110V 直流电源。

1）合上开关 $Q_1$，晶闸管导通，灯泡发亮。

2）断开开关 $Q_1$，再合上开关 $Q_2$，灯泡熄灭。

3）合上开关 $Q_1$，断开开关 $Q_2$，晶闸管导通灯亮。调节滑线电阻，使负载电源电压减小，这时灯泡慢慢地暗淡下来。在灯泡完全熄灭之前，揿下按钮 SB 让电流从毫安表通过，继续减小负载电源电压 $U_a$，使流过晶闸管的阳极电流逐渐地减少到某值（一般几十毫安），毫安表指针突然降到零，然后再调节滑线电阻使 $U_a$ 再升高，这时观察灯不再发亮，这说明晶闸管已完全关断，恢复阻断状态。毫安表从某值突然降到零，该值电流就是被测晶闸管的维持电流 $I_H$。

**五、实验现象的分析**

1）用万用表测量晶闸管门极与阴极之间正向电阻时，有时会发现表的旋钮放在不同电阻档的位置，读出的 $R_{GK}$ 欧姆值相差很大。这是由于旋钮放在不同档位时，加到晶闸管 $J_3$ 结的正向电压数值就不同，而 $J_3$ 结相当于二极管，其正向电阻在外加电压数值不同所测阻值也不同，这是 $J_3$ 结的非线性电阻所致。所以用万用表测试晶闸管各极间的阻值时其旋钮应放在同一档测量为准。

2）用万用表测试晶闸管门极与阴极正反向电阻。旋钮放在 $R\times10$ 档时发现有的管正反向电阻很接近，约为几百欧姆。出现这现象还不能判断被测管已损坏，而要留心观察正反向阻值虽然很接近，只要正向电阻值比反向电阻值小一些，一般说被测管还是好的。

3）在做晶闸管关断条件实验时，如果关断电容 $C$ 值取得太小（如取 $0.1\mu F$），就会发现晶闸管难以关断，这是由于 $C$ 值太小，当 $Q_2$ 接通时，因其放电时间太快而小于晶闸管关断所需的时间，致使晶闸管难以关断。

**六、实验说明及注意问题**

1）用万用表测试晶闸管极间电阻时，特别在测量门极与阴极间的电阻时，不要用 $R\times10k$ 档以防损坏门极，一般应放在 $R\times10$ 档测量为准。

2）在作关断实验时，一定要在灯泡快要熄灭通过灯泡的电流极小时，方准揿下常闭按钮 SB，否则将损坏表头。

**七、实验报告提纲及要求**

1）根据实验记录判断被测晶闸管的好坏，写出简易判断的办法。

2）根据实验内容写出晶闸管导通条件和关断条件。

3）说明关断电容（$1\mu F$）的作用以及电容值大小对晶闸管关断时间的影响。

## 实验二　单结管触发电路及单相半控桥式整流电路三种负载的研究

**一、实验目的**

1）熟悉单结管触发电路的工作原理及电路中各元件的作用，观察电路图中各点的电压波形。掌握调试步骤和要点。

2）对单相半控桥式整流电路三种负载工作情况的波形作全面分析。

3）实验中出现的问题能加以分析，故障能够排除。

## 二、实验线路

实验线路如图实 2-1 所示。

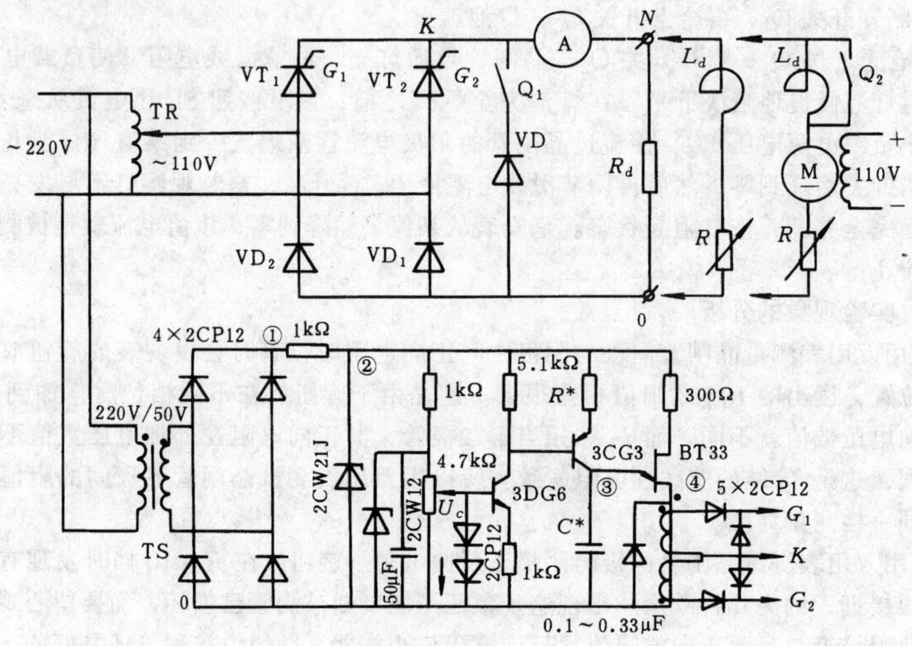


图实 2-1　单结管触发的单相半控桥

$VT_1$、$VT_2$—KP-5　$VD_1$、$VD_2$—ZP10-5

## 三、实验设备

| | |
|---|---|
| 1）单相半控桥整流电路底板 | 1 块 |
| 2）单结管触发电路底板 | 1 块 |
| 3）单相自耦调压器（3kVA） | 1 台 |
| 4）滑线变阻器（200Ω1A） | 1 只 |
| 5）电抗器 | 1 台 |
| 6）直流电动机发电机组 | 1 套 |
| 7）直流电流表 | 1 块 |
| 8）三用表 | 1 块 |
| 9）双踪示波器 | 1 台 |
| 10）直流电源（110V） | 1 台 |

## 四、实验内容及步骤

1）单结管触发电路的调试。先接通触发电路，用示波器逐一查看触发电路中各点波形：整流输出、削波、单结晶体管电容两端、单结晶体管输出和脉冲变压器输出，见图实 2-1。

2）改变输入电位器上的电压，观察并记录单结晶体管电容器两端其输出电压锯齿波形的变化，以及单结晶体管输出尖脉冲波形的移动情况并估算移相范围。

3）电阻性负载的研究。触发电路调试正常后，在主电路中接上电阻负载（100Ω1A 或 220V100W 灯泡）并接通电源，用示波器观察并记录负载两端电压 $u_d$、晶闸管两端电压 $u_T$ 以及硅整流管两端电压 $u_D$ 的波形。改变控制角的大小，观察波形的变化。作出 $U_d/U_2=f$（$\alpha$）的表格和曲线并与根据 $U_d/U_2=0.9\dfrac{1+\cos\alpha}{2}$ 计算式得出的结果进行比较并加以分析。

4）电阻电感负载的研究。

① 接上电阻电感负载，其中 $L_d$ 为电动机励磁绕组或平波电抗器，外加滑线变阻器(100Ω1A)，用示波器观察并记录不并联续流二极管和并联续流二极管在不同阻抗角 $\phi$ 下，不同控制角 $\alpha$ 情况下的 $u_d$、$i_d$ 和 $u_T$ 波形。

② 从输出电压 $u_d$ 的波形看续流二极管的作用，观察并记录无续流二极管时的失控现象。当晶闸管导通时，去掉触发电路的电源，观察晶闸管有无一管直通，两个二极整流管轮流导通而输出电压 $u_d$ 波形为单相正弦半波。

③ 接入续流二极管再观察是否还存在上述失控现象。

5）反电动势（直流电动机）负载的研究。

① 按图实 2-2 接上电动机负载。合上 $Q_2$ 短接 $L_d$，给直流电动机发电机的励磁绕组加上额定励磁电压，同时将触发电路给定电压 $U_c$ 旋钮调到零位。

② 合上主电路电源，调节 $U_c$ 使 $U_d$ 由零逐渐上升到额定值，电动机降压起动。用示波器观察并记录不同 $\alpha$ 角时，输出电压 $u_d$、电流 $i_d$ 及电动机电枢两端电压 $u_M$ 的波形。观察由于 $i_d$ 波形断续电动机可能出现的振荡现象。

③ 打开 $Q_2$，接入平波电抗器，再观察并记录不同 $\alpha$ 角时 $u_d$、$i_d$ 及 $u_M$ 波形。

④ 电动机的机械特性实验。将 $U_c$ 旋钮调到零位，打开 $Q_3$，发电机空载，然后调节 $U_c$ 使 $U_d$ 为额定值（直流电动机的额定电压），记录 $I_d$ 及转速 $n$，合上 $Q_3$ 逐步增加负载到额定值（直流电动机电枢额定电流），中间记录几点，作出机械特性 $n=f$（$I_d$）曲线。

图实 2-2　电动机负载接线图

**五、实验现象的分析**

单结管触发电路如果元件参数选择不当，在调试过程可能出现如下现象：

1）在单结管未导通时，稳压管能正常削波，其两端电压为梯形波，可是一旦单结管导通，稳压管就不削波了，可用万用表测量同步变压器二次电压 $U_T$ 值是否正常。出现这种现象一般是由于所选的稳压电阻值太大或稳压管容量不够造成的。

2）当调节 $U_c$ 为最大时，单结管电容器 $C$ 两端电压有时出现如图实 2-3 的波形。

图实 2-3a 说明固定电阻 $R$ 值太大，单结管可供移相范围未得到充分利用，应进一步减小 $R$ 值扩大移相范围。

图实 2-3b 说明固定电阻 $R$ 值已减到极限值，触发脉冲仍有一个尖脉冲足以触发晶闸

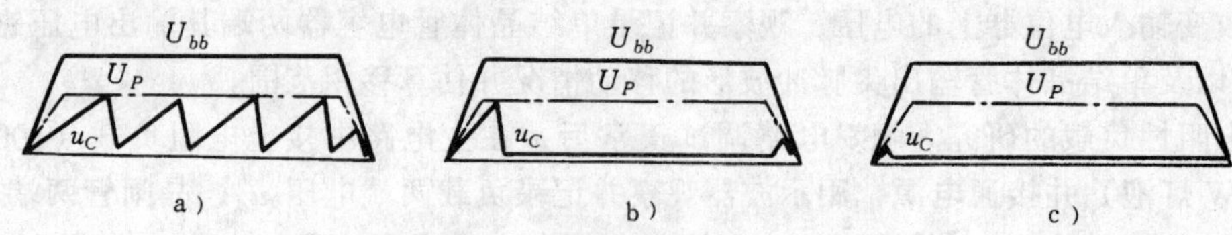


图实 2-3　$R$ 值选择不当时 $u_c$ 的波形

a）$R$ 值太大　b）$R$ 值极限　c）$R$ 值太小

管。

图实 2-3c 说明固定电阻 $R$ 值太小，以致 $C$ 充电时间常数太短，梯形波刚从零值上升，电容 $C$ 两端电压就充到单结管的峰点电压（因为这时 $U_{bb}$ 值很小，$U_P$ 值也很小），单结管导通。但由于 $u_C$ 值很小，所以产生的尖脉冲幅度很小甚至没有，就无法触发晶闸管，另方面由于 $R$ 值太小，单结管导通后同步电压经 $R$ 流过单结管 $e$ 与 $b_1$ 极的电流可能太大易烧坏单结管。

3）触发电路各点波形调试正常后，有时出现触发尖脉冲难以触发晶闸管（晶闸管是好的），其原因可能是：

① 充放电电容 $C$ 值太小，单结管的分压比太低以致触发尖脉冲功率和幅度不够等造成的。

② 电阻性负载触发正常，大电感负载就难以触发晶闸管。这也是由于 $C$ 值太小，尖脉冲宽度太狭，以致阳极电流还未上升到擎住电流，其触发脉冲已消失，管子又重新恢复到阻断状态。

4）实验中有时会出现两个晶闸管的最小控制角和最大控制角不相等，当控制角调节到很小或很大时，主电路仅剩下一个晶闸管被触发导通。这种现象一般是由于两只晶闸管的触发电流差异较大所造成的。通常采取调换触发特性相似的管子或在门极回路中串接不同阻值等措施即可消除上述现象。

5）大电感实验，连续流管比不接续流管的 $i_d$ 波形脉动要小。其原因是不接续流管时，电流需经主电路的一个晶闸管与另一个整流管内部续流。这样续流回路内阻大，所以 $i_d$ 波形脉动就大。这现象说明续流回路的接线应尽可能短，导线截面要大以及接头要接牢，以利续流，使 $i_d$ 波形更平坦。

**六、实验说明及注意问题**

1）续流二极管的极性不要接错，否则会造成短路事故。续流回路与负载连线要短，并要接牢以利续流。

2）电感负载最好采用直流电动机励磁绕组或平波电抗器，也可用变压器绕组取代，但由于变压器铁心无气隙，电感量将随 $i_d$ 加大而减小，所以 $i_d$ 波形和教材所分析的情况有较大差别。

**七、实验报告的要求**

1）实验前应预习教材第二章第三节和第五章第三节内容。

2）阐述单结管触发电路工作原理和调试方法。

3）画出三种不同负载在某 $\alpha$ 角时的 $u_{g1}$、$u_{g2}$、$u_d$、$u_{T1}$和 $i_d$ 的波形。

4）作出电阻性负载时的 $U_d/U_2=f(\alpha)$ 表格、曲线并与根据 $U_d/U_2=0.9\dfrac{1+\cos\alpha}{2}$式

所得的结果进行比较，分析误差的原因。

5）由示波器观察 $u_d$ 与 $i_d$ 波形来说明续流二极管的作用与电动机负载串入平波电抗器 $L_d$ 的作用。

6）根据实验结果画出电动机负载时机械特性曲线，即 $n=f\ (I_d)$ 关系曲线。

7）讨论分析实验中出现的现象和故障。

# 实验三　正弦波同步触发电路与三相半波可控整流电路的研究

## 一、实验目的

1）熟悉正弦波同步触发电路的工作原理，观察各主要点的波形并弄清各元件的作用。

2）掌握正弦波触发电路的调试方法及同步定相方法。

3）观察电阻负载、电阻电感负载和反电动势负载的输出电压电流波形，加深对其工作原理的理解。

4）掌握调试晶闸管装置的步骤和方法。

## 二、实验线路

实验线路如图实 3-1、图实 3-2 所示。

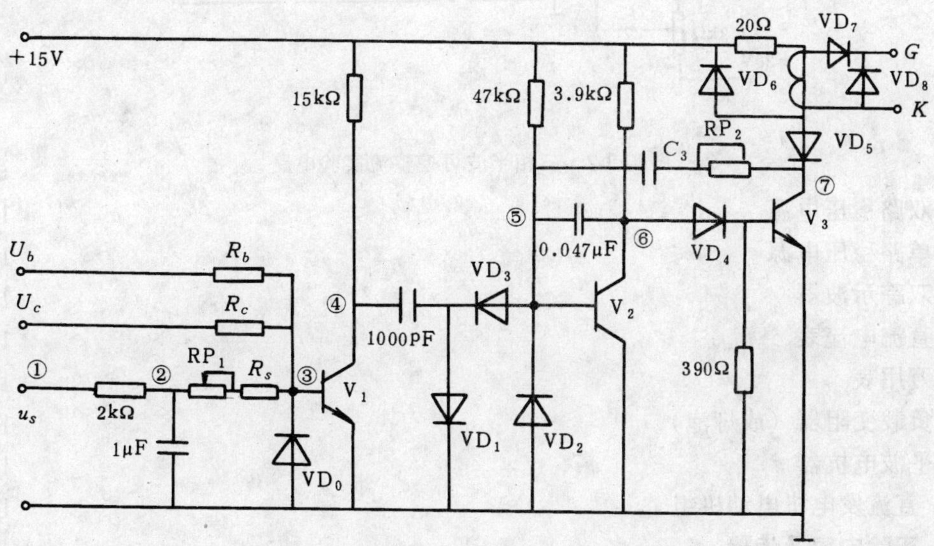


图实 3-1　带阻容正反馈的正弦波触发电路

$VD_0 \sim VD_4$、$VD_6 \sim VD_8$—2CP12　$VD_5$—2CP14　$V_1 \sim V_2$—3DG12B　$V_3$—3DD2　$RP_1$—27kΩ　$RP_2$—47kΩ　$R_s$—51kΩ　$C_3$—0.47μF　$R_b$、$R_c$—10kΩ

$u_s$—同步电压（由同步变压器引来）　$U_c$—控制电压（采用 +20V 可调直流电源）　$U_b$—偏移电压（采用 −10V 可调直流电源）

## 三、实验主要设备

1）正弦波触发器　3块

2）三相半波整流装置　1套

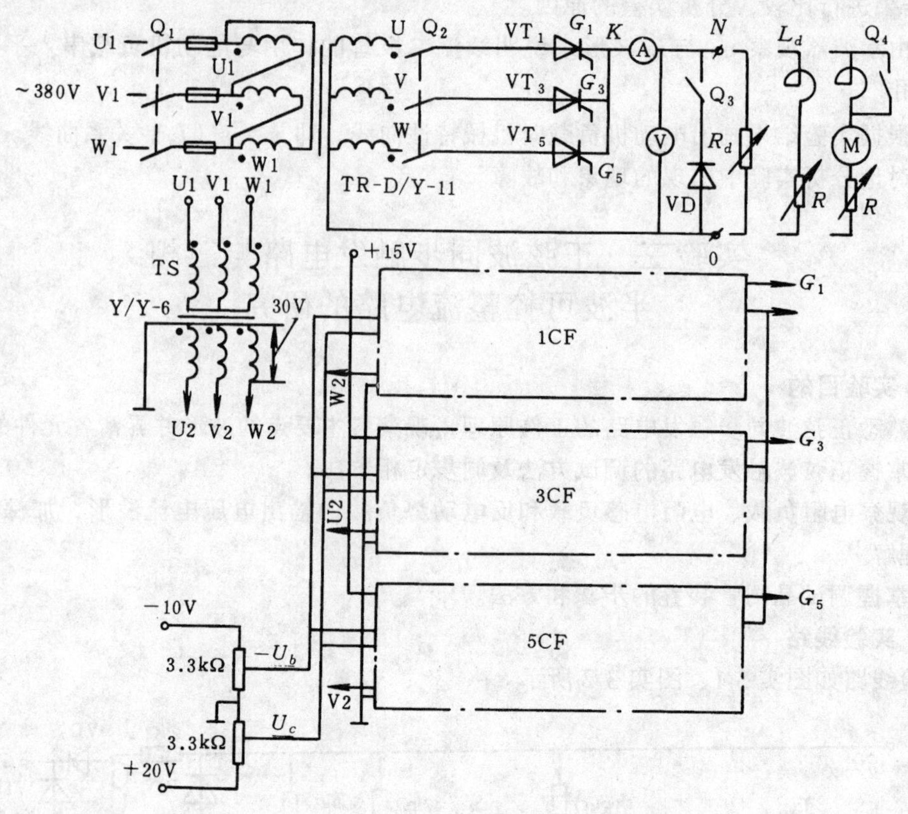


图实 3-2 三相半波可控整流实验电路

3）双路稳压电源 1台

4）单路稳压电源 1台

5）双踪示波器 1台

6）直流电流表 1块

7）万用表 1块

8）负载变阻器（或灯泡） 1个

9）平波电抗器 1台

10）直流发电机电动机组 1套

**四、实验内容及步骤**

1．正弦波触发电路调试实验

1）按图实 3-1 检查触发器印刷电路中的元件焊接是否正确，熟悉各测试点的位置，并将 $U_b$、$U_c$ 电压调节旋钮调到零位。

2）接通 +15V、$U_b$、$U_c$ 及同步变压器的电源，用示波器观察①、②、③点波形，①点波形应比②点波形超前 30°，而③点波形应如图实 3-3a 所示。

3）用示波器观察①～⑦点及输出触发脉冲 $u_G$ 的波形，检查触发板工作是否正常。

4）确定触发脉冲的初始相位。在要求移相范围近于 180°的条件下，即 $U_c=0$ 时，$\alpha\approx$ 180°（实际达不到）。调节 $U_b$ 旋钮使③点波形出现近于完整正弦波。在示波器上读同步电

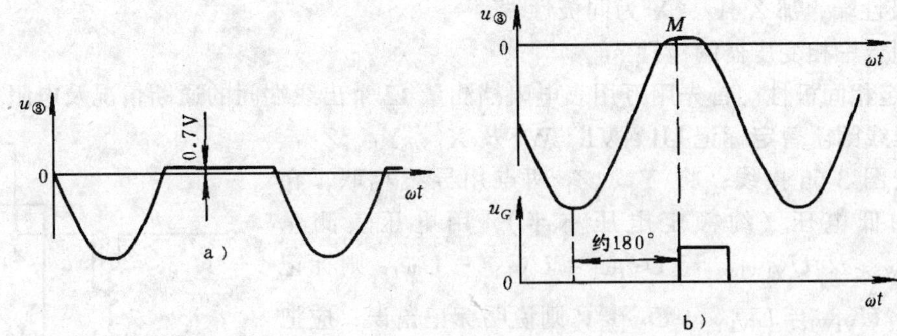


图实 3-3　$u_③$波形及触发脉冲的初始相位

压 $U_b$ 与偏移电压 $U_b$ 的数值。

5）保持 $U_b$ 不变，逐渐增加 $U_c$，用双踪示波器观察①～⑦以及输出脉冲 $U_G$ 的波形变化，注意 $U_c$ 增加时脉冲的移动情况，估计 $\alpha$ 的变化范围。观察 $u_③$波形中 $M$ 点位置是否刚好与输出触发脉冲相对应。记录 $\alpha$ 角最小时 $U_c$ 的数值。

6）调节 $U_c$ 使 $\alpha \approx 60°$，观察并记录①～⑦以及 $U_G$ 的波形。

7）调节 $RP_2$ 电位器，观察其对输出脉冲宽度的影响。

2．确定电源的相序

三相整流电路是按一定顺序工作的，保证相序正确是重要的。测定相序可以采用双踪示波器，或者采用带有电源同步（50Hz 同步）的单线示波器。指定一根电源线为 U1 相，接到双踪示波器的 $Y_1$，而 $Y_2$ 接到另一根电源线，所观察的波形若比 $Y_1$ 波形落后 120°则为 V 相，超前 120°者为 W 相。若不用示波器也可采用以下方法：

(1) 相序灯法　如图实 3-4a 所示，把电容及灯泡接成星形，三个端点分别接到三相电源上，则一个灯较亮，另一个较暗。如果以接电容的相为 U1 相，则与较亮的灯泡相接的电源线为 V1 相，与较暗的灯泡相接的电源线为 W1 相。

(2) 相序鉴别器　图实 3-4b 是一种简易的相序鉴别器电路。当相序如图中所标的 U1、V1、W1 时氖灯亮；若实际相序是带圈的 U1、V1、W1 时，则氖灯不亮。

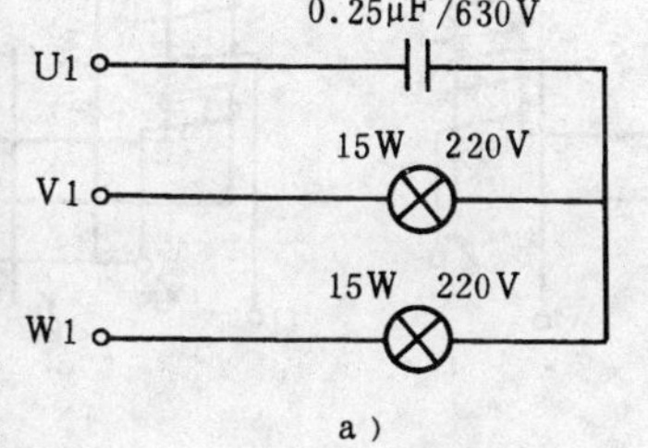


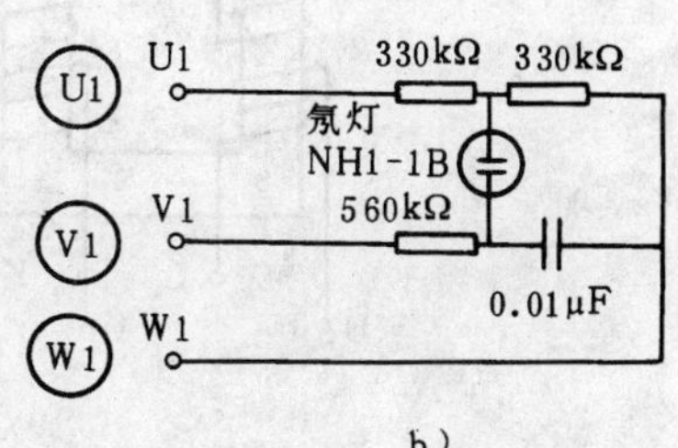


图实 3-4　相序检查器

3．确定主变压器与同步变压器的极性和接线组别

(1) 测定单相变压器极性

1）首先用万用表电阻档测量四个出线端的通断情况及电阻大小，从而判别出高低压线圈，并将高压线圈的两个出线端分别标记为 $A_1$ 及 $X_1$，低压线圈的两个出线端分别标记为 $A$ 及 $X$（同步变压器应标记为 $a$ 及 $x$）。

2）按图实 3-5 把 $X_1$ 与 $X$ 点连接起来，在高压端接一个较低的便于测量的电压（约为额定电压的一半），用电压表分别测量 $U_{A_1A}$、$U_{A_1X_1}$ 和 $U_{AX}$，如果 $U_{A_1A} = U_{A_1X_1} - U_{AX}$，则 $A_1$ 与 $A$ 端为同极性端，并在 $A_1$、$A$ 端点作“·”标记。若 $U_{A_1A} = U_{A_1X} + U_{AX}$，则 $A_1$ 与

$A$ 端为异极性端，那么 $A_1$、$X$ 为同极性端。

(2) 测定三相变压器的极性

1）测定相间极性。首先用万用表电阻档测量12个出线端间的通断情况及电阻大小，找出三相高压线圈。暂定标记U1、V1、W1及 $X_1$、$Y_1$、$Z_1$。

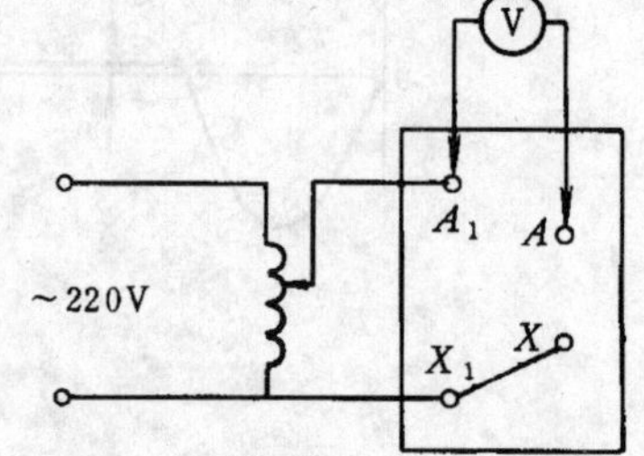


图实3-5　单相变压器极性测量

然后按图3-6a接线，将 $Y_1$、$Z_1$ 两点用导线相联，在 $U1$ 相施加低电压（约额定电压一半），用电压表测量 $U_{V1Y_1}$、$U_{W1Z_1}$ 及 $U_{V1W1}$，若 $U_{V1W1}=U_{V1Y_1}-U_{W1Z_1}$ 则标记为正确。若 $U_{V1W1}=U_{V1Y_1}+U_{W1Z_1}$，则说明标记错误，应把V1、W1相中任一相的端点标号互换（如将V1、$Y_1$ 换成 $Y_1$、V1)。用同样的方法，在V1相施加低电压，决定U1、W1相间极性，测定三相高压线圈相互间极性后，把它们的首末端作正式标记。

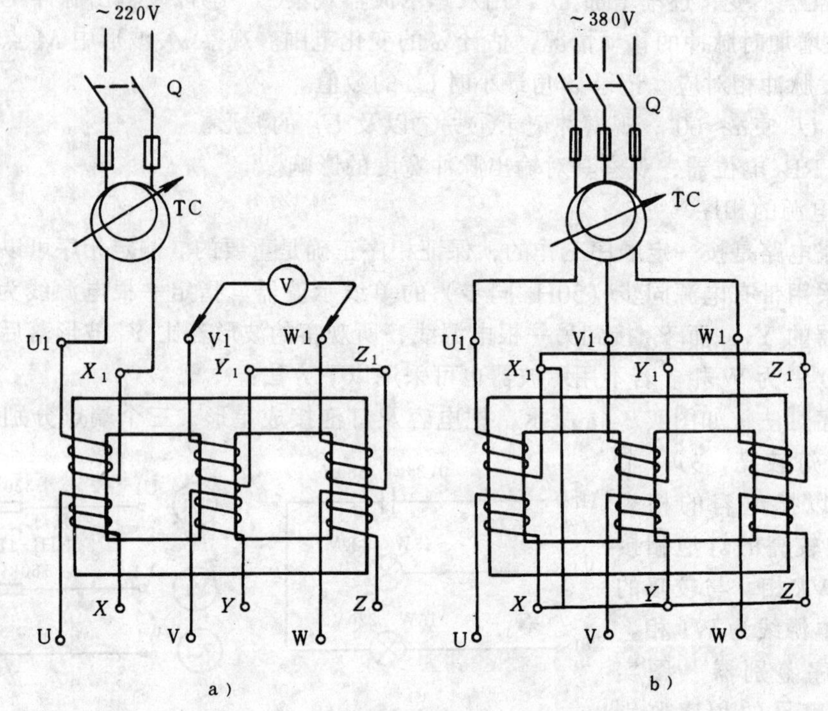


图实3-6　测定三相变压器的极性（同名端）

2）找出各相二次绕组。首先在U1、$X_1$ 端施加低电压，用电压表测量二次电压，其中电压最高的一相即为U1相的二次绕组，暂标上U（或 $\alpha$)、$X$（或 $x$)，同理可标出V、$Y$ 及W、$Z$。

3）测定一次与二次绕组极性。按图实3-6b接线，一次侧与二次侧的中性点用导线相联，高压线圈施加三相低电压，测量 $U_{U1X_1}$、$U_{V1Y_1}$、$U_{W1Z_1}$、$U_{UX}$、$U_{VY}$、$U_{WZ}$、$U_{U1U}$、$U_{V1V}$、$U_{W1W}$，若 $U_{U1U}=U_{U1X_1}-U_{UX}$，则 $U_{U1X_1}$ 与 $U_{UX}$ 同相，U1与U端极性相同；若 $U_{U1U}=U_{U1X_1}+U_{UX}$，则 $U_{U1X_1}$ 与 $U_{UX}$ 相位相反，U1与U端极性相反。用同样原则判别V1、W1两相一、二次侧极性。测定后，把低压线圈各相首末端作正式标记。

一、二次侧正式标记后，根据图实 3-2 的要求把主变器接成 D/$Y_0$-11；同步变压器接成 Y/$Y_0$-6；并将 $u_a$、$u_b$ 及 $u_c$ 分别联到 3CF、5CF 及 1CF 触发板，如图实 3-2 所示。

4. 观察触发板波形

接通 $Q_1$、暂使 $U_b$ 与 $U_c$ 为零，用示波器观察每块触发板①～⑦点波形是否正常，各相触发脉冲相位差是否正确。

5. 电阻负载实验

1）把 $U_b$、$U_c$ 电压旋钮调到零位，在主电路 $N0$ 间接上电阻负载。

2）合上 $Q_2$ 观察输出电压 $u_d$ 波形，调节 $RP_1$ 电位器，使 $u_d$ 波形整齐。

3）调节 $U_b$ 旋钮，使输出电压 $U_d=0$，即 $\alpha=150°$。

4）调节 $U_c$ 旋钮，观察 $u_d$ 的变化。观察并记录 $\alpha=120°$、90°、60°及 30°时的 $u_d$、$u_{T1}$ 波形及输出直流电压平均值 $U_d$、控制电压 $U_c$ 的数值，作 $U_d=f(U_c)$输入-输出特性曲线。

5）将负载电阻值调到最大，调节 $U_c$ 使 $U_d=110V$，然后逐渐减小电阻（或增开灯数）读取 $U_d$、$I_d$ 的数值，作出 $U_d=f$（$I_d$）的负载外特性曲线。

6. 电阻电感负载实验

1）打开 $Q_2$，按图实 3-2 接上电阻电感负载及续流二极管（即闭合 $Q_3$）。

2）调节 $U_c$，观察并记录 $\alpha=120°$、90°、60°及 30°时 $u_d$、$i_d$、$u_{T1}$的波形。

3）调节 $U_c$ 使$\alpha=60°$，改变负载电阻，观察不同阻抗角 $\varphi$ 的情况下电流脉动情况。

4）打开 $Q_3$，即去掉续流二极管，重复 2）及 3）步骤。观察记录 $u_d$、$i_d$、及 $u_{T1}$的波形，并与带续流二极管的波形进行比较。

7. 电动机负载

1）打开 $Q_2$，按图实 3-2 接上电动机负载。$U_c$ 调节为零。

2）合上 $Q_2$，调节 $U_c$ 使 $U_d$ 由零逐渐上升到额定值，电动机减压起动。用示波器观察并记录在不同 $\alpha$ 角时，$u_d$ 及 $i_d$ 的波形。观察电动机可能出现的振荡现象。

3）打开 $Q_4$，即串入平波电抗器，再观察记录不同 $\alpha$ 角时 $u_d$ 及 $i_d$ 波形。

4）调节 $U_c$ 使 $U_d$ 为额定值，记录 $I_d$ 及 $n$（记录 $n$ 组），作出 $n=f$（$I_d$）的机械特性曲线。

**五、实验现象分析**

1）实验中如发现触发脉冲宽度达不到要求，并且调节 $RP_2$ 也不起作用，这时可检查⑦点的波形，若发现 $V_3$ 导通时间已达到脉宽的要求，可是实际输出脉冲宽度较窄，其原因很可能是脉冲变压器体积太小（或匝数过少），造成铁心饱和，一般应换上容量较大的脉冲变压器即可。

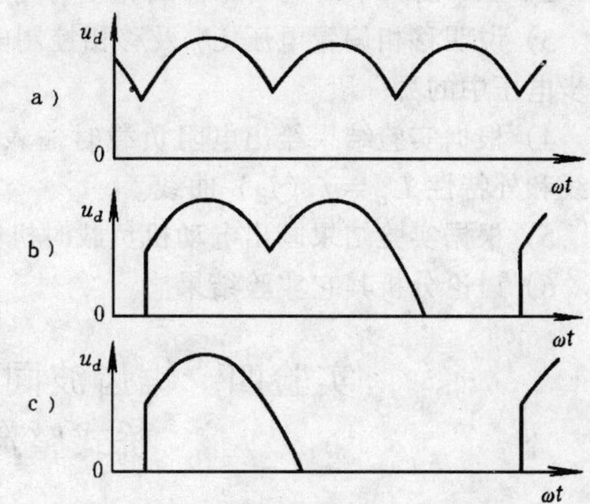

图实 3-7　未缺相和缺相时输出波形

a）未缺相　b）缺一相　c）缺二相

2）用示波器观察 $u_d$ 波形，如图实 3-7b、c 所示，即可判断是缺相故障，其原因一般有：快速熔断器熔断、该相断线、无触发脉冲、有脉冲但触发功率不够、晶闸管损坏（开路）等。

3）同步变压器二次侧两相接错（如 V2 当成 W2，W2 当成 V2）时，其输出电压 $u_d$ 波形如图实 3-8 所示。

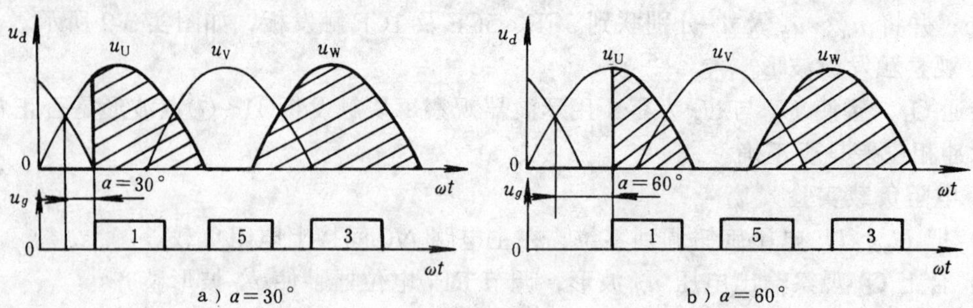


图实 3-8　同步电压接错时输出电压 $u_d$ 的波形

**六、实验说明及注意问题**

1）在三相变压器中，若一次或二次绕组中，有一侧接成三角形，将对变压器运行有利、对交流电网干扰小。由三台单相变压器组成的三相变压器尤其如此。但由于三相半波整流电路以中性线为回路，所以三相整流变压器二次绕组必须接成星形，即 $D/Y_0$-11。同步变压器接成 $Y/Y_0$-6（经阻容滤波，后移了 30°）或 $D/Y_0$-11（无阻容滤波环节）。

2）触发电路中 $R_4$ 为限流电阻，目的是保护三极管 $V_3$。考虑电网波动以及三极管 $V_1$ 导通时需要 0.7V 的基极电压，本触发电路的移相范围一般小于 150°。同步电压取得越低或 $R_s$ 选得越大时，移相范围就越小。

3）在作电动机负载实验时，为防止电流断续时造成电动机的机械特性太软，电路应串入的平波电抗器电感量要足够大，以保证 $I_d=$（0.05～0.1）$I_{dn}$时电流仍连续。

4）双踪示波器在同时使用两个探头时，由于两探头的地端与示波器的外铁壳接通，所以测量时，必须将两探头的地端接在电路的同一电位中，否则会造成被测电路短路事故。

**七、实验报告要求**

1）画出触发电路 $\alpha\approx60°$时①～⑦点以及输出脉冲 $u_g$ 的波形。

2）$RP_2$ 的大小对输出脉冲的宽度有何影响？

3）说明移相偏置电压 $U_b$ 及移相控制电压 $U_c$ 的作用，画出 $U_c$ 变化时移相角 $\alpha$ 变化在同步电压中的哪一段。

4）根据实验结果绘出电阻负载时输入-输出特性 $U_d=f(U_c)$ 曲线、$U_d/U_2=f(\alpha)$ 曲线和外特性 $U_d=f(I_d)$ 曲线。

5）根据实验结果画出电动机负载时机械特性曲线，即 $n=f(I_d)$ 关系曲线。

6）讨论分析其它实验结果。

## 实验四　锯齿波同步触发电路与三相全控桥式整流电路的研究

**一、实验目的**

1）加深对锯齿波同步触发电路工作原理的理解，弄清各主要点的波形及与电路有关元件的参数的关系。

2）掌握锯齿波同步触发电路的测量与调试方法。

3）熟悉三相全控桥式整流电路的接线，观察带电阻负载、大电感负载时输出电压、电流以及晶闸管两端电压等的波形。

4）进一步加深对触发器定相原理的理解，掌握同步定相的方法与调试晶闸管装置的步骤。

## 二、实验线路

见图实 4-1 与图实 4-2。

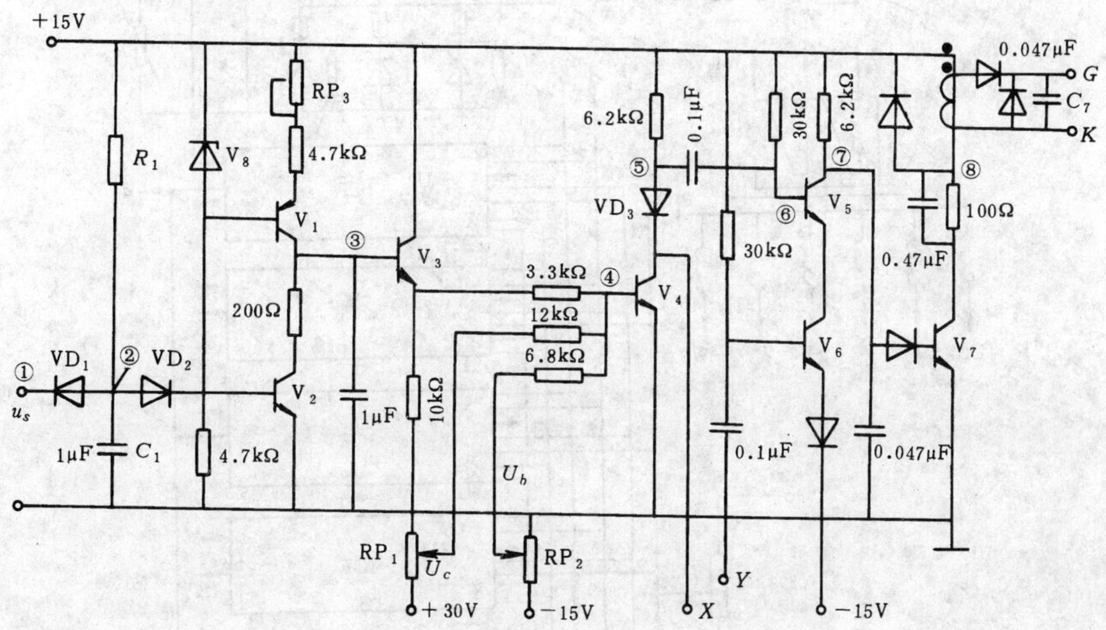


图实 4-1　锯齿波同步的触发电路图

$V_1$—3CG1D　$V_2$—3DG12D　$V_3$～$V_7$—3DG12B　$V_8$—2CW12　$VD_1$～$VD_3$—2CP12

$R_1$—10kΩ　$RP_1$～$RP_2$—2.2kΩ

## 三、实验设备

| | |
|---|---|
| 1）锯齿波同步触发电路板 | 6 块 |
| 2）三相全控桥式整流主电路板 | 1 块 |
| 3）单、双路稳压电源 | 各 1 台 |
| 4）三相整流变压器 | 1 台 |
| 5）三相同步变压器 | 1 台 |
| 6）电抗器 | 1 台 |
| 7）双踪示波器 | 1 台 |
| 8）万用表 | 1 块 |
| 9）变阻器 | 一只 |
| 10）相序指示器（有双踪示波器时可不用） | 一个 |

## 四、实验内容及步骤

1. 接通电源并进行必要的检查

按图实 4-1 接通各直流电源及同步电压，选定其中一块触发板（如 1CF），检查 $RP_1$～

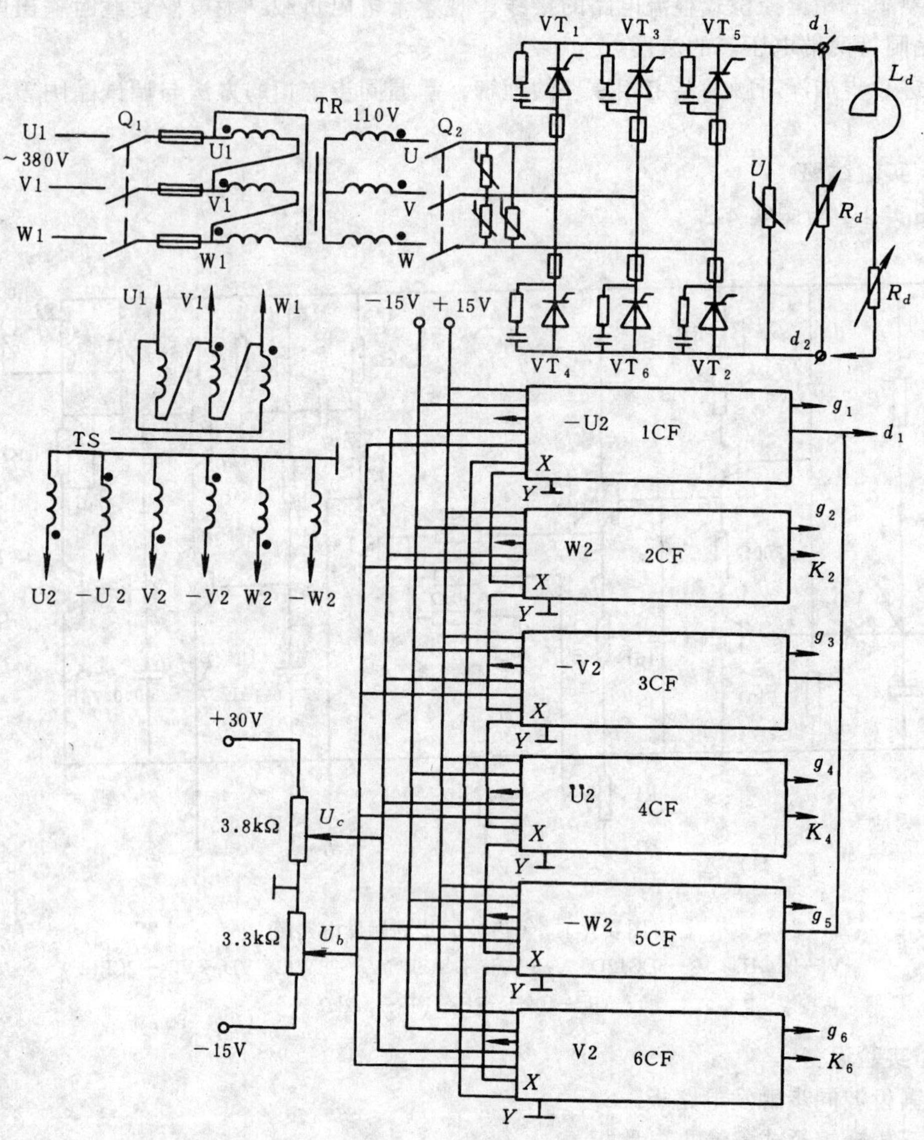


图实 4-2　三相全控桥式整流实验线路

$RP_3$ 电位器，当顺时针旋转时，相应的锯齿波斜率应上升，直流偏移电压 $U_b$ 的绝对值应增加，控制电压 $U_c$ 也应增加。

2. 用双踪示波器检查各主要点的波形

1）同时观察①与②点的电压波形，进一步加深对 $C_1$ 和 $R_1$ 作用的理解。

2）同时观察②与③点的电压波形，说明锯齿波的底宽决定于线路中什么元件的参数。

3）观察④～⑧点及脉冲变压器输出电压 $u_g$ 的波形，记录各波形的幅度与宽度，说明 $u_g$ 的幅度、宽度与线路中什么元件参数有关。

3. 电阻负载研究（变阻器或灯泡）

1）按图实 4-2 线路接好线。

2）测定交流电源的相序。

3）确定主变压器与同步变压器的极性，并将主变压器接成 D/Y-11，同步变压器接成 $D/Y_0$-11+$D/Y_0$-5 接线组别。1CF～6CF 触发板的同步电压取法可按表实-3 联接。

表　实-3

| 组　　别 | 共 | 阴 | 极　组 | 共 | 阳 | 极　组 |
|---|---|---|---|---|---|---|
| 晶闸管元件号 | $VT_1$ | $VT_3$ | $VT_5$ | $VT_4$ | $VT_6$ | $VT_2$ |
| 晶闸管元件所接的相 | U | V | W | U | V | W |
| 同步电压 | $a'$ | $b'$ | $c'$ | $a$ | $b$ | $c$ |

4）调整各触发器锯齿波斜率电位器 $RP_2$，用双踪示波器依次测量相邻两块触发板的锯齿波电压波形，间隔应为 60°，斜率基本要一致，波形如图实 4-3 所示。

5）观察各触发器的输出触发脉冲，如果 $X$、$Y$ 端不联接，输出触发脉冲为单窄脉冲如图实 4-4a（以 1CF 为例）。$X$、$Y$ 端联接后（见图实 4-2），输出触发脉冲为双窄脉冲如图实 4-4b 所示（以 1CF 为例）。

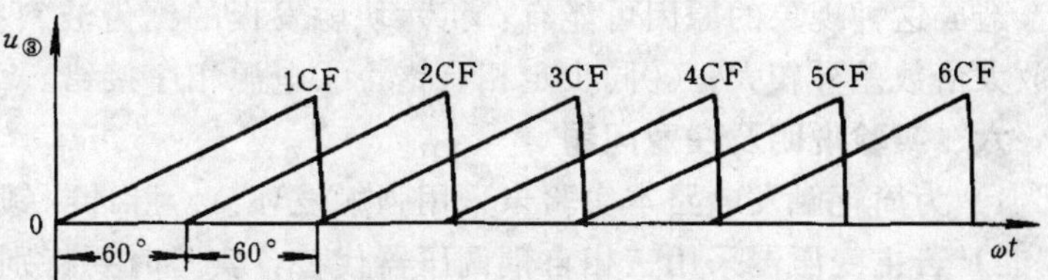


图实 4-3　锯齿波排队波形

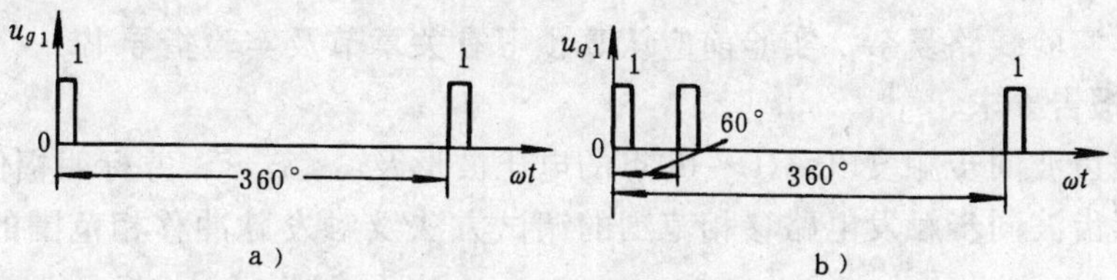


图实 4-4　1CF 输出触发脉冲的形式

a）单窄脉冲　b）双窄脉冲

6）偏置直流电压 $U_b$ 的调节。触发电路正常后，调节 $U_b$ 的电位器，使 $U_c=0$ 时，初始脉冲应对应 $\alpha=120°$处。

7）仔细检查线路无误后，合上 $Q_2$，调节 $U_c$ 的电位器，观察 $\alpha$ 从 120°～0°变化时 $u_d$ 波形。画出 $\alpha=0°$、30°、60°及 90°时 $u_d$ 与 $u_{T1}$波形。记录 $U_c$、$U_d$ 的数值。

8）去掉与晶闸管 $VT_1$ 相串联的快熔，观察并记录 $u_d$ 与 $u_{T1}$的波形。

9）人为地改变三相电源的相序，观察并记录 $\alpha=90°$时 $u_d$ 波形，并分析原因。恢复三相电源的相序，而对调主变压器二次侧相，观察 $u_d$ 波形是否正常，为什么？

4．电感、电阻负载

1）打开 $Q_2$ 换上电感、电阻负载，然后将 $U_c$ 电位器调到 $U_c=0$，调节 $U_b$ 电位器，使触发脉冲初始位置在 $\alpha=90°$处。

2）改变 $U_c$ 大小，观察并记录 $\alpha=30°$、60°及 90°时 $u_d$、$i_d$ 和 $u_{T1}$等波形。

3）改变 $R_d$ 的数值，观察 $i_d$ 波形脉动情况，及 $\alpha=90°$时 $u_d$ 波形。

**五、实验现象分析**

1）观察②点波形发现没有削波，把波形放大后，清楚看出波形的上升沿，实际是电容 $C_1$ 的充电曲线，且③点也未形成锯齿波。

造成故障的原因可能是：①$VD_2$ 管开路；②$VD_2$ 管极性接反；③$V_2$ 管基极发射极开路。

2）观察④点波形时，发现波形仍为锯齿波而没有削波，若调节 $U_b$、$U_c$，④点波形仍为锯齿波，只是幅值有所变化。

造成这种现象的原因一般是 $V_4$ 管损坏或焊接不良。

3）在作电阻负载实验时，触发电路工作正常，输出触发脉冲正常，主电路接线也没错，但观察 $u_d$ 波形时发现缺相。

这种情况多数是由于其中有一相快熔熔断。

4）观察 $u_d$ 波形，发现改变 $U_c$，$u_d$ 变化无规则。

造成这种现象的原因可能有：①六块触发板的锯齿波斜率不一致；②各块触发板 $V_4$ 管的放大倍数差异较大；③同步定相有错；④电源相序接错。

**六、实验说明及注意问题**

1）为简化触发电路本实验未采用强触发环节，脉冲封锁端也未引出。

2）若主变压器采用三相自耦调压器代替，实验时要特别注意人身安全与设备安全。

3）在调整锯齿波排队时，要注意先把双踪示波器 $Y_A$ 和 $Y_B$ 的灵敏度调到一样。

4）不论作电阻性负载还是电阻电感负载实验，在闭合 $Q_2$ 前都应先把 $U_c$ 调到零，实验过程中调整 $U_c$ 也应均滑。

5）由于本实验线路复杂，实验前应认真预习有关章节及实验指导书。

**七、实验报告要求**

1）记录锯齿波同步触发电路①～⑧点的电压波形及 $u_g$ 波形，并标明幅值和宽度。

2）总结锯齿波同步触发电路移相范围的调试方法及触发脉冲移相范围的大小与哪些元件参数有关？

3）总结调试三相全控桥式整流电路的步骤和方法。

4）整理实验中 $\alpha=30°$、$60°$、$90°$时电阻负载与大电感负载时的 $u_d$、$i_d$ 和 $u_{T1}$波形。

5）画出电阻负载时 $U_d=f(U_c)$ 关系曲线。

6）讨论并分析实验中出现的现象，并回答实验中提出的问题。

## 实验五　三相半控桥式整流电路的研究

**一、实验目的**

1）熟悉三相半控桥式整流电路的接线、调试步骤和方法。

2）观察带电阻负载及大电感负载时输出电压和电流的波形。

3）明确续流二极管的作用。

**二、实验线路**

本实验采用的线路与实验四图实 4-2 线路基本相同，仅是将图实 4-2 线路中共阳极组的 $VT_4$、$VT_6$ 及 $VT_2$ 晶闸管换成 $VD_4$、$VD_6$ 及 $VD_2$ 整流二极管，同时去掉相应的 4CF、6CF、2CF 三块触发板。为了防止电感性负载发生失控现象，所以在负载两端还接了续流管 VD，就组成了图实 5-1 的三相半控桥式整流实验线路。

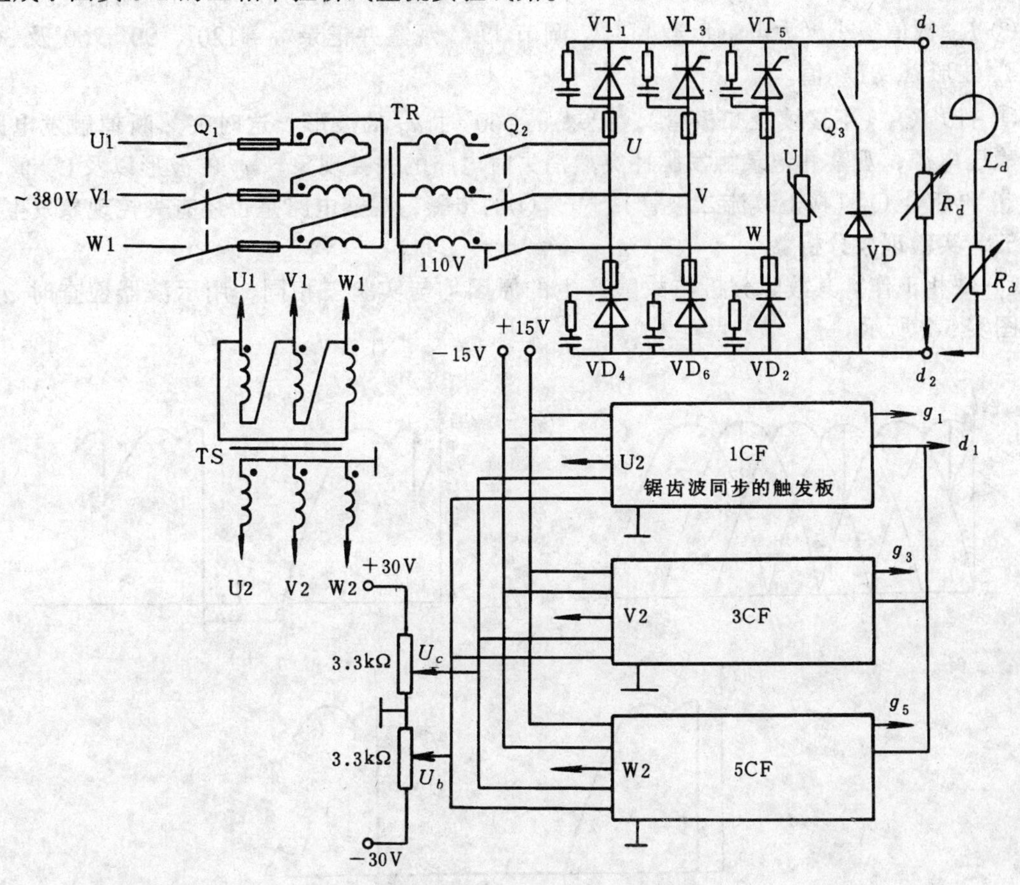


图实 5-1　三相半控桥式整流实验线路

**三、实验设备**

1）三相半控桥式整流主电路板　1 块

2）锯齿波同步的触发电路板　3 块

3）双路稳压电源　2 台

4）其它同实验四。

**四、实验内容及步骤**

1）熟悉电路的结构及元件，按图实 5-1 接线，检查熔丝是否完好。

2）检查电源电压相序、变压器极性和接线组别以及同步电压是否符合要求，触发电路工作是否正常（检查步骤与方法同实验四）。

3）电阻负载实验。

① 负载端接上电阻负载 $R_d$，将 $U_b$、$U_c$ 电压调节旋钮调到零位，闭合 $Q_1$、$Q_2$ 及稳压电源。

② 调节 $U_b$，使 $U_c=0$ 时，触发脉冲初始位置在 $\alpha=180°$ 位置，并将 $U_b$ 电位器锁紧。

③ 调节 $U_c$，观察并记录 $\alpha=120°$、90°、60°及 30°时的 $u_d$、$i_d$ 以及 $u_{T1}$ 的波形。

4）电阻电感负载实验。

① 打开 $Q_2$，换接 $L_d$ 及 $R_d$ 负载，合上 $Q_3$（接上续流二极管）。

② 调节 $U_c$，使 $\alpha=60°$，改变 $R_d$ 的大小，观察在不同阻抗角时 $i_d$ 的脉动情况。

③ $R_d$ 数值很小（大电感负载）时，调节 $U_c$，观察并记录 $\alpha=120°$、90°、60°及 30°时 $u_d$、$i_d$ 波形以及 $U_d$ 值。

④ 打开 $Q_3$（不接续流二极管），记录 $\alpha=60°$时 $u_d$ 的波形，这时突然断掉触发电路 +15V 稳压电源，观察并记录触发脉冲突然消失时电路的失控现象、$u_d$ 的波形以及 $U_d$ 值。

⑤ 再闭合 $Q_3$（接上续流二极管），重复④的步骤，观察电路是否还有失控现象发生。

## 五、实验现象分析

1）缺相工作。其故障分析与故障产生的原因均与实验三相同，用示波器检查时 $u_d$ 波形如图实 5-2 所示。

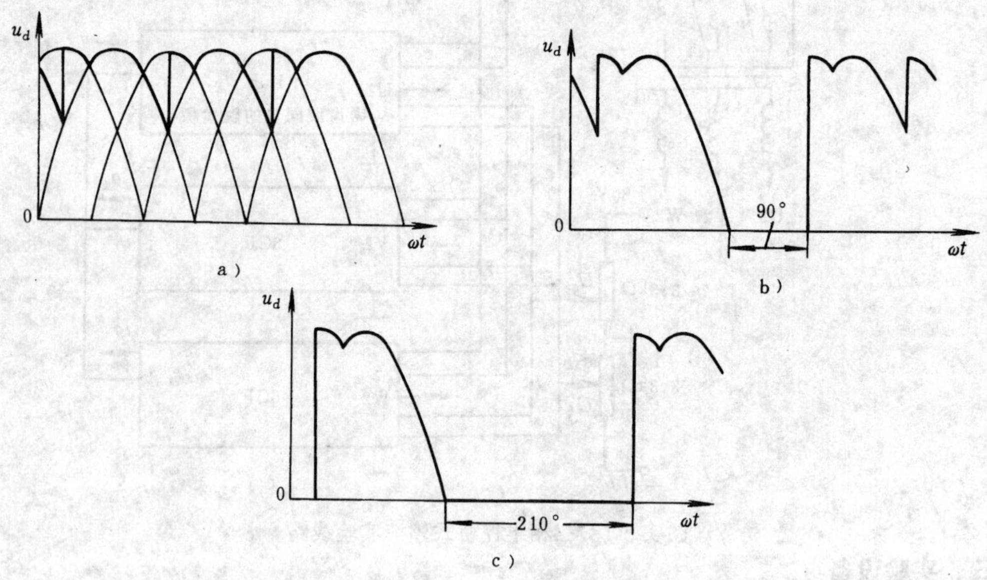


图实 5-2 $\alpha=30°$时未缺相与缺相的 $u_d$ 波形

a）未缺相 b）缺一相 c）缺二相

2）同步电压接错，如同步变压器的 V2、W2 端与 5CF 及 3CF 连接，此时波形跳动如图实 5-3（$\alpha=90°$）所示。

3）整流二极管若开路，则出现整流输出电压波形大小、间隔不一致，电压值很低的现象。

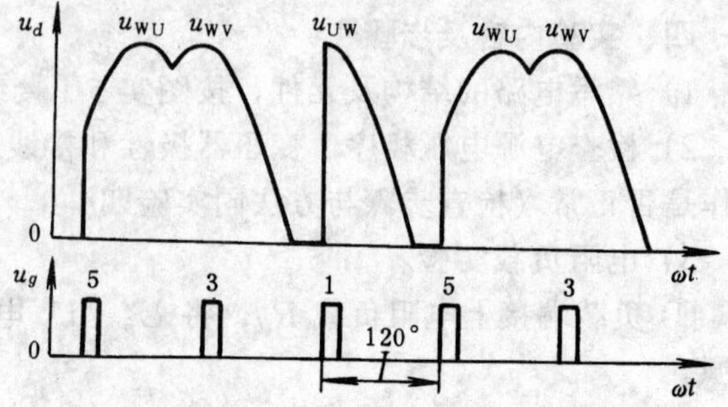


图实 5-3 同步电压接错，$\alpha=90°$时的 $u_d$ 波形

## 六、实验说明及注意问题

1）在作大电感负载失控现象实验时，由于一只晶闸管一直导通，所以应注意避免产生过电流。

2）如用灯泡作电阻负载时，由于冷态灯丝电阻小，故 $U_c$ 应从零逐渐变大，以免快熔烧断。

## 七、实验报告要求

1）整理实验过程中所记录的波形。

2）画出带电阻负载时的 $U_d/U_2=f(\alpha)$ 曲线，并与根据 $U_d/U_2=1.17(1+\cos\alpha)$ 计算式所绘的曲线比较，讨论误差的原因。

3）大电感负载若不加续流二极管会出现什么现象？为什么？

4）讨论分析其它实验结果。

# 实验六　三相半波（零式）有源逆变电路的研究

## 一、实验目的

1）熟悉三相半波由整流转换到有源逆变的全过程，掌握实现有源逆变的条件。

2）学会分析不同 $\beta$ 角时逆变电压的波形以及晶闸管两端的电压波形。

3）观察逆变失败现象，总结防止逆变失败的措施。

## 二、实验线路

见图实 6-1。

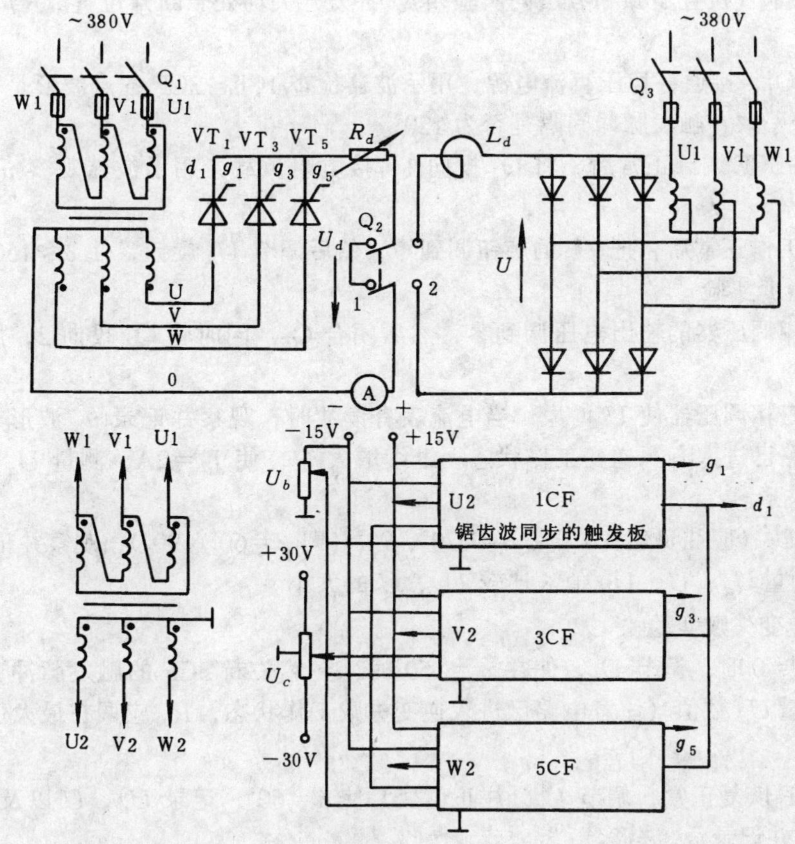


图实 6-1　三相半波有源逆变实验线路

## 三、实验设备

| | |
|---|---|
| 1）三相半波可控主电路板 | 1 块 |
| 2）三相主变压器 | 1 台 |
| 3）锯齿波同步的触发电路板 | 3 块 |

4）变阻箱（$R_d$） 1台

5）平波电抗器 $L_d$ 1台

6）三相调压器及三相整流桥 1套

7）同步变压器 1台

8）双路稳压电源 2台

9）万用表 1块

10）直流电流表 1块

11）三相刀开关 1个

12）单相双投刀开关 1个

13）双踪示波器 1台

**四、实验内容及步骤**

1. 有源逆变实验准备工作

1）首先检查电源电压相序、变压器极性和接线组别以及引至各块触发电路板的同步电压是否符合要求（检查步骤和方法同实验四）。各刀开关均处于断开位置。$R_d$ 应串入最大数值。

2）闭合 $Q_1$，接通各稳压直流电源，用示波器检查 1CF～3CF 各点波形是否正常，锯齿波的斜率是否一致，触发脉冲间隔是否为 120°。

3）1CF～3CF 调试正常后，将 $Q_2$ 投向 1，接电阻负载，用示波器观察 $u_d$ 波形是否正常。

4）电路工作正常后，把 $U_c$ 的旋钮调到零，然后调节 $U_b$ 旋钮，使 $\alpha \approx 150°$。

2. 有源逆变实验

1）将三相调压器的输出电压调到零，然后闭合 $Q_3$，同时将 $Q_2$ 投向 2，此时电流表读数应为零。

2）调节三相调压器使 $U$ 增大，当电流表有读数时，观察并记录 $u_d$ 波形（应为负的波形），说明电路已进入有源逆变工作状态。继续增大 $U$，使 $I_d = 2A$，测量 $U_d$、$U$ 及 $U_R$ 值以及 $u_d$、$i_d$ 波形。

3）调节 $U_c$（应往负值变），使 $\alpha = 120°$、90°（即 $\beta = 60°$、90°），观察并记录 $u_d$、$u_{T1}$、$i_d$ 波形以及测量 $U_d$、$U$、$U_R$ 值。比较 $U_d$、$U$ 的大小。

3. 有源逆变失败实验

1）在 $U_c = 0$ 时，调节 $U_b$，使在 $\alpha = 150°$ 时，突然关断 3CF 的触发脉冲，观察并记录 $U_d$ 波形并测量 $U_d$ 数值（注意电路已进入逆变失败工作状态，$R_d$ 应调在最大位置，$I_d$ 不得超过允许值）。

2）将 3CF 恢复正常，调节 $U_c$（往正值变）使 $\alpha = 60°$，记录 $U_d$、$U$ 以及 $U_R$ 等的大小和极性，观察并记录 $u_d$ 波形。

3）调节 $U_b$ 使 $\beta \approx 0°$，观察逆变失败现象，记录 $u_d$ 波形。

**五、实验现象分析**

在实验中往往由于接线不牢，造成缺相工作，以致造成有源逆变的失败，所以本实验不仅接线要正确，而且要接牢。为了防止逆变失败而造成 $I_d$ 超过允许值，应在主电路中人为地串联变阻器 $R_d$ 来限制 $I_d$。

## 六、实验说明及注意问题

1）主电路串入 $R_d$，是为了观察电路整流、有源逆变及逆变失败全过程，显然是与实际电路不相符合的，请不要产生错觉。

2）实验电路较复杂，接线时应特别细心并要接牢。

## 七、实验报告要求

1）整理实验中记录的波形，回答实验步骤中所提的问题。

2）找出逆变失败的原因并分析会引起怎样的后果，防止的措施是什么?

3）观察 $\alpha=60°$与 $\beta=60°$两种情况下，$u_d$、$u_T$ 的波形有什么不同。

4）讨论分析其它实验结果。

# 新旧图形符号和文字代号对照表

| 编号 | 符号说明 | 曾使用图形符号和文字代号 | | 本书使用图形符号和文字代号 | |
|---|---|---|---|---|---|
| | | 图形符号 | 文字代号 | 图形符号 | 文字代号 |
| 1 | 普通晶闸管 |  | T SCR KP | 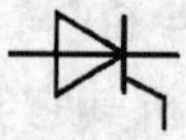 | VT |
| 2 | 双向晶闸管 |  | KS | 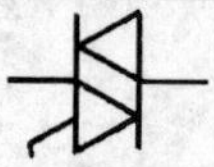 | |
| 3 | 光控晶闸管 |  | T SCR | 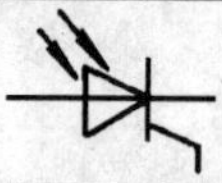 | |
| 4 | 可关断晶闸管 |  | KG GTO | 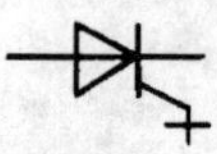 | |
| 5 | 程控单结晶体管 |  | PUT | 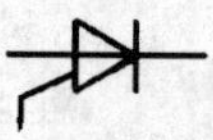 | |
| 6 | 逆导晶闸管 |  | KN | 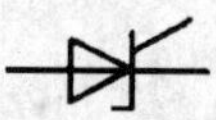 | |
| 7 | 普通二极管 |  | D |  | VD |
| 8 | 发光二极管 |  | D |  | V |
| 9 | 光电二极管 |  | D | 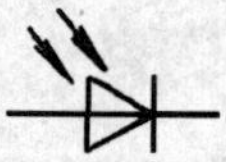 | |
| 10 | 双向二极管 |  | D 2CS | 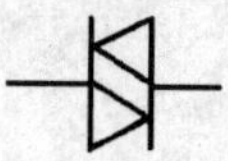 | |
| 11 | 稳压二极管 |  | DW CW |  | |
| 12 | PNP 型三极管 | 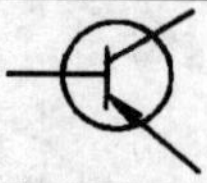 | BG |  | |
| 13 | NPN 型三极管 | 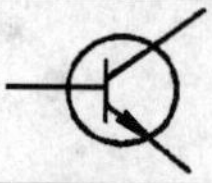 | BG | 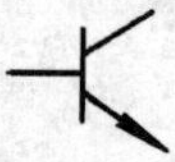 | |
| 14 | 光电三极管 | 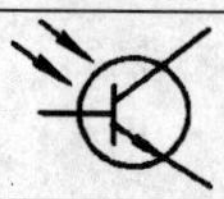 | BG |  | |

（续）

| 编号 | 符号说明 | 曾使用图形符号和文字代号 | | 本书使用图形符号和文字代号 | |
|---|---|---|---|---|---|
| | | 图形符号 | 文字代号 | 图形符号 | 文字代号 |
| 15 | 单结晶体管 | | BT | | V |
| 16 | N 沟道结型场效应管 | | DJ | | V |
| 17 | P 沟道结型场效应管 | | DJ | | V |
| 18 | N 型绝缘栅场效应管 | | DO | | V |
| 19 | P 型绝缘栅场效应管 | | DO | | V |
| 20 | 绝缘门极晶体管（N 型）（IGBT） | 无 | 无 | | V |
| 21 | 光耦合器 | | LEC | | B |
| 22 | 运算放大器 | | BG | | N |
| 23 | 信号灯 | | XD | | HL |
| 24 | 电压表 | V | V | V | PV |
| 25 | 电流表 | A | A | A | PA |
| 26 | 直流电动机 | | D | M | M |
| 27 | 直流测速发电机 | F | F | TG | BR |
| 28 | 三相笼型异步电动机 | D | YD | M 3~ | M |

（续）

| 编号 | 符号说明 | 曾使用图形符号和文字代号 | | 本书使用图形符号和文字代号 | |
|---|---|---|---|---|---|
| | | 图形符号 | 文字代号 | 图形符号 | 文字代号 |
| 29 | 插头　插座 |  | X | 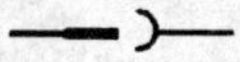 | XS |
| 30 | 原电池或蓄电池 | 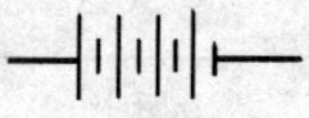 | E | 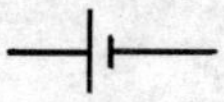 | GB |
| 31 | 电抗器　扼流圈 | 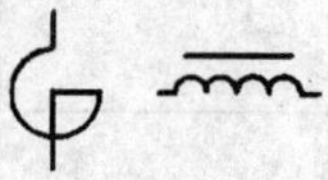 | L　EQ | 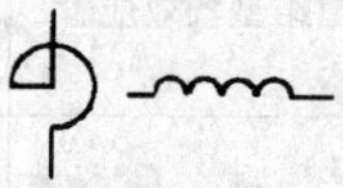 | L |
| 32 | 整流变压器 | 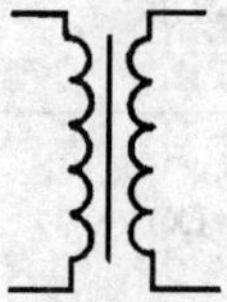 | ZB | 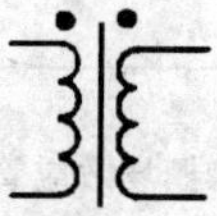 | TR |
| 33 | 控制变压器 | | KB | | TC |
| 34 | 同步变压器 | | TB | | TS |
| 35 | 电压互感器 | | YH | | TV |
| 36 | 脉冲变压器电流互感器 | 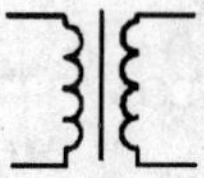 | MB　LH |  | TP　TA |
| 37 | 自耦变压器 | 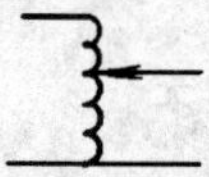 | B　ZOB |  | TS |
| 38 | 普通刀开关，控制开关 | 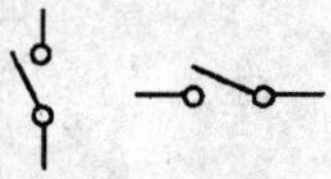 | K | 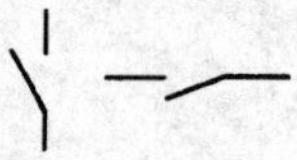 | Q，S |
| 39 | 三相刀开关 | 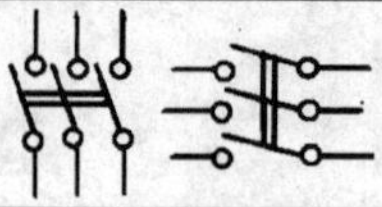 | K | 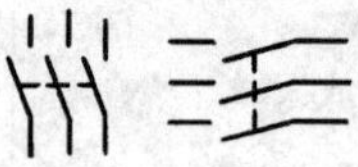 | Q |
| 40 | 起动按钮（手动开关） | 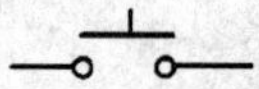 | QA | 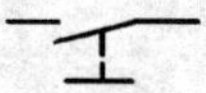 | SB |
| 41 | 停止按钮（手动开关） | 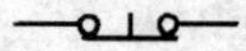 | TA |  | SB |
| 42 | 接触器动合触点 | 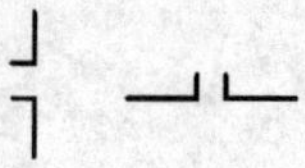 | C |  | KM |
| 43 | 接触器动断触点 | 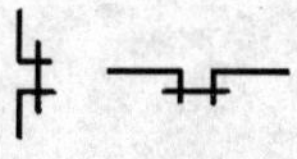 | C |  | KM |
| 44 | 继电器动合触点 | 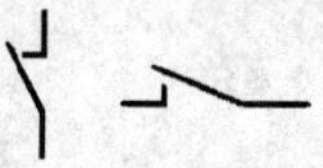 | J | 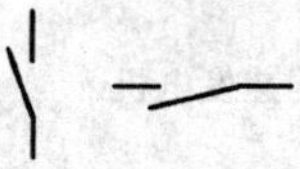 | KA |
| 45 | 继电器动断触点 |  | J |  | KA |

（续）

| 编号 | 符号说明 | 曾使用图形符号和文字代号 | | 本书使用图形符号和文字代号 | |
|---|---|---|---|---|---|
| | | 图形符号 | 文字代号 | 图形符号 | 文字代号 |
| 46 | 限位开关　动合触点 | 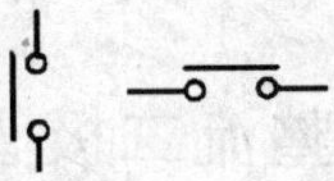 | XK |  | S |
| 47 | 限位开关　动断触点 | 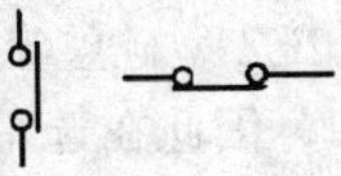 | XK |  | S |
| 48 | 热继电器动断触点 |  | JR | 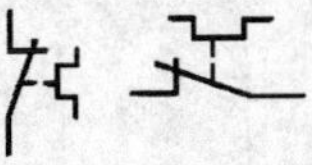 | FR |
| 49 | 延时闭合的动合触点 | 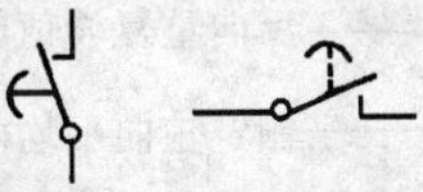 | SJ |  | KT |
| 50 | 延时断开的动合触点 | 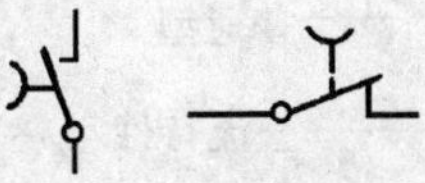 | | 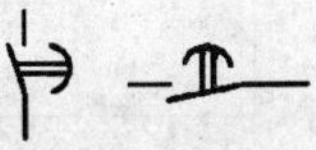 | |
| 51 | 延时闭合的动断触点 | 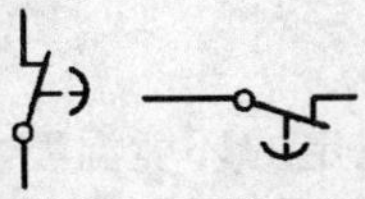 | |  | |
| 52 | 延时断开的动断触点 | 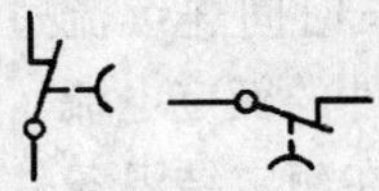 | | 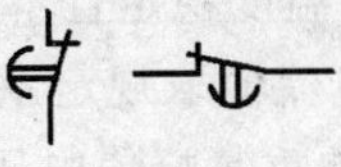 | |
| 53 | 普通电阻 |  | R |  | R |
| 54 | 电位器 | 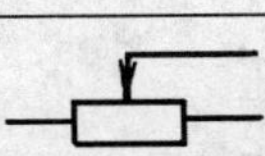 | W | 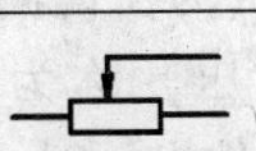 | RP |
| 55 | 压敏电阻器 |  | $R_{MY}$ | 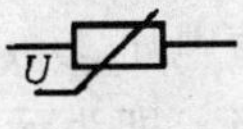 | RV |
| 56 | 热敏电阻器 |  | $R_t$ | 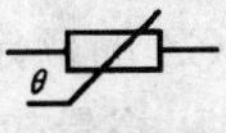 | RT |
| 57 | 普通电容器 | 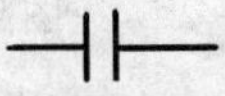 | $C$ | 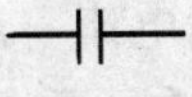 | $C$ |
| 58 | 电解电容器 | 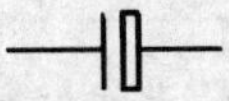 | $C$ | 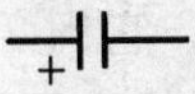 | $C$ |
| 59 | 熔断器 |  | RD |  | FU |
| 60 | 照明灯 |  | D |  | EL |

# 附　录

## 附录 A　ZP 型硅整流二极管

ZP 型硅整流二极管是新型号，相当于旧型号 2CZ 型硅整流二极管。ZP 型元件的一些主要电气参数与旧型号不同，而与 KP 型晶闸管相似，因此在选用时应予以注意。

**一、型号命名法**

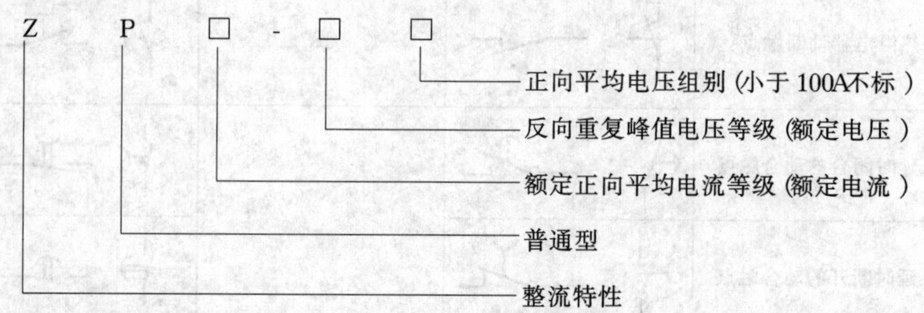


**二、主要参数**

1. 额定正向平均电流 $I_F$（额定电流）　在规定的环境温度为 +40℃和标准散热条件下，元件 PN 结温度稳定且不超过 140℃时，所允许长时间连续流过 50Hz 正弦半波的电流平均值。将此电流值取规定系列的电流等级，即为元件的额定电流。

2. 反向重复峰值电压 $U_{RRM}$（额定电压）　在额定结温条件下，整流二极管的伏安特性如附图 1 所示。在规定的测试条件下，元件反向最高测试电压（为反向漏电流急剧增加即反向特性开始弯曲的电压）称为元件反向不重复峰值电压 $U_{RSM}$。在元件出厂时，取 $U_{RSM}$电压值的 80％称为反向重复峰值电压 $U_{RRM}$。将 $U_{RRM}$电压值取规定系列的电压等级，即为元件的额定电压。

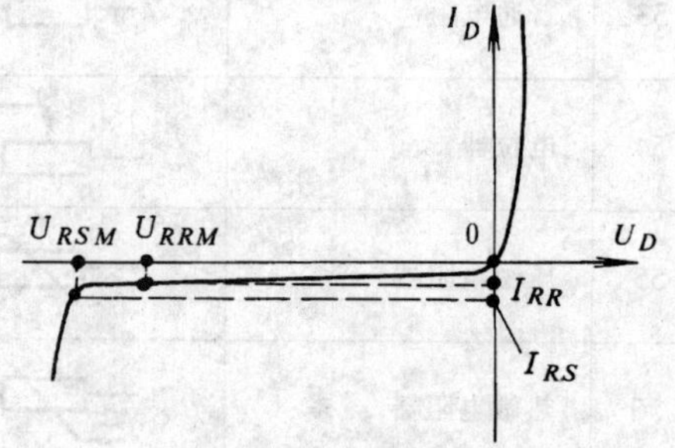

图附 A-1　ZP 型整流管伏安特性

旧型号 2CZ 的额定电压定义为反向最高测试电压的一半，电压裕量较大。

3. 反向漏电流　反向不重复峰值电压下的平均漏电流称为反向不重复平均电流 $I_{RS}$，对应于反向重复峰值电压下的平均漏电流称反向重复平均电流 $I_{RR}$，它们必须小于表附 A-1 中规定的数值。

4. 正向平均电压 $U_F$　在规定环境温度 +40℃和标准散热条件下，元件通以 50Hz 正弦半波额定正向平均电流时，元件阳、阴极之间电压的平均值。$U_F$ 越小，元件发热与损耗也越小，一般在 0.45～1V 范围内。

**三、作用注意事项**

1）必须保证规定的冷却条件，如强迫风冷的冷却条件规定为进口风温不高于 +40℃，不低于－30℃；出口风速不低于5m/s；水冷时规定流量为4000mL/s；水质电阻率≥20kΩ·cm，pH＝6～8；进水温度不得高于35℃。

2）平板型元件的散热器一般不应自行拆装。

3）如不能满足规定的冷却条件，必须降低容量使用。如规定风冷元件使用在自冷时，只允许用到额定电流的$\frac{1}{3}$左右。

4）严禁用兆欧表（摇表）检查元件的绝缘情况。如需检查整机的耐压时，应将元件短接。

**例** 型号为ZP100-8F的整流管，表示额定电流为100A，额定电压为800V，正向平均电压 $U_F$ 为 $F$ 级（0.8～0.9V）。

**表附 A-1　ZP 型硅二极管参数**

| 参数<br>系列 | 额定正向平均电流 $I_F$/A | 反向重复峰值电压 $U_{RRM}$/V | 反向不重复平均电流 $I_{RS}$/mA | 反向重复平均电流 $I_{RR}$/mA | 浪涌电流 $I_{FSM}$/A | 正向平均电压 $U_F$/V | 额定结温 $T_{jm}$/℃ | 额定结温升 $\Delta T_{jE}$/℃ |
|---|---|---|---|---|---|---|---|---|
| ZP1 | 1 | 100～3000 | ≤1 | <1 | 40 | 0.4～1.2 | 140 | 100 |
| ZP5 | 5 | | ≤1 | <1 | 180 | | 140 | 100 |
| ZP10 | 10 | | ≤1.5 | <1.5 | 310 | | 140 | 100 |
| ZP20 | 20 | | ≤2 | <2 | 570 | | 140 | 100 |
| ZP30 | 30 | | ≤3 | <3 | 750 | | 140 | 100 |
| ZP50 | 50 | | ≤4 | <4 | 1260 | | 140 | 100 |
| ZP100 | 100 | | ≤6 | <6 | 2200 | | 140 | 100 |
| ZP200 | 200 | | ≤8 | <8 | 4080 | | 140 | 100 |
| ZP300 | 300 | | ≤10 | <10 | 5650 | | 140 | 100 |
| ZP400 | 400 | | ≤12 | <12 | 7540 | | 140 | 100 |
| ZP500 | 500 | | ≤15 | <15 | 9420 | | 140 | 100 |
| ZP600 | 600 | | ≤20 | <20 | 11160 | | 140 | 100 |
| ZP800 | 800 | | ≤20 | <20 | 14920 | | 140 | 100 |
| ZP1000 | 1000 | | ≤25 | <25 | 18600 | | 140 | 100 |

ZP型整流管的电压等级与正向通态平均电压分组与晶闸管相同。

# 主要参考文献

1 黄俊主编.半导体变流技术.北京：机械工业出版社，1986

2 林渭勋等编著.电力电子技术基础.北京：机械工业出版社，1990

3 郑忠杰主编.晶闸管变流技术.北京：机械工业出版社，1989

4 王文郁，石玉，李秉象编.晶闸管变流技术应用图集.北京：机械工业出版社，1989

5 王会群，刑学文主编.晶闸管变流技术.北京：冶金工业出版社，1988

6 吕家元主编.半导体变流技术.天津：天津大学出版社，1988

7 姜泓，赵洪恕主编.交流调速系统.武汉：华中理工大学出版社，1990

8 顾廉楚主编.电力半导体器件原理.北京：机械工业出版社，1988

9 黄俊主编.半导体变流技术实验与习题.北京：机械工业出版社，1989

10 MOS门极双极晶体管.富士时报.1987,60(10)